中国国家标准汇编

2008年修订-32

中国标准出版社　编

中国标准出版社
北京

图书在版编目（CIP）数据

中国国家标准汇编：2008年修订.32/中国标准出版社编.—北京：中国标准出版社，2009

ISBN 978-7-5066-5516-3

Ⅰ.中… Ⅱ.中… Ⅲ.国家标准-汇编-中国 2008
Ⅳ.T-652.1

中国版本图书馆CIP数据核字（2009）第186490号

中国标准出版社出版发行
北京复兴门外三里河北街16号
邮政编码：100045
网址 www.spc.net.cn
电话：68523946 68517548
中国标准出版社秦皇岛印刷厂印刷
各地新华书店经销

*

开本 880×1230 1/16 印张 37.75 字数 1 112 千字
2009年11月第一版 2009年11月第一次印刷

*

定价 200.00 元

ISBN 978-7-5066-5516-3

出 版 说 明

1.《中国国家标准汇编》是一部大型综合性国家标准全集。自1983年起，按国家标准顺序号以精装本、平装本两种装帧形式陆续分册汇编出版。它在一定程度上反映了我国建国以来标准化事业发展的基本情况和主要成就，是各级标准化管理机构，工矿企事业单位，农林牧副渔系统，科研、设计、教学等部门必不可少的工具书。

2.《中国国家标准汇编》收入我国每年正式发布的全部国家标准，分为“制定”卷和“修订”卷两种编辑版本。

“制定”卷收入上年度我国发布的、新制定的国家标准，顺延前年度标准编号分成若干分册，封面和书脊上注明“20××年制定”字样及分册号，分册号一直连续。各分册中的标准是按照标准编号顺序连续排列的，如有标准顺序号缺号的，除特殊情况注明外，暂为空号。

“修订”卷收入上年度我国发布的、被修订的国家标准，视篇幅分设若干分册，但与“制定”卷分册号无关联，仅在封面和书脊上注明“20××年修订-1，-2，-3，……”字样。“修订”卷各分册中的标准，仍按标准编号顺序排列（但不连续）；如有遗漏的，均在当年最后一分册中补齐。需提请读者注意的是，个别非顺延前年度标准编号的新制定的国家标准没有收入在“制定”卷中，而是收入在“修订”卷中。

读者配套购买《中国国家标准汇编》“制定”卷和“修订”卷则可收齐上一年度我国制定和修订的全部国家标准。

3. 由于读者需求的变化，自1996年起，《中国国家标准汇编》仅出版精装本。

4. 2008年制修订国家标准共5946项。本分册为“2008年修订-32”，收入新制修订的国家标准65项。

中国标准出版社

2009年10月

目　　录

ICS 67.040
X 10

中华人民共和国国家标准

GB/T 5512—2008
代替 GB/T 5512—1985

粮油检验　粮食中粗脂肪含量测定

Inspect of grain and oilseeds—Determination of crude fat content in grain

2008-11-04 发布　　　　2009-01-20 实施

中华人民共和国国家质量监督检验检疫总局
中国国家标准化管理委员会　发布

前　言

本标准是对GB/T 5512—1985《粮食、油料检验　粗脂肪测定法》的修订。

本标准与GB/T 5512—1985主要技术差异如下：

——修改了标准适用范围；

——调整了部分内容的顺序并进行了文字编辑性修改；

——删去原标准中有关油料的内容；

——增加警告、原理、扦样、粗脂肪萃取仪法。

本标准由国家粮食局提出。

本标准由全国粮油标准化技术委员会归口。

本标准起草单位：国家粮食局科学研究院。

本标准主要起草人：张佳欣、郝希成、吴春华。

本标准所替代的标准历次版本发布情况为：

——GB/T 5512—1985。

粮油检验　粮食中粗脂肪含量测定

1　范围

本标准规定了粮食中粗脂肪含量测定的原理、扦样，以及索式抽提法、直滴式抽提法、萃取仪法三种测定方法的试剂、操作步骤和结果计算。

本方法适用于粮食中粗脂肪含量的测定。

2　规范性引用文件

下列文件中的条款通过本标准的引用而成为本标准的条款。凡是注日期的引用文件，其随后所有的修改单(不包括勘误的内容)或修订版均不适用于本标准，然而，鼓励根据本标准达成协议的各方研究是否可使用这些文件的最新版本。凡是不注日期的引用文件，其最新版本适用于本标准。

GB 5491　粮食、油料检验　扦样、分样法

3　原理

将粉碎、分散且干燥的试样用有机溶剂回流提取，使试样中的脂肪被溶剂抽提出来，回收溶剂后所得到的残留物，即为粗脂肪。

4　扦样

扦样、分样按 GB 5491 执行。

5　索氏抽提法

5.1　试剂

无水乙醚：分析纯。

注：不能用石油醚代替乙醚，因为它不能溶解全部的植物脂类物质。

警告：溶剂应储存于合乎安全规定的溶剂室或溶剂柜中的金属容器中。乙醚和己烷极度易燃。进行分析操作的实验室不能有明火。操作者应避免吸入溶剂蒸气。应在装备有防爆的照明、配线和风扇并适合操作的通风罩中使用溶剂。乙醚有随储藏时间延长产生对撞击敏感、有爆炸性的过氧化物的趋势。打开新的乙醚储存容器时要逐个检查过氧化物。几个月未用过的乙醚再次使用时也要进行过氧化物检查。不要使用含有过氧化物的乙醚。含有过氧化物的乙醚应被作为危险物质进行处理。也可以使用进行过稳定处理的乙醚。将电气设备放在地上，保持在适合的工作位置。遵守制造商关于所有抽提仪器安装、操作和安全的建议。确认将萃取杯放入干燥炉前所有溶剂全部蒸发完，以避免起火或爆炸。

5.2　仪器和用具

5.2.1　分析天平：分度值 0.1 mg。

5.2.2　电热恒温箱。

5.2.3　电热恒温水浴锅。

5.2.4　粉碎机、研钵。

5.2.5　备有变色硅胶的干燥器。

5.2.6　滤纸筒。

注：如无备好的滤纸筒，可取长 28 cm、宽 17 cm 的滤纸，用直径 2 cm 的试管，沿滤纸长边卷成筒形，抽出试管至纸筒高的一半处，压平抽空部分，折过来，使之紧靠试管外层，用脱脂线系住，下部的折角向上折，压成圆形底部，抽出试管，即成直径 2 cm、高约 7.5 cm 的滤纸筒。

5.2.7 索氏提取器：各部件应洗净，在 105 ℃温度下烘干，其中抽提瓶烘至恒质。

5.2.8 圆孔筛：孔径为 1 mm。

5.2.9 广口瓶。

5.2.10 脱脂线、脱脂细沙。

5.2.11 脱脂棉：将医用级棉花浸泡在乙醚或己烷中 24 h，其间搅拌数次，取出在空气中晾干。

5.3 样品制备

取除去杂质的干净试样 30 g～50 g，磨碎，通过孔径为 1 mm 的圆孔筛，然后装入广口瓶中备用。试样应研磨至适当的粒度，保证连续测定 10 次，测定的相对标准偏差 RSD≤2.0%。

5.4 操作步骤

5.4.1 试样包扎

从备用的样品中，用烘盒称取 2 g～5 g 试样，在 105 ℃温度下烘 30 min，趁热倒入研钵中，加入约 2 g 脱脂细砂一同研磨。将试样和细砂研磨到出油状，完全转入滤纸筒内（筒底塞一层脱脂棉，并在 105 ℃温度下烘 30 min），用脱脂棉蘸少量乙醚揩净研钵上的试样和脂肪，并入滤纸筒，最后再用脱脂棉塞入上部，压住试样。

5.4.2 抽提与烘干

将抽提器安装妥当，然后将装有试样的滤纸筒置于抽提筒内，同时注入乙醚至虹吸管高度以上，待乙醚流净后，再加入乙醚至虹吸管高度的三分之二处。用一小块脱脂棉轻轻地塞入冷凝管上口，打开冷凝管进水管，开始加热抽提。控制加热的温度，使冷凝的乙醚为每分钟 120 滴～150 滴，抽提的乙醚每小时回流 7 次以上。抽提时间须视试样含油量而定，一般在 8 h 以上，抽提至抽提管内的乙醚用玻璃片检查（点滴试验）无油迹为止。

抽净脂肪后，用长柄镊子取出滤纸筒，再加热使乙醚回流 2 次，然后回收乙醚，取下冷凝管和抽提筒，加热除尽抽提瓶中残余的乙醚，用脱脂棉蘸乙醚揩净抽提瓶外部，然后将抽提瓶在 105 ℃温度下烘 90 min，再烘 20 min，烘至恒质为止（前后两次质量差在 0.2 mg 以内即视为恒质），抽提瓶增加的质量即为粗脂肪的质量。

5.5 结果计算

粗脂肪湿基含量、干基含量和标准水杂下含量分别按式（1）、式（2）和式（3）计算：

$$X_s = \frac{m_1}{m} \times 100 \qquad \cdots\cdots(1)$$

$$X_g = \frac{m_1}{m \times (100 - M)} \times 10\,000 \qquad \cdots\cdots(2)$$

$$X_z = \frac{m_1(100 - M_b)}{m \times (100 - M)} \times 100 \qquad \cdots\cdots(3)$$

式中：

X_s——湿基粗脂肪含量（以质量分数计），%；

X_g——干基粗脂肪含量（以质量分数计），%；

X_z——标准水和杂质下的粗脂肪含量（以质量分数计），%；

m_1——粗脂肪质量，单位为克（g）；

m——试样质量，单位为克（g）；

M——试样水分含量（以质量分数计），%；

M_b——试样标准水分、标准杂质之和，%。

双试验结果允许差不超过 0.4%，求其算术平均数作为测定结果。测定结果保留小数点后一位。

6 直滴式抽提法

6.1 试剂

所用试剂同5.1。

6.2 仪器和用具

6.2.1 直滴式提取器。

6.2.2 其他仪器和用具同5.2。

6.3 试样制备

试样制备方法同5.3。

6.4 操作步骤

仪器处理同5.4。使用时,将试样包投入抽提管中,用乙醚抽提脂肪,脂肪抽净后,取出试样包,关上回流的玻璃活塞,继续加热即可收回乙醚。其他方法同5.4。

6.5 结果计算

同5.5。

7 粗脂肪萃取仪法

7.1 试剂

7.1.1 硅藻土。

7.1.2 其他试剂同5.1。

7.2 仪器

7.2.1 分析天平:分度值0.1 mg。

7.2.2 粉碎机、研钵。

7.2.3 干燥器:装有变色硅胶。

7.2.4 圆孔筛:孔径为1 mm。

7.2.5 粗脂肪萃取仪:多位萃取单元,控制两阶段包括溶剂回收循环的兰德尔萃取过程,配置有耐乙醚的氟化橡胶或特富龙密封。

7.2.6 套筒和支架:纤维质套筒和放置套筒的支架。

7.2.7 萃取杯:铝制或玻璃制(不同质地萃取杯萃取时间可能不同,要查阅制造商的操作手册)。

注:溶剂萃取系统、套筒与支架、萃取杯均可向粗脂肪萃取仪器制造商购买。

7.3 试样制备

方法同5.3。

7.4 操作步骤

根据表1称量1 g～5 g试样,精确到0.001 g,直接放入经称量去皮的纤维质套筒,使试样含脂肪100 mg～200 mg。记录质量(S)和萃取套筒序号。

表1 试样加入量参考表

粗脂肪/%	试样质量/g
＜2	5
5	2～4
10	1～2
＞20	1

注:如果试样含有大量尿素盐(＞5%)或可溶性碳水化合物(＞15%)、甘油、乳酸、氨基酸盐(＞10%)或其他水溶性物质,用水萃取除去。称量试样到滤纸上,每次用水20 mL萃取5次,试样排干水分。将装有洗涤过试样的滤纸放入套筒并于102 ℃±2 ℃干燥2 h。为方便过滤,在用水萃取前在滤器底部加入或与试样混合1 g～2 g经灰化、酸洗的砂子,或硅藻土。

装有试样的套筒在102 ℃±2 ℃下干燥2 h。如果干燥过的试样未马上进行萃取，须在干燥器中保存。溶剂和试样都应无水，以避免水溶性物质如碳水化合物、尿素、乳酸、甘油被萃取产生错误高值。

如存在预干燥时会融化浸透套筒的高脂肪含量试样，可以向试样中加入吸附剂如硅藻土。也可以在预干燥时加入脱脂棉吸附融出的脂肪。如果试样在102 ℃时融化，可以在套筒下放置一个预先去皮的萃取杯，用以接收任何未被吸收而融出套筒的融化脂肪。

在试样顶部放置脱脂棉（用和萃取溶剂同样的溶剂进行脱脂），保证在萃取步骤中试样完全浸没，防止试样从套筒顶部的任何损失。准备棉塞的大小要足够保持试样的适当位置，同时要尽可能小，以使对溶剂的吸收降到最少。

在每个萃取杯中放置3粒～5粒直径为5 mm的玻璃珠。在102 ℃±2 ℃下干燥萃取杯30 min，然后转移到干燥器中静止冷却至室温。称量萃取杯，记录质量精确至0.1 mg(T)。

萃取，遵守制造商关于萃取仪器的操作说明。预热萃取仪，打开冷凝器冷凝水。将装有干试样的套筒连接到萃取柱。当套筒处于萃取位置时，向每个萃取杯中加入足够的溶剂以浸没试样。在萃取柱下放置萃取杯，并保证位置适当。确保萃取杯与它们相应的套筒匹配。套筒位置降低进入溶剂中，沸腾20 min。调整适当的回流速率，回流速率是脂肪完全萃取的关键。很多萃取仪器适用大约每秒3滴～5滴的回流速率。

提升套筒至溶剂液面上，在此位置淋洗萃取40 min。然后使溶剂尽可能从萃取杯中蒸发出来以回收溶剂，得到表观上的干燥。

从萃取器上取出萃取杯，放入通风罩中，在低温下完成溶剂的蒸发。（注：小心操作，防止通风罩顶部的碎屑掉入。放置萃取杯在通风罩中直到溶剂完全赶净。）

在102 ℃±2 ℃下干燥萃取杯30 min除去水汽。过度干燥会造成脂肪氧化导致高测定结果。干燥后，萃取杯在干燥器中静止冷却至室温。称量萃取杯，精确到0.1 mg(F)。

7.5 计算

粗脂肪含量按式(4)计算：

$$X_e = \frac{F-T}{S} \times 100 \qquad \cdots\cdots (4)$$

式中：

X_e——乙醚萃取的粗脂肪含量（以质量分数计），%；

F——萃取杯的质量与脂肪的质量，单位为克(g)；

T——空萃取杯的质量，单位为克(g)；

S——试样质量，单位为克(g)。

注：回收乙醚的再制分三个步骤：(1) 除去过氧化物：将乙醚注入分液漏斗中，加入占乙醚量五分之一的10%硫酸亚铁溶液（取100 g硫酸亚铁溶于600 mL水中，加30 mL浓硫酸进行酸化，再用水稀释至1 000 mL）充分混合，静置澄清后放出水溶液。(2) 除去乙醇：加入占乙醚量五分之一的10%氢氧化钾溶液，振荡洗涤后静置，放出水溶液，再重复洗涤2次～3次即可。(3) 除去水分和蒸馏：在乙醚瓶中加入适量（占乙醚量的十分之一至五分之一）的小颗粒无水氯化钙，放置一昼夜，时加振摇，取上层清液进行蒸馏，收集33 ℃～37 ℃之间的馏分，乙醚的接收器需要用冰或冷水进行冷却，同时连接一安全瓶，并将瓶内气体排出室外或排入下水道中。

ICS 67.040
X 04

中华人民共和国国家标准

GB/T 5513—2008
代替 GB/T 5513—1985

粮油检验 粮食中还原糖和非还原糖测定

Inspection of grain and oils—Determination of reduced sugar and non-reduced sugar in grain

2008-11-04 发布　　2009-01-20 实施

中华人民共和国国家质量监督检验检疫总局
中国国家标准化管理委员会　发布

前 言

本标准代替 GB/T 5513—1985《粮食、油料检验　还原糖和非还原糖测定法》。

本标准与 GB/T 5513—1985 相比主要变化如下：

——增加了范围；

——增加了规范性引用文件；

——增加了术语和定义；

——增加了原理；

——改变了原标准的顺序；

——将原标准中的单位“当量浓度”改为我国法定计量单位“摩尔每升”。

本标准的附录 A 是资料性附录。

本标准由国家粮食局提出。

本标准由全国粮油标准化技术委员会归口。

本标准起草单位：南京财经大学。

本标准主要起草人：王素雅、杨慧萍、袁建。

本标准所代替标准的历次版本发布情况为：

——GB/T 5513—1985。

粮油检验
粮食中还原糖和非还原糖测定

1 范围

本标准规定了还原糖和非还原糖测定的术语和定义以及两种测定方法的原理、试剂、仪器和用具、操作步骤、结果计算及重复性。

本标准适用于商品粮食中还原糖和非还原糖含量的测定。其中铁氰化钾法主要适用于小麦粉的测定。

2 规范性引用文件

下列文件中的条款通过本标准的引用而成为本标准的条款。凡是注日期的引用文件，其随后所有的修改单(不包括勘误的内容)或修订版均不适用于本标准。然而，鼓励根据本标准达成协议的各方研究是否可使用这些文件的最新版本。凡是不注日期的引用文件，其最新版本适用于本标准。

GB/T 601 化学试剂 标准滴定溶液的制备

GB/T 6682 分析实验室用水规格和试验方法(GB/T 6682—2008，ISO 3696:1987，MOD)

3 术语和定义

下列术语和定义适用于本标准。

3.1

还原糖 reducing sugar

分子结构中含有游离半缩醛羟基或半缩酮羟基的糖。

3.2

非还原糖 non-reducing sugar

分子结构中不含游离半缩醛羟基或半缩酮羟基的糖。

第一法 铁氰化钾法

4 原理

还原糖在碱性溶液中将铁氰化钾还原为亚铁氰化钾，本身被氧化为相应的糖酸。过量的铁氰化钾在乙酸的存在下，与碘化钾作用析出碘，析出的碘以硫代硫酸钠标准溶液滴定。通过计算氧化还原糖时所用去的铁氰化钾的量，查经验表得试样中还原糖的百分含量。

5 试剂

除非另有说明，本标准仅使用确认为分析纯的试剂。

5.1 水：符合 GB/T 6682 中三级水要求。

5.2 95%乙醇。

5.3 乙酸缓冲液：将 3.0 mL 冰乙酸、6.8 g 无水乙酸钠和 4.5 mL 密度为 1.84 g/mL 的浓硫酸混合溶解，然后稀释至 1 000 mL。

5.4 12.0%钨酸钠溶液：将 12.0 g 钨酸钠($Na_2WO_4 \cdot 2H_2O$)溶于 100 mL 水中。

5.5 0.1 mol/L 碱性铁氰化钾溶液：将 32.9 g 纯净干燥的铁氰化钾[$K_3Fe(CN)_6$]与 44.0 g 碳酸钠(Na_2CO_3)溶于 1 000 mL 水中。

5.6 乙酸盐溶液：将 70 g 纯氯化钾(KCl)和 40 g 硫酸锌($ZnSO_4 \cdot 7H_2O$)溶于 750 mL 水中，然后缓慢加入 200 mL 冰乙酸，再用水稀释至 1 000 mL，混匀。

5.7 10%碘化钾溶液：称取 10 g 纯碘化钾溶于 100 mL 水中，再加一滴饱和氢氧化钠溶液。

5.8 1%淀粉溶液：称取 1 g 可溶性淀粉，用少量水润湿调和后，缓慢倒入 100 mL 沸水中，继续煮沸直至溶液透明。

5.9 0.1 mol/L 硫代硫酸钠溶液：按 GB/T 601 配制与标定。

6 仪器和用具

6.1 分析天平：分度值 0.000 1 g。

6.2 振荡器。

6.3 磨口具塞锥形瓶：100 mL。

6.4 量筒：50 mL、25 mL。

6.5 移液管：5 mL。

6.6 玻璃漏斗。

6.7 试管：直径 1.8 cm～2.0 cm，高约 18 cm。

6.8 铝锅：作沸水浴用。

6.9 电炉：2 000 W。

6.10 锥形瓶：100 mL。

6.11 微量滴定管：5 mL 或 10 mL。

7 操作步骤

7.1 样品液制备

精确称取试样 5.675 g 于 100 mL 磨口锥形瓶(6.3)中。倾斜锥形瓶以便所有试样粉末集中于一侧，用 5 mL 乙醇(5.2)浸湿全部试样，再加入 50 mL 乙酸缓冲液(5.3)，振荡摇匀后立即加入 2 mL 钨酸钠溶液(5.4)，在振荡器(6.2)上混合振摇 5 min。将混合液过滤，弃去最初几滴滤液，收集滤液于干净锥形瓶(6.10)中，此滤液即为样品测定液。另取一锥形瓶(6.10)不加试样，同上操作，滤液即为空白液。

7.2 还原糖的测定

7.2.1 氧化：用移液管(6.5)精确吸取样品液 5 mL 于试管(6.7)中，再精确加入 5 mL 碱性铁氰化钾溶液(5.5)，混合后立即将试管浸入剧烈沸腾的水浴中(6.8)，并确保试管内液面低于沸水液面下 3 cm～4 cm，加热 20 min 后取出，立即用冷水迅速冷却。

7.2.2 滴定：将试管内容物倾入 100 mL 锥形瓶(6.10)中，用 25 mL 乙酸盐溶液(5.6)荡洗试管一并倾入锥形瓶中，加 5 mL 10%碘化钾溶液(5.7)，混匀后，立即用 0.1 mol/L 硫代硫酸钠溶液(5.9)滴定至淡黄色，再加 1 mL 淀粉溶液(5.8)，继续滴定直至溶液蓝色消失，记下用去硫代硫酸钠溶液体积(V_1)。

7.2.3 空白试验：吸取空白液 5 mL，代替样品液按 7.2.1 和 7.2.2 操作，记下消耗的硫代硫酸钠溶液(5.9)体积(V_0)。

7.3 非还原糖的测定

分别吸取样品液(7.1)及空白液各 5 mL 于试管中，先在剧烈沸腾的水浴中加热 15 min(样品液中非还原糖转化为还原糖)，取出迅速冷却后，加入碱性铁氰化钾溶液(5.5)5 mL，混匀后，再放入沸腾水浴中继续加热 20 min，取出迅速冷却后，立即按 7.2.2 方法进行滴定，分别记下滴定样品液及空白液消耗硫代硫酸钠(5.9)的体积(V_1',V_0')。

8 结果计算

8.1 还原糖含量的计算

根据氧化样品液中还原糖所需 0.1 mol/L 铁氰化钾溶液的体积查表 A.1，即可查得试样中还原糖（以麦芽糖计算）的质量分数。铁氰化钾溶液体积（V_3）按式（1）计算：

$$V_3 = \frac{(V_0 - V_1) \times c}{0.1} \quad \cdots\cdots\cdots\cdots(1)$$

式中：

V_3——氧化样品液中还原糖所需 0.1 mol/L 铁氰化钾溶液的体积，单位为毫升（mL）；

V_0——滴定空白液消耗 0.1 mol/L 硫代硫酸钠溶液的体积，单位为毫升（mL）；

V_1——滴定样品液消耗 0.1 mol/L 硫代硫酸钠溶液的体积，单位为毫升（mL）；

c——硫代硫酸钠溶液实际浓度，单位为摩尔每升（mol/L）。

计算结果保留小数点后两位。

0.1 mol/L 铁氰化钾体积与还原糖含量对照可查表 A.1。

注：还原糖含量以麦芽糖计算。

8.2 非还原糖含量的计算

非还原糖含量根据氧化样品液中总还原糖所需的 0.1 mol/L 铁氰化钾溶液的体积（V_4），减去氧化样品液中还原糖所需的铁氰化钾溶液体积（V_3），最后再根据 $V_4 - V_3$ 的结果查表 A.2，即可查得试样中非还原糖（以蔗糖计）的质量分数。铁氰化钾溶液的体积（V_4）按式（2）计算：

$$V_4 = \frac{(V_0' - V_1') \times c}{0.1} \quad \cdots\cdots\cdots\cdots(2)$$

式中：

V_4——氧化样品液中总还原糖所需 0.1 mol/L 铁氰化钾溶液体积，单位为毫升（mL）；

V_0'——滴定空白液消耗硫代硫酸钠溶液体积，单位为毫升（mL）；

V_1'——滴定样品液消耗硫代硫酸钠溶液体积，单位为毫升（mL）；

c——硫代硫酸钠溶液实际浓度，单位为摩尔每升（mol/L）。

计算结果保留小数点后两位。

0.1 mol/L 铁氰化钾体积与非还原糖含量对照可查表 A.2。

注：非还原糖含量以蔗糖计算。

9 重复性

同一实验室，由同一操作者使用相同设备，按照相同的测试方法，并在短时间内，对同一被试对象，相互独立进行测试获得的两次独立测试结果差的绝对值不大于这两个测定值的算术平均值的 5%。如果两次测定结果符合要求，则取结果的平均值。

第二法　费林试剂法

10 原理

还原糖将费林试剂中的铜盐还原为氧化亚铜，加入过量的酸性硫酸铁溶液后，氧化亚铜被氧化为铜盐而溶解，而硫酸铁被还原为硫酸亚铁。高锰酸钾标准溶液滴定氧化作用后生成的亚铁盐。根据高锰酸钾标准溶液消耗量，计算氧化亚铜含量，再查表得到还原糖的量。

11 试剂和材料

11.1 费林试剂甲液：取硫酸铜（$CuSO_4 \cdot 5H_2O$）34.639 g，加适量水溶解，加硫酸 0.5 mL，再加水至

500 mL,用精制石棉过滤。

11.2 费林试剂乙液:取酒石酸钾钠 173 g 与氢氧化钠 50 g,加适量水溶解,稀释至 500 mL,用精制石棉过滤,贮存于具橡皮塞的玻璃瓶内。

11.3 3 mol/L 盐酸:取浓盐酸 25 mL,加水至 100 mL。

11.4 精制石棉:先用 3 mol/L 盐酸(11.3)将石棉浸泡 2 d～3 d 后,用水洗净。再加 10%氢氧化钠溶液浸泡 2 d～3 d,倾去溶液,用热费林试剂乙液浸泡数小时,用水洗净。再用 3 mol/L 盐酸浸泡数小时,用水洗至不呈酸性,使之成为微细的软纤维,用水浸泡贮存于玻璃瓶内,作填充古氏坩埚用。

11.5 0.1 mol/L 高锰酸钾标准溶液:按 GB/T 601 进行配制和标定。

11.6 1.0 mol/L 氢氧化钠溶液:取氢氧化钠 4.0 g,加水溶解至 100 mL。

11.7 硫酸铁溶液:取硫酸铁 50 g,加水 200 mL 溶解,然后慢慢加入浓硫酸 100 mL,冷却后加水至 1 000 mL。

11.8 6 mol/L 盐酸:取浓盐酸 100 mL,加水至 200 mL。

11.9 甲基红指示液:0.1%甲基红乙醇溶液。

11.10 20%氢氧化钠溶液:取氢氧化钠 4.0 g,加水溶解至 100 mL。

12 仪器和用具

12.1 天平:分度值 0.01 g。

12.2 粉碎磨。

12.3 古氏坩埚:25 mL。

12.4 抽滤瓶:500 mL。

12.5 真空泵或水泵。

12.6 烧杯:400 mL。

12.7 移液管:50 mL。

12.8 滴定管。

12.9 容量瓶:250 mL、1 000 mL。

13 操作方法

13.1 试样制备

取混合均匀的试样,用粉碎磨(12.2)粉碎,使 90%通过孔径 0.27 mm(60 目)筛,合并筛上、筛下物,充分混合,保存备用。

13.2 试样处理

称量试样(13.1)10 g～20 g,精确至 0.01 g,置于 250 mL 容量瓶(12.9)中,加水 200 mL,在 45 ℃水浴中加热 1 h,并不断振荡,待冷却后加水定容。静置后,吸取澄清液 200 mL 置于另一 250 mL 容量瓶中,加费林试剂甲液(11.1)10 mL 和 1 mol/L 氢氧化钠溶液(11.6)4 mL,摇匀后定容,然后静置 30 min。用干燥滤纸过滤,弃去初滤液,其余滤液供测定还原糖和非还原糖用。

13.3 还原糖测定

移取试样溶液 50 mL 于 400 mL 烧杯(12.6)中,加入费林试剂甲、乙液(11.1、11.2)各 25 mL,加盖表面皿,置电炉上加热,并在 4 min 内沸腾,再煮沸 2 min,趁热用铺有石棉的古氏坩埚(12.3)(或垂融坩埚)抽滤(12.4,12.5),并用 60℃热水洗涤烧杯和沉淀,至洗液不呈碱性为止。向古氏坩埚中加入硫酸铁溶液(11.7)和水各 25 mL,用玻璃棒搅拌,使氧化亚铜完全溶解,用前面使用过的烧杯(12.6)收集溶液,以 0.1 mol/L 高锰酸钾标准溶液(11.5)滴定至微红色。同时取水 50 mL,加费林试剂甲、乙液(11.1、11.2)各 25 mL,做试剂空白试验。

13.4 非还原糖测定

吸取已制备的样品液(13.2)50 mL,转移至 1 000 mL 容量瓶(12.9)中,加 6 mol/L 盐酸(11.8) 5 mL,在 68 ℃～70 ℃水浴中加热 15 min,冷却后加甲基红指示液(11.9)2 滴,用 20%氢氧化钠溶液(11.10)中和,加水至刻度,混匀,然后按 13.3 测定样品液中总还原糖。

14 结果计算

14.1 还原糖的计算

相当于试样中还原糖质量的氧化亚铜质量按式(3)计算：

$$X = (V - V_0) \times c \times 71.54 \qquad \cdots\cdots(3)$$

式中：

X——相当于试样中还原糖质量的氧化亚铜的质量,单位为毫克(mg);

V——试样消耗高锰酸钾标准溶液的体积,单位为毫升(mL);

V_0——试样空白消耗高锰酸钾标准溶液的体积,单位为毫升(mL);

c——高锰酸钾标准溶液的摩尔浓度,单位为摩尔每升(mol/L);

71.54——1 mol/L 高锰酸钾标准溶液 1 mL 相当于氧化亚铜的毫克数。

由所得的氧化亚铜质量,按表 A.3 查出相当的还原糖(以葡萄糖计)的质量。

还原糖干基含量(Y)以质量分数(%)表示,按式(4)计算：

$$Y = \frac{62.5 \times m_1}{m \times (100 - W)} \qquad \cdots\cdots(4)$$

式中：

m_1——由表 A.3 中查得的还原糖(以葡萄糖计)的质量,单位为毫克(mg);

m——试样质量,单位为克(g);

W——试样水分含量,%;

计算结果保留小数点后两位。

注 1：煮沸时间应控制在 4 min 内。可先取水 50 mL,加碱性酒石酸铜甲、乙液各 25 mL,调节好适当的火力后,再测样品液 。

注 2：煮沸后的溶液如不呈蓝色,表示糖量过高,可减少试样量,重新测定。

14.2 非还原糖的计算

非还原糖干基含量(Z,以蔗糖计) 以质量分数(%)表示,按式(5)计算：

$$Z = \frac{6\,250 \times 0.95 \times m_2}{m \times V \times (100 - W)} \qquad \cdots\cdots(5)$$

式中：

0.95——还原糖(以葡萄糖计)换算为蔗糖的因数;

m_2——转化后测得的还原糖(以葡萄糖计)质量,单位为毫克(mg);

m——原测定还原糖时试样质量,单位为克(g);

V——转化后用于测定还原糖的样品液的体积,单位为毫升(mL);

W——试样水分含量,%。

计算结果保留小数点后两位。

15 重复性

同一实验室,由同一操作者使用相同设备,按照相同的测试方法,并在短时间内,对同一被试对象,相互独立进行测试获得的两次独立测试结果差的绝对值不大于这两个测定值的算术平均值的 5%,如果两次测定结果符合要求,则取结果的平均值。

附 录 A
（资料性附录）
含量对照表

表 A.1 0.1 mol/L 铁氰化钾与还原糖含量对照表

0.1 mol/L $K_3Fe(CN)_6$/mL	还原糖/%	0.1 mol/L $K_3Fe(CN)_6$/mL	还原糖/%	0.1 mol/L $K_3Fe(CN)_6$/mL	还原糖/%	0.1 mol/L $K_3Fe(CN)_6$/mL	还原糖/%
0.10	0.05	2.30	1.16	4.50	2.37	6.70	3.79
0.20	0.10	2.40	1.21	4.60	2.44	6.80	3.85
0.30	0.15	2.50	1.26	4.70	2.51	6.90	3.92
0.40	0.20	2.60	1.30	4.80	2.57	7.00	3.98
0.50	0.25	2.70	1.35	4.90	2.64	7.10	4.06
0.60	0.31	2.80	1.40	5.00	2.70	7.20	4.12
0.70	0.36	2.90	1.45	5.10	2.76	7.30	4.18
0.80	0.41	3.00	1.51	5.20	2.82	7.40	4.25
0.90	0.46	3.10	1.56	5.30	2.88	7.50	4.31
1.00	0.51	3.20	1.61	5.40	2.95	7.60	4.38
1.10	0.56	3.30	1.66	5.50	3.02	7.70	4.45
1.20	0.60	3.40	1.71	5.60	3.08	7.80	4.51
1.30	0.65	3.50	1.76	5.70	3.15	7.90	4.58
1.40	0.71	3.60	1.82	5.80	3.22	8.00	4.65
1.50	0.76	3.70	1.88	5.90	3.28	8.10	4.72
1.60	0.80	3.80	1.95	6.00	3.34	8.20	4.78
1.70	0.85	3.90	2.01	6.10	3.41	8.30	4.85
1.80	0.90	4.00	2.07	6.20	3.47	8.40	4.92
1.90	0.96	4.10	2.13	6.30	3.53	8.50	4.99
2.00	1.01	4.20	2.18	6.40	3.60	8.60	5.05
2.10	1.06	4.30	2.25	6.50	3.67	8.70	5.12
2.20	1.11	4.40	2.31	6.60	3.73	8.80	5.19

注：还原糖含量以麦芽糖计算。

表 A.2　0.1 mol/L 铁氰化钾与非还原糖含量对照表

0.1 mol/L $K_3Fe(CN)_6$/mL	非还原糖/%	0.1 mol/L $K_3Fe(CN)_6$/mL	非还原糖/%	0.1 mol/L $K_3Fe(CN)_6$/mL	非还原糖/%	0.1 mol/L $K_3Fe(CN)_6$/mL	非还原糖/%
0.10	0.05	2.30	1.09	4.50	2.14	6.70	3.18
0.20	0.10	2.40	1.14	4.60	2.18	6.80	3.23
0.30	0.15	2.50	1.19	4.70	2.23	6.90	3.28
0.40	0.19	2.60	1.23	4.80	2.28	7.00	3.33
0.50	0.24	2.70	1.28	4.90	2.33	7.10	3.37
0.60	0.29	2.80	1.33	5.00	2.38	7.20	3.42
0.70	0.34	2.90	1.38	5.10	2.42	7.30	3.47
0.80	0.38	3.00	1.43	5.20	2.47	7.40	3.52
0.90	0.43	3.10	1.48	5.30	2.51	7.50	3.57
1.00	0.48	3.20	1.52	5.40	2.56	7.60	3.62
1.10	0.52	3.30	1.57	5.50	2.61	7.70	3.67
1.20	0.57	3.40	1.61	5.60	2.66	7.80	3.72
1.30	0.62	3.50	1.66	5.70	2.70	7.90	3.77
1.40	0.67	3.60	1.71	5.80	2.75	8.00	3.82
1.50	0.71	3.70	1.76	5.90	2.80	8.10	3.87
1.60	0.76	3.80	1.81	6.00	2.85	8.20	3.92
1.70	0.81	3.90	1.85	6.10	2.90	8.30	3.97
1.80	0.86	4.00	1.90	6.20	2.94	8.40	4.02
1.90	0.91	4.10	1.95	6.30	2.99	8.50	4.07
2.00	0.95	4.20	2.00	6.40	3.04		
2.10	1.00	4.30	2.04	6.50	3.09		
2.20	1.04	4.40	2.09	6.60	3.13		

注：非还原糖含量以蔗糖计算。

表 A.3 相当于氧化亚铜质量的葡萄糖、果糖、转化糖质量

单位为毫克

氧化亚铜	葡萄糖	果糖	转化糖	氧化亚铜	葡萄糖	果糖	转化糖	氧化亚铜	葡萄糖	果糖	转化糖
11.3	4.6	5.1	5.2	54.0	23.1	24.5	24.5	96.8	42.0	46.1	44.1
12.4	5.1	5.6	5.7	55.2	23.6	26.0	25.0	97.9	42.5	46.7	44.7
13.5	5.6	6.1	6.2	56.3	24.1	26.5	25.5	99.1	43.0	47.2	45.2
14.6	6.0	6.7	6.7	57.4	24.6	27.1	26.0	100.2	43.5	47.8	45.7
15.8	6.5	7.2	7.2	58.5	25.1	27.6	26.5	101.3	44.0	48.3	46.2
16.9	7.0	7.7	7.7	59.7	25.6	28.2	27.0	102.5	44.5	48.9	46.7
18.0	7.5	8.3	8.3	60.8	26.1	28.7	27.6	103.6	45.0	49.4	47.3
19.1	8.0	8.9	8.7	61.9	26.5	29.2	28.1	104.7	45.5	50.0	47.8
20.3	8.5	9.3	9.2	63.0	27.0	29.8	28.6	105.8	46.0	50.5	48.3
21.4	8.9	9.9	9.7	64.2	27.5	30.3	29.1	107.0	46.5	51.0	48.8
22.5	9.4	10.4	10.2	65.3	28.0	30.9	29.6	108.1	47.0	51.6	49.4
23.6	9.9	10.9	10.7	66.4	28.5	31.4	30.1	109.2	47.5	52.2	49.9
24.8	10.4	11.5	11.2	67.6	29.0	31.9	30.6	110.3	48.0	52.7	50.4
25.9	10.9	12.0	11.7	68.7	29.5	32.5	31.2	111.5	48.5	53.3	50.9
27.0	11.4	12.5	12.3	69.8	30.0	33.0	31.7	112.6	49.0	53.8	51.5
28.1	11.9	13.1	12.8	70.9	30.5	33.6	32.2	113.7	49.5	54.4	52.0
29.3	12.3	13.6	13.3	72.1	31.0	34.1	32.7	114.8	50.0	54.9	52.5
30.4	12.8	14.2	13.8	73.2	31.5	34.7	33.2	116.0	50.6	55.5	53.0
31.5	13.3	14.7	14.3	74.3	32.0	35.2	33.7	117.1	51.1	56.0	53.6
32.6	13.6	15.2	14.8	75.4	32.5	35.8	34.3	118.2	51.6	56.6	54.1
33.8	14.3	15.8	15.3	76.6	33.0	36.3	34.8	119.3	52.1	57.1	54.6
34.9	14.8	16.3	15.8	77.7	33.5	36.8	35.3	120.5	52.6	57.7	55.2
36.0	15.3	16.8	16.3	78.8	34.0	37.4	35.8	121.6	53.1	58.2	55.7
37.2	15.7	17.4	16.8	79.9	34.5	37.9	36.3	122.7	53.6	58.8	56.2
38.3	16.2	17.9	17.3	81.1	35.0	38.5	36.8	123.8	54.1	59.3	56.7
39.4	16.7	18.4	17.8	82.2	35.5	39.0	37.4	125.0	54.6	59.9	57.3
40.5	17.2	19.0	18.3	83.3	36.0	39.6	37.9	126.1	55.1	60.4	57.8
41.7	17.7	19.5	18.9	84.4	36.5	40.1	38.4	127.2	55.6	61.0	58.3
42.8	18.2	20.1	19.4	85.6	37.0	40.7	38.9	128.3	56.1	61.6	58.9
43.9	18.7	20.6	19.9	86.7	37.5	41.2	39.4	129.5	56.7	62.1	59.4
45.0	19.2	21.1	20.4	87.8	38.0	41.7	40.0	130.6	57.2	62.7	59.9
46.2	19.7	21.7	20.9	88.9	38.5	42.3	40.5	131.7	57.7	63.2	60.4
47.3	20.1	22.2	21.4	90.1	39.0	42.8	41.0	132.8	58.2	63.8	61.0
48.4	20.6	22.8	21.9	91.2	39.5	43.4	41.5	134.0	58.7	64.3	61.5
49.5	21.1	23.3	22.4	92.3	40.0	43.9	42.0	135.1	59.2	64.9	62.0
50.7	21.6	23.8	22.9	93.4	40.5	44.5	42.6	136.2	59.7	65.4	62.6
51.8	22 1	24.4	23.5	94.6	41.0	45.0	43.1	137.4	60.2	66.0	63.1
52.9	22.6	24.9	24.0	95.7	41.5	45.5	43.6	138.5	60.7	66.5	63.6

表 A.3（续）

单位为毫克

氧化亚铜	葡萄糖	果糖	转化糖	氧化亚铜	葡萄糖	果糖	转化糖	氧化亚铜	葡萄糖	果糖	转化糖
139.6	61.3	67.1	64.7	185.8	82.5	90.1	86.2	233.1	104.8	114.0	109.3
140.7	61.8	67.7	64.7	186.9	83.1	90.6	86.8	234.2	105.4	114.6	109.8
141.9	62.3	68.2	65.2	188.0	83.6	91.2	87.3	235.3	105.9	115.2	110.4
143.0	62.8	69.6	66.8	189.1	84.1	91.8	87.8	236.4	106.5	115.7	110.9
144.1	63.3	69.3	66.3	190.3	84.6	92.3	88.4	237.6	107.0	116.3	111.5
145.2	63.8	69.9	66.8	191.4	85.2	92.9	88.9	238.7	107.5	116.9	112.1
147.5	64.9	71.0	67.9	192.5	85.7	93.5	89.5	239.8	108.1	117.5	112.6
148.6	65.4	71.6	68.4	193.6	86.2	94.0	90.0	240.9	108.6	118.0	113.2
149.7	65.9	72.1	69.0	194.8	86.7	94.6	90.6	242.1	109.2	118.6	113.7
150.9	66.4	72.7	69.5	195.9	87.3	95.2	91.1	243.1	109.7	119.2	114.3
152.0	66.9	73.2	70.0	197.0	87.8	95.7	91.7	244.3	110.2	119.8	114.9
153.1	67.4	73.8	70.6	198.1	88.3	96.3	92.2	245.4	110.8	120.3	115.4
154.2	68.0	74.3	71.1	199.3	88.9	96.9	92.8	246.6	111.3	120.9	116.0
155.4	68.5	74.9	71.6	200.4	89.4	97.4	93.3	247.7	111.9	121.5	116.5
156.5	69.0	75.5	72.2	201.5	89.9	98.0	93.8	248.8	112.4	122.1	117.1
157.6	69.5	76.0	72.7	202.7	90.4	98.6	94.4	249.9	112.9	122.6	117.6
158.7	70.0	76.6	73.2	203.8	91.0	99.2	94.9	251.1	113.5	123.2	118.2
159.9	70.5	77.1	73.8	204.9	91.5	99.7	95.5	252.2	114.0	123.8	118.8
161.0	71.1	77.7	74.3	206.0	92.0	100.3	96.0	253.3	114.6	124.4	119.3
162.1	71.6	78.3	74.9	207.2	92.6	100.9	96.6	254.4	115.1	125.0	119.9
163.2	72.1	78.8	75.4	208.3	93.1	101.4	97.1	255.6	115.7	125.5	120.4
164.4	72.6	79.4	75.9	209.4	93.6	102.0	97.7	256.7	116.2	126.1	121.0
165.5	73.1	80.0	76.5	210.5	94.2	102.6	98.2	257.8	116.7	126.7	121.6
166.6	73.7	80.5	77.0	211.7	94.7	103.1	98.8	258.9	117.3	127.3	122.1
167.8	74.2	81.1	77.6	212.8	95.2	103.7	99.3	260.1	117.8	127.9	122.7
168.9	74.7	81.6	78.1	213.9	95.7	104.3	99.9	261.2	118.4	128.4	123.3
170.0	75.2	82.2	78.6	215.0	96.3	104.8	100.4	262.3	118.9	129.0	123.8
171.1	75.7	82.8	79.2	216.2	96.8	105.4	101.0	264.6	120.0	130.2	124.9
172.3	76.3	83.3	79.7	217.3	97.3	106.0	101.5	265.7	120.6	130.8	125.5
173.4	76.8	83.9	80.3	218.4	97.9	106.6	102.1	266.8	121.1	131.3	126.1
174.5	77.3	84.4	80.8	219.5	98.4	107.1	102.6	268.0	121.7	131.9	126.6
175.6	77.8	85.0	81.3	220.7	98.9	107.1	103.2	269.1	122.2	132.5	127.2
176.8	78.3	85.6	81.9	221.8	99.5	108.3	103.7	270.2	122.7	133.1	127.8
177.9	78.9	86.1	82.4	222.9	100.0	108.8	104.3	271.3	123.3	133.7	128.3
179.0	79.4	86.7	83.0	226.3	101.6	110.6	106.0	272.5	123.8	134.2	128.9
180.1	79.9	87.3	83.5	227.4	102.2	111.1	106.5	274.7	124.9	135.4	130.0
181.3	80.4	87.8	84.0	228.5	102.7	111.7	107.1	275.8	125.5	136.0	130.6
182.4	81.0	88.4	84.6	229.7	103.2	112.3	107.6	277.0	126.0	136.6	131.2
183.5	81.5	89.0	85.1	230.8	103.8	112.9	108.2	278.1	126.6	137.2	131.7
184.5	82.0	89.5	85.7	231.9	104.3	113.4	108.7	279.2	127.1	137.7	132.3

表 A.3(续)

单位为毫克

氧化亚铜	葡萄糖	果糖	转化糖	氧化亚铜	葡萄糖	果糖	转化糖	氧化亚铜	葡萄糖	果糖	转化糖
280.3	127.7	138.3	132.9	326.5	150.5	162.5	156.4	372.7	173.9	187.0	180.4
281.5	128.2	138.9	133.4	327.6	151.1	163.1	157.0	373.8	174.5	187.6	181.0
282.6	128.8	139.5	134.0	328.7	151.7	163.7	157.5	374.9	175.1	188.2	181.6
283.7	129.3	140.1	134.6	329.9	152.2	164.3	158.1	376.0	175.7	188.8	182.2
284.8	129.9	140.7	135.1	331.0	152.8	164.9	158.7	377.2	176.3	189.4	182.8
286.0	130.4	141.3	135.7	332.1	153.4	165.4	159.3	378.3	176.8	190.1	183.4
287.1	131.0	141.8	136.3	333.3	153.9	166.0	159.9	379.4	177.4	190.7	184.0
288.2	131.6	142.4	136.8	334.4	154.5	166.6	160.5	380.5	178.0	191.3	184.6
289.3	132.1	143.0	137.4	335.5	155.1	167.2	161.0	381.7	178.6	191.9	185.2
290.5	132.7	143.6	138.0	336.6	155.6	167.8	161.6	382.8	179.2	192.5	185.8
291.6	133.2	144.2	138.6	337.8	156.2	168.4	162.2	383.9	179.7	193.1	186.4
292.7	133.8	144.8	139.1	338.9	156.8	169.0	162.8	385.0	180.3	193.7	187.0
293.8	134.3	145.4	139.7	340.0	157.3	169.6	163.4	386.2	180.9	194.3	187.6
295.0	134.9	145.9	140.3	341.1	157.9	170.2	164.0	387.3	181.5	194.9	188.2
296.1	135.4	146.5	140.8	342.3	158.5	170.8	164.5	388.4	182.1	195.5	188.8
297.2	136.0	147.1	141.4	343.4	159.0	171.4	165.1	389.5	182.7	196.1	189.4
298.3	136.5	147.7	142.0	344.5	159.6	172.0	165.7	390.7	183.2	196.7	190.0
299.5	137.1	148.3	142.6	345.6	160.2	172.6	166.3	391.8	183.8	197.3	190.6
300.6	137.7	148.9	143.1	346.8	160.7	173.2	166.9	392.9	184.4	197.9	191.2
301.7	138.2	149.5	143.7	347.9	161.3	173.8	167.5	394.0	185.0	198.5	191.8
302.9	138.8	150.1	144.3	349.0	161.9	174.4	168.0	395.2	185.6	199.2	192.4
304.0	139.3	150.6	144.8	350.1	162.5	175.0	168.6	396.3	186.2	199.8	193.0
305.1	139.9	151.2	145.4	351.3	163.0	175.6	169.2	397.4	186.8	200.4	193.6
306.2	140.4	151.8	146.0	352.4	163.6	176.2	169.8	398.5	187.3	201.0	194.2
307.4	141.0	152.4	146.6	353.5	164.2	176.8	170.4	399.7	187.9	201.6	194.8
308.5	141.6	153.0	147.1	354.6	164.7	177.4	171.0	400.8	188.5	202.2	195.4
309.6	142.1	153.6	147.7	355.8	165.3	178.0	171.6	401.9	189.1	202.8	196.0
310.7	142.7	154.2	148.3	356.9	165.9	178.6	172.2	403.1	189.7	203.4	196.6
311.9	143.2	154.8	148.9	358.0	166.5	179.2	172.8	404.2	190.3	204.0	197.2
313.0	143.8	155.4	149.4	359.1	167.0	179.8	173.3	405.3	190.9	204.7	197.8
314.1	144.4	156.0	150.0	360.3	167.6	180.4	173.9	406.4	191.5	205.3	198.4
315.2	144.9	156.5	150.6	361.4	168.2	181.0	174.5	407.6	192.0	205.9	199.0
316.4	145.5	157.1	151.2	362.5	168.8	181.6	175.1	408.7	192.6	206.5	199.6
317.5	146.0	157.7	151.8	363.6	169.3	182.2	175.7	409.8	193.2	207.1	200.2
318.6	146.6	158.3	152.3	364.8	169.9	182.8	176.3	410.9	193.8	207.7	200.8
319.7	147.2	158.9	152.9	365.9	170.5	183.4	176.9	413.2	195.0	209.0	202.0
320.9	147.7	159.5	153.5	368.2	171.6	184.6	178.1	414.3	195.6	209.6	202.6
323.1	148.8	160.7	154.6	369.3	172.2	185.2	178.7	415.4	196.2	210.2	203.2
324.2	149.4	161.3	155.2	370.4	172.8	185.8	179.2	416.6	196.8	210.8	203.8
325.4	150.0	161.9	155.8	371.5	173.4	186.4	179.8	417.7	197.4	211.4	204.4

表 A.3（续）

单位为毫克

氧化亚铜	葡萄糖	果糖	转化糖	氧化亚铜	葡萄糖	果糖	转化糖	氧化亚铜	葡萄糖	果糖	转化糖
418.8	198.0	212.0	205.0	442.5	210.5	225.1	217.9	467.2	223.9	239.0	231.7
419.9	198.5	212.6	205.7	443.6	211.1	225.7	218.5	468.4	224.5	239.7	232.3
421.1	199.1	213.3	206.3	444.7	211.7	226.3	219.1	469.5	225.1	240.3	232.9
422.2	199.7	213.9	206.9	447.0	212.9	227.6	220.4	470.6	225.7	241.0	233.6
423.3	200.3	214.5	207.5	448.1	213.5	228.2	221.0	471.7	226.3	241.6	234.2
424.4	200.9	215.1	208.1	449.2	214.1	228.8	221.6	472.9	227.0	242.2	234.8
425.6	201.5	215.7	208.7	450.3	214.7	229.4	222.2	474.0	227.6	242.9	235.5
426.7	202.1	216.3	209.3	451.5	215.3	230.1	222.9	475.1	228.2	243.6	236.1
427.8	202.7	217.0	209.9	452.6	215.9	230.7	223.5	476.2	228.8	244.3	236.8
428.9	203.3	217.6	210.5	453.7	216.5	231.3	224.1	477.4	229.5	244.9	237.5
430.1	203.9	218.2	211.1	454.8	217.1	232.0	224.7	478.5	230.1	245.6	238.1
431.2	204.5	218.8	211.8	456.0	217.8	232.6	225.4	479.6	230.7	246.3	238.8
432.3	205.1	219.5	212.4	457.1	218.4	233.2	226.0	480.7	231.4	247.0	239.5
433.5	205.7	220.1	213.0	458.2	219.0	233.9	226.6	481.9	232.0	247.8	240.2
434.6	206.3	220.7	213.6	459.3	219.6	234.5	227.2	483.0	232.7	248.5	240.8
435.7	206.9	221.3	214.2	460.5	220.2	235.1	227.9	484.1	233.3	249.2	241.5
436.8	207.5	221.9	214.8	461.6	220.8	235.8	228.5	485.2	234.0	250.0	242.3
438.0	208.1	222.6	215.4	462.7	221.4	236.4	229.1	486.4	234.7	250.8	243.0
439.1	208.7	223.2	216.0	463.8	222.0	237.1	229.7	487.5	235.3	251.6	243.8
440.2	209.3	223.8	216.7	465.0	222.6	237.7	230.4	488.6	236.1	252.7	244.7
441.3	209.9	224.4	217.3	466.1	223.3	238.4	231.0	489.7	236.9	253.7	245.8

ICS 67.040
X 04

中华人民共和国国家标准

GB/T 5514—2008
代替 GB/T 5514—1985

粮油检验　粮食、油料中淀粉含量测定

Inspection of grain and oils—Determination of starch content in grain and oilseeds

2008-11-04 发布　　　　2009-01-20 实施

中华人民共和国国家质量监督检验检疫总局
中国国家标准化管理委员会　发布

前　言

本标准代替 GB/T 5514—1985《粮食、油料检验　淀粉测定法》。

本标准与 GB/T 5514—1985 相比主要变化如下：

——将标准名称由《粮食、油料检验　淀粉测定法》修改为《粮油检验　粮食、油料中淀粉含量测定》；

——要求样品的粉碎粒度全部过孔径 0.45 mm 筛；

——要求实验用水应符合 GB/T 6682 中三级水的要求；

——酸处理的水解温度改为沸水浴回流 1 h；

——修改试样称量精度；

——使用试剂淀粉酶替代自制淀粉酶；

——修改了对重复性的要求。

本标准由国家粮食局提出。

本标准由全国粮油标准化技术委员会归口。

本标准起草单位：国家粮食局科学研究院、山东龙力生物科技有限公司。

本标准主要起草人：伍松陵、程树峰、唐芳、肖林、高岩。

本标准所代替标准的历次版本发布情况为：

——GB/T 5514—1985。

粮油检验　粮食、油料中淀粉含量测定

1　范围

本标准规定了粮食、油料中淀粉含量测定的有关术语和定义、原理、试剂和材料、仪器设备、操作步骤、结果计算和重复性。

本标准适用于粮食、油料中淀粉含量的测定。

2　规范性引用文件

下列文件中的条款通过本标准的引用而成为本标准的条款。凡是注日期的引用文件，其随后所有的修改单(不包括勘误的内容)或修订版均不适用于本标准，然而，鼓励根据本标准达成协议的各方研究是否可使用这些文件的最新版本。凡是不注日期的引用文件，其最新版本适用于本标准。

GB/T 5009.7　食品中还原糖的测定

GB/T 5497　粮食、油料检验　水分测定法

GB/T 6682　分析实验室用水规格和试验方法(GB/T 6682—2008，ISO 3696:1987，MOD)

3　术语和定义

下列术语和定义适用于本标准。

3.1

淀粉　strach

由单一的葡萄糖分子脱水聚合而成的，葡萄糖分子以 α-1,4-糖苷键、α-1,3-糖苷键、α-1,6-糖苷键链接而成的天然物质。

4　原理

试样经除去脂肪及可溶性糖类后，其中 α-淀粉经淀粉酶水解成双糖，双糖再用盐酸水解成具有还原性的单糖，最后按还原糖测定，并折算成淀粉。

5　试剂和材料

除非另有说明，仅使用分析纯试剂。

5.1　淀粉酶溶液：称取 α-淀粉酶 0.5 g，加 100 mL 水溶解，加入数滴甲苯或三氯甲烷，防止长霉。

5.2　碘溶液：称取 3.6 g 碘化钾溶于 20 mL 水中，加入 1.3 g 碘，溶解后加水稀释至 100 mL。

5.3　85%乙醇。

5.4　6 mol/L 盐酸：取盐酸 100 mL 加水至 200 mL。

5.5　200 g/L 氢氧化钠溶液。

5.6　甲基红指示液：称取 0.1 g 甲基红用 95%乙醇溶液定容至 100 mL。

5.7　乙醚。

5.8　水：应符合 GB/T 6682 中三级水的要求。

6　仪器设备

实验室常规仪器及下列仪器：

6.1　粉碎磨：粉碎样品，使其完全通过孔径 0.45 mm(40 目)筛。

6.2 天平：分度值 0.01 g。

6.3 锥形瓶：250 mL。

6.4 回流冷凝装置：能与 250 mL 锥形瓶瓶口相匹配。

6.5 容量瓶：250 mL。

6.6 抽滤装置：由玻璃砂芯漏斗和吸滤瓶组成，用水泵或真空泵抽滤。

6.7 恒温水浴锅。

7 操作步骤

7.1 试样的制备

取经缩分的待测样品，用粉碎磨(6.1)粉碎至全部通过 0.45 mm 孔筛，充分混合，保存备用。

7.2 水分测定

试样水分含量的测定按 GB/T 5497 执行。

7.3 试样处理

7.3.1 称取试样(7.1)约 2 g～5 g(m_0，精确至 0.01 g)，置于放有折叠滤纸的漏斗内，先用 50 mL 乙醚(5.7)分 5 次洗涤去除脂肪，再用约 100 mL 乙醇(5.3)洗涤除去可溶性糖类，将残留物移入 250 mL 烧杯内，并用 50 mL 水洗滤纸及漏斗，洗液并入烧杯内。

注：试样中含脂肪量很少时，可不用乙醚洗涤。

7.3.2 将烧杯置沸水浴上加热 15 min，使淀粉糊化。

7.3.3 将糊化的试样，放置冷却至 60 ℃以下，加 20 mL α-淀粉酶溶液(5.1)，在恒温水浴锅(6.7)中 55 ℃～60 ℃保温水解 1 h，并经常搅拌。

7.3.4 取酶解液(7.3.3)1 滴加 1 滴碘溶液，应不显蓝色，若显蓝色，再加热糊化并加 20 mL α-淀粉酶溶液，继续保温，直至加碘不显蓝色为止。

注：在使用 α-淀粉酶之前，可用已知含量的淀粉糊溶液少许，加定量的 α-淀粉酶溶液，置 55 ℃～60 ℃水浴上加热 1 h，用碘溶液观察，经水解后蓝色是否减退或消失，以确定酶的活力及水解时所需用量。

7.3.5 将酶解完全的试样加热至沸，冷后移入 250 mL 容量瓶中并加水定容至刻度，混匀，过滤，弃去初滤液。

7.3.6 取 50 mL 滤液(7.3.5)，置于 250 mL 锥形瓶(6.3)中，加 5 mL 盐酸(5.4)，装上回流冷凝管(6.4)，在沸水浴中回流 1 h。冷却后加 2 滴甲基红指示液，用氢氧化钠溶液(5.5)中和至中性，溶液转入 100 mL 容量瓶中，洗涤锥形瓶，洗液并入 100 mL 容量瓶中，加水定容至刻度，混匀备用。

7.4 测定

用处理好的试样(7.3.6)按 GB/T 5009.7 操作，测定还原糖含量。同时量取 50 mL 水及与试样处理时相同量的 α-淀粉酶溶液，按同一方法作试剂空白试验。

8 结果计算

8.1 试样中淀粉的干基含量(X)以质量分数表示，按式(1)计算：

$$X=\frac{500\times 0.9\times (m_1-m_2)}{m_0\times V\times (1-w)\times 1\,000}\times 100 \quad \cdots\cdots(1)$$

式中：

X——试样中淀粉的干基含量，%；

m_1——转化后测得的还原糖(以葡萄糖计)质量，单位为毫克(mg)；

m_2——试剂空白相当于还原糖(以葡萄糖计)质量，单位为毫克(mg)；

m_0——试样质量，单位为克(g)；

V——转化后稀释为 100 mL，测定还原糖的体积，单位为毫升(mL)；

w——试样水分，%；

0.9——还原糖(以葡萄糖计)换算成淀粉的换算系数。

8.2　每份样品应平行测定两次，平行试样测定的结果符合重复性要求时，取其算术平均值作为结果，测定结果保留到小数点后两位。

9　重复性

同一实验室，由同一操作者使用相同设备，按照相同的测定方法，并在短时间内，对同一被试对象，相互独立进行测定获得的两次独立测定结果差的绝对值不大于这两个测定值的算术平均值的5%。

ICS 67.040
X 10

GB

中华人民共和国国家标准

GB/T 5515—2008/ISO 6865:2000
代替 GB/T 5515—1985

粮油检验　粮食中粗纤维素含量测定 介质过滤法

Inspection of grain and oils—Determination of crude fibre content in grain—Method with intermediate filtration

(ISO 6865:2000, IDT)

2008-08-22 发布　　2008-12-01 实施

中华人民共和国国家质量监督检验检疫总局
中国国家标准化管理委员会　发布

前　言

本标准等同采用 ISO 6865:2000《动物饲料　粗纤维素含量测定　介质过滤法》(英文版)。

为了便于使用,本标准对 ISO 6865:2000 进行了下列编辑性修改:

——“本国际标准”一词改为“本标准”;

——用小数点“.”代替作为小数点的逗号“,”;

——删除国际标准的前言;

——将引用文件中的 ISO 6498:1998 替换为 GB/T 20195;

——石油醚沸程由 40 ℃～60 ℃改为 30 ℃～60 ℃。

本标准是对 GB/T 5515—1985《粮食、油料检验　粗纤维素测定法》的修订。

本标准与 GB/T 5515—1985 相比主要变化如下:

——增加了原理、规范性引用文件、术语和定义、扦样、试样制备、半自动操作方法分析步骤、精密度和测试报告。

本标准自实施之日起代替 GB/T 5515—1985。

本标准中附录 A 为资料性附录。

本标准由国家粮食局提出。

本标准由全国粮油标准化技术委员会归口。

本标准起草单位:国家粮食局科学研究院。

本标准主要起草人:张佳欣、郝希成、吴春华。

本标准所替代的标准历次版本发布情况为:

——GB/T 5515—1985。

粮油检验　粮食中粗纤维素含量测定
介质过滤法

1　范围

本标准规定了用介质过滤法测定粮食中粗纤维含量的手工操作和半自动操作的测定步骤。

本标准适用于粗纤维含量高于 10 g/kg 的谷物、豆类以及动物饲料中粗纤维素含量的测定。

注：若粗纤维素含量不高于 10 g/kg，应按照 ISO 6541 执行。

2　规范性引用文件

下列文件中的条款通过本标准的引用而成为本标准的条款。凡是注日期的引用文件，其随后所有的修改单（不包括勘误的内容）或修订版均不适用于本标准，然而，鼓励根据本标准达成协议的各方研究是否可使用这些文件的最新版本。凡是不注日期的引用文件，其最新版本适用于本标准。

GB/T 6682　分析实验室用水规格和试验方法（GB/T 6682—2008，ISO 3696:1987，MOD）

GB/T 20195　动物饲料　试样的制备（GB/T 20195—2006，ISO 6498:1998，IDT）

3　术语和定义

下列术语和定义适用于本标准。

3.1

粗纤维素含量　crude fibre content

样品按照本标准规定的分析步骤，经过酸和碱消解后得到的残渣，经干燥、灰化后损失的部分占试样的质量分数。

注：粗纤维素含量用 g/kg 表示。也可以用质量分数（%）表示。

4　原理

试样用沸腾的稀硫酸处理，残渣经过滤分离、洗涤，用沸腾的氢氧化钾溶液处理。处理后的残渣经过滤分离、洗涤、干燥并称量，然后灰化。灰化中损失的质量相当于试样中粗纤维的质量。

5　试剂

除非特别说明，所使用试剂均为分析纯。

5.1　水：至少应符合 GB/T 6682 规定的三级水。

5.2　盐酸溶液：$c(HCl)=0.5$ mol/L。

5.3　硫酸溶液：$c(H_2SO_4)=(0.13\pm0.005)$ mol/L。

5.4　氢氧化钾溶液：$c(KOH)=(0.23\pm0.005)$ mol/L。

5.5　丙酮。

5.6　过滤辅料：海砂或硅藻土 545，或质量相当的其他材料。

使用前，海砂用沸腾的盐酸溶液［$c(HCl)=4$ mol/L］处理，用水洗涤至中性，然后在 500 ℃±25 ℃下至少加热 1 h。其他滤器辅料在 500 ℃±25 ℃下至少加热 4 h。

5.7　消泡剂：如正辛醇。

5.8　石油醚：沸程 30 ℃～60 ℃。

6 仪器

实验室常用仪器，特别是下列仪器：

6.1 粉碎设备：能将样品粉碎，使其能全部通过筛孔孔径为 1 mm 的筛。

6.2 分析天平：分度值 0.1 mg。

6.3 滤埚：石英、陶瓷或者硬质玻璃材质，带有烧结的滤板，孔径 40 μm～100 μm（按照 ISO 4793：1980，孔隙度为 P100）。在初次使用前，将新滤埚小心地逐步加温，温度不超过 525 ℃，并在 500 ℃±25 ℃下保持数分钟。也可以使用具有同样性能特性的不锈钢坩埚，其不锈钢滤板的孔径为 90 μm。

6.4 陶瓷筛板。

6.5 灰化皿。

6.6 烧杯或锥形瓶：容量 500 mL，带有配套的冷却装置。

6.7 干燥箱：电加热，可通风，能保持温度在 130 ℃±2 ℃。

6.8 干燥器：盛有蓝色硅胶干燥剂，内有厚度为 2 mm～3 mm 的多孔板，最好为铝制或不锈钢材质。

6.9 马福炉：电加热，可以通风，温度可以调控，在 475 ℃～525 ℃条件下能够保持滤埚周围温度准确至±25 ℃。

马福炉的温度读数可能发生误差，因此对马福炉中的温度要定期校正。因马福炉的大小及类型不同，炉内不同位置的温度可能不同。当炉门关闭时，必须有充足的空气供应。空气体积流速不宜过大，以免带走滤埚中的物质。

6.10 冷提取装置：需带有滤埚支架，以及连接真空、液体排出孔的有旋塞排放管和连接滤埚的连接环等部件。

6.11 加热装置（适用于手工操作方法）：带有冷却装置，以保证溶液沸腾时体积不发生变化。

6.12 加热装置（适用于半自动操作方法）：用于酸碱消解。需包括有：滤埚支架；连接真空和液体排出孔的有旋塞排放管；容积至少 270 mL 的消解圆筒，供消解用，并带有回流冷凝器；连接加热装置、滤埚和消解圆筒的连接环。压缩空气可以选配。使用前装置用沸水预热 5 min。

7 扦样

本标准不规定扦样方法，推荐采用 ISO 6497 规定的方法。

实验室接受的样品应具有代表性，并且在运输和保存过程中无损坏或变质。

8 试样制备

按照 GB/T 20195 制备样品。用粉碎装置（6.1）将实验室风干的样品粉碎，使其能完全通过筛孔为 1 mm 的筛，然后将样品充分混合均匀。

手工操作方法按第 9 章进行操作，半自动操作方法按第 10 章进行操作。

9 手工操作方法

9.1 试料

称取 1 g 制备好的试样（第 8 章），准确至 0.1 mg（m_1）。如果试样脂肪含量超过 100 g/kg，或试样中的脂肪不能用石油醚（5.8）提取，则将试样转移至滤埚（6.3）中，按 9.2 处理；如果试样脂肪含量不超过 100 g/kg，则将试样转移至烧杯（6.6）中。如果其碳酸盐（以碳酸钙计）超过 50 g/kg，按 9.3 处理；如果其碳酸盐（以碳酸钙计）不超过 50 g/kg，直接按 9.4 进行操作。

9.2 预脱脂

在冷提取装置（6.10）中，在真空条件下，试样用 30 mL 石油醚（5.8）脱脂后，抽吸干燥残渣，重复

3 次。将残渣转移至烧杯(6.6)中。

9.3 除去碳酸盐

样品中加入 100 mL 盐酸(5.2),连续振摇 5 min,小心地将溶液倒入铺有过滤辅料(5.6)的滤埚中,小心地用水洗涤两次,每次 100 mL,充分洗涤使尽可能少的物质留在过滤辅料上。把滤埚中的物质转移至原来的烧杯里,按 9.4 进行操作。

9.4 酸消解

向样品中加入 150 mL 硫酸(5.3)。尽快加热至沸腾,并且保持沸腾状态 30 min±1 min。开始沸腾时,缓慢转动烧杯。如果起泡,加入数滴消泡剂(5.7)。开启冷却装置保持溶液体积不发生变化(见 6.6 和 6.11)。

9.5 第一次过滤

在滤埚(6.3)中铺一层过滤辅料(5.6),其厚度约为滤埚高度的五分之一,过滤辅料上可盖筛板(6.4)以防溅起。当酸消解结束时,把液体通过搅拌棒倾入滤埚中,用弱真空抽滤,使 150 mL 酸消解液几乎全部通过。若发生堵塞而无法抽滤时,用搅拌棒小心地拨开覆盖在过滤辅料上的粗纤维。残渣用热水洗涤 5 次,每次用水约 10 mL。注意使滤埚的筛板始终有过滤辅料覆盖,使粗纤维不接触筛板。停止抽气,加入一定体积的丙酮(5.5),使其刚好能覆盖残渣。静置数分钟后,慢慢抽滤除去丙酮,继续抽气,使空气通过残渣,使其干燥。如果试样中的脂肪不能直接用石油醚(5.8)提取,按照 9.6 操作,反之按照 9.7 操作。

9.6 脱脂

在冷凝装置(6.10)中,在真空条件下试样用 30 mL 石油醚(5.8)脱脂并抽吸干燥,重复 3 次。

9.7 碱消解

将残渣定量转移至酸消解用的同一烧杯中。加入 150 mL 氢氧化钾溶液(5.4),尽快加热至沸腾,并且保持沸腾状态 30 min±1 min。开启冷却装置保持溶液体积不发生变化(见 6.6 和 6.11)。

9.8 第二次过滤

在滤埚(6.3)中铺一层过滤辅料(5.6),其厚度约为滤埚高度的五分之一,过滤辅料上可盖一筛板(6.4)以防溅起。将烧杯中的物质过滤到滤埚里,残渣用热水洗涤至中性。残渣在负压条件下用丙酮(5.5)洗涤三次,每次用丙酮 30 mL,每次洗涤后继续抽气以干燥残渣。

9.9 干燥

将滤埚置于灰化皿中(6.5),在 130 ℃干燥箱(6.7)中至少干燥 2 h。在加热或冷却的过程中,滤埚的烧结滤板可能会部分松散,从而导致分析结果错误,因此应将滤埚置于灰化皿中。滤埚和灰化皿在干燥器(6.8)中冷却,从干燥器中取出后,立即对滤埚和灰化皿进行称量(m_2),称量准确至 0.1 mg。

9.10 灰化

把滤埚和灰化皿放到马福炉(6.9)中,在 500 ℃±25 ℃下灰化。每次灰化后,让滤埚和灰化皿在马福炉中初步冷却,待温热时取出,置于干燥器中,使其完全冷却,再进行称量,直至冷却后两次的称量差值不超过 2 mg。最后一次称量结果记为 m_3,称量准确至 0.1 mg。

9.11 空白测定

用大约相同数量的滤器辅料(5.6)按 9.4~9.10 进行空白测定,但不加试样。灰化(9.10)引起的质量损失不应超过 2 mg。结果按第 11 章处理。

10 半自动操作方法

10.1 试料

称取 1 g 制备的试样,准确至 0.1 mg(m_1),转移至带有约 2 g 过滤辅料(5.6)的滤埚(6.3)中。如果试样脂肪含量超过 100 g/kg,或者试样中的脂肪不能用石油醚(5.8)提取,则按 10.2 处理。如果试样脂肪含量不超过 100 g/kg,其碳酸盐(以碳酸钙计)超过 50 g/kg,按 10.3 处理;反之,按 10.4 处理。

10.2 预脱脂

将滤埚和冷提取装置(6.10)连接,在真空条件下试样用 30 mL 石油醚(5.8)脱脂后,抽吸干燥残渣,重复 3 次。如果其碳酸盐(以碳酸钙计)含量超过 50 g/kg,按 10.3 处理;反之,按 10.4 处理。

10.3 除去碳酸盐

将滤埚和加热装置(6.12)连接,加入 30 mL 盐酸(5.2),放置 1 min。洗涤过滤样品,重复 3 次。用约 30 mL 的水洗涤一次,然后按 10.4 操作。

10.4 酸消解

将消解圆筒和滤埚连接,将 150 mL 沸腾的硫酸(5.3)加入带有滤埚的圆筒中,如果起泡,加入数滴消泡剂(5.7),尽快加热至沸腾,并保持剧烈沸腾 30 min±1 min。

10.5 第一次过滤

停止加热,打开排放管旋塞,在真空条件下,通过滤埚将硫酸滤出,残渣每次用 30 mL 热水洗涤至少三次,洗涤至中性,每次洗涤后继续抽气以干燥残渣。如果过滤器堵塞,可小心吹气以排除堵塞。如果试样中的脂肪不能直接用石油醚(5.8)提取,按照 10.6 操作,反之按照 10.7 操作。

10.6 脱脂

连接滤埚和冷却装置(6.10),残渣在真空条件下用丙酮(5.5)洗涤三次,每次用丙酮 30 mL。然后残渣在真空条件下用石油醚(5.8)洗涤三次,每次用 30 mL 石油醚。每一次洗涤后继续抽气以干燥残渣。

10.7 碱消解

关闭排出孔旋塞,将 150 mL 沸腾的氢氧化钾溶液(5.4)转移至带有滤埚的圆筒,加入数滴消泡剂(5.7),尽快加热至沸腾,并保持剧烈沸腾 30 min±1 min。

10.8 第二次过滤

停止加热,打开排放管旋塞,在真空条件下通过滤埚将氢氧化钾溶液滤去,每次用 30 mL 热水至少清洗残渣 3 次,直至中性,每次洗涤后都要继续抽气以干燥残渣。如果过滤器堵塞,可小心吹气以排除堵塞。将滤埚连接到冷提取装置(6.10)上,残渣在真空条件下每次用 30 mL 丙酮洗涤残渣三次,每次洗涤后都要继续抽气以干燥残渣。

10.9 干燥

将滤埚置于灰化皿中(6.5),在 130 ℃干燥箱(6.7)中至少干燥 2 h。在灰化皿冷却的过程中,滤埚的烧结滤板可能会部分松动,从而导致分析结果错误,因此应将滤埚置于灰化皿中。滤埚和灰化皿在干燥器中(6.8)冷却,从干燥器中取出后,立即对滤埚和灰化皿进行称量(m_2),称量准确至 0.1 mg。

10.10 灰化

把滤埚和灰化皿放到马福炉(6.9)中,在 500 ℃±25 ℃下灰化。每次灰化后,让滤埚和灰化皿在马福炉中初步冷却,待温热后取出置于干燥器中,使其完全冷却,再进行称量,直到冷却后两次的称量差值不超过 2 mg。最后一次称量结果记为 m_3,称量准确至 0.1 mg。

10.11 空白测定

用大约相同数量的过滤辅料(5.6)按 10.4~10.10 进行空白测定,但不加试样。灰化(10.10)引起的质量损失不应超过 2 mg。

11 结果计算

试样中粗纤维的含量按式(1)计算:

$$W_f = \frac{m_2 - m_3}{m_1} \qquad \cdots\cdots(1)$$

式中:

W_f——试样中粗纤维的含量,单位为克每千克(g/kg);

m_1——试样质量(9.1或10.1),单位为克(g);

m_2——灰化皿、滤埚以及在130 ℃干燥后获得的残渣(9.9或10.9)的质量,单位为毫克(mg);

m_3——灰化皿、滤埚以及在500 ℃±25 ℃下灰化后获得的残渣(9.10或10.10)的质量,单位为毫克(mg)。

结果准确至1 g/kg。

注:结果也可以用质量分数(%)表示。

12 精密度

12.1 实验室联合测试

附录A列出了本方法精密度的实验室间的试验结果,该试验结果可能不适用于附录以外的其他含量范围和品种。

12.2 重复性

用同一方法,对相同的试样材料,在同一实验室内,由同一操作人员使用同一设备,在短时间内获得的两个独立试验结果之间的绝对差值超过表1中列出的或由表1得出的重复性限 r 的情况不大于5%。

表1 重复性限(r)和再现性限(R)

样品	粗纤维含量/(g/kg)	重复性限(r)/(g/kg)	再现性限(R)/(g/kg)
向日葵饼粕粉	223.3	8.4	16.1
棕榈仁饼粕	190.3	19.4	42.5
牛颗粒饲料	115.8	5.3	13.8
玉米谷蛋白饲料	73.3	5.8	9.1
木薯	60.2	5.6	8.8
狗粮	30.0	3.2	8.9
猫粮	22.8	2.7	6.4

12.3 再现性

用同一方法,对相同的试样材料,在不同实验室内,由不同操作人员使用不同设备,获得的两个独立试验结果之间的绝对差值超过表1中列出的或由表1得出的再现性限 R 的情况不大于5%。

13 测试报告

测试报告应该说明:

——识别样品所需的全部信息;

——如果已知采样方法,应说明使用的采样方法;

——测定方法以及参考文献;

——所有本标准中没有具体说明的或者被认为是可选择的,以及可能影响测定结果的操作细节;

——测定结果,如果进行了重复性试验,应说明两次测定值和平均值。

附　录　A
（资料性附录）
实验室联合测试结果

1996 年和 1997 年根据 ISO 5725:1986 错层式试验进行的 4 个实验室试验，确定了本方法的精密度，在检测中采用了 Grubbs 溢出值检验取代了 Dixon 溢出值检验，在 ISO 5725-2:1994 中介绍了 Grubbs 溢出值检验。

由 10 个实验室参加了实验室间验证，测定了向日葵饼粕粉、棕榈仁饼粕、牛颗粒饲料、玉米谷蛋白饲料、木薯、狗粮和猫粮等样品。

表 A.1　实验室间实验统计结果

参　数	样品[a]						
	1	2	3	4	5	6	7
剔除溢出值后保留的实验室数	10	9	10	10	10	10	10
粗纤维含量平均值/(g/kg)	223.3	190.3	115.8	73.3	60.2	30.0	22.8
重复性标准偏差(S_r)/(g/kg)	3.00	6.93	1.89	2.07	2.00	1.14	0.96
重复性变异系数/%	1.3	3.6	1.6	2.8	3.3	3.8	4.2
重复性限(r)[$r=2.8\times S_r$]/(g/kg)	8.4	19.4	5.3	5.8	5.6	3.2	2.7
再现性标准偏差(S_R)/(g/kg)	5.75	15.18	4.93	3.25	3.14	3.18	2.29
再现性变异系数/%	2.6	8.0	4.3	4.4	5.2	10.6	10.0
再现性限(R)[$R=2.8\times S_R$]/(g/kg)	16.1	42.5	13.8	9.1	8.8	8.9	6.4

[a] 样品：1——向日葵饼粕粉；2——棕榈仁饼粕；3——牛颗粒饲料；4——玉米谷蛋白饲料；5——木薯；6——狗粮；7——猫粮。

参 考 文 献

[1] ISO 4793:1980 Laboratory sintered(fritted) filters—Porosity grading, classification and designation.

[2] ISO 5725:1986 Precision of test methods—Determination of repeatability and reproducibility for a standard test method by inter-laboratory test.

[3] ISO 5725-1:1994 Accuracy(trueness and precision) of measurement methods and results—Part 1: General principles and definitions.

[4] ISO 5725-2:1994 Accuracy(trueness and precision) of measurement methods and results—Part 2: Basic method for the determination of repeatability and reproducibility of a standard measurement method.

[5] ISO 6492 Animal feeding stuffs—Determination of fat content.

[6] ISO 6497 Animal feeding stuffs—Sampling.

[7] ISO 6541 Agricultural food product—Determination of crude fiber content—Modified Schärrer method.

ICS 67.040
X 10

中华人民共和国国家标准

GB/T 5518—2008
代替 GB/T 5518—1985

粮油检验 粮食、油料相对密度的测定

Inspection of grain and oil—Determination of relatively density of grain and oilseeds

2008-11-04 发布 2009-01-20 实施

中华人民共和国国家质量监督检验检疫总局
中国国家标准化管理委员会 发布

前　言

本标准代替 GB/T 5518—1985《粮食、油料检验　粮食比重测定法》。

本标准与 GB/T 5518—1985 的主要技术差异如下：

——将标准名称更改为《粮油检验　粮食、油料相对密度的测定》；

——增加了术语和定义及原理；

——将标准中二种方法合并在一起；

——修改了对称样量和试剂等的要求；

——增加了对测定环境的要求；

——对结果计算重复性的要求进行了修改。

本标准由国家粮食局提出。

本标准由全国粮油标准化技术委员会归口。

本标准起草单位：中国华粮物流集团北良有限公司、国家粮油质量检测中心、辽宁省粮食科学研究所。

本标准主要起草人：杜海波、丁耀魁、魏祖国、尚艳娥、高树成。

本标准所代替标准的历次版本发布情况为：

——GB/T 5518—1985。

粮油检验　粮食、油料相对密度的测定

1　范围

本标准规定了粮食、油料相对密度测定的术语和定义、原理、试剂、仪器和用具、样品制备、分析步骤和结果计算。

本标准适用于粮食、油料相对密度的测定。

2　规范性引用文件

下列文件中的条款通过本标准的引用而成为本标准的条款。凡是注日期的引用文件，其随后所有的修改单（不包括勘误的内容）或修订版均不适用于本标准，然而，鼓励根据本标准达成协议的各方研究是否可使用这些文件的最新版本。凡是不注日期的引用文件，其最新版本适用于本标准。

GB 5491　粮食、油料检验　扦样、分样法

3　术语和定义

下列术语和定义适用于本标准。

3.1

粮食、油料相对密度　relatively density of grain and oilseeds

在规定温度和操作条件下，粮食、油料净体积的质量与同体积水的质量之比。

4　原理

一定质量的粮食、油料试样加入到一定体积的规定液体中，导致液体体积增加，增加的体积即为试样净体积。计算试样与同体积纯水的质量之比。

5　试剂

5.1　95%乙醇：分析纯。

5.2　20%乙醇：95%乙醇（5.1）21 mL 加蒸馏水 79 mL。

6　仪器和用具

6.1　天平：分度值 0.01 g。

6.2　量筒：25 mL，分度值 0.1 mL。

6.3　密度瓶：长颈带活塞的玻璃瓶。颈上有 0.1 mL 刻度，计 10 mL，零位刻度在长颈下部，零位下有调节液体容量的活塞。

7　样品制备

按 GB 5491 分样，去除杂质和不完善粒。

8　分析步骤

8.1　量筒法

室温（22 ℃±5 ℃）下，向量筒（6.2）中注入 20%乙醇（5.2）10 mL，然后放入试样约 5 g（m_1，精确至 0.01 g），稍加摇动，逐出气泡，待液面平稳后，立即读取液体上升的体积数（V）。

8.2 密度瓶法

室温(22 ℃±5 ℃)下,向密度瓶(6.3)内注入20%乙醇(5.2),通过活塞调节液面至零位处。然后放入试样约5 g(m_1,精确至0.01 g),稍加摇动,逐出气泡,待液面平稳后,立即读取液体上升的体积数(V)。

注:如试样浮在液面上,影响读数,则用95%乙醇(5.1)替换20%乙醇,重新测定。

9 结果计算

相对密度按式(1)计算:

$$d=\frac{m_1}{m_2}=\frac{m_1}{V} \qquad \cdots\cdots(1)$$

式中:

d——试样的相对密度;

m_1——试样质量,单位为克(g);

m_2——与试样同体积的水的质量($m_2=V\cdot d_{水}$,$d_{水}$为水的密度,取近似值1 g/mL),单位为克(g);

V——试样体积,单位为毫升(mL)。

在重复性条件下,获得的两次独立测试结果的绝对差值不大于0.03,求其平均数,即为测试结果,测试结果保留到小数点后两位。

ICS 67.040
B 20

中华人民共和国国家标准

GB/T 5519—2008
代替 GB/T 5519—1988

谷物与豆类 千粒重的测定

Cereals and pulses—Determination of the mass of 1 000 grains

(ISO 520:1977,MOD)

2008-11-04 发布　　　　2009-01-20 实施

中华人民共和国国家质量监督检验检疫总局
中国国家标准化管理委员会　发布

前　言

本标准修改采用ISO 520:1977《谷物与豆类　千粒重的测定》(英文版)。

本标准与ISO 520:1977的主要技术差异如下：

——增加并扩大了适用范围；

——简化了操作步骤；

——用等同采用ISO 712的GB/T 21305代替了该国际标准；

——用GB/T 5497《粮食、油料检验　水分测定法》明确了原国际标准中有关测定豆类水分含量的要求。

为便于使用，本标准对ISO 520:1977做了下列编辑性修改：

——将"本国际标准"一词改为"本标准"；

——用小数点"."代替原文中小数点","；

——对有关公式进行了编号。

本标准代替GB/T 5519—1988《粮食和油料千粒重的测定方法》。

本标准与GB/T 5519—1988相比主要变化如下：

——明确了本标准的适用范围；

——增加了术语的英文对应词；

——调整了仪器和用具；

——修订了操作步骤；

——修订了公式的表示形式；

——增加了测试报告的要求。

本标准由国家粮食局提出。

本标准由全国粮油标准化技术委员会归口。

本标准起草单位：河南工业大学、青海省粮油检测防治所、福建省粮油质量监测所、河南省谷物储贸有限公司、辽宁省粮油检验监测所。

本标准主要起草人：吴存荣、张鹏飞、黄建立、魏家新、唐怀建、乔丽娜。

本标准所代替标准的历次版本发布情况为：

——GB 5519—1985，GB/T 5519—1988。

谷物与豆类　千粒重的测定

1　范围

本标准规定了粮食和油料千粒重测定的术语和定义、原理、仪器和用具、操作步骤、结果表示及测试报告。

本标准适用于商品粮食和油料千粒质量的测定。

本标准不适用于播种用的种子。

2　规范性引用文件

下列文件中的条款通过本标准的引用而成为本标准的条款。凡是注日期的引用文件，其随后所有的修改单(不包括勘误的内容)或修订版均不适用于本标准，然而，鼓励根据本标准达成协议的各方研究是否可使用这些文件的最新版本。凡是不注日期的引用文件，其最新版本适用于本标准。

GB/T 5497　粮食、油料检验　水分测定法

GB/T 21305　谷物及谷物制品水分测定　常规法(GB/T 21305—2007,ISO 712:1998,IDT)

3　术语和定义

下列术语和定义适用于本标准。

3.1

千粒重　mass of 1 000 grains as received

包括水分在内的1 000粒试样籽粒的质量。

3.2

干基千粒重　mass of 1 000 grains on the dry basis

校正水分含量后的1 000粒试样籽粒的质量。

4　原理

对试样中完整粒计数并称量。用完整粒的质量除以粒数，以1 000粒的质量表示结果。

5　仪器和用具

5.1　谷粒计数器或手工计数。

5.2　天平：分度值0.01 g。

6　操作步骤

6.1　千粒重的测定

从样品中随机挑出大约500粒完整粒，称量(m_0)，精确到0.01 g；记录试样的粒数(N)。每份样品应平行测定两次。

如果样品包含脱皮和未脱皮的籽粒，应分别测定、计算。

双生燕麦籽粒应视为两粒粮食进行测定。

6.2　干基千粒重的测定

除去样品中的杂质，按GB/T 21305规定的程序测定完整粒的水分含量(H)；对于豆类和油料，应按GB/T 5497规定的105 ℃烘干法测定水分。同时按6.1测定千粒重。

7 结果表示

7.1 计算方法和公式

7.1.1 千粒重(m_H)按式(1)计算：

$$m_H = \frac{m_0 \times 1\ 000}{N} \quad \cdots\cdots(1)$$

式中：

m_H——千粒重，单位为克(g)；

m_0——完整粒的质量，单位为克(g)；

N——m_0 质量中完整粒的粒数。

7.1.2 干基千粒重(m_S)按式(2)计算：

$$m_S = \frac{m_H \times (100 - H)}{100} \quad \cdots\cdots(2)$$

式中：

m_S——干基千粒重，单位为克(g)；

H——样品的水分含量，%。

7.1.3 如果平行测试结果符合重复性要求，以其算术平均值作为结果，否则需重新取样测定。

千粒重(含干基)的测定结果以克(g)为单位。

——千粒重低于 10 g 的，保留到小数点后两位；

——千粒重等于或大于 10 g，但不超过 100 g 的，保留到小数点后一位；

——千粒重大于 100 g 的，保留到整数位。

7.2 重复性

在重复性条件下获得的两次独立测试结果的绝对差值，对于千粒重大于 25 g 的，不大于 6%；对其他千粒重的，不大于 10%。

8 测试报告

8.1 测试报告应说明使用的方法和测定的结果；也应说明所有在本标准中未规定或视为任选的操作细节，以及其他可能已经影响了试验结果的事件；特别应说明是否按规定进行了必需的重复试验。

8.2 测试报告应包含完整的识别样品所需的所有信息。

ICS 67.040
B 20

GB

中华人民共和国国家标准

GB/T 5521—2008
代替 GB/T 5521—1989

粮油检验　谷物及其制品中 α-淀粉酶活性的测定　比色法

Inspection of grain and oils—Determination of alpha-amylase activity in cereal and cereal products—Colorimetric method

2008-11-04 发布　　2009-01-01 实施

中华人民共和国国家质量监督检验检疫总局
中国国家标准化管理委员会　发布

前　言

本标准是对 GB/T 5521—1989《谷物和谷物产品 α-淀粉酶活性的测定　比色法》的修订。

本标准代替 GB/T 5521—1989。

本标准与 GB/T 5521—1989 相比主要变化如下：

——增加了规范性引用文件；

——对术语和定义进行了修改；

——增加了对测试报告的要求；

——将计算举例由正文调至附录，作为资料性附录。

本标准的附录 A 为资料性附录。

本标准由国家粮食局提出。

本标准由全国粮油标准化技术委员会归口。

本标准起草单位：南京财经大学。

本标准主要起草人：鞠兴荣、王素雅、袁建、杨慧萍。

本标准所代替标准的历次版本发布情况为：

——GB/T 5521—1985、GB/T 5521—1989。

粮油检验 谷物及其制品中α-淀粉酶活性的测定 比色法

1 范围

本标准规定了比色法测定谷物及制品中α-淀粉酶活性的术语和定义、原理、试剂和材料、仪器、操作步骤、结果计算、精密度和测试报告。

本标准适用于测定谷物和谷物产品α-淀粉酶活性,也可用于测定源于真菌和细菌的α-淀粉酶干粉的活性。

2 规范性引用文件

下列文件中的条款通过本标准的引用而成为本标准的条款。凡是注日期的引用文件,其随后所有的修改单(不包括勘误的内容)或修订版均不适用于本标准,然而,鼓励根据本部分达成协议的各方研究是否可使用这些文件的最新版本。凡是不注日期的引用文件,其最新版本适用于本标准。

GB/T 6682 分析实验室用水规格和试验方法(GB/T 6682—2008,ISO 3696:1987,MOD)

3 术语和定义

下列术语与定义适用于本标准。

3.1

β-极限糊精 β-limit dextrins

能被β-淀粉酶完全降解的淀粉产物。

3.2

酶活力单位 enzymic activity

1 L溶剂从1 g样品中所提取的酶,在规定条件下,每秒钟降解 1.024×10^{-5} 单位的β-极限糊精底物溶液,该样品的α-淀粉酶活力为1个单位。

4 原理

α-淀粉酶降解β-极限糊精底物溶液,在酶促反应进程中,分别在不同时间将反应混合物等分加到碘溶液中。随着反应时间的延长,反应混合物与碘液的显色强度降低,以测定酶活性。

5 试剂和材料

除非另有说明,所用试剂均为分析纯。实验用水符合GB/T 6682中三级水的要求。

5.1 碘。

5.2 碘化钾。

5.3 氯化钙。

5.4 无水乙酸钠。

5.5 硫酸。

5.6 冰乙酸。

5.7 可溶性淀粉。

注:可采用Lintner淀粉或质量相当的国产可溶性淀粉。

5.8　浮石粉。

5.9　碘贮备液：称取 11.0 g 碘化钾溶于少量水中，加 5.50 g 结晶碘，搅拌至碘完全溶解。再定容至 250 mL，置于棕色瓶中，在暗处贮存，此溶液可保存一个月。

5.10　碘稀释液：称取 40.0 g 碘化钾溶于水中，加 4.00 mL 碘贮备液，并稀释至 1 L，用时现配，不可过夜。

5.11　硫酸溶液：$c(H_2SO_4)=0.05$ mol/L。

5.12　缓冲液：称取 164 g 无水乙酸钠溶于水中，加入 120 mL 冰乙酸，用水定容至 1 L。

5.13　氯化钙溶液：$c(CaCl_2)=0.2\%$。

5.14　β-淀粉酶溶液：称取 10 g 有酶活性的黄豆粉(粗细度为通过 1.5 mm 孔筛)，加入 85 mL 水和 15 mL 0.05 mol/L 硫酸(5.11)充分搅匀，静置 15 min，抽滤，该滤液即为β-淀粉酶溶液。

5.15　β-极限糊精溶液：称取 5.00 g(干基)可溶性淀粉于小烧杯中，加入约 20 mL 水混匀，将其边搅拌边缓慢倒入盛有 100 mL 沸水的 500 mL 高型烧杯(6.6)中，并用洗瓶将小烧杯中的淀粉全部转移至高型烧杯中，继续搅拌并加热，缓慢煮沸 2 min。加盖表面皿，在自来水中冷却至 30 ℃以下，加入 25 mL 缓冲溶液(5.12)及 50 mL β-淀粉酶溶液(5.14)，在室温下放置 20 h，加入 1 勺浮石粉，将此溶液在 10 min之内缓慢煮沸，然后继续沸腾 5 min 以上。冷却至 30 ℃以下，用水定容至 250 mL，摇匀，过滤。滤液中加几滴甲苯，此溶液的 pH 值应为(4.7±0.1)，在 25 ℃以下可连续使用 5 天。

6　仪器

6.1　恒温水浴：30 ℃±0.1 ℃与 20 ℃±0.1 ℃各 1 台。

6.2　分光光度计或比色计。

6.3　秒表。

6.4　筛：孔径为 1.0 mm、1.5 mm。

6.5　pH 计。

6.6　烧杯及高型烧杯：100 mL、250 mL、500 mL。

6.7　容量瓶：250 mL、1 000 mL。

6.8　锥形瓶：300 mL。

6.9　移液管：5 mL、20 mL。

6.10　分析天平：分度值 0.01 g。

7　操作步骤

7.1　分光光度计及其空白调整

将分光光度计(6.2)连接稳压电源，预热 20 min，调整波长为 575 nm。将 2.0 mL 氯化钙溶液(5.13)加到 10.0 mL 碘稀释液(5.10)中，然后以适量的水(V_0)稀释(加水量一般为 20 mL～40 mL，V_0 详见 7.2)，混匀后置于 20 ℃水浴中，用 1 cm 比色皿进行测试，调节仪器狭缝宽度，使吸光度为零。

7.2　底物溶液的校准

分别吸取 5.0 mL β-极限糊精溶液(5.15)和 15.0 mL 氯化钙溶液(5.13)于一个 100 mL 烧杯(6.6)中，混匀。取出 2.0 mL 混合液至另一个 100 mL 烧杯(6.6)中，加入 10.0 mL 碘稀释液(5.10)和适量的水，混匀后置于 20 ℃水浴中，用 1 cm 比色皿在波长 575 nm 处，以 7.1 所用溶液为参比，测其吸光度。调整加水量，使测得的吸光度在 0.55～0.60 之间，如果测得吸光度大于 0.60 则增大加水量，如果测得值少于 0.55 则减少加水量。通过反复试配，直至测定的吸光度值在 0.55～0.60 之间，记下此时的加水量(V_0)，并用它调整空白溶液的加水量，V_0 即为该β-极限糊精测试时的加水量。

7.3　提取

称取谷物样品约 5 g(精确到 0.05 g)，倒入 300 mL 锥形瓶中，加入预热到 30 ℃的氯化钙溶液

(5.13)100 mL±0.5 mL，充分摇匀，置于 30 ℃的恒温水浴中。在 15 min、30 min、45 min 时从水浴中取出，上下颠倒锥形瓶(6.8)10 次，重新置于水浴，共提取 60 min。取出锥形瓶并过滤，滤液即为 α-淀粉酶的提取液。

7.4 活性测定

将 α-淀粉酶提取液和 β-极限糊精溶液置于 30 ℃水浴中预热，10 min 后用快速移液管吸移 5.0 mL β-极限糊精溶液(5.15)至盛有 15.0 mL 酶提取液(7.3)的锥形瓶中，加塞后摇匀。在加液的同时，用秒表计时。吸取 10.0 mL 稀碘溶液(5.10)于各个 50 mL 容量瓶(6.7)中，加入 V_0 mL 水(7.2)，混匀加塞后置于 20 ℃水浴中，每隔 5 min 或 10 min 进行下列操作：

a) 吸取 2.0 mL 酶、β-极限糊精混合液(7.4)到一个盛有稀碘溶液和 V_0 mL 水的容量瓶中，摇匀后置于 20 ℃水浴中，使混合溶液温度达到 20 ℃；

b) 倒入比色皿测其吸光度。

8 结果计算

试样的 α-淀粉酶活性按式(1)计算：

$$A=\frac{500\times f}{m}\times\frac{100}{100-h}\times\frac{\lg D_1-\lg D_2}{t_1-t_2}=\frac{500\times f\times b}{m}\times\frac{100}{100-h} \quad \cdots\cdots\cdots\cdots\cdots(1)$$

式中：

A——α-淀粉酶活性，以 U(单位)计；

m——100 mL 氯化钙提取的试样质量，单位为克(g)；

h——试样中水分含量(以质量分数计)，%；

f——酶提取液的稀释倍数；

t_1、t_2——不同的反应时间，单位为分(min)；

D_1、D_2——时间 t_1、t_2 时的吸光度；

b——$\lg D$ 对 t 曲线的斜率的绝对值；

500——系数。

9 精密度

同一样试样，在同一实验室同时或连续两次测定结果之差，不得超过平均值的 10%，如果两次测定结果符合要求，则取结果的平均值。按表 1 修约：

表 1 结果表示方式

活性/U(单位)	修约成整数范围/U(单位)
<50	0.1
50～500	1
500～5 000	10
5 000～50 000	100

注 1：测定过程中应合理调整酶的浓度，使 35%～60%的 β-极限糊精在 15 min 内降解，即最后测得的吸光度为底物校准时吸光度的 40%～65%。如果吸光度降得太快，则酶液可用 0.2%的氯化钙溶液再稀释。如酶的活性太低，为获得正确结果，可将反应时间延长到 60 min 以上。

注 2：用分光光度计测定吸光度时，溶液温度对结果有影响，必须控温在 20 ℃。在 7.4 的操作中，从显色到测定吸光度的间隔时间一般对结果没有影响，如测定一系列样品，可在所有样品均完成显色后再一起测定吸光度。但最长间隔时间不得超过 1 h。

10 测试报告

测试报告应详细说明：

——包括鉴定样品所必需的全部信息；

——若已知采样方法，则注明；

——本标准中没有具体说明的、或者被认为是可选的，以及所有可能影响实验结果的操作细节；

——所得的测定结果；

——如进行了重复性试验，列出结果。

附 录 A
（资料性附录）
计 算 举 例

含14.2%水分的样品5.20 g，用100 mL氯化钙溶液（5.13）提取。由于酶提取液与极限糊精的反应速度太快，故用氯化钙溶液稀释酶提取液，1份酶提取液（7.3）加1.5份氯化钙溶液（5.13）。因此$f=1+1.5=2.5$。β-极限糊精与酶提取液混合后，间隔5 min、10 min和20 min后，吸光度分别如表A.1所示：

表 A.1 不同反应时间后的吸光度

时间/min	吸光度 D	$\lg D+1$
5	0.498	0.697
10	0.425	0.628
20	0.308	0.489

根据5 min和10 min后的观察结果：

$$b=\frac{0.697-0.628}{10-5}=0.013\ 8\ \mathrm{min}^{-1}$$

把$b=0.013\ 8$代入式(1)得：

$$A=\frac{500\times2.5\times0.013\ 8}{5.20}\times\frac{100}{100-14.2}=3.9\ \mathrm{U}$$

如用三个观察结果作$\lg D+1$对t的曲线（见图A.1），得$b=0.013\ 9$。

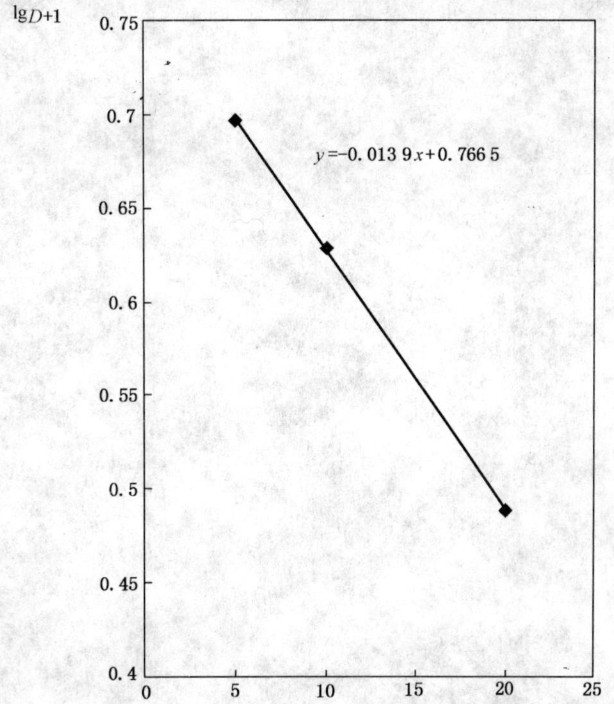

图 A.1

参 考 文 献

[1] ISO 3983:1977 Method for determination of alpha-amylase activity in cereal and cereal products—Colorimetric method.

[2] GB/T 5521—1989 谷物和谷物产品 α-淀粉酶活性的测定 比色法.

[3] GB/T 6682—1992 分析实验室用水规格和试验方法.

[4] GB/T 601 化学试剂 标准滴定溶液的制备.

[5] GB/T 1.1—2000 标准化工作导则 第1部分:标准的结构和编写规则.

[6] GB/T 20001.4—2001 标准编写规则 第4部分:化学分析方法.

[7] ISO 5725-1:1994 Accuracy (trueness and precision) of measurement methods and results—Part 1: General principles and definitions.

[8] ISO 5725-2:1994 Accuracy(trueness and precision)of measurement methods and results—Part 2: Basic method for the determination of repeatability and reproducibility of a standard measurement method.

ICS 67.040
X 04

中华人民共和国国家标准

GB/T 5522—2008
代替 GB/T 5522—1985

粮油检验
粮食、油料的过氧化氢酶活动度的测定

Inspection of grains and oils—
Determination of hydrogen peroxidase activity of grain and oilseeds

2008-11-04 发布　　2009-01-20 实施

中华人民共和国国家质量监督检验检疫总局
中国国家标准化管理委员会　发布

前言

本标准代替GB/T 5522—1985《粮食、油料检验　过氧化氢酶活动度测定法》。

本标准与GB/T 5522—1985相比主要变化如下：

——增加了术语和定义；

——修改了高锰酸钾标准溶液的浓度和过氧化氢溶液的浓度；

——统一了反应温度和时间；

——增加了检测结果的重复性要求。

本标准由国家粮食局提出。

本标准由全国粮油标准化技术委员会归口。

本标准起草单位：安徽省粮油产品质量监督检测站、河南工业大学、国家粮食局成都粮食储藏科学研究所、天津市粮油检测站。

本标准主要起草人：季一顺、周红梅、张浩、李雪琴、程建华、赵淑媛、汪桃花、吴云、王静。

本标准所代替标准的历次版本发布情况为：

——GB/T 5522—1985。

粮油检验
粮食、油料的过氧化氢酶活动度的测定

1 范围

本标准规定了粮食、油料中过氧化氢酶活动度测定的术语和定义、原理、试剂和材料、仪器与用具、试样制备、操作步骤、结果计算及重复性。

本标准适用于粮食、油料中过氧化氢酶活动度的测定。

2 规范性引用文件

下列文件中的条款通过本标准的引用而成为本标准的条款。凡是注日期的引用文件，其随后所有的修改单(不包括勘误的内容)或修订版均不适用于本标准，然而，鼓励根据本标准达成协议的各方研究是否可使用这些文件的最新版本。凡是不注日期的引用文件，其最新版本适用于本标准。

GB/T 601 化学试剂 标准滴定溶液的制备

GB 5491 粮食、油料检验 扦样、分样法

GB/T 5497 粮食、油料检验 水分测定法

GB/T 6682 分析实验室用水规格和试验方法(GB/T 6682—2008,ISO 3696:1987:MOD)

3 术语和定义

下列术语和定义适用于本标准。

3.1

过氧化氢酶活动度 hydrogen peroxidase activity;HPA

规定条件下，一定量试样中的过氧化氢酶与过氧化氢作用所消耗的过氧化氢量，用每克试样(干基)所消耗的过氧化氢毫克数表示。

4 原理

在pH7.7条件下，从样品中提取过氧化氢酶，在提取液中加入一定量的过氧化氢，使过氧化氢在过氧化氢酶作用下分解，再用高锰酸钾溶液滴定过量的过氧化氢。根据高锰酸钾溶液的消耗量计算出试样中过氧化氢酶活动度。

5 试剂和材料

以下试剂均为分析纯试剂。

5.1 水：符合GB/T 6682实验室用水三级要求。

5.2 2%过氧化氢溶液：取30%过氧化氢溶液2 mL，加水稀释至30 mL。

5.3 10%硫酸溶液：10 mL浓硫酸加入90 mL水中。

5.4 高锰酸钾标准溶液：$c(1/5KMnO_4)=0.2$ mol/L，按GB/T 601配制和标定。

5.5 pH7.7索伦逊磷酸盐缓冲液：

A液：称取磷酸氢二钠11.876 g，溶于1 L水中。

B液：称取磷酸二氢钾9.078 g，溶于1 L水中。

临用时，A液、B液按9∶1混合。

5.6 石英砂。

6 仪器与用具

6.1 恒温水浴锅(或恒温培养箱)。

6.2 电炉。

6.3 具塞锥形瓶:250 mL。

6.4 量筒:10 mL,25 mL,100 mL。

6.5 移液管:5 mL,20 mL。

6.6 研钵。

6.7 酸式滴定管:25 mL。

6.8 电热恒温干燥箱。

6.9 天平:分度值 0.001 g。

6.10 锥形瓶:150 mL。

6.11 漏斗。

6.12 比色管:50 mL。

7 试样制备

按 GB 5491 进行分样。对大颗粒样品(如大豆、玉米、花生),要预先破碎;对带壳样品,要预先脱壳。

8 操作步骤

8.1 样品水分测定按 GB/T 5497 执行。

8.2 过氧化氢酶的提取:称取试样约 1 g(m),精确至 0.01 g,倒入研钵(6.6)中。加少量石英砂(5.6),粗磨至无整粒样后,量取缓冲液(5.5)50 mL,先加入少量以润湿样品,细磨至糊状后,小心转移至锥形瓶(6.3)中,用剩余的缓冲液分多次洗净研钵,洗液并入锥形瓶中,剧烈振摇 5 min,静置 2 h～3 h 后过滤至比色管(6.12)中。

8.3 酶活动度的测定:准确移取 20.0 mL 滤液于锥形瓶(6.10)中,加入 20 mL 水和 3 mL 2%过氧化氢溶液(5.2),摇匀后在 30 ℃恒温水浴锅(或恒温培养箱)(6.1)中放置 15 min,加入 5 mL 10%硫酸溶液(5.3),摇匀,用 0.2 mol/L 高锰酸钾标准溶液(5.4)滴定剩余的过氧化氢,滴定至微红色且 30 s 不褪色为止,记录消耗的高锰酸钾标准溶液体积(V_1)。

8.4 空白试验:吸取 20.0 mL 滤液于锥形瓶(6.10)中,直接煮沸 1 min。冷却后加入 20 mL 水和 3 mL 2%过氧化氢溶液(5.2),摇匀后在 30 ℃恒温培养箱或水浴锅中放置 15 min,加入 5 mL 10%硫酸溶液(5.3),摇匀,用 0.2 mol/L 高锰酸钾标准溶液(5.4)滴定剩余的过氧化氢,滴定至微红色且 30 s 不褪色为止,记录消耗的高锰酸钾标准溶液体积(V_0)。

9 结果计算

过氧化氢酶活动度 X 按式(1)计算:

$$X = (V_0 - V_1) \times \frac{c}{m \times (100 - M)} \times 17 \times \frac{50}{20} \times 100 \qquad \cdots\cdots(1)$$

式中:

X——过氧化氢酶活动度(以干基计),单位为毫克过氧化氢每克(mg H_2O_2/g);

V_0——空白试验用去高锰酸钾体积,单位为毫升(mL);

V_1——试样滴定用去高锰酸钾体积,单位为毫升(mL);

c——实际高锰酸钾标准溶液浓度，单位为摩尔每升(mol/L)；

m——试样质量，单位为克(g)；

M——试样水分含量，%；

17——与1.00 mL高锰酸钾标准溶液[$c(1/5KMnO_4)=0.2$ mol/L]相当的 H_2O_2 的质量。

计算结果保留到小数点后一位。

10 重复性

相同的实验材料，用同样的方法，在同一实验室由同一操作人员使用同一设备在较短的时间间隔内获得两个独立的测定结果，测定结果之间绝对差值大于其算术平均值的10%的情况不得超过5%。

ICS 67.040
X 04

中华人民共和国国家标准

GB/T 5523—2008
代替 GB/T 5523—1985

粮油检验 粮食、油料的脂肪酶活动度的测定

Inspection of grains and oils—Determination of lipase activity of grain and oilseeds

2008-11-04 发布 2009-01-20 实施

中华人民共和国国家质量监督检验检疫总局
中国国家标准化管理委员会 发布

前　言

本标准代替 GB/T 5523—1985《粮食、油料检验　脂肪酶活动度测定法》。

本标准与 GB/T 5523—1985 相比主要变化如下：

——修改了标准名称；

——增加了术语和定义；

——修改了标准溶液浓度、缓冲溶液 pH 值及滴定指示剂等内容；

——增加了检测结果的重复性要求。

本标准由国家粮食局提出。

本标准由全国粮油标准化技术委员会归口。

本标准起草单位：安徽省粮油产品质量监督检测站、广东省粮油检测站、国家粮油质量检测中心、国家粮食局成都粮油质量检测中心。

本标准主要起草人：季一顺、周红梅、王亚军、尚艳娥、何学超、谢月昆、沈素文、马艳。

本标准所代替标准的历次版本发布情况为：

——GB/T 5523—1985。

粮油检验
粮食、油料的脂肪酶活动度的测定

1 范围

本标准规定了粮食、油料中脂肪酶活动度测定的术语和定义、原理、试剂和材料、仪器与用具、试样制备、分析步骤、结果计算及重复性。

本标准适用于粮食、油料中脂肪酶活动度的测定。

2 规范性引用文件

下列文件中的条款通过本标准的引用而成为本标准的条款。凡是注日期的引用文件，其随后所有的修改单(不包括勘误的内容)或修订版均不适用于本标准，然而，鼓励根据本标准达成协议的各方研究是否可使用这些文件的最新版本。凡是不注日期的引用文件，其最新版本适用于本标准。

GB/T 601 化学试剂 标准滴定溶液的制备

GB 5491 粮食、油料检验 扦样、分样法

GB/T 5497 粮食、油料检验 水分测定法

GB/T 6682 分析实验室用水规格和试验方法(GB/T 6682—2008，ISO 3696:1987，MOD)

3 术语和定义

下列术语和定义适用于本标准。

3.1

脂肪酶活动度 lipase activity;LA

一定量试样中的脂肪酶与纯油脂作用所生成的游离脂肪酸的量，用中和 1 g 试样(干基)中生成的游离脂肪酸所消耗的氢氧化钾的毫克数表示。

4 原理

在 pH7.4 条件下，从样品中提取脂肪酶，并使其作用于一定量的纯油脂，纯油脂在脂肪酶作用下部分分解成游离脂肪酸，然后用氢氧化钾溶液进行滴定。

5 试剂和材料

以下试剂均为分析纯试剂。

5.1 水：符合 GB/T 6682 实验室用水三级要求。

5.2 10 g/L 酚酞指示剂：称取 1.0 g 酚酞溶于 100 mL 95%(体积分数)乙醇中。

5.3 1.0 mol/L 氢氧化钾水溶液标准储备液：按 GB/T 601 配制和标定。

5.4 0.05 mol/L 氢氧化钾标准滴定溶液：准确移取 50.0 mL 已经标定好的氢氧化钾标准储备液(5.3)于 1 000 mL 容量瓶中，用 95%(体积分数)乙醇稀释定容至 1 000 mL，存放于聚乙烯塑料瓶中。临用前稀释配制。

5.5 无水乙醇和无水乙醚(4∶1)混合液。

5.6 pH7.4 缓冲液：

A 液：称取磷酸氢二钠 11.876 g，溶于 1 L 水中。

B液：称取磷酸二氢钾 9.078 g，溶于 1 L 水中。

临用时，A液、B液按 4∶1 混合。

5.7 纯油脂：量取国标一级油（可为浸出花生油、葵花籽油、菜籽油、大豆油等）250 mL 注入分液漏斗中，加入 2% 的氢氧化钾（KOH）溶液 100 mL～150 mL，充分摇荡后，静置分层，弃去下层废液，保留上面的油脂层。用温水将油脂洗至中性，再通过无水硫酸钠过滤备用。

酸值（以 KOH 计）小于 0.20 mg/g，且不含抗氧化剂的一级油，也可直接使用。

5.8 石英砂。

6 仪器与用具

除了实验室常规仪器外，还包括以下仪器设备：

6.1 锥形瓶：150 mL。

6.2 移液管：1 mL，5 mL，25mL。

6.3 分液漏斗：500 mL。

6.4 恒温培养箱。

6.5 研钵。

6.6 磨口瓶。

6.7 天平：分度值 0.001 g。

6.8 微量滴定管：10 mL，最小刻度 0.02 mL。

6.9 具塞锥形瓶：150 mL。

6.10 比色管：50 mL。

6.11 漏斗。

7 试样制备

按 GB 5491 进行分样。对大颗粒样品（如大豆、玉米、花生），要预先破碎；对带壳样品，要预先脱壳。

8 分析步骤

8.1 样品水分测定按 GB/T 5497 执行。

8.2 称取试样（7）约 2 g（m），精确至 0.01 g，倒入研钵（6.5）中，加少量石英砂（5.8）和 1 mL 纯油脂（5.7），混匀后加入 5 mL 缓冲液（5.6），研磨成稀糊状，小心转移至具塞锥形瓶（6.9）中，用 5 mL 水少量多次洗净研钵，洗液并入具塞锥形瓶（6.9）中。加塞后，置于 30 ℃ 培养箱（6.4）内保温 24 h。取出，加入乙醇和乙醚混合液（5.5）50 mL，摇匀后静置 1 min～2 min，加盖过滤至 50 mL 比色管（6.10）中。准确移取 25.0 mL 滤液至锥形瓶（6.1）中，加入 3 滴～5 滴酚酞指示剂（5.2），用 0.05 mol/L 氢氧化钾溶液（5.4）滴定，滴定至微红色且 30 s 不褪色为止，记录消耗的氢氧化钾溶液的体积（V_1）。

8.3 另取 2 g 试样做空白试验，除不用 30 ℃ 保温 24 h 外，其余操作同上，记录消耗的氢氧化钾溶液的体积（V_0）。

9 结果计算

脂肪酶活动度 X 按式（1）计算：

$$X = \frac{(V_1 - V_0) \times c \times 56.1}{m \times (100 - M)} \times \frac{60}{25} \times 100 \qquad \cdots\cdots\cdots\cdots(1)$$

式中：

X——脂肪酶活动度（以干基、KOH 计），单位为毫克每克（mg/g）；

V_1——试样滴定用氢氧化钾溶液体积，单位为毫升(mL)；

V_0——空白试验用氢氧化钾溶液体积，单位为毫升(mL)；

c——实际氢氧化钾溶液浓度，单位为摩尔每升(mol/L)；

m——试样质量，单位为克(g)；

M——试样水分含量，%；

56.1——氢氧化钾的摩尔质量，单位为克每摩尔(g/mol)。

计算结果保留到小数点后一位。

10 重复性

相同的实验材料，用同样的方法，在同一实验室由同一操作人员使用同一设备在较短的时间间隔内获得两个独立的测定结果，测定结果之间的绝对差值大于其算术平均值的10%的情况不得超过5%。

ICS 67.040
X 04

GB

中华人民共和国国家标准

GB/T 5524—2008/ISO 5555:2001
代替 GB/T 5524—1985

动植物油脂　扦样

Animal and vegetable fats and oils—Sampling

(ISO 5555:2001,IDT)

2008-11-04 发布　　2009-01-01 实施

中华人民共和国国家质量监督检验检疫总局
中国国家标准化管理委员会　发布

前　言

本标准等同采用国际标准 ISO 5555:2001《动植物油脂　扦样》(英文版)。

为了便于使用,本标准对 ISO 5555:2001 进行了下列编辑性修改:

——删除国际标准的前言;

——将"本国际标准"改为"本标准";

——用小数点"."代替原文中作为小数点的","。

本标准代替 GB/T 5524—1985《植物油脂检验　扦样、分样法》。

本标准与 GB/T 5524—1985 相比的主要变化如下:

a) 修改了标准的适用范围;

b) 增加了术语和定义;

c) 修改了对仪器的规定,补充了对多种扦样工具的要求;

d) 增加了附录 A"温度范围";

e) 增加了附录 B"扦样装置与辅助仪器举例"。

本标准的附录 A、附录 B 为资料性附录。

本标准由国家粮食局提出。

本标准由全国粮油标准化技术委员会归口。

本标准起草单位:国家粮食局标准质量中心、国家粮食局科学研究院、北京市粮油食品检验所。

本标准起草人:龙伶俐、谢华民、薛雅琳、祖丽亚、尚艳娥。

本标准所代替标准的历次版本发布情况为:

——GB/T 5524—1985。

动植物油脂　扦样

1　范围

本标准规定了原油、精制动植物油脂的扦样方法，扦样所需器具。

本标准适用于液态油脂、固态油脂扦样。

注：不适用乳、乳制品、乳脂的扦样方法(详见 ISO 707)。

2　术语和定义

下列术语和定义适用于本标准。

2.1

商品批　consignment

特定合同或运输单据中所涉及的一次性交付的油脂量。

注：它可以由一个检验批或多个检验批组成。

2.2

检验批　lot

规定的油脂量。假定其具有相同的特性。

2.3

检样　increment

在一个检验批中从一个位置一次扦取的油脂样品。

2.4

原始样品　bulk sample

从同一检验批扦取的检样，按其所代表的数量比例，经集中混合后得到的油脂样品。

2.5

试样　laboratory sample

将原始样品经充分混匀并缩分而取得的油脂样品。它代表了检验批，并用于实验室测试。

2.6

单位体积样品的常规质量　conventional mass per volume sample

每升样品在空气中的质量。

3　原理

扦样和制备样品的目的是从一批样品(可以有多个检验批)中获得便于处理的油脂量。样品的特性应尽可能地接近其所代表的油脂的特性。

下列扦样方法可以作为对专业人员的指导，也可以用于：

a) 散装批，例如陆地油罐、油舱、油罐车和卡车油罐；

b) 由包装物组成的批，例如桶、圆筒、箱、听、袋和瓶。

4　仪器要求

4.1　概述

对于特定的分析目的，在以下推荐的步骤中，对扦样器的选择以及它们的合适程度取决于取样人员的技能。

在各种情况下，都应事先考虑样品是用于初步检测、分析还是用于测定样品相对密度(每升样品在空气中的质量)。

4.2 材料

扦样装置、辅助器具和样品容器应选用对被扦油脂具有化学惰性的材料制作，并且它们应不催化油脂化学反应。

扦样装置最合适的材料是不锈钢。当油脂的酸性很低时也可选用铝材，但铝制装置不适用于储存样品。

在常温下可以选用能够满足上述第一段要求的塑料，建议采用能够满足接触食品要求的聚乙烯对苯二甲酸酯(PET)。

不应采用铜和铜合金以及任何有毒材料。

警告：如果由于特殊原因使用玻璃仪器扦取样品，要特别小心以避免破碎。在任何情况下都不得在盛放油脂的罐内使用玻璃仪器。

4.3 扦样器

4.3.1 概述

扦样器有多种类型和型号。下面所描述的扦样器是常见的几种扦样器。

扦样器应简单、坚固、易于清理，应能对常见的商品油脂开展本标准所描述的所有扦样操作。

对于所有扦样器来说，某些基本要求是共同的。例如，它们应能从规定的层面或部位扦取有代表性的样品，在样品转移到样品容器之前能够保持样品的完整。还应该具备易于清洗、尺寸适中、耐用等基本性能。

对于本标准所介绍的仪器，为满足个人的扦样需求，可能会用到这些仪器的其他设计形式。

根据油脂的扦样量和状态，选择不同规格的扦样器。

4.3.2 扦样器

可采用下述类型：

a) 简易配重扦样罐，参见第 B.1 章及图 B.1；

b) 盛放扦样瓶的配重笼，参见第 B.2 章及图 B.2；

c) 带底阀的扦样筒(下沉采样器)，参见第 B.3 章及图 B.3；

d) 底部扦样器，参见第 B.4 章及图 B.4；

e) 扦样管，参见第 B.5 章及图 B.5；

f) 扦样铲，参见第 B.6 章及图 B.6。

4.4 辅助器具

可能需要下列器具：

a) 测水标尺，参见第 B.7 章及图 B.7；

b) 测液尺，参见第 B.8 章及图 B.8；

c) 贴标机、粘贴机、打捆机及密封仪，见第 7 章；

d) 温度计，参见第 B.9 章；

e) 测量尺和测量器，参见第 B.10 章。

4.5 样品容器

样品容器应由 4.2 中规定的材料制作。

5 扦样技术

5.1 扦样员应洗净双手或戴手套(可以使用洁净的塑胶或棉制手套)来完成全部扦样过程。

5.2 扦样器和样品容器在使用前应预先清洗和干燥。

5.3 整个扦样过程都要避免样品、被扦样油脂、扦样仪器和扦样容器受到外来雨水、灰尘等的污染。

5.4　扦样器排空之前，应去除其外表面的所有杂物。

5.5　当需加热才能扦样时，要特别注意防止油脂过热。根据实践经验，建议储存罐中的油脂温度每天升高不应超过 5 ℃。加热环的加热面积应与油脂的体积相配，并且加热环应尽量保持低温以避免局部过热。当采用蒸汽加热时，其最大压力计读数为 150 kPa(1.5 bar)，相当于 128 ℃蒸汽。或使用热水加热(当加热环是自动排水时才允许采用)。要格外小心防止因蒸汽或水带来的污染。

扦样过程中油脂的温度变化应符合附录 A 的规定。

5.6　按 6.1～6.8 的规定扦样之后，按 6.9 中规定的步骤制备试样。

6　扦样方法

6.1　概述

6.1.1　油脂的输送和储存容器

从不同的容器中采集样品，需要采取不同的扦样方法。下面列举了各类容器：

a)　立式筒形陆地油罐(见 6.2)；

b)　油船(见 6.3)；

c)　油罐货车或汽车(见 6.4)；

d)　包括储油槽在内的卧式储油罐(见 6.4)；

e)　计量罐(见 6.5)；

f)　输送管道(见 6.6)；

g)　小包装：如桶、圆筒、箱、听、袋和瓶(见 6.8)。

相对密度(每升在空气中的质量)的扦样过程，其步骤见 6.7。

6.1.2　水

在 6.1.1 中所介绍的任何一种容器中都可能有水存在。水可能以游离水的形式存于底部，也可能以乳液层或悬浮物的形式存在于油脂中。但在正常的操作过程中，计量罐或管道中的油脂不可能长期保持静态而使水沉至底部。

水的测量大多数情况下是在立式储油罐中进行的(见 6.2)，但测量原理适用于所列举的除管道以外的容器。

是否含水可以通过底部采样器(第 B.4 章)来检测，游离水则可以通过测水标尺(第 B.7 章)、测水胶、测水纸或者电子工具测定。无论采取哪种方法，要想精确地测定含水量通常都是很困难的。因为在油脂的底层，游离水、乳液层以及悬浮水是很难加以区分的。

该方法对于鉴定淡水或海水都适用。

6.2　立式筒形陆地油罐的扦样

6.2.1　准备工作

6.2.1.1　沉淀层、乳液层和游离水

采用底部采样器或 6.1.2 中描述的各类测水器测定罐底是否有沉淀、乳液层或游离水。

小心加热并静置有助于水从悬浮层中澄清出来(见 5.5)。

扦样前尽可能地除去游离水，并根据合同要求和有关各方的协议测量被除去的水量。

6.2.1.2　均相化

扦样前，应保证整个样品是均相的，且尽可能为液相。

可以通过测定采自不同位置的检样，检测罐中的油脂是否均相。从不同高度采样，可以使用简易配重扦样罐(第 B.1 章)、盛放扦样瓶的配重笼(第 B.2 章)或带底阀的扦样筒(第 B.3 章)，而从罐底采样，则使用底部采样器(第 B.4 章)。

如果各层的相态组成有差异，在通常情况下可以按照5.5中所描述的，通过加热将油脂均质。

如果油脂的性能不允许加热，或没必要加热，或因其他原因而不能加热，则可以向油脂中吹入氮气使其均质。

如果测得油脂是非均相的且没有氮气可用，可以在有关各方同意的前提下，向油脂中吹入干空气。但此方法可能会引起油脂特别是海产动物脂的氧化酸败，将会遭到反对。上述操作应在呈交实验室的扦样报告中详细注明。

6.2.2 扦样步骤

6.2.2.1 基本要求

每罐分别扦样。

6.2.2.2 非均相油脂

当罐中的油脂是非均相的且难以均相，通常要使用简易配重扦样罐（第B.1章）、盛放扦样瓶的配重笼（第B.2章）或带底阀的扦样筒（第B.3章）加上底部扦样器（第B.4章）来扦样。

从罐顶至罐底，每隔300 mm的深度扦取检样，直到不同相态层。在这层上，扦取较多的检样（例如每隔100 mm的深度扦样）。同时扦取罐底样品。

混合上述相同相态的检验样品并给出：

a） 清油样品；

b） 分层样品。

将样品a）和b），依据在两层中各自的代表量按比例混合来制备原始样品，并仔细操作确保比例尽可能精确。

应制备的原始样品数见表1，每罐至少制备1个原始样品。

表1 从每艘油船或每个储油罐中采集的原始样品数目

油船或油罐储量/t	每罐制备的原始样品数目
≤500	1
＞500且≤1 000	2
＞1 000	每500 t 1份，剩余部分1份

6.2.2.3 均相油脂

如果罐中的油脂是均相的，选用6.2.2.2中所涉及的扦样器中的1种，但这时至少要在“顶部”、“中部”和“底部”采集3份检样。

“顶部”检样在总深度的十分之一处采集；“中部”检样在总深度的二分之一处采集；“底部”检样在总深度的十分之九处采集。

从“顶部”和“底部”检样中各取1份，从“中部”检样中取3份，混合起来制备成原始样品。

应制备的原始样品数见表1，每罐至少制备1个原始样品。

6.3 从油船上扦样

由于油船的形状和布置不规则，油船上扦样较从立式筒形陆地油罐中扦样更为困难。通常，如6.6中描述的那样，在输送过程中完成扦样。如果从油船上扦样，尽可能地采用6.2描述的步骤，包括诸如加热这类准备工作。

每罐分别扦样。制备原始样品的数目见表1，在从油船中采集样品制备原始样品时，要考虑油船的形状，将样品尽可能按相应的比例来混合。

驳船油舱一经注满，应立刻扦样。

6.4 从油罐货车、汽车以及包括储油槽的卧式储油罐中扦样

油罐一经注满，应尽快扦样。也就是说，在油开始沉淀并可能引起分级或分层之前扦样。

使用简易配重扦样罐(第 B.1 章)、盛放扦样瓶的配重笼(第 B.2 章)或带底阀的扦样筒(第 B.3 章),按 6.2.2 中描述的步骤扦取检样。

如果在油罐注满后不能立刻采样,就要初测一下底层是否存在游离水。如果存在游离水,征得有关各方同意后,打开底部旋塞排水。测定排出的水量并呈报给买卖双方或其代表。

然后通过充氮气[1]或加热使罐中油脂充分均质,直到完全液化。特殊油脂的扦样不能这么处理。

如果情况要求在油罐车或卧式油罐的静止油脂中扦样,不做上述的混合,认真确定样品相对于液体深度的正确比例。

如果使用带底阀的扦样筒从油罐车中每隔 300 mm 深度扦样,参照图 1 确定检样的比例。每 300 mm 深度平面上的样品混合在一起,形成原始样品。这个简单的方法(在坐标纸上画出任何形状或尺寸的油罐的横断面草图)可以用来显示原始样品的混合比例。

从倾斜油罐中扦样采用 6.3 中油船上扦样的方法。上述的油罐形状校正不适用于倾斜油罐和不规则油罐。

依据油罐断面图的比例由检样制备原始样品。

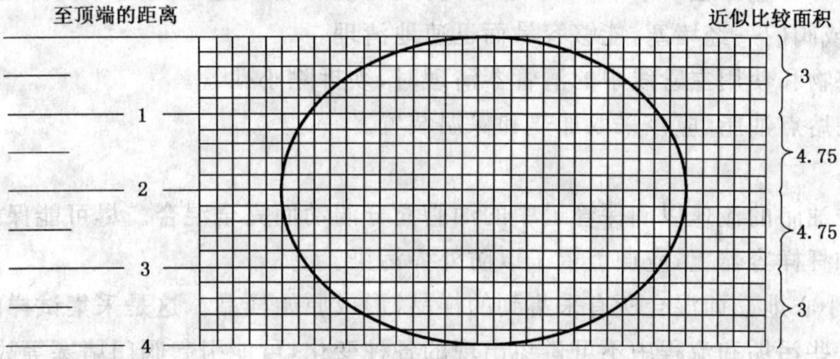

a) 卧式罐的椭圆形截面

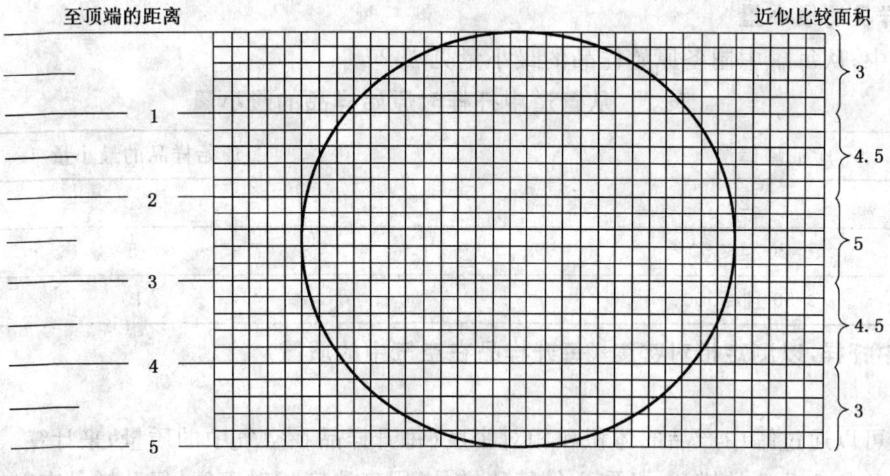

b) 卧式罐的圆形截面

图 1 典型罐的截面图

6.5 从计量罐中扦样

计量罐注满后,应尽快扦样。要在产生沉淀之前扦样。

将扦样装置沉入油罐中部并灌满扦取样品。如果发生不可避免的扦样时间延迟,可能会引起油罐底部产生沉淀物,则扦样前要搅动罐中的油脂,也可以在每隔 300 mm 深处扦样。

1) 见 6.2.1.2 的最后段。

如果油罐是密闭的，则在注满油后应立即从水平出油口处(见 6.6.2 所述)扦样。

依据油罐断面图的比例由检样制备原始样品。

6.6 输送过程中从管道中扦样

6.6.1 概述

本方法仅适用于：油脂完全是液态且其中不含堵塞出油口或阀门的成分。应除去油脂中的一切含水乳浊液(如泵前油)，并将其分别储存、扦样和称量。

从数量很大的散装油脂中取样，可以采用输送时按固定的时间间隔从管道中截取检样的方式。取样的同时油罐正在被排空。该方式特别适用于从配有计量仪的油罐中输出油的场合。

另外，还可以从旁管或支管中扦样，但此法难以确保准确扦样。

6.6.2 出油口或阀门

出油口或阀门应连接在直径不小于 9.5 mm 的喷嘴上，要迎着油流方向插在主排油管的中心或直径的三分之一处。出油口不可以安置在管道的侧面或底部。如果可能的话，应将出油口或阀门装在主管的水平部分，尽量远离弯头和三通，且最好装在距泵压一端 10 m 到 50 m 的范围以内。建议不要采用泄油小阀门。扦样管直径应不小于 9.5 mm 并使油样能从管口连续流出。设计出油口或阀门时，应该考虑到：出油口或阀门一经堵塞，能够容易而迅速地清理。

清理管道堵塞物和使用主管线中的清管器清理时，须拆除小孔管。

对高粘度和高熔点油脂，应该采取加热和保温装置。

6.6.3 扦样步骤

调整主管线中油脂的流速以确保管道中的油脂充分湍动而完全混合。尽可能保持该流速恒定。

在整个仪器和扦样容器上，应加盖罩子以防外界污染。

扦样完成后，小心地立即混合所有采集到的样品，形成原始样品。这是采集试样的基础。

考虑到由于一些污垢和流程中不可避免出现的各种变化，可能引起阀门堵塞等故障，所以在整个扦样过程中，必须始终有一名专业采样人员在现场。

6.6.4 原始样品的最小量

输送过程中，从每罐中制备原始样品的最小量见表 2。

表 2 从管道中扦样时原始样品的最小量

油罐储量/t	原始样品的最小量/L
≤20	1
>20 且≤50	5
>50 且≤500	10

6.7 从油罐中扦样，以测定相对密度（每升样品在空气中的质量）

6.7.1 概述

油罐储量可以通过罐中产品的体积和相对密度(每升样品在空气中的质量)来计算。

根据 6.7.2 和 6.7.3 的描述，扦取 1 份特殊样品，用来测定相对密度(每升样品在空气中的质量)。

6.7.2 未完全液化油脂的预处理

对于非液化或部分液化油脂，在测定及扦样前缓慢加热，以使罐中油脂受热均匀且避免局部过热(见 5.5)。继续加热直到油脂完全熔化。但要避免加热到过高的温度，因为过高的温度会损害油脂的品质。对于附录 A 所列的油脂，测定及扦样的温度都应保持在所列的限制范围内。有关各方另有协议的情况除外。

加热后，可以使罐中的油脂静置一段时间直至排除空气，表面漂浮的泡沫减少或消失后，就可以扦样了。

6.7.3 扦样步骤

从三个不同深度采集检样，分别是“顶部”、“中部”和“底部”（见 6.2.2.3）。但要求距罐底不少于 100 mm。按“顶部”检样 1 份、“中部”检样 3 份、“底部”检样 1 份的比例将油样倒入扦样桶并混合，形成原始样品。

如果罐中的油脂含有大量沉淀，则根据 6.2.2，每隔 300 mm 深度扦取检样。

在上述三个不同深度分别测定油脂温度。取它们的平均值作为扦样和测定体积时的油温。

6.8 从包装（包括消费者购买的小包装产品）中扦样

6.8.1 概述

如果某批油脂由大量的独立单元构成，例如桶、圆筒、箱、听（独立的或包装在硬纸箱中）、瓶或袋，对每个独立单元扦样几乎是不可能的。

在这种情况下，应完全随机地从该批中抽取适当数量的独立单元，应尽可能地使这些独立单元作为整体能代表该批油脂的平均特性。

难以严格规定作为样品的单元的数量，因为样品数量在很大程度上取决于该批油脂的均匀性。因此，最好是有关各方首先就抽样数量达成一致。

建议有关各方经协商来扦取具有代表性的样品，特别是对那些零售的精制油脂和包装油脂。例如可采用 ISO 2859（所有部分）和 ISO 3951 中所述的方法。

如果没有事先达成这类协议，则应做如下区分：

a) 认为一批油脂是大致均匀的；

b) 知道一批油脂是非均匀的；

c) 不知道一批油脂的情况；

d) 由于在一个或更多单元中可能存在异类产品，而使一批油脂的质量受到怀疑。

对于上述各种情况，可按下列方法分别加以处理。

对 a)：将一商品批油脂看作一个检验批。

对 b)：对包装物进行目测。将看上去相同（例如在形状或标识上）的包装物作为一个检验批。注明每个检验批中包装物的数量和油脂的重量。如果要求从所有检验批中制备一份检验批，则按检样代表量的比例将检样混合。

对 c)：对样品进行初步检测，确定其归为 a）类还是 b）类。

对 d)：经初步检查，对可疑包装物进行个别处理。

如果认为某个检验批是相当均匀的，则应随机选择包装物扦样。对于不同规格的包装，采样数可按表 3 的推荐值。

表 3 不同规格包装采样数的推荐值

包装规格	商品批的包装数	扦样包装数
≥20 kg，最大为 5 t	1～5	全部[a]
≥20 kg，最大为 5 t	6～50	6
≥20 kg，最大为 5 t	51～75	8
≥20 kg，最大为 5 t	76～100	10
≥20 kg，最大为 5 t	101～250	15
≥20 kg，最大为 5 t	251～500	20
≥20 kg，最大为 5 t	501～1 000	25
≥20 kg，最大为 5 t	>1 000	30

表 3（续）

包装规格	商品批的包装数	扦样包装数
≥5 kg 且≤20 kg	1～20	全部[a]
	21～200	20
	201～800	25
	801～1 600	35
	1 601～3 200	45
	3 201～8 000	60
	8 001～16 000	72
	16 001～24 000	84
	24 001～32 000	96
	＞32000	108
≤5 kg	1～20	全部[a]
	21～1 500	20
	1 501～5 000	25
	5 001～15 000	35
	15 001～35 000	45
	35 001～60 000	60
	60 001～90 000	72
	90 001～130 000	84
	130 001～170 000	96
	＞170 000	108

[a] 参见 6.8.1 选择处理方案。

6.8.2 小罐装、圆筒装、桶装以及其他小包装的批

6.8.2.1 包装固体油脂或半液态油脂的扦样步骤

当油脂中含水时，可以穿过固体油脂或半液态油脂打一个孔直至包装物底部，再通过适当的方式除去水分。

对于圆筒装固体油脂，可以通过圆筒的开口插入一把扦样铲（第 B.6 章），在多方位上探测油脂的整个深度。伴随着扭转将扦样铲抽出，这样就抽取到一管油脂检样样品。将从每个圆筒采集的检样样品在样品桶中完全混合，再将混合样品转移到样品容器中。

用扦样铲（第 B.6 章）以同样的方式从圆筒中的软固体油脂和半液态油脂中扦样。将扦样铲插入油脂中抽出检样样品。按上述方法制备原始样品。

6.8.2.2 包装液态油脂的扦样步骤

转动并翻转装满液态油脂的桶或罐，采用手工或机械的方式，用桨叶或搅拌器将油脂搅匀。从桶的封塞孔或其他容器的方便开口插入适当的扦样装置（例如第 B.5 章和第 B.6 章），从被扦样的每一容器中采集一份检样，从尽可能多的内容物部位采样。按等同份量充分混合这些检样样品形成原始样品。

6.8.2.3 包装疏松固体油脂的扦样步骤

从油脂的不同部位采集足够的量形成具有代表性的样品，如果需要，将其破碎成小块。将得到的样品按四分法分至合适的大小。

揉和油脂块使其成为均匀的可塑性团。用一个大刮刀(如长 250 mm)将油脂团混合,使得任何尘粒或小水滴均匀地分布于其中。用刮刀采取四分法将得到的样品缩分成要求的大小。

如果原始油脂样品太硬,很难用手揉和,将其置于温暖的环境直至足够软化,不允许直接加热,因为加热会造成水分蒸发散失。

在一混合桌或工作台上混合并缩分检样制备成原始样品。要求该混合桌(或工作台)至少 750 mm 见方,上面铺有玻璃板、白瓷片或不锈钢板。

6.9 试样的制备

当需要进行污染物分析时,试样要从每罐中采集。也可以按照有关各方的协议从原始样品中制备试样(见 6.2～6.8),具体方式如下:

a) 从原始样品中制备称量过的平均样品,或是按 b);

b) 从每份原始样品中制备(如果有关各方同意,实验室可从试样中制备一份称量过的平均样品)。

无论采用步骤 a)或是 b),分割制备的原始样品以获得至少 4 份试样,每份至少 250 g(当有特殊要求时,也可制备 500 g 以上的试样)。不断地搅动以避免沉淀物的沉积。

7 试样的包装和标识

7.1 包装

试样应存放在清洁而干燥的玻璃或塑料(符合 4.2 要求)容器内。容器应几乎被装满,但不应完全装满。在顶部应留出少量空间适应膨胀。但空间不宜过大,因为空气对大多数油脂有不利的作用。

除非有关各方另有协议,否则容器应采用崭新的软木塞或金属螺旋盖以及塑料螺旋盖加以密封。要用一个镀膜软垫将上述盖子与油脂隔离。该镀膜软垫不得含有铜、锌、铁。软垫也可以由符合 4.2 要求的塑料制成。盖子和塞子应密封。这样,只要没有意外破碎或密封损坏,样品就不可能接触到的。如果不可能对容器上的盖子或塞子充分安全密封,应将整个容器放在一个塑料袋内,塑料袋本身应能被充分安全密封。主要容器不应使用蜡封。

警告:所有的样品都应避光隔热保存。

用于特殊检化验的试样,在选择包装方式时,有必要采取某些附加的预防措施。

7.2 有关试样的信息

扦样的全部详细过程、扦样包装的数量等信息都应记录下来,每一样品容器上都应牢固地贴着显示样品特性的标签。

标签上应标明识别该样品的所有必要信息,包括:

a) 船或车辆的牌号;

b) 装货地;

c) 卸货地;

d) 到货日期;

e) 样品代表的数量(按千克或按吨计);

f) 散装、罐装或小包装;

g) 货物及原产地;

h) 注册商标;

i) 提货单号及日期,或定货单号及日期;

j) 扦样操作员或扦样机构名称;

k) 扦样方法及目的;

l) 扦样日期;

m) 扦样位置及扦样点;

n） 对合同条款负责的机构的名称。

注：对于固定油罐的扦样，无须标注 a)～d)四项。

标签上的信息应使用不褪色的笔记录。

如果使用纸标签，则应根据不同要求选择适当质量和大小的纸张。而对于悬挂标签，其上面的穿孔应予加固。

8 试样的分发

如果贴有标签的容器没有被安全密封，应将容器放入可封口的塑料袋内安全密封。

玻璃容器外应套有泡沫塑料套筒加以保护，套筒外围绕以足够的吸收材料，必要时可吸收整个容器的内容物。把上述物品整体放进一个坚固的刚性容器中。

样品的包装应满足邮局或其他运输机构的要求，能够在国内或所涉及的国与国之间安全运输。

样品应尽快地被分发，应在 48 h 内完成。非营业日除外。

样品应尽可能低温避光保存。仅需要测定相对密度（每升在空气中的重量）的情况除外。

9 扦样报告

扦样报告应给出 7.2 所列举的信息，并应提到被扦样油脂的物理状况。如果所采用的扦样步骤不同于本标准，则应叙述所采用的扦样步骤。报告还应给出可能对扦样产生了影响的任何情况的详情。

附 录 A
（资料性附录）
温 度 范 围

表 A.1 列出了推荐的扦取检样时油脂应保持的温度范围。

为便于操作，操作温度可以高于表 A.1 中推荐的最高值 5 ℃，但只有当有关各方达成协议以及扦样报告中给定温度时才允许这样做。

注：表中温度值可能需要根据当地的气候条件加以调整；例如，在炎热的地区，环境温度可能高于表 A.1 中的最高温度值。

通常，散装油脂扦样时的保持温度应高于它的相变点 5 ℃～15 ℃。不应将油脂加热到高于此温度，以免引起油脂特性的改变，如引起氧化。也要避免样品的过热。

但是，如果油脂扦样时的保持温度太低，将会形成结晶并沉淀，造成非均质化。

表 A.1 温度范围

被扦样油脂品种	温度/℃	
	最低值	最高值
蓖麻油 castor oil	30	35
椰子脂肪酸 coconut fatty acids	45	48
椰子油 coconut oil	40	45
棉籽油 cottonseed oil	20	25
分馏脂肪酸 distilled fatty acids	45	48
鱼油 fish oil	25	30
葡萄籽油 grapeseed oil	15	20
黄油 grease	50	55
花生油 groundnut oil	20	25
马府脂 illipe	50	55
猪脂 lard	50	55
亚麻籽油 linseed oil	15	20
玉米油 maize oil	15	20
奥的锡加 oiticica oil	35	38
人造黄油 oleo margarine	50	55
油硬脂 oleo stearin	60	65
橄榄油 olive oil	15	20
棕榈酸化油 palm acid oil	67	72
棕榈脂肪酸馏出物 palm fatty acid distillate	67	72
棕榈仁油 palm kernel oil	40	45
棕榈仁甘三脂 palm kernel olein	30	35
棕榈仁硬脂 palm kernel stearin	40	45
棕榈油 palm oil	50	55

表 A.1（续）

被扦样油脂品种	温度/℃	
	最低值	最高值
棕榈甘三脂 palm olein	32	35
棕榈硬脂 palm stearin	60	70
菜籽油（HEAR 型）rapeseed oil（HEAR type）	15	20
菜籽油（LEAR 型或 Canola 型）rapeseed oil（LEAR type or Canola）	15	20
红花油 safflower oil	15	20
芝麻油 sesame oil	15	20
牛油树脂 sheanut butter	50	55
大豆酸化油 soya acid oil	45	50
大豆油 soyabean oil	20	25
葵花籽油 sunflowerseed oil	15	20
葵花/大豆酸化油 sun/soya acid oil	49	55
牛脂 tallow	55	65
茶籽油 teaseed oil	15	20
桐油 tung oil	20	25

附 录 B
（资料性附录）
扦样装置及辅助仪器举例

B.1 简易配重扦样罐

简易配重扦样罐(见图B.1)适宜于各种规格储存罐中不同深度的扦样。它由不锈钢筒体(容量约500 mL)、底部隔离开的配重器和锥形筒颈组成。

固定在锥形筒颈两侧上的金属圈,在其最高点上有一圆环,绳索穿过该圆环而系在锥形筒颈的软木塞上。

带软木塞的空扦样罐下落至液态油脂的指定深度。急拉绳索而拔去软木塞,罐内就充满了样品。

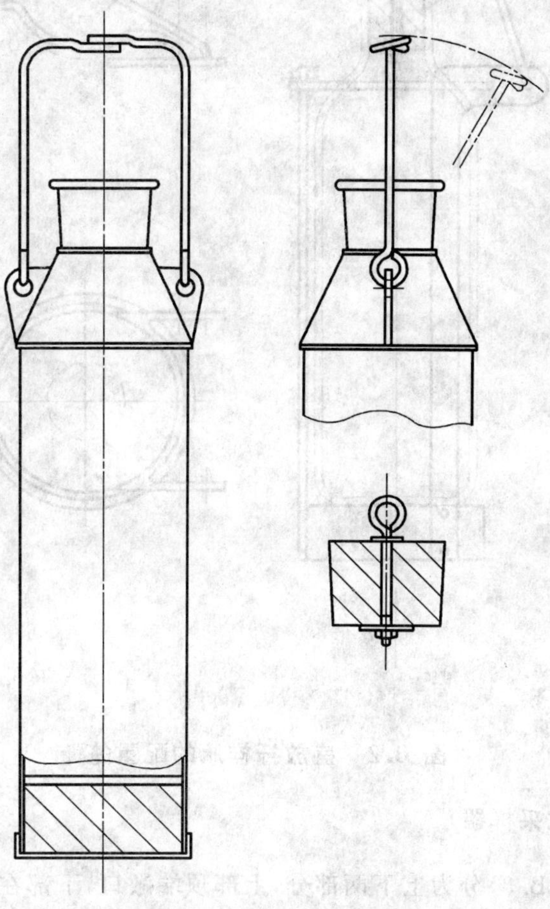

图 B.1 简易配重扦样罐

B.2 盛放扦样瓶的配重笼

配重笼(见图B.2)用于盛放适宜的塑料扦样瓶(见7.1,容量约500 mL),适宜于各种规格储存罐中不同深度的扦样。它由一个底部配重器、固定在上面的三根直立金属片和它们最上端的一个圆形箍组成。其中两根金属片上有成一定角度固定的金属圈,金属圈最高点上有一圆环。

另外,这两根金属片上还固定有一圆形箍,其另一端固定在第三根金属片上以确保固定好扦样瓶。

用一根绳索穿过金属圈上的圆环而系在瓶颈上的软木塞上。

该扦样装置的操作同简易配重扦样罐(见 B.1)。

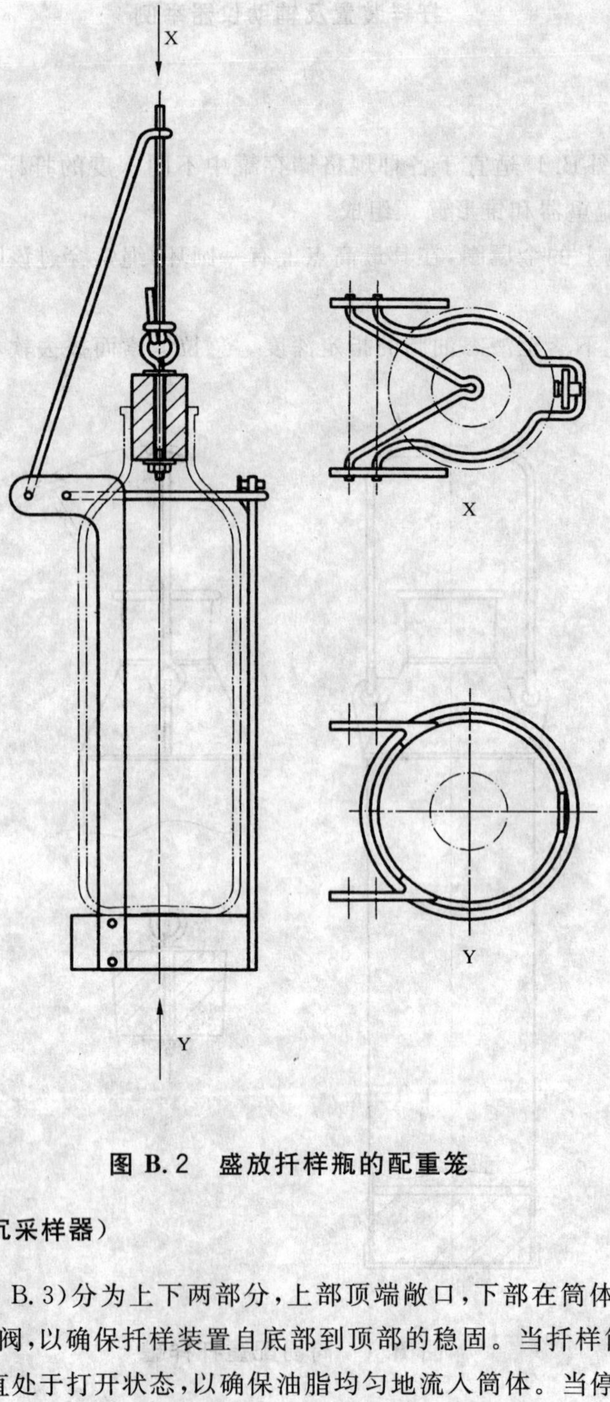

图 B.2 盛放扦样瓶的配重笼

B.3 带底阀的扦样筒(下沉采样器)

带底阀的扦样筒(见图 B.3)分为上下两部分,上部顶端敞口,下部在筒体外侧装有较重的螺旋机构,其底端固定一轻型自重阀,以确保扦样装置自底部到顶部的稳固。当扦样筒在液体油脂中下落时,油脂对阀的压力使底阀一直处于打开状态,以确保油脂均匀地流入筒体。当停止下落时,底阀关闭,油脂从扦样筒所达的深度被抽出。

该类型的一些扦样装置还在其顶端装有一轻型止回阀,当采过样的扦样装置被提起时,该阀关闭。

图 B.3 带底阀的扦样筒(下沉采样器)

B.4 底部采样器

B.4.1 带有弹簧承载阀门的底部采样器

这种底部采样器(见图 B.4a)为不锈钢制结构。它由筒体(容量约 500 mL)、筒体底部和筒体顶部各自的螺旋机构组成,其中,底部螺旋机构上装有一片状阀,允许样品从采样器底部进入,而顶部螺旋机构上也装有一片状阀,允许空气从采样器排出。顶部螺旋机构上有一固定挂圈,用于绳索悬挂采样器,并为中心阀轴提供桥接和弹簧承座。阀轴从采样器底部伸出,当采样器置于储存罐底时,轴就被推进筒体而压缩弹簧,使得底阀首先开启,稍停片刻开启顶阀,阀门的开启受筒体顶部轴套间隙的影响。在进、出口阀开启之间稍停片刻是为了确保样品先从筒底进入而引起筒体内部压力的轻微升高,以防顶阀开启时,样品从顶端进入。

可以通过配重来克服弹性回复力,可将不锈钢圈套在采样器筒体外,用底部螺旋机构调整到适当的位置。

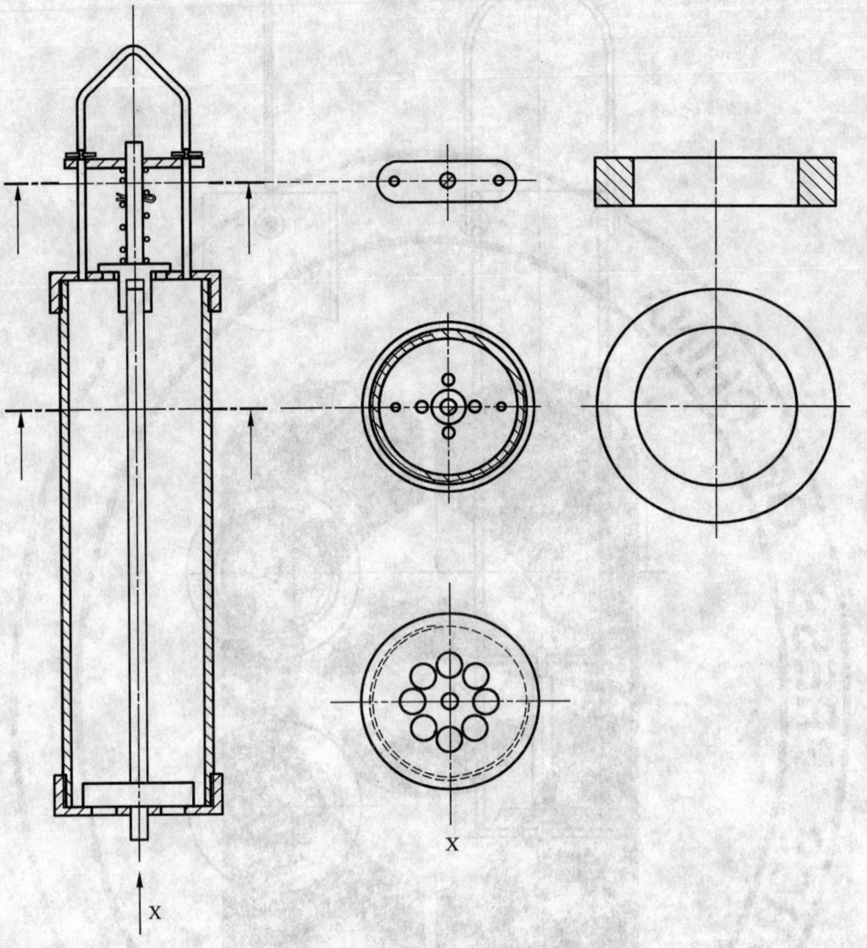

图 B.4a 带有弹簧承载阀门的底部采样器

B.4.2 带有自重阀的底部采样器

这种底部采样器(见图 B.4b)除了底阀是通过自重来关闭,以及空气是通过阀轴顶端的缩回排出外,在设计和操作上与带有弹簧承载阀门的底部采样器(B.4.1)基本上相似。

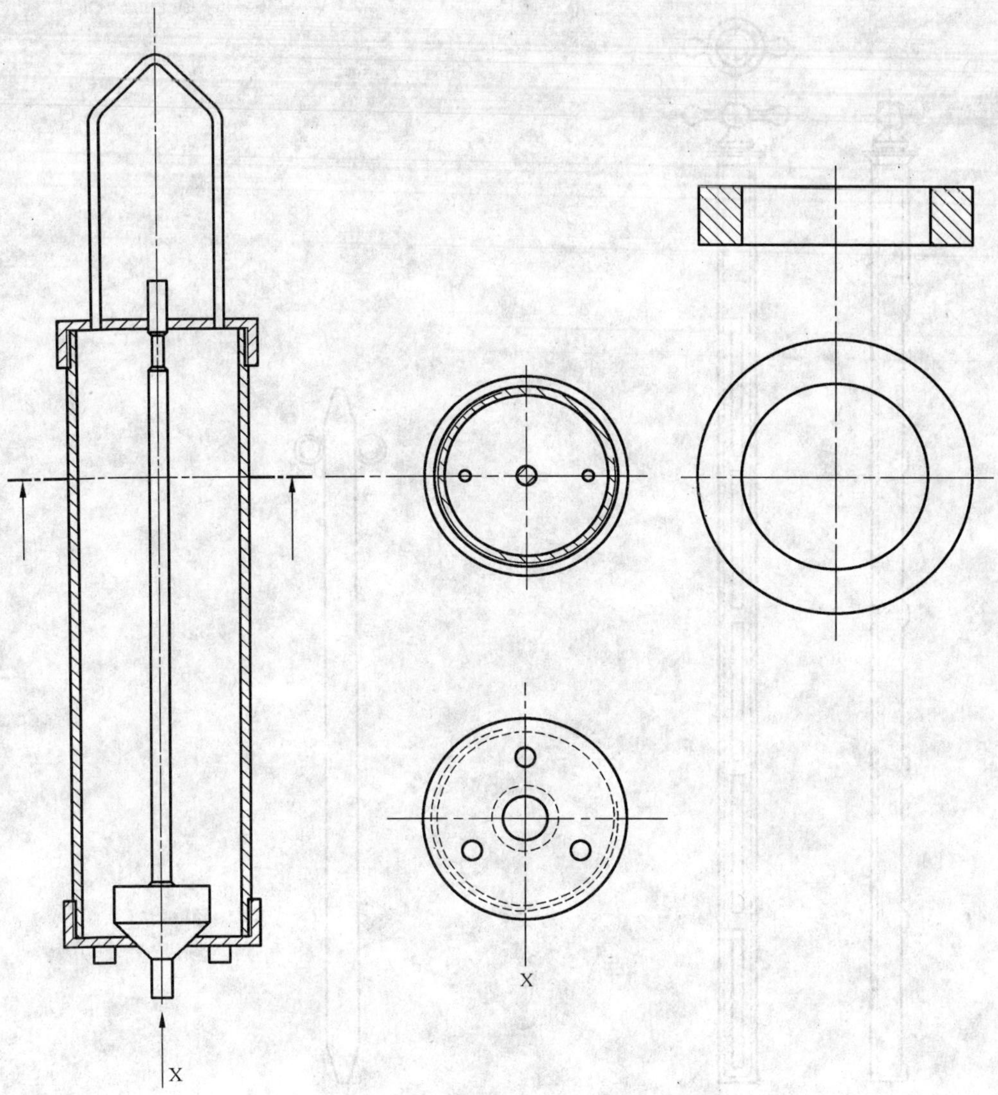

图 B.4b 带有自重阀的底部采样器

B.5 扦样管

图 B.5 的 a)所示的扦样管是一个不锈钢装置，它由两个长度相同且紧密靠在一起的同心管组成，其中一个管可在另一个管中转动。每个管上都有纵向开口。在某一位置，管开启使油流入，通过转动内管而使管封闭。

内管直径为 20 mm～40 mm，整个长度上直径相同。当排空扦样管时，因两管上都分布有小孔，所以当纵向开口关闭时，管中的油能够从小孔排出。

图 B.5 的 b)所示的扦样管可由满足 4.2 中要求的材料如不锈钢、铝或塑料制成。将扦样管插入油样中，可将手指放在管顶而随意地控制开关。然后可以吸入样品，必要时，也可移开手指而使管顶打开。再用手指按住管顶并将扦样管抽出。

该扦样管适宜于圆筒中不同深度的扦样，扦样时，可以按住管顶直到指定深度。

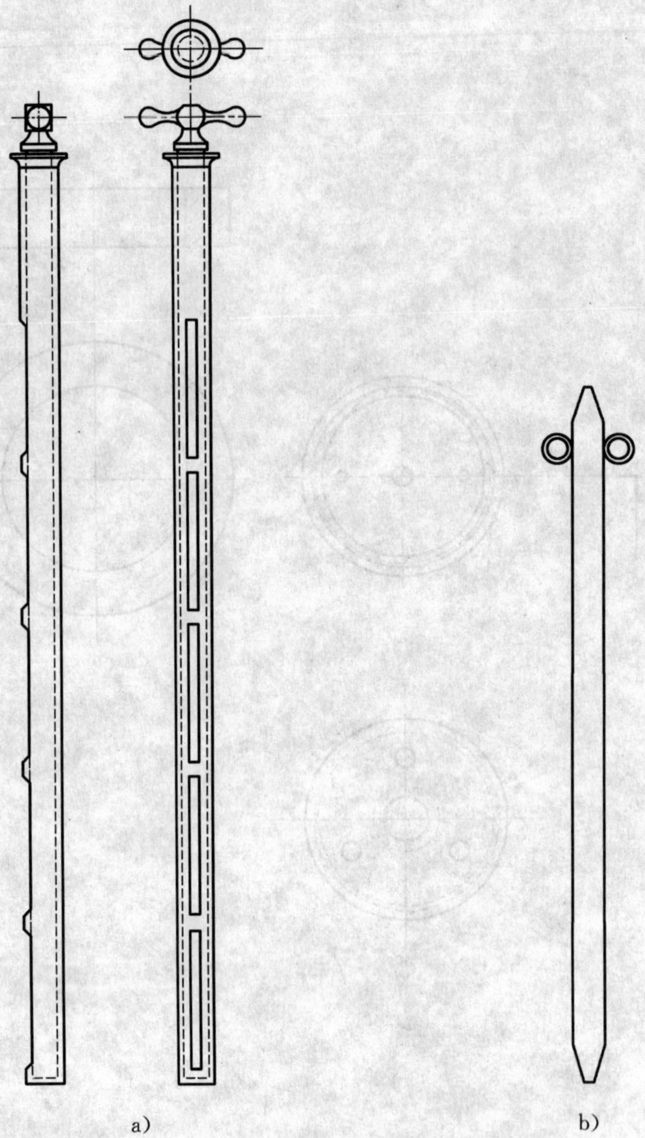

图 B.5 扦样管

B.6 扦样铲

扦样铲(见图 B.6)用于硬脂的扦样,由不锈钢制成,具有半圆形或 C 形的横截面。将其扭转插入油脂中,便取得一份油样。

a)　　b)

图 B.6　扦样铲

B.7　测水标尺

测水标尺(见图 B.7)是一根长约 305 mm,横截面约为 30 mm×10 mm 的不锈钢条。标尺上以 1 mm 为最小刻度,从 0 mm 到 300 mm,每隔 10 mm 标有刻度。其上面有两个弹簧承载的滑动夹用于固定测水纸条。

符合 4.2 材料要求的测水胶可以直接用在标尺表面。

测水标尺(B.7)和测液尺(B.8)可以结合起来作为一个标尺使用,一面带有夹子和刻度用于测水,另一面用于测定储罐中液面上的一点到某液面的距离。

B.8　测液尺

测液尺(见图 B.8)是一根长约 305 mm,横截面约为 30 mm×10 mm 的不锈钢条,仅用于与钢卷尺一同使用的场合,并且钢卷尺需与液下测量器配合使用。尺上的零刻度应设在钢条的中点位置附近。从零刻度向下,测液尺以 1 mm 为最小刻度,从最小值 0 mm 开始一直到 150 mm,每隔 10 mm 标有刻度值。参见 B.7。

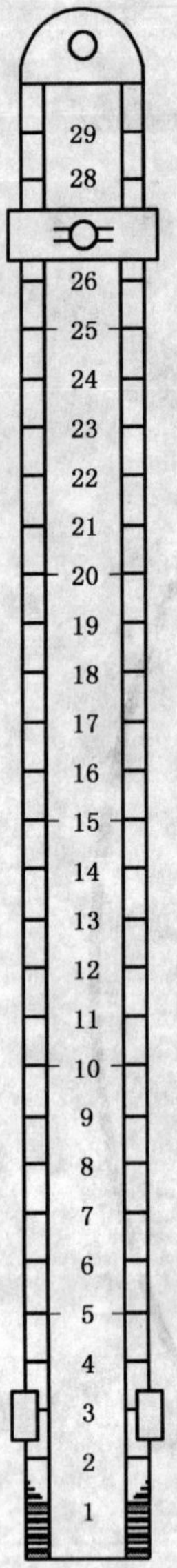

图 B.7 测水标尺

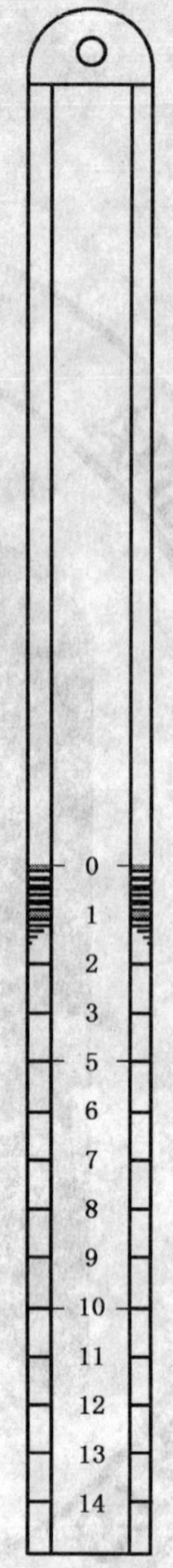

图 B.8 测液尺

B.9 温度计

在使用液体温度计时，要特别注意4.2中的警告内容。同样，这类温度计中的液体也需符合4.2中的警告内容。另外，也可使用带不锈钢探针的数字温度计。

B.10 测量尺和测量器

测量尺应由不锈钢制成，与液下测量器配合使用，用来按透视法缩小绘制样图，尺上备有的不锈钢旋转挂钩可将测量尺挂在测量器或标尺上。

测量尺可以盘绕在缠绕器上或装在适宜的壳体内。测量尺的长度、划分的刻度以及标注的刻度值应符合要求，以适应被测样品储罐的测量。测量器应由不锈钢制成，上面带钢尺，并和测量尺一样标有刻度，以保证可以从零刻度开始连续测量。

ICS 67.200.10
X 14

中华人民共和国国家标准

GB/T 5525—2008
代替 GB/T 5525—1985

植物油脂　透明度、气味、滋味鉴定法

Vegetable fats and oils—Method for identification of transparency, odor and flavor

2008-03-06 发布　　　　2008-08-01 实施

中华人民共和国国家质量监督检验检疫总局
中国国家标准化管理委员会　发布

前　言

本标准是对 GB/T 5525—1985《植物油脂检验　透明度、色泽、气味、滋味鉴定法》的修订。

本标准与 GB/T 5525—1985 比较，增加了方法适用范围，取消了色泽鉴定方法。

本标准自实施之日起代替 GB/T 5525—1985。

本标准由国家粮食局提出。

本标准由全国粮油标准化技术委员会归口。

本标准起草单位：国家粮食局科学研究院、国家粮食局西安油脂食品及饲料质量监督检验测试中心。

本标准起草人：薛雅琳、张蕊、栾霞。

植物油脂　透明度、气味、滋味鉴定法

1　范围

本标准规定了鉴定植物油脂透明度、气味、滋味的方法。

本标准适用于植物油脂透明度、气味、滋味的鉴定。

2　规范性引用文件

下列文件中的条款通过本标准的引用而成为本标准的条款。凡是注日期的引用文件，其随后所有的修改单(不包括勘误的内容)或修订版均不适用于本标准，然而，鼓励根据本标准达成协议的各方研究是否可使用这些文件的最新版本。凡是不注日期的引用文件，其最新版本适用于本标准。

GB/T 15687　油脂试样制备

3　术语和定义

下列术语和定义适用于本标准。

3.1

透明度　transparency

可透过光线的程度。

4　实验样品的制备

按照GB/T 15687制备实验样品，且样品不需要过滤。

5　透明度鉴定

5.1　仪器和用具

5.1.1　比色管：100 mL，直径25 mm。

5.1.2　恒温水浴：0℃～100℃。

5.1.3　乳白色灯泡。

5.2　操作方法

5.2.1　当油脂样品在常温下为液态时，量取试样100 mL注入比色管中，在20℃下静置24 h(蓖麻油静置48 h)，然后移置到乳白色灯泡前(或在比色管后衬以白纸)。观察透明程度，记录观察结果。

5.2.2　当油脂样品在常温下为固态或半固态时，根据该油脂熔点溶解样品，但温度不得高于熔点5℃。待样品溶化后，量取试样100 mL注入比色管中，设定恒温水浴温度为产品标准中“透明度”规定的温度，将盛有样品的比色管放入恒温水浴中，静置24 h，然后移置到乳白色灯泡前(或在比色管后衬以白纸)。迅速观察透明程度，记录观察结果。

5.3　结果表示

观察结果用“透明”、“微浊”、“混浊”字样表示。

6　气味、滋味鉴定

6.1　仪器和用具

6.1.1　烧杯：100 mL。

6.1.2 温度计:0℃～100℃。

6.1.3 可调电炉:电压 220 V,50 Hz,功率小于 1 000 W。

6.1.4 酒精灯。

6.2 品评人员

6.2.1 品评人员选择

油脂品尝是依靠人的感觉器官,对油脂的气味、滋味进行品尝,以评定油脂品质的优劣,因此要求品评人员具有较敏锐的感觉器官和鉴别能力,在开始进行品尝评定之前,应通过鉴别试验来挑选感官灵敏度较高的人员。

按标准等级规定制作油脂样品 4 份,其中有 2 份油脂是同一试样制成的,同时按标准规定进行品评,要求品评人员鉴别找出相同的两份油脂样品来,记录见表 1。

表 1 品评结果登记表

品评人:	日期:
试样号	鉴别结果
1	√
2	
3	√
4	
注:在相同 2 份油脂样品的编号后打"√",比如 1 号和 3 号是同一试样时,记录如上。	

鉴别试验应重复两次,结果登记于表 2。对者打"√",错者打"×",如果两次都错的人员,则表明其品评鉴别灵敏度太低,应予淘汰。

表 2 品评人员成绩登记表

品评人员编号	鉴别试验结果		成绩
	1	2	
P1	×	√	良
P2	√	√	优
P3	√	×	良
P4	×	×	差
P5	√	√	优
P6	√	√	优

6.2.2 品评时对品评人员的要求

品评人员在品评前 1 h 内不吸烟,不吃东西,但可以喝水;品评期间具有正常的生理状态,不能饥饿或过饱;品评人员在品评期间不应使用化妆品或其他有明显气味的用品。

品评前品评人员应用温开水漱口,把口中残留物去净。

6.3 品评实验室与品评时间

品评试验应在专用实验室进行。实验室应由样品制备室和品评室组成,两者应独立。品评室应能够充分换气,避免有异味或残留气味的干扰,室温 20℃～25℃,无强噪声,有足够的光线强度,室内色彩柔和,避免强对比色彩。

品评时应保持室内和环境安静,无干扰。

品评时间应在饭前 1 h 或饭后 2 h 进行。

6.4 **操作方法**

取少量油脂样品注入烧杯中，均匀加温至50℃后，离开热源，用玻棒边搅边嗅气味。同时品尝样品的滋味。

6.5 **结果表示**

6.5.1 **气味表示**

当样品具有油脂固有的气味时，结果用"具有某某油脂固有的气味"表示。

当样品无味、无异味时，结果用"无味"、"无异味"表示。

当样品有异味时，结果用"有异常气味"表示，再具体说明异味为：哈喇味、酸败味、溶剂味、汽油味、柴油味、热糊味、腐臭味等。

6.5.2 **滋味表示**

当样品具有油脂固有的滋味时，结果用"具有某某油脂固有的滋味"表示。

当样品无味、无异味时，结果用"无味"、"无异味"表示。

当样品有异味时，结果用"有异常滋味"表示，再具体说明异味为：哈喇味、酸败味、溶剂味、汽油味、柴油味、热糊味、腐臭味、土味、青草味等。

ICS 67.200.10
X 14

中华人民共和国国家标准

GB/T 5528—2008/ISO 662:1998
代替 GB/T 5528—1995

动植物油脂 水分及挥发物含量测定

Animal and vegetable fats and oils—Determination of moisture and volatile matter content

(ISO 662:1998,IDT)

2008-11-04 发布　　2009-01-20 实施

中华人民共和国国家质量监督检验检疫总局
中国国家标准化管理委员会　发布

前言

本标准等同采用 ISO 662:1998《动植物油脂　水分及挥发物含量测定》(英文版)。

为了便于使用,本标准做了下列编辑性修改:

——删除了国际标准的前言;

——"本国际标准"一词改为"本标准";

——用小数点"."代替作为小数点的逗号",";

——用 GB/T 15687《动植物油脂　试样的制备》代替 ISO 661:1989。

本标准代替 GB/T 5528—1995《植物油脂水分及挥发物含量测定法》。

本标准与 GB/T 5528—1995 的主要差异为:

——删除了有关真空烘箱法的内容。

本标准的附录 A 为资料性附录。

本标准由国家粮食局提出。

本标准由全国粮油标准化技术委员会归口。

本标准负责起草单位:中粮北海粮油工业(天津)有限公司。

本标准主要起草人:邓斌、李学红、尚刚。

本标准所代替标准的历次版本发布情况为:

——GB 5528—1985、GB/T 5528—1995。

动植物油脂
水分及挥发物含量测定

1 范围

本标准规定了测定动植物油脂中水分及挥发物含量的两种方法。

——方法A采用沙浴或电热板；

——方法B采用电热干燥箱。

方法A适用于所有的油脂。

方法B仅适用于酸值低于4的非干性油脂；不适用于月桂酸型的油(棕榈仁油和椰子油)。

2 规范性引用文件

下列文件中的条款通过本标准的引用而成为本标准的条款。凡是注日期的引用文件，其随后所有的修改单(不包括勘误的内容)或修订版均不适用于本标准，然而，鼓励根据本标准达成协议的各方研究是否可使用这些文件的最新版本。凡是不注日期的引用文件，其最新版本适用于本标准。

GB/T 15687 动植物油脂 试样的制备(GB/T 15687—2008,ISO 661:2003,IDT)

3 术语和定义

下列术语和定义适用于本标准。

3.1

水分及挥发物含量 moisture and volatile matter content

在本标准规定的103 ℃±2 ℃的条件下对样品进行加热，样品损失的质量。

注：水分及挥发物含量用质量分数表示。

4 原理

在103 ℃±2 ℃的条件下，对测试样品进行加热至水分及挥发物完全散尽，测定样品损失的质量。

5 扦样

本标准不规定扦样方法，推荐采用GB/T 5524的方法。

实验室收到的样品应具有代表性，且在运输和存储过程中不应损坏或变质。

6 试样制备

按GB/T 15687规定的方法执行。

7 方法A

7.1 仪器

实验室常用仪器，以及以下几种。

7.1.1 分析天平：分度值0.000 1 g。

7.1.2 碟子：陶瓷或玻璃的平底碟，直径80 mm～90 mm，深约30 mm。

7.1.3 温度计：刻度范围至少为80 ℃～110 ℃，长约100 mm水银球加固，上端具有膨胀室。

7.1.4 沙浴或电热板。

7.1.5 干燥器:内含有效的干燥剂。

7.2 操作步骤

7.2.1 试样准备

在预先干燥并与温度计(7.1.3)一起称量的碟子(7.1.2)中,称取试样约 20 g,精确至 0.001 g。

7.2.2 测定

将装有测试样品(7.2.1)的碟子在沙浴或电热板(7.1.4)上加热至 90 ℃,升温速率控制在 10 ℃/min 左右,边加热边用温度计搅拌。

降低加热速率观察碟子底部气泡的上升,控制温度上升至 103 ℃±2 ℃,确保不超过 105 ℃。继续搅拌至碟子底部无气泡放出。

为确保水分完全散尽,重复数次加热至 103 ℃±2 ℃、冷却至 90 ℃的步骤,将碟子和温度计置于干燥器(7.1.5)中,冷却至室温,称量,精确至 0.001 g。重复上述操作,直至连续两次结果不超过 2 mg。

7.2.3 测定次数

同一测试样品进行两次测定。

8 方法 B

8.1 仪器

实验室常用仪器,以及下列几种。

8.1.1 分析天平:分度值 0.001 g。

8.1.2 玻璃容器:平底,直径约 50 m,高约 30 mm。

8.1.3 电热干燥箱:主控温度 103 ℃±2 ℃。

8.1.4 干燥器:内含有效的干燥剂。

8.2 操作步骤

8.2.1 试样准备

在预先干燥并称量的玻璃容器(8.1.2)中,根据试样预计水分及挥发物含量,称取 5 g 或 10 g 试样,精确至 0.001 g。

8.2.2 测定

将含有试样(8.2.1)的玻璃容器置于 103 ℃±2 ℃的电热干燥箱(8.1.3)中 1 h,再移入干燥器(8.1.4)中,冷却至室温,称量,准确至 0.001 g。重复加热、冷却及称量的步骤,每次复烘时间为30 min,直到连续两次称量的差值根据测试样品(8.2.1)质量的不同,分别不超过 2 mg 或 4 mg。

注:重复加热后样品的质量增加,说明油或脂已自动氧化。此时取最小值计算结果,或使用 A 法。

8.2.3 测定次数

同一测试样品进行两次测定。

9 结果计算

水分及挥发物含量(X)以质量分数表示,按式(1)计算:

$$X = \frac{m_1 - m_2}{m_1 - m_0} \times 100 \qquad \cdots\cdots(1)$$

式中:

X——水分及挥发物含量,%;

m_1——加热前碟子、温度计和测试样品的质量(见 7.2.1)或玻璃容器和测试样品的质量(见8.2.1),单位为克(g);

m_2——加热后碟子、温度计和测试样品的质量(见 7.2.2)或玻璃容器和测试样品的质量(见8.2.2),

单位为克(g);

m_0——碟子和温度计的质量(见7.2.1)或玻璃容器的质量(见8.2.1),单位为克(g)。

两次测定结果的算术平均值应符合重复性(见10.2)的要求。

计算结果保留小数点后两位。

10 精密度

10.1 实验室间测试

关于本标准的精密度的国际实验室试验数据参见附录A,对于其他的浓度范围和测试对象来说,这些实验数据可能是不适用的。

10.2 重复性

在同一实验室,同一操作者,使用相同的仪器,采用相同的方法,在很短的时间间隔内,检测同一份样品,获得两个独立的测定结果。当水分及挥发物含量约为0.3%时,两个独立测定结果的绝对差值大于0.03%的情况不得超过5%。

10.3 再现性

在不同的实验室,使用不同的仪器,由不同的操作者,采用相同的测试方法,对于同一份被测样品,获得两个独立的测定结果。当水分及挥发物含量约为0.3%时,这两个独立测定结果的绝对差值大于0.15%的情况不得超过5%。

11 测试报告

测试报告应说明:

——完整地识别样品所需的所有信息;

——采样方法(如果已知);

——测定方法;

——所有在本标准中未规定或视为任选的操作细节,以及其他可能影响试验结果的事件;

——测定结果,或者;

——如果进行了重复性试验,列出结果。

附 录 A
（资料性附录）
国际实验室测试结果

表A.1和表A.2给出了国际实验室油脂中水分及挥发物含量的测定结果，比对实验由国际油、油籽和油脂协会（FOSFA）组织，对比结果按ISO 5725[1)]进行统计分析。

表A.1 使用A方法所获得的结果（见第7章）

年 份	1993	1993	1992	1991	1991	1997		1988
油脂类型	葵花籽油		棕榈油	牛 油		椰子油		棕榈油
	样品a	样品b		样品a	样品b	样品a	样品b	
参加的实验室的数目	27	27	33	17	17	21	21	27
可接受的结果的数目	27	27	31	17	16	21	21	21
总平均值/%	0.13	0.13	0.017	0.260	0.270	0.233	0.231	0.045
重复性标准偏差 S_r/%	0.01	0.01	0.003	0.01	0.01	0.009	0.011	0.007
重复性变异系数/%	4.68	4.86	15.2	3.99	2.41	3.717	4.593	14.4
再现性标准偏差 S_R/%	0.02	0.02	0.012	0.03	0.03	0.047	0.052	0.024
再现性变异系数/%	15.5	13.3	66.6	11.7	11.7	20.35	22.37	51.4
重复性限 $r(2.8\ S_r)$/%	0.020	0.020	0.007	0.020	0.020	0.025	0.031	0.020
再现性限 $R(2.8\ S_R)$/%	0.060	0.050	0.033	0.090	0.090	0.132	0.145	0.070

表A.2 使用B方法所获得的结果（见第8章）

年 份	1995	1995	1993	1993	1991	1991	1989
油脂类型	大 豆 油		葵 花 籽 油		牛 油		鱼 油
	样品a	样品b	样品a	样品b	样品a	样品b	
参加的实验室的数目	51	51	25	25	25	25	43
可接受的结果的数目	51	51	25	25	24	25	39
总平均值/%	0.040	0.094	0.030	0.130	0.250	0.250	0.090
重复性标准偏差 S_r/%	0.004	0.005	0.01	0.01	0.01	0.01	0.006
重复性变异系数/%	10.00	5.32	5.24	4.06	3.97	3.25	6.43
再现性标准偏差 S_R/%	0.16	0.02	0.03	0.03	0.04	0.04	0.03
再现性变异系数/%	40.0	21.28	18.90	19.70	18.20	14.40	34.63
重复性限 $r(2.8\ S_r)$/%	0.012	0.013	0.020	0.010	0.030	0.020	0.020
再现性限 $R(2.8\ S_R)$/%	0.046	0.056	0.070	0.070	0.110	0.100	0.090

1） 精确度数据依据ISO 5725:1986（现已撤消）所得。

参 考 文 献

[1] GB/T 5524—2008 动植物油脂 扦样(ISO 5555:2001,IDT)

[2] ISO 5725:1986 Precision of test methods—Determination of repeatability and reproducibility for a standard test method by inter-laboratory tests

[3] ISO 5725-1:1994 Accuracy(trueness and precision)of measurment methods and results—Part 1:General principles and definitions

[4] ISO 5725-2:1994 Accuracy(trueness and precision)of measurment methods and results—Part 2:Basic method for the determination of repeatability and reproducibility of a standard measurement method

ICS 67.040
X 04

中华人民共和国国家标准

GB/T 5531—2008
代替 GB/T 5531—1985

粮油检验　植物油脂加热试验

Inspection of grain and oils—Heating test of vegetable fats and oils

2008-11-04 发布　　2009-01-01 实施

中华人民共和国国家质量监督检验检疫总局
中国国家标准化管理委员会　发布

前　言

本标准代替 GB/T 5531—1985《植物油脂检验　加热试验》。

本标准与 GB/T 5531—1985 相比的主要变化如下：

——增加了用罗维朋比色计对油脂样品在加热前后颜色的测定。

本标准由国家粮食局提出。

本标准由全国粮油标准化技术委员会归口。

本标准起草单位：国家粮食局科学研究院、国家粮食局西安油脂食品及饲料质量监督检验测试中心、北京市粮油食品检验所、青海省粮油检测防治所。

本标准起草人：薛雅琳、张颖、王桂芳、阮玲、张鹏飞。

本标准所代替标准的历次版本发布情况为：

——GB/T 5531—1985。

粮油检验 植物油脂加热试验

1 范围

本标准规定了植物油脂加热试验的术语和定义、原理、仪器和用具、样品制备、操作步骤和结果表示。

本标准适用于植物油脂。

2 规范性引用文件

下列文件中的条款通过本标准的引用而成为本标准的条款。凡是注日期的引用文件，其随后所有的修改单(不包括勘误的内容)或修订版均不适用于本标准，然而，鼓励根据本标准达成协议的各方研究是否可使用这些文件的最新版本。凡是不注日期的引用文件，其最新版本适用于本标准。

GB/T 15687 油脂试样制备(GB/T 15687—1995，eqv ISO 661:1989)

3 术语和定义

下列术语和定义适用于本标准。

3.1

加热试验 heating test

油脂样品加热至 280 ℃时，观察有无析出物和油脂色泽变化情况。

4 原理

纯净的油脂加热至 280 ℃时，仍呈透明状态，如果油脂中存在磷脂，则在 280 ℃下磷脂就会析出或分解，使油色变深变黑。当油中磷脂含量较高时，甚至会产生絮状沉淀。

5 仪器和用具

5.1 电炉：1 000 W 可调电炉。

5.2 装有细砂的金属盘(砂浴盘)或石棉网。

5.3 烧杯：100 mL。

5.4 温度计：0 ℃～300 ℃。

5.5 罗维朋比色计。

5.6 铁支柱。

6 样品的制备

按 GB/T 15687 方法制备测试样品。

7 操作步骤

7.1 初始样品色泽测定

水平放置罗维朋比色计(5.5)，安好观测管和碳酸镁片，检查光源是否完好。将混匀并澄清(或过滤)的试样注入 25.4 mm 比色槽中，达到距离比色槽上口约 5 mm 处。将比色槽置于比色计中。打开光源，先移动黄色、红色玻片色值调色，直至玻片色与油样色近似相同为止。如果油色有青绿色，须配入蓝色玻片，这时移动红色玻片，使配入蓝色玻片的号码达到最小值为止，记下黄、红或黄、红、蓝玻片的色值的各自总数，即为被测初始样品的色值。

7.2 样品加热

取混匀样品约 50 mL 于 100 mL 烧杯(5.3)内，置于带有砂浴盘(5.2)的电炉上加热，用铁支柱悬挂温度计(5.4)，使水银球恰在试样中心，在 16 min～18 min 内加热使试样温度升至 280 ℃(亚麻油加热至 282 ℃)，取下烧杯，趁热观察有无析出物。

7.3 加热后样品色泽测定

将加热后的样品冷却至室温，注入 25.4 mm 比色槽中，达到距离比色槽上口约 5 mm 处。将比色槽置于已调好的罗维朋比色计中。按照初始样品的黄值固定黄色玻片色值，打开光源，移动红色玻片调色，直至玻片色与油样色相近色泽为止。如果油色变浅，移动红色玻片调色，至玻片色与油样基本相近为止。如果油色有青绿色，须配入蓝色玻片，这时移动红色玻片，使配入蓝色玻片的号码达到最小值为止，记下黄、红或黄、红、蓝玻片的色值的各自总数，即为被测油样的色值。

8 结果表示

观察析出物的实验结果以“无析出物”、“有微量析出物”、“有多量析出物”中的一个来表示。

罗维朋比色值差值的结果以“黄色不变　红色色差值、蓝色色差值”表示。

注 1：有多量析出物指析出物成串、成片结团。

注 2：有微量析出物指有析出物悬浮。

ICS 67.040
X 04

中华人民共和国国家标准

GB/T 5532—2008
代替 GB/T 5532—1995

动植物油脂　碘值的测定

Animal and vegetable fats and oils—Determination of iodine value

(ISO 3961:1996,MOD)

2008-11-04 发布　　2009-01-01 实施

中华人民共和国国家质量监督检验检疫总局
中国国家标准化管理委员会　发布

前　言

本标准修改采用国际标准 ISO 3961:1996《动植物油脂　碘值的测定》(英文版)。

本标准与 ISO 3961:1996 相比主要差异如下:

——分析实验室用水要求按 GB/T 6682(GB/T 6682—2008,ISO 3698:1987,MOD);

——油脂试样制备要求按 GB/T 15687(GB/T 15687—1995,eqv ISO 661:1989)。

为了便于使用,本标准进行了下列编辑性修改:

——删除国际标准的前言;

——将"本国际标准"改为"本标准";

——用小数点"."代替原文中作为小数点的",";

——对有关公式进行了编号。

本标准代替 GB/T 5532—1995《植物油碘价测定》。

本标准与 GB/T 5532—1995 相比主要变化如下:

——修改了韦氏(Wijs)试剂的配制方法;

——增加了扦样的要求;

——修改了称样量的要求;

——修改了测定结果的取值要求;

——修改了精密度要求。

本标准的附录 A 为资料性附录。

本标准由国家粮食局提出。

本标准由全国粮油标准化技术委员会归口。

本标准负责起草单位:武汉工业学院。

本标准起草人:刘良忠、何东平、张世宏。

本标准所代替标准的历次版本发布情况为:

——GB/T 5532—1995。

动植物油脂　碘值的测定

1　范围

本标准规定了动物脂肪和植物油(以下简称"动植物油脂")中碘值的测定方法。

2　规范性引用文件

下列文件中的条款通过本标准的引用而成为本标准的条款。凡是注日期的引用文件,其随后所有的修改单(不包括勘误的内容)或修订版均不适用于本标准。然而,鼓励根据本标准达成协议的各方研究是否可使用这些文件的最新版本。凡是不注日期的引用文件,其最新版本适用于本标准。

GB/T 6682　分析实验室用水规格和试验方法(GB/T 6682—2008,ISO 3696:1987,MOD)

GB/T 15687　油脂试样制备(GB/T 15687—1995,eqv ISO 661:1989)

3　术语和定义

下列术语和定义适用于本标准。

3.1

碘值　iodine value

一定质量的样品在本标准规定的操作条件下吸收卤素的质量。用每 100 g 油脂吸收碘的克数表示。

4　原理

在溶剂中溶解试样,加入韦氏(Wijs)试剂反应一定时间后,加入碘化钾和水,用硫代硫酸钠溶液滴定析出的碘。

5　试剂

除非另有说明,本标准所用试剂均为分析纯,水应符合 GB/T 6682 中三级水的要求。

5.1　碘化钾溶液(KI):100 g/L,不含碘酸盐或游离碘。

5.2　淀粉溶液:将 5 g 可溶性淀粉在 30 mL 水中混合,加入 1 000 mL 沸水,并煮沸 3 min,然后冷却。

5.3　硫代硫酸钠标准溶液:$c(Na_2S_2O_3 \cdot 5H_2O)=0.1$ mol/L,标定后 7 d 内使用。

5.4　溶剂:将环己烷和冰乙酸等体积混合。

5.5　韦氏(Wijs)试剂:含一氯化碘的乙酸溶液。韦氏(Wijs)试剂中 I/Cl 之比应控制在 1.10±0.1 的范围内。

含一氯化碘的乙酸溶液配制方法可按一氯化碘 25 g 溶于 1 500 mL 冰乙酸中。韦氏(Wijs)试剂稳定性较差,为使测定结果准确,应做空白样的对照测定。

配制韦氏(Wijs)试剂的冰乙酸应符合质量要求,且不得含有还原物质。

鉴定是否含有还原物质的方法:

取冰乙酸 2 mL,加 10 mL 蒸馏水稀释,加入 1 mol/L 高锰酸钾 0.1 mL,所呈现的颜色应在 2 h 内保持不变。如果红色褪去,说明有还原物质存在。

可用如下方法精制:

取冰乙酸 800 mL 放入圆底烧瓶内,加入 8 g～10 g 高锰酸钾,接上回流冷凝器,加热回流约 1 h,移入蒸馏瓶中进行蒸馏，收集 118 ℃～119 ℃间的馏出物。

注：可以采用市售韦氏(Wijs)试剂。

6 仪器

除实验室常规仪器外，还包括下列仪器设备：

6.1 玻璃称量皿：与试样量配套并可置入锥形瓶(6.2)中。

6.2 容量为 500 mL 的具塞锥形瓶：完全干燥。

6.3 分析天平：分度值 0.001 g。

7 扦样

扦样不是本标准规定的内容，推荐采用 GB/T 5524。

实验室收到的样品应具有代表性，在运输或存储过程中不得受损或改变。

8 试样制备

按 GB/T 15687 方法制备试样。

9 操作步骤

注：如需证明实验条件的重复性(见 11.1)，可在相同条件下进行两次相互独立的测定。

9.1 称样及空白样品的制备

根据样品预估的碘值，称取适量的样品于玻璃称量皿(6.1)中，精确到 0.001 g。推荐的称样量见表 1。

表 1 试样称取质量

预估碘值/(g/100 g)	试样质量/g	溶剂体积/mL
<1.5	15.00	25
1.5～2.5	10.00	25
2.5～5	3.00	20
5～20	1.00	20
20～50	0.40	20
50～100	0.20	20
100～150	0.13	20
150～200	0.10	20
注：试样的质量必须能保证所加入的韦氏(Wijs)试剂过量 50%～60%，即吸收量的 100%～150%。		

9.2 测定

9.2.1 将盛有试样的称量皿放入 500 mL 锥形瓶(6.2)中，根据称样量加入表 1 所示与之相对应的溶剂体积(5.4)溶解试样，用移液管准确加入 25 mL 韦氏(Wijs)试剂(5.5)，盖好塞子，摇匀后将锥形瓶置于暗处。

警告：不可用嘴吸取韦氏(Wijs)试剂。

9.2.2 除不加试样外，其余按 9.2.1 的规定，作空白溶液。

9.2.3 对碘值低于 150 的样品，锥形瓶应在暗处放置 1 h；碘值高于 150 的、已聚合的、含有共轭脂肪酸的(如桐油、脱水蓖麻油)、含有任何一种酮类脂肪酸（如不同程度的氢化蓖麻油)的，以及氧化到相当程度的样品，应置于暗处 2 h。

9.2.4　到达规定的反应时间(9.2.3)后,加 20 mL 碘化钾溶液(5.1)和 150 mL 水。用标定过的硫代硫酸钠标准溶液(5.3)滴定至碘的黄色接近消失。加几滴淀粉溶液(5.2)继续滴定,一边滴定一边用力摇动锥形瓶,直到蓝色刚好消失。也可以采用电位滴定法确定终点。

9.2.5　同时做空白溶液(9.2.2)的测定。

10　结果计算

试样的碘值按式(1)计算:

$$W_1 = \frac{12.69 \times c \times (V_1 - V_2)}{m} \qquad \cdots\cdots(1)$$

式中:

W_1——试样的碘值,用每 100 g 样品吸取碘的克数表示(g/100 g);

c——硫代硫酸钠标准溶液的浓度,单位为摩尔每升(mol/L);

V_1——空白溶液消耗硫代硫酸钠标准溶液的体积,单位为毫升(mL);

V_2——样品溶液消耗硫代硫酸钠标准溶液的体积,单位为毫升(mL);

m——试样的质量,单位为克(g)。

测定结果的取值要求方法见表 2。

表 2　测定结果的取值要求

W_1/(g/100 g)	结果取值到
＜20	0.1
20～60	0.5
＞60	1

11　精密度

附录 A 汇总了本方法精密度的实验室间测试情况。从这些测试中得到的值可能不适用于其他浓度范围和其他测试对象。

11.1　重复性

在同一实验室,由同一操作者使用相同设备,按相同的测试方法,并在短时间内对同一被测对象相互独立进行测试获得的两次独立测试结果的绝对差值不超过表 3 中的规定重复性限值(r)。

11.2　再现性

在不同的实验室,由不同的操作者使用不同的设备,按相同的测试方法,对同一被测对象相互独立进行测试获得的两次独立测试结果的绝对差值不超过表 3 中规定的再现性限值(R)。

表 3　重复性和再现性限度

W_1/(g/100 g)	r	R
＜20	0.2	0.7
20～50	1.3	3.0
50～100	2.0	3.0
100～135	3.5	5.0

12　测试报告

测试报告应详细说明以下内容:

——若已知采样方法,则注明;

——采用的检验方法；

——测定结果；

——如验证了结果的重复性，提出最终测定结果。

在此需要说明，所有的操作细节并没有详细列入到本标准中，或者有选择的列入到本标准中(例如：反应时间，见 9.2.3)，同时，操作中的任何细节都可能对实验结果产生影响。

实验报告应包括测试样品所需的所有相关信息。

附　录　A
（资料性附录）
实验室间的测试结果

在 IUPAC 协会的主持下，从 1988 年到 1990 年，国际合作研究项目对油脂、脂肪和蜡进行了研究，研究结果采用 ISO 5725 进行评价，结果见表 A.1。

表 A.1　多个实验室进行的结果

样　　品	实验室编号	平均碘值/(g/100 g)	r	R
棕榈仁油	8	18.3	0.14	0.64
牛油	10	46.9	1.33	3.1
粗制棕榈油	9	52.6	1.6	2.3
精制棕榈油	10	53.2	0.82	1.9
硬化鱼油	17	72.8	1.6	2.3
硬化大豆油	17	74.8	1.5	2.1
硬化大豆油	17	102.3	2.2	5.1
葵花籽油	10	132.9	3.6	4.8

表 A.2 表示的是每个实验室、两种分析方法的测定的平均值（给出对应国际标准两个不同年代的版本），且修正了样品分析不均匀的设计。分析所采用的方法来源于完整的资料库，用来分析 A 和 B 的平均值（见表 A.3）。表 A.2 也显示来自两种实验方法所得结果的导出平均误差，以及合并总体误差和标准误差。实验室测定所得到的平均值十分接近并具有良好的一致性，这种一致性可由表 3 中的实验室间采用这两种方法测定所得到的标准差得到进一步的证明。各实验室间得到的变异系数比实验室内测定仅仅高一点点，其中，旧的方法的变化系数高 1.2%，新的环已烷/冰乙酸方法高 1.3%。两种方法所测定得到的值的平均差很小（表 A.2）。

表 A.2　碘值平均值

实　验　室	方　　法		平　均　值　差
	ISO 3961:1989 采用四氯化碳	ISO 3961:1996 采用环已烷/冰乙酸(1:1)	
1	155.43	154.22	1.21
3	156.02	155.74	0.28
5	154.59	154.87	−0.28
6	154.64	155.61	−0.97
7	154.00	154.29	−0.29
8	154.70	153.56	1.15
10	154.88	158.86	−1.98
总体差异(overall)			−0.13～+0.16

通过鱼油协作实验结果证实协作研究将这两种方法应用于植物油和动物油脂，包括一个低碘值的鱼油样品（表 A.1），结果显示，环已烷/冰乙酸法可以取代四氯化碳而不影响测定精确度。

表 A.3　三种"误差"评价概要

单位为克每 100 克

项　　目		测定方法	
		ISO 3961:1989 采用四氯化碳	ISO 3961:1996 采用环己烷/冰乙酸(1∶1)
平均碘值		154.9	155.0
标准差(平均值的百分率)评价:			
已知重复样		1.08(0.70)	0.66(0.43)
未知重复样	A[a]	1.71(1.10)	1.55(1.00)
	B[a]	1.01(0.65)	1.29(0.83)
实验室之间	A	1.81(1.17)	1.98(1.28)
	B	1.43(0.92)	1.79(1.15)

[a] 比较样本未知样的初次分析结果(A)和未知样的第二次分析结果(B)。

参 考 文 献

［1］ GB/T 5524—2008 动植物油脂 扦样.

［2］ ISO 5725:1986 Precision of test methods—Determination of repeatability and reproducibility by interlaboratory tests(now withdrawn),was used to obtain the precision data.

ICS 67.040
X 04

中华人民共和国国家标准

GB/T 5533—2008
代替 GB/T 5533—1985

粮油检验　植物油脂含皂量的测定

Inspection of grain and oils—Determination of soap content in vegetable oils

2008-11-04 发布　　　　2009-01-01 实施

中华人民共和国国家质量监督检验检疫总局
中国国家标准化管理委员会　发布

前　言

本标准修改采用美国油脂化学协会（AOCS）标准 AOCS CC 17-95《油脂中皂含量　滴定法》（英文版）。

本标准与 AOCS CC17-95 的主要技术差异：

——修改了含皂量的定义；

——为便于滴定将“150 mm×40 mm 具塞试管”改为“250 mL 具塞锥形瓶”；

——修改了结果计算公式与表达方法。

本标准代替 GB/T 5533—1985《植物油脂检验　含皂量测定法》。

本标准与 GB/T 5533—1985 相比较主要变化如下：

——将适用范围修改为“适用于精炼植物油脂”；

——将样品溶解试剂“石油醚”修改为“丙酮水溶液”；

——将样品称取量由“10 g”修改为“40 g”；

——将“0.02 N 硫酸溶液”修改为“0.01 mol/L 盐酸溶液”；

——将“0.2％甲基红乙醇溶液”修改为“1％溴酚蓝溶液”；

——将指示剂加入到丙酮水溶液中，并调节丙酮水到中性；

——增加了空白试验要求；

——将双试验允许差“不超过 0.02％”修改为“不超过 0.01％”。

本标准由国家粮食局提出。

本标准由全国粮油标准化技术委员会归口。

本标准负责起草单位：南京财经大学、国家粮食局科学研究院。

本标准起草人：袁建、鞠兴荣、杨晓荣、薛雅琳。

本标准所代替标准的历次版本发布情况为：

——GB/T 5533—1985。

粮油检验　植物油脂含皂量的测定

1 范围

本标准规定了植物油脂中含皂量的测定方法。

本标准适用于精炼植物油脂含皂量的测定。

2 规范性引用文件

下列文件中的条款通过本标准的引用而成为本标准的条款。凡是注日期的引用文件，其随后所有的修改单(不包括勘误的内容)或修订版均不适用于本标准，然而，鼓励根据本标准达成协议的各方研究是否可使用这些文件的最新版本。凡是不注日期的引用文件，其最新版本适用于本标准。

GB/T 601　化学试剂　标准滴定溶液的制备

GB/T 6682　分析实验室用水规格和试验方法(GB/T 6682—2008，ISO 3696:1987，MOD)

GB/T 15687　油脂试样制备(GB/T 15687—1995，eqv ISO 661:1989)

3 术语和定义

下列术语和定义适用于本标准。

3.1

含皂量　soap content

植物油脂加碱精炼后，油脂中残留的皂化物的量。

4 原理

试样用有机溶剂溶解后，加入热水使皂化物溶解，用盐酸标准溶液滴定。

5 试剂

除非另有说明，仅使用分析纯试剂。

5.1 水：符合 GB/T 6682 规定中三级水的要求。

5.2 丙酮水溶液：量取 20 mL 水加入至 980 mL 丙酮中，摇匀。临分析前，每 100 mL 中加入 0.5 mL 1%溴酚蓝溶液(5.5)，滴加盐酸溶液(5.3)或氢氧化钠溶液(5.4)调节至溶液呈黄色。

5.3 盐酸标准溶液：$c(HCl)=0.01$ mol/L，按 GB/T 601 规定的方法配制与标定。

5.4 氢氧化钠溶液：$c(NaOH)=0.01$ mol/L，按 GB/T 601 规定的方法配制与标定。

5.5 指示剂：1%溴酚蓝溶液。

6 仪器设备

6.1 具塞锥形瓶：250 mL。

6.2 微量滴定管：5 mL 或 10 mL，分度值 0.02 mL。

6.3 量筒：50 mL。

6.4 移液管：1 mL。

6.5 恒温水浴锅。

6.6 天平：分度值 0.01 g。

7 操作步骤

7.1 称取按 GB/T 15687 制备的样品 40 g，精确至 0.01g，置于具塞锥形瓶中，加入 1 mL 水，将锥形瓶置于沸水浴中，充分摇匀。

注：本标准适用于测定含皂量不超过 0.05%的油脂样品，如油脂含皂量较高，测定时可减少试样用量(如 4 g)。

7.2 加入 50 mL 丙酮水溶液(5.2)，在水浴中加热后，充分振摇，静置后分为两层。

注：如果油脂中含有皂化物，则上层将呈绿色至蓝色。

7.3 用微量滴定管(6.2)趁热逐滴滴加 0.01 mol/L 盐酸标准溶液(5.3)，每滴一滴振摇数次，滴至溶液从蓝色变为黄色。

7.4 重新加热、振摇、滴定至上层呈黄色不褪色，记下消耗盐酸标准溶液的总体积。

7.5 同时做空白试验。

8 结果计算

试样的含皂量按式(1)计算：

$$X = \frac{(V - V_0) \times c \times 0.304}{m} \times 100 \quad \cdots\cdots (1)$$

式中：

X——油脂中含皂量(以质量分数计)，%；

V——滴定试样溶液消耗盐酸标准溶液的体积，单位为毫升(mL)；

V_0——滴定空白溶液消耗盐酸标准溶液的体积，单位为毫升(mL)；

c——盐酸标准溶液的浓度，单位为摩尔每升(mol/L)；

m——试样质量，单位为克(g)；

0.304——每毫摩尔油酸钠的质量，单位为克每毫摩尔(g/mmol)。

9 精密度

双试验结果允许差不超过 0.01%，求其平均数，即为测定结果。测定结果取小数点后第二位。

ICS 67.040
X 04

中华人民共和国国家标准

GB/T 5534—2008
代替 GB/T 5534—1995

动植物油脂　皂化值的测定

Animal and vegetable fats and oils—Determination of saponification value

(ISO 3657:2002,MOD)

2008-11-04 发布　　　　2009-01-01 实施

中华人民共和国国家质量监督检验检疫总局
中国国家标准化管理委员会　发布

前　言

本标准修改采用ISO 3657:2002《动植物油脂　皂化值的测定》(英文版)。

本标准与ISO 3657:2002的主要差异如下：

——油脂试样制备要求按GB/T 15687(GB/T 15687—1995,eqv ISO 661:1989)。

为了便于使用,本标准进行了下列编辑性修改：

——删除国际标准的前言；

——将"本国际标准"改为"本标准"；

——用小数点"."代替原文中作为小数点的","；

——对有关公式进行了编号。

本标准代替GB/T 5534—1995《动植物油脂皂化值的测定》。

本标准与GB/T 5534—1995相比较的主要变化如下：

——增加了有关试样制备的内容；

——修改了精密度要求。

本标准的附录A为资料性附录。

本标准由国家粮食局提出。

本标准由全国粮油标准化技术委员会归口。

本标准起草单位:武汉工业学院、国家粮食储备局武汉科学研究设计院。

本标准主要起草人：张世宏、何东平、黄小平。

本标准所代替标准的历次版本发布情况为：

——GB/T 5534—1995。

动植物油脂　皂化值的测定

1　范围

本标准规定了动植物油脂皂化值的测定方法。

本标准适用于精炼动植物油脂和动植物油脂原油。

本标准不适用于含无机酸的产品，除非无机酸能够另行测定。

2　规范性引用文件

下列文件中的条款通过本标准的引用而成为本标准的条款。凡是注日期的引用文件，其随后所有的修改单（不包括勘误的内容）或修订版均不适用于本标准。然而，鼓励根据本标准达成协议的各方研究是否可使用这些文件的最新版本。凡是不注日期的引用文件，其最新版本适用于本标准。

GB/T 15687　油脂试样制备（GB/T 15687—1995，eqv ISO 661：1989）

3　术语和定义

下列术语和定义适用于本标准。

3.1

皂化值　saponification value

在规定条件下皂化 1 g 油脂所需的氢氧化钾毫克数。

4　原理

皂化值是测定油和脂肪酸中游离脂肪酸和甘油酯的含量。在回流条件下将样品和氢氧化钾-乙醇溶液一起煮沸，然后用标定的盐酸溶液滴定过量的氢氧化钾。

5　试剂

使用的试剂均为分析纯，使用水为蒸馏水或与其相当纯度的水。

5.1　氢氧化钾-乙醇溶液：大约 0.5 mol 氢氧化钾溶解于 1 L95％乙醇（体积分数）中。此溶液应为无色或淡黄色。通过下列任一方法可制得稳定的无色溶液。

a 法：将 8 g 氢氧化钾和 5 g 铝片放在 1 L 乙醇中回流 1 h 后立刻蒸馏。将需要量（约 35 g）的氢氧化钾溶解于蒸馏物中。静置数天，然后倾出清亮的上层清液弃去碳酸钾沉淀。

b 法：加 4 g 特丁醇铝到 1 L 乙醇中，静置数天，倾出上层清液，将需要量的氢氧化钾溶解于其中，静置数天，然后倾出清亮的上层清液弃去碳酸钾沉淀。

将此液贮存在配有橡皮塞的棕色或黄色玻璃瓶中备用。

5.2　盐酸标准溶液：$c(HCl)=0.5$ mol/L。

5.3　酚酞溶液：（$\rho=0.1$ g/100 mL）溶于 95％乙醇（体积分数）。

5.4　碱性蓝 6B 溶液：（$\rho=2.5$ g/100 mL）溶于 95％乙醇（体积分数）。

5.5　助沸物。

6　仪器设备

实验室常用仪器及以下仪器：

6.1　锥形瓶：容量 250 mL，耐碱玻璃制成，带有磨口。

6.2 回流冷凝管：带有连接锥形瓶(6.1)的磨砂玻璃接头。

6.3 加热装置(如水浴锅、电热板或其他适合的装置)：不能用明火加热。

6.4 滴定管：容量 50 mL，最小刻度为 0.1 mL，或者自动滴定管。

6.5 移液管：容量 25 mL，或者自动吸管。

6.6 分析天平。

7 扦样

扦样不是本标准规定的内容，推荐采用 GB/T 5524。

实验室收到的样品应具有代表性，在运输或储存过程中不得受损或改变。

8 试样制备

按 GB/T 15687 执行。

若试样中存在不溶性杂质，应混合均匀后过滤，并在测试报告中注明。

9 操作步骤

9.1 称样

于锥形瓶(6.1)中称量 2 g 试验样品(第 8 章)精确至 0.005 g。

以皂化值(以 KOH 计)170 mg/g～200 mg/g、称样量 2 g 为基础，对于不同范围皂化值样品，以称样量约为一半氢氧化钾-乙醇溶液被中和为依据进行改变。推荐的取样量见表 1。

表 1 取样量

估计的皂化值(以 KOH 计)/(mg/g)	取样量/g
150～200	2.2～1.8
200～250	1.7～1.4
250～300	1.3～1.2
>300	1.1～1.0

9.2 测定

9.2.1 用移液管(6.5)将 25.0mL 氢氧化钾-乙醇溶液(5.1)加到试样中，并加入一些助沸物(5.5)，连接回流冷凝管(6.2)与锥形瓶，并将锥形瓶放在加热装置(6.3)上慢慢煮沸，不时摇动，油脂维持沸腾状态 60 min。对于高熔点油脂和难于皂化的样品需煮沸 2 h。

9.2.2 加 0.5 mL～1 mL 酚酞指示剂(5.3)于热溶液中，并用盐酸标准溶液(5.2)滴定到指示剂的粉色刚消失。如果皂化液是深色的，则用 0.5 mL～1 mL 的碱性蓝 6B 溶液(5.4)作为指示剂。

9.3 空白试验

按照 9.2 的要求，不加样品，用 25.0 mL 的氢氧化钾-乙醇溶液(5.1)进行空白试验。

10 结果计算

按式(1)计算试样的皂化值：

$$I_s = \frac{(V_0 - V_1) \times c \times 56.1}{m} \quad \cdots\cdots(1)$$

式中：

I_s——皂化值(以 KOH 计)，单位为毫克每克(mg/g)；

V_0——空白试验所消耗的盐酸标准溶液(5.2)的体积，单位为毫升(mL)；

V_1——试样所消耗的盐酸标准溶液(5.2)的体积，单位为毫升(mL)；

c——盐酸标准溶液(5.2)的实际浓度,单位为摩尔每升(mol/L);

m——试样(9.1)的质量,单位为克(g)。

重复性符合11.2要求的,取两次测定的算术平均值作为测定结果。

11 精密度

11.1 实验室间测试

2000年德国标准化学会(DIN)组织了有22个实验室参与的实验室间测试,对每个样品做了两次测定,统计结果见附录A。

11.2 重复性

在同一实验室,由同一操作者使用相同设备,按相同的测试方法,并在短时间内对同一被测对象相互独立进行测试获得的两次独立测试结果的绝对差值大于附录A所示重复性限值(r)的情况不超过5%。

11.3 再现性

在不同的实验室,由不同的操作者使用不同的设备,按相同的测试方法,对同一被测对象相互独立进行测试获得的两次独立测试结果的绝对差值大于表A.1所示再现性限值(R)的情况不超过5%。

12 测试报告

测试报告需说明:

——测试样品所需的所有有关信息;

——若已知采样方法,则注明;

——采用的检验方法及引用标准;

——使用的指示剂;

——本标准中没有具体说明的或者被认为是可选性的,以及所有可能影响结果的操作细节;

——测定结果,如果进行了重复性试验,则列出最终结果。

附　录　A
（资料性附录）
实验室间测试结果

8个国家22个实验室对下列样品进行了实验室间测试：

——椰子油(A)；

——棕榈油(B)；

——菜籽油(C)；

——含中碳链甘油三酯(MCT)的油；

——60% A与40% MCT的混合物。

在2000年德国标准化学会(DIN)组织了联合测试，对取得的测试结果按照ISO 5725-2进行了统计分析，其结果见表A.1。

表A.1　测试结果统计分析

项　目	样　品				
	菜籽油(C)	棕榈油(B)	椰子油(A)	60% A+40% MCT	含中碳链甘油三酯(MCT)的油
参加实验室数	22	22	22	22	20
去除偏离值后的测试实验室数	19	17	20	18	16
对每个样品有测试结果实验室数	38	34	40	36	32
平均值	190.2	199.5	256.8	287.5	334.1
重复性的标准偏差(S_r)	0.7	0.6	0.7	0.7	1.4
重复性的变异系数/%	0.4	0.3	0.3	0.2	0.4
重复性限值(r)	2.1	1.6	2.0	2.0	3.9
再现性标准偏差 S_R	1.8	2.0	4.2	2.4	2.9
再现性变异系数/%	0.9	1.0	1.6	0.8	0.9
再现性限值(R)	5.0	5.7	11.7	6.6	8.0

参 考 文 献

[1] GB/T 5524—2008 动植物油脂 扦样.

[2] ISO 5725-1:1994 Accuracy (trueness and precision) of measurement methods and results—Part 1: General principles and definitions.

[3] ISO 5725-2:1994 Accuracy (trueness and precision) of measurement methods and results—Part 2: Basic method for the determination of repeatability and reproducibility of a standard measurement method.

ICS 67.200.10
X 14

中华人民共和国国家标准

GB/T 5535.1—2008/ISO 3596:2000
代替 GB/T 5535.1—1998

动植物油脂　不皂化物测定
第1部分:乙醚提取法

Animal and vegetable fats and oils—Determination of unsaponifiable matter—Part 1:Method using diethyl ether extraction

(ISO 3596:2000,IDT)

2008-08-22 发布　　　　2008-12-01 实施

中华人民共和国国家质量监督检验检疫总局
中国国家标准化管理委员会　发布

前　言

GB/T 5535《动植物油脂　不皂化物测定》分为两个部分：

——第1部分：乙醚提取法；

——第2部分：己烷提取法。

本部分为GB/T 5535的第1部分。

本部分等同采用ISO 3596:2000《动植物油脂　不皂化物测定　乙醚提取法》(英文版)。

为了便于使用，本部分对ISO 3596:2000进行了下列编辑性修改：

——删除国际标准的前言；

——将“本国际标准”改为“本部分”；

——用小数点“.”代替原文中作为小数点的“，”；

——用GB/T 15687代替原国际标准中的ISO 661。

本部分自实施之日起代替GB/T 5535.1—1998《动植物油脂　不皂化物测定　第1部分：乙醚提取法(第一方法)》。

本部分的附录A为资料性附录。

本部分由国家粮食局提出。

本部分由全国粮油标准化技术委员会归口。

本部分起草单位：武汉工业学院。

本部分主要起草人：姚理、何东平、张世宏、宫智勇、胡小泓、黄小平。

本部分所代替标准的历次版本发布情况为：

——GB/T 5535—1985、GB/T 5535.1—1998。

动植物油脂 不皂化物测定
第1部分:乙醚提取法

1 范围

GB/T 5535 的本部分规定了用乙醚提取法测定动植物油脂不皂化物含量的方法。

本部分适用于一般动植物油脂不皂化物含量的测定。本部分不适用于蜡。对于某些不皂化物含量高的油脂,如海产动物油脂,仅能得到近似结果。

当气候条件或规定不允许使用乙醚时,可使用 GB/T 5535.2 的方法。

2 规范性引用文件

下列文件中的条款,通过在 GB/T 5535 的本部分中引用而成为本部分的条款。凡是注日期的引用文件,其随后所有的修改单(不包括勘误的内容)或修订版均不适用于本部分,然而,鼓励根据本部分达成协议的各方研究是否可使用这些文件的最新版本。凡是不注日期的引用文件,其最新版本适用于本部分。

GB/T 15687 油脂试样制备(GB/T 15687—1995,eqv ISO 661:1989)

3 术语和定义

下列术语和定义适用于 GB/T 5535 的本部分。

3.1

不皂化物 unsaponifiable matter

用氢氧化钾皂化后的全部生成物用指定溶剂提取,在规定的操作条件下不挥发的所有物质。

4 原理

油脂与氢氧化钾乙醇溶液在煮沸回流条件下进行皂化,用乙醚从皂化液中提取不皂化物,蒸发溶剂并对残留物干燥后称量。

5 试剂

本部分使用的试剂均为分析纯,水为蒸馏水、去离子水或等同纯度的水。

5.1 乙醚:新蒸过,不含过氧化物和残留物。

5.2 丙酮。

5.3 氢氧化钾-乙醇溶液:$c(KOH)\approx 1$ mol/L。在 50 mL 水中溶解 60 g 氢氧化钾,然后用 95%(体积分数)乙醇稀释至 1 000 mL。溶液应为无色或浅黄色。

5.4 氢氧化钾水溶液:$c(KOH)\approx 0.5$ mol/L。

5.5 酚酞指示剂溶液:10 g/L 的 95%(体积分数)乙醇溶液。

6 仪器

实验室常用仪器,特别是下列仪器:

6.1 圆底烧瓶:带标准磨口的 250 mL 圆底烧瓶。

6.2 回流冷凝管:具有与烧瓶(6.1)配套的磨口。

6.3 500 mL 分液漏斗:使用聚四氟乙烯旋塞和瓶塞。

6.4 水浴锅。

6.5 电烘箱:可控制在 103 ℃±2 ℃。

7 扦样

扦样不是本部分规定的内容,推荐采用 ISO 5555 的方法。

实验室收到的样品应具有代表性,在运输和存储过程中不应受损或改变。

8 试样制备

按 GB/T 15687 执行。

9 操作步骤

9.1 试样

称取约 5 g 试样(第 8 章),精确至 0.01 g,置于 250 mL 烧瓶中(6.1)。

9.2 皂化

加入 50 mL 氢氧化钾-乙醇溶液(5.3)和一些沸石。烧瓶与回流冷凝管(6.2)连接好后,小心煮沸回流 1 h。停止加热,从回流管顶部加入 100 mL 水并旋转摇动。

如果提取的不皂化物用于测定生育酚,则必须添加联苯三酚且尽快地完成操作(30 min 以内)。

9.3 不皂化物的提取

冷却后转移皂化液到 500 mL 分液漏斗(6.3),用 100 mL 乙醚(5.1)分几次洗涤烧瓶和沸石,并将洗液倒入分液漏斗。盖好塞子,倒转分液漏斗,用力摇 1 min,小心打开旋塞,间歇地释放内部压力。静置分层后,将下层皂化液尽量完全放入第二只分液漏斗中。如果形成乳化液,可加少量乙醇或浓氢氧化钾或氯化钠溶液进行破乳。

采用相同的方法,每次用 100 mL 乙醚再提取皂化液两次,收集三次乙醚提取液放入装有 40 mL 水的分液漏斗中。

9.4 乙醚提取液的洗涤

轻轻转动装有提取液和 40 mL 水的分液漏斗。

警告:剧烈的摇动可能会形成乳化液。

等待完全分层后弃去下面水层。用 40 mL 水再洗涤乙醚溶液两次,每次都要剧烈震摇,且在分层后弃去下面水层。排出洗涤液时需留 2 mL,然后沿轴线旋转分液漏斗,等待几分钟让保留的水层分离。弃去水层,当乙醚溶液到达旋塞口时关闭旋塞。

用 40 mL 氢氧化钾水溶液(5.4)、40 mL 水相继洗涤乙醚溶液后,再用 40 mL 氢氧化钾水溶液进行洗涤,然后用 40 mL 水洗涤至少两次以上。

继续用水洗涤,直到加入 1 滴酚酞溶液(5.5)至洗涤液后,不再呈粉红色为止。

9.5 蒸发溶剂

通过分液漏斗的上口,小心地将乙醚溶液全部转移至 250 mL 烧瓶(6.1)中。此烧瓶需预先于 103 ℃±2 ℃的烘箱(6.5)中干燥,冷却后称量,精确至 0.1 mg。在沸水浴(6.4)上蒸馏回收溶剂。

加入 5 mL 丙酮,在沸水浴上转动时倾斜握住烧瓶,在缓缓的空气流下,将挥发性溶剂完全蒸发。

9.6 残留物的干燥和测定

9.6.1 将烧瓶水平放置在 103 ℃±2 ℃的烘箱(6.5)中,干燥 15 min。然后放在干燥器中冷却,取出称量,准确至 0.1 mg。

按上述方法间隔 15 min 重复干燥,直至两次称量质量相差不超过 1.5 mg。如果三次干燥后还不恒质,则不皂化物可能被污染,需重新进行测定。

注：如果条件允许，尤其是如果不皂化物需要进一步检测时，可使用真空旋转蒸发器。

9.6.2 当需要对残留物中的游离脂肪酸进行校正时，将称量后的残留物溶于 4 mL 乙醚中，然后加入 20 mL 预先中和到使酚酞指示液(5.5)呈淡粉色的乙醇。用 0.1 mol/L 标准氢氧化钾醇溶液滴定到相同的终点颜色。

以油酸来计算游离脂肪酸的质量，并以此校正残留物的质量(第 10 章)。

9.7 测定次数

同一试样需进行两次测定。

9.8 空白试验

用相同步骤及相同量的所有试剂，但不加试样进行空白试验。如果残留物超过 1.5 mg，需对试剂和方法进行检查。

10 结果计算

试样中的不皂化物含量按式(1)计算：

$$X = \frac{m_1 - m_2 - m_3}{m_0} \times 100 \qquad \cdots\cdots(1)$$

式中：

X——试样中不皂化物的含量，以质量分数计，%；

m_0——试样的质量，单位为克(g)；

m_1——残留物的质量，单位为克(g)；

m_2——空白试验的残留物质量，单位为克(g)；

m_3——游离脂肪酸的质量，如果需要，等于 $0.28\,V \times c$，单位为克(g)；

其中：

V——滴定所用标准氢氧化钾乙醇溶液的体积，单位为毫升(mL)；

c——氢氧化钾乙醇标准溶液的准确浓度，单位为摩尔每升(mol/L)。

用两次测定数据的算术平均值作为结果。

11 精密度

附录 A 汇总了本方法精密度的实验室间测试情况。从这些测试中得到的值可能不适用于其他浓度范围和其他测试对象。

12 测试报告

测试报告需说明：

——测试样品所需的所有有关信息；

——若已知采样方法，则注明；

——采用的检验方法及引用标准；

——本部分中没有具体说明的或者被认为是可选性的，以及所有可能影响结果的操作细节；

——测定结果，如果进行了重复性试验，则列出最终结果。

附 录 A
（资料性附录）
实验室间测试结果

A.1 16 个国家 51 个实验室参与了联合实验，使用乙醚法对下列样品进行了测试：

——样品 A：碱炼，脱色，脱臭大豆油；
——样品 B：干燥后的水化脱胶原油。

此测试由英国国际油、油料、脂肪联合协会（FOSFA）于 1995 年组织实施，所得的结果按照 ISO 5725进行了统计分析，其数据见表 A.1。

表 A.1 测试结果统计分析

参 数	大豆油样品	
	A	B
去除偏离值后的测试实验室数	49	50
平均值	0.58	0.69
重复性的标准偏差(S_r)	0.025	0.027
重复性的变异系数/%	4.3	3.9
重复性限值(r)	0.07	0.08
再现性标准偏差(S_R)	0.22	0.24
再现性变异系数/%	37.9	34.7
再现性限值(R)	0.62	0.67

A.2 另一次联合实验在 1989 年 7 月由 17 个国家 43 个实验室参与，使用乙醚法对日本鱼油进行测试。

此测试由英国国际油、油料、脂肪联合协会（FOSFA）组织实施，所得的结果按照 ISO 5725 进行了统计分析，其数据见表 A.2。

表 A.2 测试结果统计分析

参 数	鱼 油
去除偏离值后的测试实验室数	37
平均值	0.81
重复性的标准偏差(S_r)	0.02
重复性的变异系数/%	2.46
重复性限值(r)	0.06
再现性标准偏差(S_R)	0.29
再现性变异系数/%	35.8
再现性限值(R)	0.81

A.3 第三次由 10 个实验室参与的联合实验由国际纯化学与应用化学联盟（IUPAC）油、油料、脂肪联合协会（FOSFA）于 1976 年至 1997 年间组织实施，所得的结果按照 ISO 5725 进行了统计分析，其数据见表 A.3。

表 A.3 测试结果统计分析

参　数	精炼大豆油	精炼牛脂	菜籽原油
去除偏离值后的测试实验室数	10	10	10
平均值	0.630	0.253	1.432
重复性的标准偏差(S_r)	0.032	0.024	0.068
重复性的变异系数/%	5.0	9.3	0.19
重复性限值(r)	0.089	0.067	0.19
再现性标准偏差(S_R)	0.140	0.154	0.137
再现性变异系数/%	22.3	60.9	9.6
再现性限值(R)	0.397	0.435	0.389

参 考 文 献

[1] ISO 5555 Animal and vegetable fats and oils—Sampling.

[2] ISO 5725—1986 Precision of test methods—Determination of repeatability and reproducibility for a standard test method by inter-laboratory tests.

[3] GB/T 5535.2 动植物油脂 不皂化物测定 第2部分:己烷提取法(GB/T 5535.2—2008,ISO 18609:2000,IDT).

ICS 67.200.10
X 14

中华人民共和国国家标准

GB/T 5535.2—2008/ISO 18609:2000
代替 GB/T 5535.2—1998

动植物油脂 不皂化物测定 第2部分:己烷提取法

Animal and vegetable fats and oils—Determination of unsaponifiable matter—Part 2:Method using hexane extraction

(ISO 18609:2000,IDT)

2008-08-22 发布 2008-12-01 实施

中华人民共和国国家质量监督检验检疫总局
中国国家标准化管理委员会 发布

前　言

GB/T 5535《动植物油脂　不皂化物测定》分为两个部分：

——第1部分：乙醚提取法；

——第2部分：己烷提取法。

本部分为GB/T 5535的第2部分。

本部分等同采用ISO 18609:2000《动植物油脂　不皂化物测定　己烷提取法》(英文版)。

为便于使用，本部分对ISO 18609:2000做了下列编辑性修改：

——删除国际标准的前言；

——将“本国际标准”改为“本部分”；

——用小数点“.”代替原文中作为小数点的逗号“,”；

——用GB/T 15687代替原国际标准中ISO 661。

本部分自实施之日起代替GB/T 5535.2—1998《动植物油脂　不皂化物测定　第2部分：己烷提取快速法》。

本部分的附录A为资料性附录。

本部分由国家粮食局提出。

本部分由全国粮油标准化技术委员会归口。

本部分负责起草单位：武汉工业学院。

本部分主要起草人：宫智勇、何东平、张世宏、姚理、刘丽娜。

本部分所代替标准的历次版本发布情况为：

——GB/T 5535.2—1998。

动植物油脂　不皂化物测定
第2部分:己烷提取法

1　范围

GB/T 5535的本部分规定了己烷三次提取测定动植物油脂不皂化物含量的方法。

本部分适用所有油脂,不适用于蜡。

警告:与GB/T 5535.1中的方法相比,本方法的测定结果较低。

2　规范性引用文件

下列文件中的条款通过GB/T 5535本部分的引用而成为本部分的条款。凡是注日期的引用文件,其随后所有的修改单(不包括勘误的内容)或修订版均不适用于本部分,然而,鼓励根据本部分达成协议的各方研究是否可使用这些文件的最新版本。凡是不注日期的引用文件,其最新版本适用于本部分。

GB/T 15687　油脂试样制备(GB/T 15687—1995,eqv ISO 661:1989)

3　术语和定义

下列术语和定义适用于GB/T 5535的本部分。

3.1

不皂化物　unsaponifiable matter

用氢氧化钾皂化后的生成物用己烷提取,在规定条件下不挥发的所有物质。

注:不皂化物包括自然界中脂类物质,如甾醇、烃类、醇类、脂肪族和萜烯醇类,以及用溶剂在103 ℃提取时不挥发的(如矿物油)外来有机物。

4　原理

油脂与氢氧化钾乙醇溶液在煮沸回流条件下进行皂化,用己烷或石油醚从皂化液中提取不皂化物,蒸发溶剂并对残留物干燥后称重。

5　试剂

本部分使用的试剂均为分析纯,水为蒸馏水、去离子水或同等纯度的水。

5.1　正己烷或沸程为40 ℃～60 ℃的石油醚:溴价低于1,且不得含有杂质。

5.2　10%(体积分数)乙醇水溶液。

5.3　酚酞指示剂:10 g/L的95%(体积分数)乙醇溶液。

5.4　氢氧化钾-乙醇溶液:$c(KOH)\approx 1$ mol/L。在50 mL水中溶解60 g氢氧化钾,然后用95%乙醇稀释至1 000 mL,溶液应为无色或浅黄色。

6　仪器

实验室常用仪器,特别是下列仪器:

6.1　圆底烧瓶:带标准磨口的250 mL圆底烧瓶。

6.2　回流冷凝管:具有与烧瓶(6.1)配套的磨口。

6.3　250 mL分液漏斗:使用聚四氟乙烯旋塞和瓶塞。

6.4 水浴锅。

6.5 电烘箱：可保持 103 ℃±2 ℃。或者真空干燥器，如旋转蒸发器及其他相似设备。

7 扦样

扦样不是本部分规定的内容，推荐采用 ISO 5555。

实验室收到的样品应具有代表性，在运输和存储过程中不应受损或改变。

8 试样制备

按 GB/T 15687 执行。

9 分析步骤

9.1 称样

称取约 5 g 试样（第 8 章），精确至 0.01 g，放入 250 mL 烧瓶中（6.1）。

9.2 皂化

加 50 mL 氢氧化钾溶液（5.4）和一些沸石。烧瓶与回流冷凝管（6.2）联接好后煮沸回流 1 h。停止加热，从回流管顶部加入 50 mL 水并旋转摇动。

9.3 不皂化物的提取

冷却后转移皂化液到 250 mL 分液漏斗（6.3），用 50 mL 己烷（5.1）分几次洗涤烧瓶和沸石，洗涤液倒入分液漏斗。盖好旋塞，用力摇 1 min，倒转分液漏斗，并小心打开旋塞，间歇地释放内压。静置分液漏斗，至溶液分层后，尽量将下层皂化液放入第二只分液漏斗中。如果形成乳化液，须加少量乙醇或浓氢氧化钾或氯化钠破乳。

用相同方法，每次用 50 mL 己烷对皂化液再提取两次。三次己烷提取液收集在同一分液漏斗中。

9.4 己烷提取物的洗涤

用乙醇溶液（5.2）洗涤提取液三次，每次用量 25 mL，并剧烈摇动，洗涤后弃去乙醇水溶液，每次弃去洗涤液后，保持分液漏斗中剩余 2 mL 洗涤液，然后将分液漏斗沿其轴线旋转。静置数分钟，使剩余的乙醇水相进一步分离，然后弃去。当己烷溶液到达旋塞孔道时关闭旋塞。继续用乙醇水溶液洗涤，直到洗涤液加入 1 滴酚酞溶液（5.3）后不呈现粉红色为止。

9.5 蒸发溶剂

通过分液漏斗的上口小心地将己烷溶液转移到准确称量至 0.1 mg 的 250 mL 烧瓶（6.1）中。烧瓶需预先在 103 ℃烘箱（6.5）中干燥冷却后称量。在沸水浴（6.4）中蒸发溶剂。

9.6 残留物的干燥和测定

9.6.1 将烧瓶水平放置在 103 ℃烘箱（6.5）中，干燥残留物 15 min。在干燥器中冷却，并精确称量至 0.1 mg。

也可使用真空干燥器（6.5）干燥，在最大真空度下，在沸水浴中蒸 15 min 之后，冷却至室温，将烧瓶表面的水擦干，精确称量至 0.1 mg。

重复进行干燥，直至两次称量的质量差不超过 1.5 mg。如果三次干燥后还不恒质，则不皂化物可能被污染，需重新进行测定。

9.6.2 若需用游离脂肪酸进行校正，则将称量后的残留物溶于 4 mL 正己烷（5.1）中，然后加入 20 mL 预先中和到使酚酞指示剂（5.3）呈淡粉色的乙醇。用 0.1 mol/L 标准氢氧化钾-乙醇标准溶液标定至终点。以油酸计算游离脂肪酸的质量，并以此校正残留物的质量（第 10 章）。

9.7 测定次数

同一试样需进行两次测定。

9.8 空白实验

需进行一个空白实验，用相同步骤及相同量的所有试剂，但不加试样。如果残留物超过1.5 mg，需检查测定方法和试剂。

10 结果计算

试样不皂化物含量按式(1)计算：

$$X=\frac{m_1-m_2-m_3}{m_0}\times 100 \qquad \cdots\cdots(1)$$

式中：

X——试样中不皂化物的含量，以质量分数计，%；

m_0——试样的质量，单位为克(g)；

m_1——残留物的质量，单位为克(g)；

m_2——空白的残留物质量，单位为克(g)；

m_3——游离脂肪酸的质量，等于$0.28\times V\times c$，单位为克(g)；

其中：

V——滴定所用标准氢氧化钾-乙醇溶液的体积，单位为毫升(mL)；

c——氢氧化钾-乙醇标准溶液的准确浓度，单位为摩尔每升(mol/L)。

用两次测定数据的算术平均值作为测定结果。

11 精密度

附录A汇总了本方法精密度的实验室间测试情况。从这些测试中得到的值可能不适用于其他浓度范围和其他测试对象。

12 测试报告

测试报告必须详细说明事项：

——测试样品所需的所有有关信息；

——若已知采样方法，则注明；

——采用的检验方法及引用标准；

——本部分中没有具体说明的或者被认为是可选性的，以及所有可能影响结果的操作细节；

——测定结果。如果进行了重复性试验，则列出最终结果。

附 录 A
（资料性附录）
联合实验结果

A.1 参与者

六个不同国家（法国，德国，匈牙利，马来西亚，荷兰，英国）的14个实验室参与了由法国油脂技术中心研究所组织的合作研究。

A.2 样品

提供的样品有三种：

——样品A：葵花籽原油；

——样品B：棕榈原油；

——样品C：粗制牛油。

A.3 结果

表A.1、表A.2、表A.3分别为样品A、样品B、样品C的实验结果，表A.4列出了各样品的统计分析结果。

依据Cochran和Dixon检验，6号实验室和9号实验室的实验结果从样品A中除去，11号实验室的实验结果（依据Dixon检验）去除样品C的数据，样品B的数据都有效。

三种实验样品的不皂化物的均值范围为0.15%～0.58%（质量分数）。

重复性限值为0.06%（质量分数），重复性变异系数在3.6%到10.5%之间。

再现性限值为0.18%（质量分数），再现性变异系数在9%到36%之间。

表A.1 样品A：葵花籽原油

实验室	结果1/%（质量分数）	结果2/%（质量分数）
1	0.56	0.58
2	0.541	0.545
3	0.51	0.52
4	0.62	0.58
5	0.57	0.63
6	0.78	0.61
7	0.54	0.51
8	0.64	0.62
9	0.89	0.89
10	0.54	0.57
11	0.62	0.64
12	0.6	0.63
13	0.68	0.68
14	0.56	0.52
注：依据Cochran检验6号实验室的实验结果被去除(5%)，依据Dixon检验9号实验室的实验结果被去除(5%)。		

表 A.2 样品 B:棕榈原油

实验室	结果 1/%(质量分数)	结果 2/%(质量分数)
1	0.35	0.33
2	0.262 5	0.248 5
3	0.37	0.32
4	0.30	0.30
5	0.35	0.42
6	0.44	0.45
7	0.35	0.3
8	0.35	0.35
9	0.18	0.18
10	0.25	0.32
11	0.51	0.48
12	0.24	0.26
13	0.34	0.32
14	0.38	0.34

表 A.3 样品 C:牛原油

实验室	结果 1/%(质量分数)	结果 2/%(质量分数)
1	0.16	0.18
2	0.133 7	0.106
3	0.18	0.17
4	0.15	0.14
5	0.22	0.23
6	0.09	0.12
7	0.09	0.11
8	0.2	0.21
9	0.04	0.03
10	0.13	0.18
11	0.40	0.41
12	0.13	0.14
13	0.23	0.22
14	0.16	0.19
注:依据 Dixon 检验 11 号实验室的实验结果被去除(5%)。		

表 A.4 测试结果统计学分析

参　　数	粗葵花籽油样品 A	粗棕榈油样品 B	粗制牛油样品 C
实验室数目	14	14	14
去除无效结果后的实验室数	12	14	13
平均值/%(质量分数)	0.58	0.33	0.15
重复性标准差(S_r)/%	0.02	0.03	0.02
重复性变异系数/%	3.64	7.81	10.49
再现性标准差(S_R)/%	0.05	0.08	0.05
再现性变异系数/%	8.99	24.63	36.32
重复性限值(r)/%	0.06	0.07	0.04
再现性限值(R)/%	0.15	0.23	0.16

参 考 文 献

[1] GB/T 5535.1 动植物油脂 不皂化物测定 第1部分：乙醚提取法(GB/T 5535.1—2008，ISO 3596:2000，IDT).

[2] ISO 5555 Animal and vegetable fats and oils—Sampling.

ICS 67.200.10
X 14

中华人民共和国国家标准

GB/T 5537—2008
代替 GB/T 5537—1985

粮油检验　磷脂含量的测定

Inspection of grain and oils—Determination of phosphatide content

2008-11-04 发布　　2009-01-20 实施

中华人民共和国国家质量监督检验检疫总局
中国国家标准化管理委员会　发布

前　言

本标准的第一法参考了美国油脂化学协会 AOCS Official Method Ca 12-55《磷》(英文版)。

本标准代替 GB/T 5537—1985《植物油脂检验　磷脂测定法》。

本标准与 GB/T 5537—1985 的主要技术差异为：

——标准名称由《植物油脂检验　磷脂测定法》改为《粮油检验　磷脂含量的测定》；

——修改了标准储备液制备中磷酸二氢钾的称样量；

——修改了比色皿的规格；

——修改了空白调零时使用的试样；

——修改了制备被测液时称样量；

——修改了结果计算的方式。

本标准国家粮食局提出。

本标准由全国粮油标准化技术委员会归口。

本标准起草单位：中粮北海粮油工业(天津)有限公司。

本标准主要起草人：郝克非、李学红。

本标准所代替标准的历次版本发布情况为：

——GB/T 5537—1985。

粮油检验　磷脂含量的测定

1　范围

本标准规定了植物油脂中磷脂含量测定的术语和定义、原理、仪器和用具、试剂和溶液、操作步骤、结果计算和重复性。

本标准适用于植物原油、脱胶油及成品油。

本标准第一法为仲裁法。

2　规范性引用文件

下列文件中的条款通过本标准的引用而成为本标准的条款。凡是注日期的引用文件，其随后所有的修改单(不包括勘误的内容)或修订版均不适用于本标准，然而，鼓励根据本标准达成协议的各方研究是否可使用这些文件的最新版本。凡是不注日期的引用文件，其最新版本适用于本标准。

GB/T 5524　动植物油脂　扦样

GB/T 15687　动植物油脂　试样的制备

3　术语和定义

下列术语和定义适用于本标准。

3.1

磷脂　phosphatide

由甘油、脂肪酸、磷酸、氨基醇和环醇等构成的化合物。

第一法　钼蓝比色法

4　原理

植物油中的磷脂经灼烧成为五氧化二磷，被热盐酸变成磷酸，遇钼酸钠生成磷钼酸钠，用硫酸联氨还原成钼蓝，用分光光度计在波长 650 nm，测定钼蓝的吸光度，与标准曲线比较，计算其含量。

5　仪器和用具

5.1　分光光度计：具 1 cm 比色皿。

5.2　分析天平：分度值 0.000 1 g。

5.3　马弗炉：可控制温度，主要使用温度在 550 ℃～600 ℃。

5.4　封闭电炉：可调温。

5.5　沸水浴。

5.6　瓷坩埚或石英坩埚：50 mL、100 mL 能承受的最低温度 600 ℃。

5.7　容量瓶：100 mL、500 mL、1 000 mL。

5.8　移液管：1 mL、2 mL、5 mL、10 mL。

5.9　比色管：50 mL。

6 试剂和溶液

警告：使用本标准的人员应有正规实验室工作的实际经验，本标准并未指出所有可能的安全问题。使用者有责任采取适当的安全和健康措施，并保证符合国家有关法律规定的条件。

所用试剂均为分析纯，水为蒸馏水。

6.1 盐酸：1.19 g/mL。

6.2 氧化锌。

6.3 氢氧化钾。

6.4 浓硫酸：1.84 g/mL。

6.5 钼酸钠。

6.6 硫酸联氨。

6.7 磷酸二氢钾：使用前在 101 ℃下干燥 2 h。

6.8 2.5%钼酸钠稀硫酸溶液：量取 140 mL 浓硫酸（6.4），注入到 300 mL 水中。冷却至室温，加入 12.5 g 钼酸钠，溶解后用水定容至 500 mL，充分摇匀，静置 24 h 备用。

6.9 0.015%硫酸联氨溶液：将 0.15 g 硫酸联氨（6.6）溶解在 1 L 水中。

6.10 50%氢氧化钾溶液：将 50 g 氢氧化钾（6.3）溶解在 50 mL 水中。

6.11 1∶1 盐酸溶液：将盐酸（6.1）溶解在等体积的水中。

6.12 磷酸盐标准储备液：称取干燥的磷酸二氢钾（6.7）0.438 7 g，用水溶解并稀释定容至 1 000 mL，此溶液含磷 0.1 mg/mL。

6.13 标准曲线用磷酸盐标准溶液：用移液管吸取标准储备液（6.12）10 mL 至 100 mL 容量瓶中，加水稀释并定容。此溶液含磷 0.01 mg/mL。

7 操作步骤

7.1 扦样

按 GB/T 5524 执行。

7.2 试样的制备

按 GB/T 15687 执行。

7.3 绘制标准曲线

取六支比色管（5.9），编成 0、1、2、4、6、8 六个号码。按号码顺序分别注入标准溶液（6.13）0 mL、1 mL、2 mL、4 mL、6 mL、8 mL，再按顺序分别加水 10 mL、9 mL、8 mL、6 mL、4 mL、2 mL。接着向六支比色管中分别加入硫酸联氨溶液（6.9）8 mL，钼酸钠溶液（6.8）2 mL。加塞，振摇 3 次～4 次，去塞，将比色管放入沸水浴（5.5）中加热 10 min，取出，冷却至室温。用水稀释至刻度，充分摇匀，静置 10 min。移取该溶液至干燥、洁净的比色皿中，用分光光度计在 650 nm 处，用试剂空白调整零点，分别测定吸光度。以吸光度为纵坐标，含磷量（0.01 mg、0.02 mg、0.04 mg、0.06 mg、0.08 mg）为横坐标绘制标准曲线。

7.4 制备试液

根据试样的磷脂含量，用坩埚（5.6）称取制备好的试样（7.2），成品油试样称量 10 g，原油及脱胶油称量 3.0 g～3.2 g（精确至 0.001 g）。加氧化锌（6.2）0.5 g，先在电炉上缓慢加热至样品变稠，逐渐加热至全部炭化，将坩埚送至 550 ℃～600 ℃的马弗炉中灼烧至完全灰化（白色），时间约 2 h。取出坩埚冷却至室温，用 10 mL 盐酸溶液（6.11）溶解灰分并加热至微沸，5 min 后停止加热，待溶解液温度降至室温，将溶解液过滤注入 100 mL 容量瓶中，每次用大约 5 mL 热水冲洗坩埚和滤纸共 3 次～4 次，待滤液冷却到室温后。用氢氧化钾溶液（6.10）中和至出现混浊，缓慢滴加盐酸溶液（6.11）使氧化锌沉淀全部溶解，再加 2 滴。最后用水稀释定容至刻度，摇匀。制备被测液时同时制备一份样品空白。

7.5 比色

用移液管吸取被测液(7.4)10 mL,注入 50 mL 比色管中。加入硫酸联氨溶液(6.9)8 mL,钼酸钠溶液(6.8)2 mL。加塞,振摇 3 次~4 次,去塞,将比色管放入沸水浴中加热 10 min,取出,冷却至室温。用水稀释至刻度,充分摇匀,静置 10 min。移取该溶液至干燥、洁净的比色皿中,用分光光度计在 650 nm 下,用试样空白调整零点,测定其吸光度。

8 结果计算

试样中磷脂含量按式(1)计算:

$$X = \frac{P}{m} \times \frac{V_1}{V_2} \times 26.31 \quad \cdots\cdots(1)$$

式中:

X——磷脂含量,单位为毫克每克(mg/g);

P——标准曲线查得的被测液的含磷量,单位为毫克(mg);

m——试样质量,单位为克(g);

V_1——样品灰化后稀释的体积,单位为毫升(mL);

V_2——比色时所取的被测液的体积,单位为毫升(mL);

26.31——每毫克磷相当于磷脂的毫克数。

当被测液的消光值大于 0.8 时,需适当减少吸取被测液的体积,以保证被测液的消光值在 0.8 以下。

每份样品应平行测试两次,平行试样测定的结果符合精密度要求时,取其算术平均值作为结果,计算结果保留小数点后三位。

9 重复性

在重复条件下获得的两次独立测定结果的绝对差值不得超过算术平均值的 10%。

第二法 重量法

10 原理

植物油中的磷脂吸水膨胀,密度增大,使其由絮状悬浮物转变为沉淀物。将试样水化后,用丙酮反复洗涤过滤,由于磷脂不溶于丙酮,油溶于丙酮,从而可使得磷脂与油分离。称量磷脂的质量,计算其含量。该方法所得到的沉淀过滤物不完全是磷脂,还有其他不溶于丙酮的类脂物质。

11 仪器和用具

11.1 玻璃漏斗、漏斗架。

11.2 分析天平:分度值 0.000 1 g。

11.3 电烘箱:可控制在 103 ℃ ±2 ℃。

11.4 200 mL 烧杯。

11.5 抽滤瓶。

11.6 锥形瓶。

11.7 定量滤纸。

12 试剂

丙酮:分析纯。

13 操作步骤

13.1 按7.1～7.2制备试样。

13.2 取均匀的样品约100 mL置于锥形瓶中，加热至90 ℃左右时进行过滤。用烧杯称取试样25 g (m_0)，加热至80 ℃，加水2.0 mL～2.5 mL，充分搅拌使之水化，在室温下静置过夜，或进行离心沉淀。倾出上层清液，用已知恒重的滤纸(m_1)(或抽滤)进行过滤，待滤液全部滤出后，用冷的丙酮把杯内残留的沉淀冲洗入滤纸中，继续用丙酮洗涤滤纸和沉淀，洗至无油迹为止。待滤纸和沉淀上的丙酮挥尽后，送入105 ℃烘箱中烘至恒重并准确称量(m_2)。

14 结果计算

试样中磷脂含量按式(2)计算：

$$Y = \frac{m_2 - m_1}{m_0} \times 1\,000 \qquad \cdots\cdots(2)$$

式中：

Y——磷脂含量，单位为毫克每克(mg/g)；

m_2——沉淀物和滤纸的质量，单位为克(g)；

m_1——滤纸质量，单位为克(g)；

m_0——试样质量，单位为克(g)。

每份样品应平行测试两次，平行试样测定的结果符合精密度要求时，取其算术平均值作为结果，计算结果保留小数点后三位。

15 重复性

在重复条件下获得的两次独立测定结果的绝对差值不得超过算术平均值的10%。

ICS 67.200.10
X 14

中华人民共和国国家标准

GB/T 5539—2008
代替 GB/T 5539—1985

粮油检验 油脂定性试验

Inspection of grain and oils—Qualitative test of oils

2008-11-04 发布　　　　2009-01-20 实施

中华人民共和国国家质量监督检验检疫总局
中国国家标准化管理委员会　发布

前　言

本标准是对 GB/T 5539—1985《植物油脂检验　油脂定性试验》的修订。

本标准与 GB/T 5539—1985 的主要技术差异如下：

——将标准名称改为“粮油检验　油脂定性试验”；

——增加了术语和定义；

——“桐油热聚合试验”改为“桐油纯度试验”；

——“β-桐油试验”改为“β-桐油的检出”；

——棉籽油的检出限由 0.2％修改为 0.3％；

——增加了矿物油检出的不适用范围，本法不适用于米糠原油和沙棘油；

——增加了大豆油检出的不适用范围，本法不适用于一、二级大豆油；

——增加了菜籽油检出的不适用范围，本法不适用于低芥酸菜籽油的检出。

本标准自实施之日起代替 GB/T 5539—1985。

本标准由国家粮食局提出。

本标准由全国粮油标准化技术委员会归口。

本标准负责起草单位：国家粮食储备局西安油脂科学研究设计院。

本标准主要起草人：孟橘、田淑梅、任春明。

本标准所代替标准的历次版本发布情况为：

——GB/T 5539—1985。

粮油检验　油脂定性试验

1　范围

本标准规定了植物油脂定性试验的术语和定义、仪器设备、试验步骤和结果判定方法。

本标准适用于桐油、蓖麻油、亚麻油、矿物油、大豆油、花生油、芝麻油、棉籽油、菜籽油、植物油中猪脂、油茶籽油、茶籽油、大麻籽油的定性或检出试验。

2　规范性引用文件

下列文件中的条款通过本标准的引用而成为本标准的条款。凡是注日期的引用文件，其随后所有的修改单（不包括勘误的内容）或修订版均不适用于本标准，然而，鼓励根据本标准达成协议的各方研究是否可使用这些文件的最新版本。凡是不注日期的引用文件，其最新版本适用于本标准。

GB/T 6682　分析实验室用水规格和实验方法（GB/T 6682—2008，ISO 3696:1987，MOD）

GB/T 15687　动植物油脂　试样的制备（GB/T 15687—2008，ISO 661:2003，IDT）

3　术语和定义

下列术语和定义适用于本标准。

3.1

纯度试验　purity test

油脂中品种单一性的检验。

3.2

桐油　tong oil

以油桐籽为原料制备的油脂。

3.3

蓖麻油　castor oil

以蓖麻籽为原料制备的油脂。

3.4

亚麻油　linseea oil

以亚麻籽为原料制备的油脂。

3.5

矿物油　mineral oil

通过物理蒸馏方法从石油中提炼出的基础油。

3.6

大豆油　soybean oil

以大豆为原料制备的油脂。

3.7

花生油　peanut oil

以花生为原料制备的油脂。

3.8

芝麻油　sesame oil

以芝麻为原料制备的油脂。

3.9

棉籽油　cottonseed oil

以棉籽为原料制备的油脂。

3.10

菜籽油　rapeseed oil

以菜籽为原料制备的油脂。

3.11

猪脂　lard

猪的脂肪。

3.12

油茶籽油　oil-tea camellia seed oil

以油茶籽为原料制备的油脂。

3.13

大麻籽油　hemp seed oil

以大麻籽为原料制备的油脂。

4　油脂定性试验

4.1　桐油纯度试验

4.1.1　仪器

4.1.1.1　喷灯。

4.1.1.2　金属锅:圆底,高约 5 cm,直径约 15 cm。

4.1.1.3　天平:分度值 0.01 g。

4.1.1.4　温度计:350 ℃。

4.1.1.5　秒表。

4.1.1.6　玻璃棒等。

4.1.2　操作方法

称取混匀试样 100 g 注入金属锅内,上挂温度计(水银球浸入油中),置于喷灯上加热,在 4 min 内达到 282 ℃,即第一分钟 105 ℃;第二分钟 180 ℃;第三分钟 240 ℃;第三分半钟 265 ℃;第四分钟 282 ℃。调节灯焰,固定在 282 ℃,同时开始计时,用玻璃棒不断搅动到完全胶化为止。纯桐油从 282 ℃开始到完全胶化,总计不超过 7.5 min,其中由初凝成线状至完全胶化的时间是 40 s 左右,胶化物为淡黄色半透明状,在胶化后 1 min 取出一块冷却 2 min,用刀切时不粘刀,以刀压之成粉末。

双试验结果允许差不超过 10 s,取平均数为测定结果。

4.1.3　结果判定

从 282 ℃开始到完全胶化,总计不超过 7.5 min,则为纯桐油。

4.2　β-桐油的检出

4.2.1　仪器

4.2.1.1　试管。

4.2.1.2　冰箱。

4.2.2　操作方法

将混匀过滤的试样注入干燥的试管中(约达试管容量的三分之一),用软木塞塞紧,置于冰箱中,在温度 3.3 ℃～4.5 ℃冷却 24 h,取出观察。

4.2.3　结果判定

如有针叶状结晶析出,即有β-桐油存在。

注:β-桐油的存在表示桐油的不稳定。

4.3 桐油的检出

4.3.1 三氯化锑三氯甲烷溶液法

4.3.1.1 试剂

三氯化锑三氯甲烷溶液：称取 1 g 三氯化锑于 100 mL 三氯甲烷中，搅拌，溶解必要时可用微热使其溶解。如有沉淀可过滤。

4.3.1.2 仪器

4.3.1.2.1 量筒。

4.3.1.2.2 试管。

4.3.1.2.3 恒温水浴锅。

4.3.1.3 操作方法

取油样 1 mL 于小试管中，沿管壁小心加入三氯化锑三氯甲烷溶液 1 mL，使试管中溶液分为两层，将试管置于 40 ℃温水中加热约 10 min。观察分层界面现象。

4.3.1.4 结果判定

在溶液分层的界面上，如出现紫红色至深咖啡色的环，则有桐油存在。

注 1：本法适用于菜籽油、花生油、茶油中混有桐油的检出，检出限 0.5%。

注 2：本法试验结果与加热时间有关，随着加热时间延长，颜色加深。

4.3.2 亚硝酸钠法

4.3.2.1 试剂

4.3.2.1.1 亚硝酸钠。

4.3.2.1.2 石油醚。

4.3.2.1.3 硫酸溶液：量取一定量的硫酸，缓慢加入至等体积的水中，混匀，冷却后，备用。

4.3.2.2 仪器

4.3.2.2.1 量筒。

4.3.2.2.2 试管。

4.3.2.3 操作方法

取 5 滴～10 滴油样于试管中，加入 2 mL 石油醚，溶解油样（必要时过滤）。在溶液（或滤液）中加入 3 粒～4 粒亚硝酸钠，加入 1 mL 硫酸（4.3.2.1.3），摇匀静置，在 5 min～15 min 内观察石油醚层（上层）。

4.3.2.4 结果判定

如石油醚层呈现混浊，并有絮状团块析出，初为白色，放置后变成黄色，则有桐油存在。

注：本方法适用于豆油、棉籽油及深色油中混杂桐油的检出，检出限 0.5%。芝麻油和梓油存在时，本方法不适用于桐油的检验。

4.3.3 硫酸法

4.3.3.1 试剂

浓硫酸。

4.3.3.2 仪器

白色点滴板。

4.3.3.3 操作方法

取油样数滴，置于白色点滴板凹穴中，加入 1 滴～2 滴浓硫酸，观察现象。

4.3.3.4 结果判定

如呈现深红色并凝为固体，同时颜色逐渐加深，最后成为黑色凝块，则有桐油存在。

4.4 蓖麻油的检出

4.4.1 试剂

4.4.1.1 氢氧化钾。

4.4.1.2 氯化镁。

4.4.1.3 盐酸。

4.4.2 仪器

镍蒸发皿。

4.4.3 操作方法

4.4.3.1 取少量混匀试样于镍蒸发皿中，加氢氧化钾一小块，慢慢加热使其熔融，嗅其气味。

4.4.3.2 或将4.4.3.1熔融物加水溶解，然后加过量的氯化镁，使脂肪酸沉淀，过滤，用稀盐酸将滤液调成酸性，观察现象。

4.4.4 结果判定

在4.4.3.1中有辛醇气味，表明有蓖麻油存在；或在4.4.3.2中有结晶析出，表明有蓖麻油存在。

4.5 亚麻油的检出

4.5.1 试剂

4.5.1.1 乙醚。

4.5.1.2 溴液：在四氯化碳中加足量的溴，使体积增加一半。

4.5.2 仪器

具塞比色管：20 mL。

4.5.3 操作方法

取混匀过滤的试样0.5 mL注入带塞的20 mL比色管中，加10 mL乙醚和3 mL溴液，溶解后加塞，反转混合，将溶液温度调至25 ℃，观察2 min内的现象。

注：另取正常试样作对照试验。

4.5.4 结果判定

如2 min内即呈现混浊，则有亚麻油存在。

4.6 矿物油的检出

4.6.1 试剂

4.6.1.1 氢氧化钾溶液：15 g氢氧化钾溶于10 mL水中。

4.6.1.2 无水乙醇。

4.6.2 仪器

4.6.2.1 冷凝管。

4.6.2.2 锥形瓶。

4.6.2.3 量筒。

4.6.3 操作方法

取混匀试样1 mL于锥形瓶中，加1 mL氢氧化钾溶液和25 mL无水乙醇，连接冷凝管，回流煮沸约5 min，勤加摇动，直至皂化完成为止。加25 mL沸水，摇匀。

4.6.4 结果判定

如出现明显的浑浊或有油状物析出，则有矿物油存在。

注：本方法不适用于米糠原油和沙棘油。

4.7 大豆油的检出

4.7.1 试剂

4.7.1.1 三氯甲烷。

4.7.1.2 2%硝酸钾溶液。

4.7.2 仪器

4.7.2.1 试管。

4.7.2.2 量筒。

4.7.3 操作方法

量取混匀试样 5 mL 于试管中，加入 2 mL 三氯甲烷和 3 mL 2%硝酸钾溶液，用力摇动试管，使溶液成乳浊状。

4.7.4 结果判定

如乳浊液呈现柠檬黄色，表示有豆油存在。如乳浊液显白色或微黄色，则有花生油、芝麻油和玉米油存在。

注：本法不适用一、二级大豆油。

4.8 花生油的检出

4.8.1 试剂

4.8.1.1 1.5 mol/L 氢氧化钾乙醇溶液。

4.8.1.2 70%乙醇：无水乙醇 70 份加水 30 份。

4.8.1.3 盐酸：相对密度 1.16，量取浓盐酸 83 mL，加水至 100 mL。

4.8.2 仪器

4.8.2.1 锥形瓶：150 mL。

4.8.2.2 恒温水浴锅。

4.8.2.3 移液管。

4.8.2.4 温度计、量筒等。

4.8.3 操作方法

准确量取混匀试样 1 mL 注入锥形瓶中，加入 1.5 mol/L 氢氧化钾乙醇溶液 5 mL，连接空气冷凝管，在水浴中加热皂化 5 min，加 50 mL 70%乙醇和 0.8 mL 盐酸，将出现的沉淀加热溶解后，置于低温水浴中，不断搅拌，使降温速度达到每分钟约 1 ℃，随时观察发生浑浊时的温度。

4.8.4 结果判定

橄榄油在 90 ℃以前；菜籽油在 22.5 ℃以前；棉籽油、米糠油和豆油在 13 ℃以前；芝麻油在 15 ℃以前发生浑浊，均表明有花生油存在。

注 1：必要时可用 90%乙醇洗涤花生酸测定熔点。

注 2：油在成酸后发生的少量乳白色不是浑浊点。如出现浑浊时，再重复降温观察一次，以第二次的浑浊程度为准。

4.9 芝麻油的检出

本法可检出含有 0.25%以上的芝麻油。

4.9.1 试剂

4.9.1.1 浓盐酸。

4.9.1.2 2%糠醛乙醇溶液：2 mL 糠醛加入 100 mL 95%的乙醇中混匀。

4.9.2 仪器

4.9.2.1 比色管。

4.9.2.2 量筒。

4.9.3 操作方法

量取混匀试样和浓盐酸各 5 mL 于比色管中，混匀，加入 0.1 mL 2%糠醛乙醇溶液，充分混合，摇动 30 s，静置 10 min 后，观察产生的颜色，若有深红色出现，加水 10 mL，再摇动，观察颜色。

4.9.4 结果判定

如红色消失，表示没有芝麻油存在；红色不消失，表示有芝麻油存在。

注 1：试验深色油样时，可用碱漂白，并将油中的碱和水除净。

注 2：必要时可用含有芝麻油的试样作对照试验。

4.10 棉籽油的检出

4.10.1 试剂

4.10.1.1 1%硫磺粉二硫化碳溶液。

4.10.1.2 吡啶或戊醇。

4.10.1.3 饱和食盐水。

4.10.2 仪器

4.10.2.1 试管。

4.10.2.2 恒温水浴锅。

4.10.2.3 量筒。

4.10.3 操作方法

量取混匀试样和1%硫磺粉二硫化碳溶液各5 mL注入试管中,加2滴吡啶(或戊醇)摇匀后,置于饱和食盐水浴中,缓缓加热至盐水开始沸腾后,经过40 min,取出试管观察。

4.10.4 结果判定

如有深红色或桔红色出现,表示有棉籽油存在。颜色越深,表明棉籽油越多。

注:本法属于哈尔芬试验,可检出混入0.3%以上的棉籽油。

4.11 菜籽油的检出

4.11.1 试剂

4.11.1.1 氢氧化钾乙醇溶液:25% KOH(相对密度1.24)溶液80 mL,加95%乙醇稀释到1 000 mL。

4.11.1.2 乙酸铅溶液:50 g乙酸铅加5 mL 90%乙酸混合,用80%乙醇稀释到1 000 mL。

4.11.1.3 0.2 mol/L碘乙醇溶液:5.07 g升华碘溶解于200 mL 95%乙醇中,临用时现配。

4.11.1.4 乙醇乙酸混合液:1份95%乙醇与1份96%乙酸混合。

4.11.1.5 70%乙醇。

4.11.1.6 0.1 mol/L硫代硫酸钠溶液。

4.11.1.7 淀粉指示剂。

4.11.2 仪器

4.11.2.1 锥形瓶:150 mL。

4.11.2.2 冷凝管。

4.11.2.3 恒温水浴锅。

4.11.2.4 电炉。

4.11.2.5 玻璃过滤坩埚(3号)。

4.11.2.6 抽滤装置。

4.11.2.7 容量瓶:1 000 mL。

4.11.2.8 量筒、滴定管、试剂瓶、碘价瓶等。

4.11.2.9 天平:感量0.001 g。

4.11.3 操作方法

称取混匀试样0.500 g～0.510 g注入150 mL锥形瓶中,加入50 mL氢氧化钾乙醇溶液,连接冷凝管,置于水浴上加热1 h,对已经皂化的溶液加入20 mL乙酸铅溶液和1 mL 90%乙酸,然后继续加热至铅盐溶解为止。取下锥形瓶,待溶液稍冷后,加水3 mL,摇匀,置于20 ℃保温箱中静置14 h,将沉淀转入玻璃过滤坩埚中,用20 ℃的70%乙醇12 mL分数次洗涤锥形瓶和沉淀。移坩埚于碘价瓶上,用20 mL热的乙醇乙酸混合液将沉淀溶入碘价瓶中,再用10 mL热的乙醇乙酸混合液洗涤坩埚。吸取0.2 mol/L碘乙醇溶液20 mL注入碘价瓶中,摇匀,立即加水200 mL,再摇匀,在暗处静置1 h,到时用0.1 mol/L硫代硫酸钠溶液滴定至溶液呈浅黄色时,加入1 mL淀粉指示剂,摇匀后,继续滴定至蓝色消失为止。

同时用乙醇乙酸混合液30 mL作空白试验。

4.11.4 结果计算

芥酸含量(X)按式(1)计算:

$$X=\frac{(V_1-V_2)\times c\times 0.169}{m}\times 100 \quad \cdots\cdots(1)$$

式中:

X——芥酸的含量(以质量分数计),%;

V_1——空白试验用去的硫代硫酸钠溶液体积,单位为毫升(mL);

V_2——试样用去的硫代硫酸钠溶液体积,单位为毫升(mL);

c——硫代硫酸钠溶液的摩尔浓度,单位为摩尔每升(mol/L);

0.169——每毫克当量硫代硫酸钠相当于芥酸的毫克数;

m——试样质量,单位为克(g)。

双试验结果允许差不超过0.2%,求其平均数,即为测定结果。测定结果取小数点后第一位。

4.11.5 结果判定

芥酸含量在4%以上,表示有菜籽油或芥籽油存在。

注:本法不适于低芥酸菜籽油的检出。

4.12 植物油中猪脂的检出

根据各种油脂晶体形状的不同,用镜检法检出猪脂。

4.12.1 试剂

4.12.1.1 乙醚。

4.12.1.2 脱脂棉。

4.12.2 仪器

4.12.2.1 试管:20 mL。

4.12.2.2 冰箱。

4.12.2.3 显微镜:400倍。

4.12.2.4 玻璃管:内径3 mm。

4.12.3 操作方法

取20 mL试管3只洗净烘干,编成1、2、3号,各加入乙醚10 mL。1号管中加入被检油样2 mL;2号管中加入已熔化的猪脂1 mL;3号管中加入被检的纯油2 mL。3只管口各塞以脱脂棉,置于冰箱或冰水中,待晶体析出后(约10 h)进行镜检观察;3号管应无晶体析出(菜籽油);2号管有白色晶体析出;1号管中如有猪脂也有白色晶体析出,其析出量与猪脂含量成正比。

猪脂晶体鉴别:在载玻片上滴一滴纯油,用内径3 mm的玻管吸取半滴结晶物加入油滴中,加盖玻片在显微镜下观察。

4.12.4 结果判定

如晶体为细长形或针叶状,则有猪脂存在。

4.13 油茶籽油的检出

4.13.1 试剂

4.13.1.1 乙酸酐。

4.13.1.2 二氯甲烷。

4.13.1.3 浓硫酸。

4.13.1.4 无水乙醚。

4.13.2 仪器

4.13.2.1 试管:50 mL。

4.13.2.2 恒温水浴锅。

4.13.2.3 量筒等。

4.13.3 操作方法

量取乙酸酐 0.8 mL、二氯甲烷 1.5 mL 和浓硫酸 0.2 mL 于试管中，混合后冷却至室温，加 7 滴试样(约重 0.22 g)于管中，混匀、冷却，如溶液出现浑浊，则滴加乙酸酐，边滴边振摇，滴至突然澄清为止。静置 5 min 后，加入 10 mL 无水乙醚注入显色液中，立即倒转一次使之混合，观察颜色变化。约在 1 min 内，油茶籽油将产生棕色，后变深红色，在几分钟内慢慢褪色。橄榄油加入无水乙醚后，初为绿色，慢慢变成棕灰色，有时中间还经过浅红色过程。

橄榄油与油茶籽油的混合油呈油茶籽油的显色反应，颜色深度与油茶籽油含量成正比。

如需比色定量时，可在上法静置 5 min 后，将试管置于冰水浴锅中 1 min，加入经过冰水冷却的无水乙醚 10 mL 混合后再置于冰水浴中 1 min～5 min，颜色深度可达最高峰，用已知油茶籽油含量的试样与被检试样，选用最深的红色进行比色定量。

4.13.4 结果判定

若在 1 min 内产生棕色，后变深红色，在几分钟内慢慢褪色，则有油茶籽油。

4.14 茶籽油纯度试验

4.14.1 试剂

4.14.1.1 树脂粉二硫化碳饱和溶液：称取 2 g～3 g 纯净树脂粉溶于 100 mL 二硫化碳，猛摇几分钟使其成为饱和溶液，用滤纸过滤后备用。

4.14.1.2 浓硝酸。

4.14.2 仪器

试管、量筒等。

4.14.3 操作方法

量取试样 1 mL～2 mL 注入试管中，加入等量的树脂粉二硫化碳饱和溶液，充分摇匀后，加入浓硝酸 1 mL，再猛烈振荡。观察现象。

4.14.4 结果判定

如不呈任何颜色，并且试管下层酸液澄清如水，则系纯油茶籽油；如发生紫色或红色，但所发生的颜色不久即消失，则有其他植物油存在。

4.15 大麻籽油的检出

4.15.1 试剂

4.15.1.1 苯。

4.15.1.2 0.15%牢固蓝盐 B 溶液，临用时现配。

4.15.2 仪器

4.15.2.1 硅胶 G 薄层板：105 ℃下活化 30 min。

4.15.2.2 点样器。

4.15.2.3 烘箱。

4.15.2.4 紫外灯。

4.15.3 操作方法

取被检试样和对照试样(已知含有大麻籽油的)各 10 μL 分别点样于硅胶 G 薄层板上。如点样有困难，可将试样用苯稀释 5 倍，各点样 10 μL～20 μL。展开剂用苯，显色剂用 0.15%牢固蓝盐 B 溶液。

被检样品出现红色斑点，色调和比移值与对照试样一致，即为阳性。亚麻油、芝麻油也呈现红色，但比移值比大麻籽油的小。

4.15.4 结果判定

呈现阳性，则有大麻籽油存在。

ICS 83.140.99
G 47

中华人民共和国国家标准

GB/T 5574—2008
代替 GB/T 5574—1994

工业用橡胶板

Industrial rubber sheet

2008-04-01 发布　　2008-10-01 实施

中华人民共和国国家质量监督检验检疫总局
中国国家标准化管理委员会　发布

前　言

本标准代替 GB/T 5574—1994《工业用橡胶板》。

本标准与 GB/T 5574—1994 的主要差异如下：

——修改了规格尺寸中胶板厚度的尺寸偏差(1994 版的第 3 章，本版的第 3 章)；

——拉伸性能，增加了每个级别对应的代号(1994 版的 4.1.2.1，本版的第 6 章)；

——公称硬度增加了 90A(90IRHD)一列(1994 版的 4.1.3，本版的 6.1.3)；

——修改了产品标记方法(1994 版的 5.2，本版的 5.2)；

——扩充了胶板附加性能项目，并用表格形式列出(1994 版的 4.2，本版的 6.2)。

本标准由中国石油和化学工业协会提出。

本标准由全国橡胶与橡胶制品标准化技术委员会橡胶杂品分会(SAC/TC 35/SC 7)归口。

本标准负责起草单位：南京天豪橡塑有限公司、南京固柏橡塑制品有限公司。

本标准参加起草单位：南京金腾橡塑有限公司、京东橡胶有限公司。

本标准主要起草人：孔春果、张收才、孔德威、赵树强。

本标准所代替标准的历次版本发布情况为：

——GB/T 5574—1985；GB/T 5574—1994。

工业用橡胶板

1 范围

本标准规定了工业用橡胶板的规格尺寸、分类、标记、要求、试验方法、检验规则以及标志、包装、运输与贮存。

本标准适用于由天然橡胶或合成橡胶为主体材料制成的工业用橡胶板(以下简称工业胶板)。也适用于截面为矩形的胶条制品。

2 规范性引用文件

下列文件中的条款通过本标准的引用而成为本标准的条款。凡是注日期的引用文件,其随后所有的修改单(不包括勘误的内容)或修订版均不适用于本标准,然而,鼓励根据本标准达成协议的各方研究是否可使用这些文件的最新版本。凡是不注日期的引用文件,其最新版本适用于本标准。

GB/T 528—1998 硫化橡胶或热塑性橡胶拉伸应力应变性能的测定(eqv ISO 37:1994)

GB/T 529—1999 硫化橡胶或热塑性橡胶撕裂强度的测定(裤形、直角形和新月形试样)(eqv ISO 34-1:1994)

GB/T 531—1999 橡胶袖珍硬度计压入硬度试验方法(idt ISO 7619:1986)

GB/T 1690—2006 硫化橡胶或热塑性橡胶耐液体试验方法(ISO 1817:2005,MOD)

GB/T 3512—2001 硫化橡胶或热塑性橡胶 热空气加速老化和耐热试验(eqv ISO 188:1998)

GB/T 6031—1998 硫化橡胶或热塑性橡胶硬度的测定(10～100IRHD)(idt ISO 48:1994)

GB/T 7759—1996 硫化橡胶、热塑性橡胶 常温、高温和低温下压缩永久变形测定(eqv ISO 815:1991)

GB/T 7762—2003 硫化橡胶或热塑性橡胶 耐臭氧龟裂 静态拉伸试验(ISO 1431-1:1989,MOD)

GB 8624 建筑材料及制品燃烧性能分级

GB/T 15256—1994 硫化橡胶低温脆性的测定(多试样法)(eqv ISO 812:1991)

GB 18241.1 橡胶衬里 第1部分:设备防腐衬里

HG 2793 工业用导电和抗静电橡胶板

HG 2949 电绝缘橡胶板

3 规格尺寸

工业胶板的公称厚度、宽度及偏差应符合表1的规定,公称长度及偏差由供需双方协商确定。

表1 尺寸偏差

单位为毫米

厚度		宽度	
公称尺寸	偏差	公称尺寸	偏差
0.5	±0.2	500～2 000	±20
1.0			
1.5			

表 1（续）

单位为毫米

厚度		宽度	
公称尺寸	偏差	公称尺寸	偏差
2.0	±0.3	500～2 000	±20
2.5			
3.0			
4.0	±0.4		
5.0	±0.5		
6.0			
8.0	±0.8		
10	±1.0		
12	±1.2		
14	±1.4		
16	±1.5		
18			
20			
22	±2.0		
25			
30			
40			
50			

4 分类

工业胶板按耐油性能划分为三类，见表 2。

表 2 胶板分类

类别	耐油性能	体积变化率 ΔV/%
A类	不耐油	—
B类	中等耐油 3＃标准油，100℃×72 h	＋40～＋90
C类	耐油 3＃标准油，100℃×72 h	－5～＋40

5 标记

5.1 标记方法

产品按下列顺序标记：

产品名称，本标准号，技术特性代号。

5.2 标记示例

拉伸强度为 5 MPa，拉断伸长率为 400%，公称硬度为 60 IRHD，抗撕裂的不耐油橡胶板，其标记为：

工业胶板　GB/T 5574-A-05-4-H6-Ts

- Ts——抗撕裂性能
- H6——公称硬度
- 4——拉断伸长率
- 05——拉伸强度
- A——耐油性能
- GB/T 5574——标准号
- 工业胶板——产品名称

6　要求

6.1　基本性能

6.1.1　拉伸强度如表 3 所示分为七个级别。

表 3　拉伸强度

拉伸强度/MPa	≥3	≥4	≥5	≥7	≥10	≥14	≥17
代　　号	03	04	05	07	10	14	17

6.1.2　拉断伸长率如表 4 所示分为九个级别。

表 4　拉断伸长率

拉断伸长率/%	≥100	≥150	≥200	≥250	≥300	≥350	≥400	≥500	≥600
代　　号	1	1.5	2	2.5	3	3.5	4	5	6

6.1.3　公称硬度按橡胶国际硬度(或邵尔 A 硬度)如表 5 所示分为七个级别。

表 5　公称硬度

橡胶国际硬度或邵尔 A 硬度	30	40	50	60	70	80	90
代　　号	H3	H4	H5	H6	H7	H8	H9
硬度偏差	$^{+5}_{-4}$						

6.1.4　热空气老化性能(A_r)如表 6 所示，B 类和 C 类胶板应符合 A_r2 的要求。

表 6　热空气老化性能

代　号	项　　目			指　　标
A_r1	热空气老化 70℃×72 h	拉伸强度降低率/%	≤	30
		拉断伸长率降低率/%	≤	40
A_r2	热空气老化 100℃×72 h	拉伸强度降低率/%	≤	20
		拉断伸长率降低率/%	≤	50

6.2　附加性能

工业胶板的附加性能见表 7，其具体指标由供需双方商定。

表 7 附加性能

代 号	附加性能	可选试验条件	适用试验条目
T_b	耐低温性能	试验温度： T_b1：−20℃ T_b2：−40℃	7.2.5
H_r	耐热性能	试验条件： Hr1：(100±1)℃×96 h Hr2：(125±2)℃×96 h Hr3：(150±2)℃×168 h Hr4：(180±2)℃×168 h	7.2.4
T_s	抗撕裂性能	—	7.2.6
O_r	耐臭氧性能	试验条件： 拉伸：20% 臭氧浓度：$(50\pm5)\times10^{-8}$、$(200\pm20)\times10^{-8}$ 温度：(40±2)℃ 时间：72 h、96 h、168 h	7.2.7
Cs	压缩永久变形性能	试验条件： (70±1)℃×24 h (100±1)℃×72 h (150±2)℃×72 h	7.2.8
FR	阻燃性能	—	7.2.9
注：表中未列出的其他附加性能由供需双方商定。			

6.3 特殊性能

6.3.1 工业胶板耐化学腐蚀性能按照 GB 18241.1 的规定执行。

6.3.2 工业用导电和抗静电橡胶板按 HG 2793 的规定执行。

6.3.3 电绝缘橡胶板按 HG 2949 的规定执行。

6.3.4 其他特殊性能的橡胶板技术要求应符合相关标准的规定。

6.4 表面花纹型式及颜色

工业胶板的表面花纹型式及颜色由供需双方商定。

6.5 表面质量

工业胶板表面不允许有开裂、穿孔等影响使用性能的缺陷。对于其他不影响使用性能的缺陷，每处缺陷深度不超过产品厚度的1/10，最深不超过 2 mm，缺陷面积不超过 1 cm^2，每平方米内缺陷不得超过 3 处，整件产品不超过 5 处；胶板两边应平直近似于两条平行线，不应有弯曲翘起，每 10 m 直线最大偏差不大于 15 mm。如另有要求，可由供需双方商定。

7 试验方法

7.1 规格尺寸

厚度用精度为 0.02 mm 的量具测量。沿胶板宽度方向取均布 5 点测量，结果取 5 点厚度测量值的算术平均值。长度及宽度用卷尺进行测量。

7.2 胶板性能

7.2.1 耐油性能的测定按 GB/T 1690—2006 规定的方法进行，试验条件：(100±1)℃×72 h。

7.2.2 拉伸强度、拉断伸长率测定按 GB/T 528—1998 规定的方法进行，采用Ⅰ型试样。

7.2.3 橡胶国际硬度(IRHD)的测定按GB/T 6031—1998规定的方法进行;邵尔A硬度的测定按GB/T 531—1999规定的方法进行。需要打磨的试样,应在打磨后16 h进行试验。仲裁试验按GB/T 6031—1998的规定进行。

7.2.4 热空气老化及耐热试验按GB/T 3512—2001规定的方法进行,试验条件:A_r1为(70±1)℃×72 h;A_r2为(100±1)℃×72 h。

7.2.5 耐低温性能的测定按GB/T 15256—1994规定的方法进行。

7.2.6 抗撕裂性能按GB/T 529—1999规定的方法进行,试样采用直角形无割口试样。

7.2.7 耐臭氧老化试验按GB/T 7762—2003规定的方法进行。

7.2.8 压缩永久变形试验按GB/T 7759—1996规定的方法进行。

7.2.9 阻燃性能试验按照GB 8624中规定的方法进行。

7.3 表面质量

表面质量采用相应的量具及目测的方法进行检验。

8 检验规则

8.1 组批与抽样

以20t相同类型的工业胶板为一批,每批随机抽取10卷先进行规格尺寸和表面质量的检验;然后从上述检验合格的产品中随机抽出一卷,从距端部30 cm起沿压延方向取足够试样进行物理性能检验;不足20 t时以合同订购量为一批,每批抽取总重量的2%进行规格尺寸、表面质量的检验,并从检验合格的产品中抽取足够试样进行物理性能检验。

8.2 检验分类

8.2.1 出厂检验

检验项目:规格尺寸、表面质量、硬度、拉伸强度、拉断伸长率、耐油性能以及合同中规定的其他物化性能。

8.2.2 型式检验

本标准所列全部技术要求为型式检验项目。通常在下列情况之一时应进行型式检验:

a) 新产品或老产品转产生产的试制定型鉴定;
b) 正式生产后,如结构、材料、工艺有较大改变,可能影响产品性能时;
c) 正常生产时,定期或积累一定产量后,热空气老化每季度检验一次,其余项目每半年进行一次检验;
d) 产品停产超过半年后,恢复生产时;
e) 出厂检验结果与上次型式检验有较大差异时;
f) 国家质量监督机构提出进行型式检验要求时。

8.3 判定规则

规格尺寸每卷有一项不符合要求或表面质量每卷有两处不符合要求,则该卷胶板为不合格品;不合格品如超过两卷,则应逐卷进行检查,剔除不合格品。

胶板性能如有一项指标不符合要求,应另取双倍试样进行该项复试,如仍不符合要求,则该批产品为不合格品。

9 标志、包装、运输与贮存

9.1 工业胶板都应印有明显的标志,内容包括:产品标记、商标、制造厂名、生产日期。并附产品合格证,内容应包括:标记、规格、生产日期、检验员代号等。

9.2 工业胶板应进行包装，并在包装物上注明胶板标记、生产日期、厂名、厂址和数量。

9.3 工业胶板在运输和贮存时，应保持清洁，不得与酸、碱、油类及有机溶剂等接触，并避免阳光直射。

9.4 工业胶板在贮存时应竖放，贮存温度为－15℃～＋35℃，相对湿度≤85％，并距热源 1 m 以外。

9.5 在符合 9.3、9.4 规定的条件下，自制造之日起（以产品质量合格证日期为准），在不超过一年的贮存期内，产品性能应符合本标准的规定。

ICS 83.060
G 34

GB

中华人民共和国国家标准

GB/T 5577—2008
代替 GB 5577—1985

合成橡胶牌号规范

Codification of types for synthetic rubbers

2008-06-19 发布　　　　2008-12-01 实施

中华人民共和国国家质量监督检验检疫总局
中国国家标准化管理委员会　发布

前　言

本标准代替 GB 5577—1985《合成橡胶牌号规定》。

本标准与 GB 5577—1985 相比主要变化如下：

——标准名称改为“合成橡胶牌号规范”；

——增加了标准前言；

——修改了对橡胶牌号规定的原则；

——对牌号的主要特征数码和位数不再进行统一规定，以充分满足企业技术发展的需要；

——增加了合成橡胶牌号的格式规定；

——删除了命名手续的规定；

——将附录 A“主要特征数码规定”改为“合成橡胶主要特征信息”，并对其中的 NBR、EPDM、EPM、IIR 和 SBS 等胶种的主要特征信息进行了修改；

——根据目前国内生产现状，修改了附录 B“国内生产的部分合成橡胶及其牌号”；

——按照 GB/T 1.1—2000 的规定重新进行编写。

本标准的附录 A 和附录 B 为资料性附录。

本标准由中国石油化工集团公司提出。

本标准由全国橡胶与橡胶制品标准化技术委员会合成橡胶分技术委员会归口（SAC/TC 35/SC 6）。

本标准起草单位：中国石油天然气股份有限公司兰州化工研究中心。

本标准参加单位：中国石油天然气股份有限公司独山子石化分公司、中国石油天然气股份有限公司兰州石化分公司。

本标准主要起草人：孙丽君、徐天昊、王小为、李晓银、王春龙。

本标准所代替标准的历次版本发布情况为：

——GB 5577—1985。

合成橡胶牌号规范

1 范围

本标准规定了制定合成橡胶牌号的原则和格式。

本标准适用于合成橡胶。

本标准不适用于胶乳。

2 规范性引用文件

下列文件中的条款通过本标准的引用而成为本标准的条款。凡是注日期的引用文件，其随后所有的修改单(不包括勘误的内容)或修订版均不适用于本标准，然而，鼓励根据本标准达成协议的各方研究是否可使用这些文件的最新版本。凡是不注日期的引用文件，其最新版本适用于本标准。

GB/T 5576—1997 橡胶和胶乳 命名法(idt ISO 1629:1995)

3 合成橡胶牌号规定原则

合成橡胶牌号的表达方式应简明扼要，一般由橡胶品种代号和特征信息组成，必要时可以增加一些附加信息。

3.1 合成橡胶品种代号

合成橡胶品种代号应符合 GB/T 5576—1997 的规定；合成橡胶与其他合成材料改性产品的代号应由合成橡胶品种代号加其他合成材料品种代号共同组成，每种材料品种代号之间用符号“/”隔开；液体橡胶、粉末橡胶等其他形状的橡胶，可在附加信息中表示其外观形状。

3.2 橡胶特征信息

橡胶特征信息应由能够表征生橡胶主要特征的信息组成。可以包括：结构含量、相对分子质量、结合单体含量、生胶门尼黏度、熔融指数、溶液黏度、聚合温度、聚合用催化剂体系、填充情况、防老剂类型等，各种合成橡胶特征信息可参考附录 A；特征信息一般用阿拉伯数字表示。

3.3 橡胶附加信息

如果特征信息尚不能够明确区分橡胶产品品种，则可以根据需要适当加入一些附加信息，如加工性能、用途、颜色、外观形状等；附加信息可以采用数字表示，也可以采用英文字母或汉语拼音字头的方式表示。

4 合成橡胶牌号格式

合成橡胶的牌号一般由 2～3 个字符组构成；

第一个字符组：橡胶品种代号信息组，应符合 GB/T 5576—1997 的规定。

第二个字符组：橡胶特征信息组，如果采用数字表示特征信息，那么根据需要列出的特征信息的多少，由 2～4 位阿拉伯数字组成，可以用一位数字表示一个特征信息，也可以用二位数字表示一个特征信息。

第三个字符组：橡胶附加信息组，附加信息与特征信息之间可以用短“-”连接。

合成橡胶牌号格式如下：

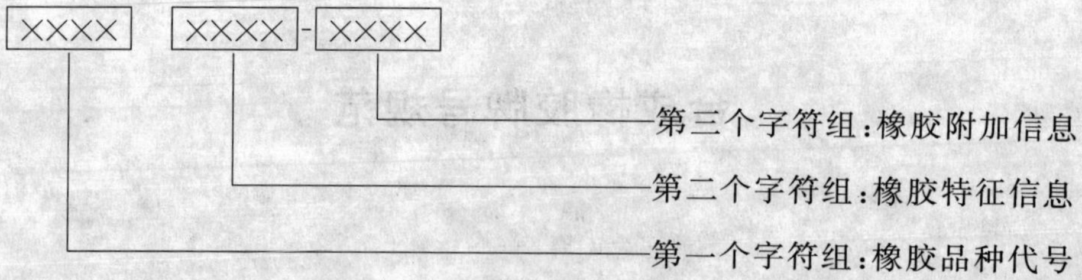

示例：

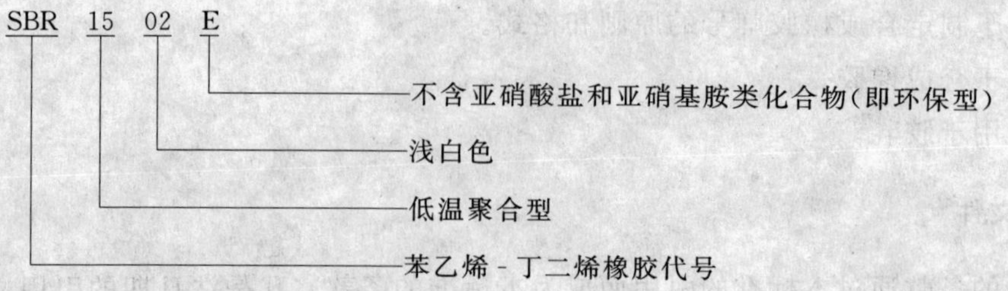

国内生产的部分合成橡胶及其牌号见附录B。

附　录　A
（资料性附录）
合成橡胶主要特征信息

表A.1列举了部分可供选择的合成橡胶主要特征信息，使用者也可以根据实际情况酌情增加或减少使用。

表A.1　合成橡胶主要特征信息参考表

橡胶代号	橡胶名称	主要特征信息
SBR	苯乙烯-丁二烯橡胶(即丁苯橡胶)	聚合温度、填充信息、松香酸皂乳化剂等。与国际合成橡胶生产者协会(IISRP)规定的系列相同。 通常：SBR 1000系列表示热聚橡胶；SBR 1500系列表示冷聚橡胶；SBR 1600系列表示充炭黑橡胶；SBR 1700系列表示充油橡胶；SBR 1800系列表示充油充炭黑母胶
S-SBR	溶液聚合型苯乙烯-丁二烯橡胶(即溶聚丁苯橡胶)	结合苯乙烯含量、乙烯基含量、生胶门尼黏度、充油信息等
PSBR	乙烯基吡啶-苯乙烯-丁二烯橡胶(即丁苯吡橡胶)	结合苯乙烯含量、生胶门尼黏度等
SBS	苯乙烯-丁二烯嵌段共聚物	结构类型、苯乙烯与丁二烯嵌段比、充油信息等
SEBS	氢化苯乙烯-丁二烯嵌段共聚物	结构类型、苯乙烯与丁二烯嵌段比、不饱和度等
BR	丁二烯橡胶	顺式-1,4结构含量、生胶门尼黏度、填充信息、镍系催化等。 通常：90-高顺式，65-中顺式，35-低顺式
CR	氯丁二烯橡胶(即氯丁橡胶)	调节形式、结晶速度、生胶门尼黏度或旋转黏度等。 通常： 调节类型数码为1——硫调节，2——非硫调节，3——混合调节； 结晶速度数码为0——无结晶速度，1——微结晶速度，2——低结晶速度，3——中结晶速度，4——高结晶速度
NBR	丙烯腈-丁二烯橡胶(即丁腈橡胶)	结合丙烯腈含量、生胶门尼黏度等
HNBR	氢化丙烯腈-丁二烯橡胶(即氢化丁腈橡胶)	不饱和度、结合丙烯腈含量、生胶门尼黏度等
XNBR	丙烯酸或甲基丙烯酸-丙烯腈-丁二烯橡胶(即羧基丁腈橡胶)	结合丙烯腈含量、生胶门尼黏度等
NBR/PVC	丁腈橡胶/聚氯乙烯共沉胶	NBR与PVC的比例、结合丙烯腈含量、生胶门尼黏度等
EPM	乙烯-丙烯共聚物(即二元乙丙橡胶)	乙烯含量、生胶门尼黏度等
EPDM	乙烯-丙烯-二烯烃共聚物(即三元乙丙橡胶)	第三单体类型及含量、生胶门尼黏度、充油信息等
IR	异戊二烯橡胶	顺式-1,4结构含量、生胶门尼黏度
IIR	异丁烯-异戊二烯橡胶(即丁基橡胶)	不饱和度、生胶门尼黏度等
CIIR	氯化异丁烯-异戊二烯橡胶(即氯化丁基橡胶)	氯元素含量、不饱和度、生胶门尼黏度等

表 A.1（续）

橡胶代号	橡胶名称	主要特征信息
BIIR	溴化异丁烯-异戊二烯橡胶（即溴化丁基橡胶）	溴元素含量、不饱和度、生胶门尼黏度等
MQ VMQ PMQ PVMQ NVMQ FVMQ	甲基硅橡胶 甲基乙烯基硅橡胶 甲基苯基硅橡胶 甲基乙烯基苯基硅橡胶 甲基乙烯基腈乙烯基硅橡胶（腈硅橡胶） 甲基乙烯基氟基硅橡胶（氟硅橡胶）	硫化温度、取代基类型等。 通常： 硫化温度数码为 1——高温硫化，3——室温硫化； 取代基数码为 0——取代基为甲基，1——取代基为乙烯基，2——取代基为苯基，3——取代基为腈乙烯，4——取代基为氟烷基
FPM FPNM AFMU	氟橡胶 含氟磷腈橡胶 羧基亚硝基氟橡胶	生胶门尼黏度、密度、特征聚合单体。 对于含氟烯烃类的氟橡胶通常数码为： 2——偏氟乙烯，3——三氟氯乙烯，4——四氟乙烯，6——六氟丙烯
CSM	氯磺化聚乙烯	氯含量、硫含量、生胶门尼黏度
CO ECO GECO	聚环氧氯丙烷（即氯醚橡胶） 环氧氯丙烷-环氧乙烷共聚物（即二元氯醚橡胶） 环氧氯丙烷-环氧乙烷-烯丙基缩水甘油醚共聚物（即三元氯醚橡胶）	氯含量、生胶门尼黏度、相对密度
T	聚硫橡胶	硫含量、平均相对分子质量
AU EU	聚酯型聚氨酯橡胶 聚醚型聚氨酯橡胶	制品加工方式 通常数码为：1——混炼型，2——烧注型，3——热塑型
ACM	聚丙烯酸酯	聚合类型、生胶门尼黏度、耐油耐寒型
注：在制定牌号时，可根据实际情况选择使用上述特征信息。		

附 录 B
（资料性附录）
国内生产的部分合成橡胶及其牌号

B.1 苯乙烯-丁二烯橡胶

苯乙烯-丁二烯橡胶产品及其牌号见表B.1。

表 B.1 苯乙烯-丁二烯橡胶产品及其牌号

牌号	门尼黏度 ML(1+4)100 ℃	结合苯乙烯质量分数 %	防老剂对橡胶的变色性	乳化剂	其他	备注
SBR 1500	46～58	22.5～24.5	变色	松香酸皂		
SBR 1502	45～55	22.5～24.5	不变色	混合酸皂		
SBR 1507	35～45	22.5～24.5	不变色	混合酸皂		
SBR 1516	45～55	38.5～41.5	不变色	混合酸皂	高结合苯	
SBR 1712	44～54	22.5～24.5	变色	混合酸皂	充高芳烃油 37.5 份	
SBR 1714	45～55	22.5～24.5	变色	混合酸皂	充高芳烃油 50 份	
SBR 1721	49～59	38.5～41.5	变色	混合酸皂	充高芳烃油 37.5 份	
SBR 1723	45～55	22.5～24.5	变色	混合酸皂	充环保型高芳烃油 37.5 份	
SBR 1778	44～54	22.5～24.5	不变色	混合酸皂	充环烷油 37.5 份	
SBR 1739	46～58	22.5～24.5	变色	混合酸皂	充环保型高芳烃油 37.5 份	
SBR 1500E	46～58	22.5～24.5	变色	松香酸皂		不含亚硝酸盐及亚硝基胺类化合物
SBR 1502E	45～55	22.5～24.5	不变色	混合酸皂		不含亚硝酸盐及亚硝基胺类化合物
SBR 1712E	44～54	22.5～24.5	变色	混合酸皂	充高芳烃油 37.5 份	不含亚硝酸盐及亚硝基胺类化合物
SBR 1778E	44～54	22.5～24.5	不变色	混合酸皂	充环烷油 37.5 份	不含亚硝酸盐及亚硝基胺类化合物

B.2 丁二烯橡胶

丁二烯橡胶产品及其牌号见表B.2。

表 B.2 丁二烯橡胶产品及其牌号

牌号	顺式-1,4 质量分数 %	门尼黏度 ML(1+4)100 ℃	催化剂	备注
BR 9000	96	40～50	镍-铝-硼	
BR 9001	96	48～56	镍-铝-硼	
BR 9002	96	38～45	镍-铝-硼	
BR 9071	96	35～45	镍-铝-硼	充高芳烃油 15 份
BR 9072	96	40～50	镍-铝-硼	充高芳烃油 25 份
BR 9073	96	40～50	镍-铝-硼	充高芳烃油 37.5 份
BR 9053	96	40～50	镍-铝-硼	充环烷油 37.5 份
BR 9100	97	40～50	稀土	
BR 9171	97	35～45	稀土	充高芳烃油 25 份
BR 9172	97	35～45	稀土	充高芳烃油 37.5 份
BR 9173	97	45～55	稀土	充高芳烃油 50 份
BR 3500	35	20～35	烷基锂	

B.3 氯丁二烯橡胶

氯丁二烯橡胶产品及其牌号见表 B.3。

表 B.3 氯丁二烯橡胶产品及其牌号

牌号	调节剂	结晶速度	分散剂	防老剂对橡胶的变色性	门尼黏度 ML(1+4)100 ℃	备注
CR 1211	硫	低	石油磺酸钠	变	20～40	
CR 1212	硫	低	石油磺酸钠	变	41～60	
CR 1213	硫	低	石油磺酸钠	变	61～75	
CR 1221	硫	低	石油磺酸钠	不变	20～40	
CR 1222	硫	低	石油磺酸钠	不变	41～60	
CR 1223	硫	低	石油磺酸钠	不变	61～75	
CR 2321	调节剂丁	中	石油磺酸钠	不变	35～45	
CR 2322	调节剂丁	中	石油磺酸钠	不变	45～55	
CR 2323	调节剂丁	中	石油磺酸钠	不变	56～70	
CR 2341	调节剂丁	中	石油磺酸钠	不变		65～90
CR 2342	调节剂丁	中	石油磺酸钠	不变		91～125
CR 2343	调节剂丁	中	石油磺酸钠	不变		126～155
CR 2441	调节剂丁	高	二萘基甲烷磺酸钠	不变	1 000～3 000	溶液黏度(MPa)
CR 2442	调节剂丁	高	二萘基甲烷磺酸钠	不变	3 001～7 000	溶液黏度(MPa)
CR 2443	调节剂丁	高	二萘基甲烷磺酸钠	不变	7 001～10 000	溶液黏度(MPa)

表 B.3（续）

牌号	调节剂	结晶速度	分散剂	防老剂对橡胶的变色性	门尼黏度 ML(1+4)100 ℃	备注
CR 2481	调节剂丁	高	二萘基甲烷磺酸钠	不变	1 000～3 000	溶液黏度(MPa)
CR 2482	调节剂丁	高	二萘基甲烷磺酸钠	不变	3 001～6 000	溶液黏度(MPa)
CR 3211	硫、调节剂丁	低	石油磺酸钠	变	25～40	
CR 3212	硫、调节剂丁	低	石油磺酸钠	变	41～60	
CR 3213	硫、调节剂丁	低	石油磺酸钠	变	61～80	
CR 3221	硫、调节剂丁	低	石油磺酸钠	不变	25～40	
CR 3222	硫、调节剂丁	低	石油磺酸钠	不变	41～60	
CR 3223	硫、调节剂丁	低	石油磺酸钠	不变	61～80	
DCR 2131	调节剂丁	微	二萘基甲烷磺酸钠	不变	35～45	
DCR 2132	调节剂丁	微	二萘基甲烷磺酸钠	不变	45～55	
DCR 1141	硫	微	二萘基甲烷磺酸钠	不变	30～45	
DCR 1142	硫	微	二萘基甲烷磺酸钠	不变	46～60	

注1：第三位数表示分散剂及防老剂变色类型；

注2：1——石油磺酸钠(变)，2——石油磺酸钠(不变)，3——二萘基甲烷磺酸钠(变)，4——二萘基甲烷磺酸钠(不变)，6——中温聚合，8——接枝专用。

B.4 热塑性丁苯橡胶

热塑性丁苯橡胶产品及其牌号见表B.4。

表 B.4 热塑性丁苯橡胶产品及其牌号

牌号	结构	苯乙烯含量 %	相对分子质量/10^4	备注
SBS 4303	星型	30	18～25	
SBS 4402	星型	40	18～21	
SBS 1301	线型	30	8～12	
SBS 1401	线型	40	8～12	
SBS 796	线型	22	8～11	
SBS 791	线型	30	8～11	
SBS 762	线型	30	8～11	内含二嵌段聚合物
SBS 791H	线型	30	10～13	
SBS 788	线型	35	6～10	
SBS 761	线型	30	14～18	
SBS 792	线型	40	8～11	
SBS 763	线型	20	8～11	
SBS 898	线型/星型	30	26～30	

表 B.4（续）

牌号	结构	苯乙烯含量 %	相对分子质量/10^4	备　注
SBS 768	线 型/星 型	35	6～10	
SBS 801	星 型	30	28～30	
SBS 801-1	星 型	30	20～26	
SBS 道改 2#	星 型	30	26～30	
SBS 802	星 型	40	18～22	
SBS 803	星 型	40	14～18	
SBS 815	星 型	40	18～20	填充油 10 份
SBS 805	星 型	40	18～20	填充油 50 份，1# 油品
SBS 825	星 型	40	18～20	填充油 50 份，2# 油品
SBS 875	星 型	40	18～20	填充油 50 份，3# 油品
SEBS 6151		32	20～30	
SEBS 6154		31	14～20	
注：牌号为四位数字的 SBS 产品系北京燕山石化公司合成橡胶事业部产品，牌号为三位数字的 SBS 产品系巴陵石化合成橡胶事业部产品。				

B.5　丁腈橡胶

丁腈橡胶产品及其牌号见表 B.5。

表 B.5　丁腈橡胶产品及其牌号

牌号	结合丙烯腈质量分数 %	门尼黏度 ML(1+4)100 ℃	防老剂对橡胶的 变色性	聚合温度
NBR 1704	17～20	40～65*	变色	高
NBR 2707	27～30	70～120	变色	高
NBR 3604	36～40	40～65*	变色	高
NBR 2907	27～30	70～80	不变色	低
NBR 3305	32～35	48～58	不变色	低
NBR 4005	39～41	48～58	不变色	低
XNBR 1753	17～20	≥100		
XNBR 2752	27～30	70～90		
XNBR 3351	33～40	40～60		
注：标有“*”者，门尼黏度为 MS(1+4)100 ℃。				

B.6　液体丁腈橡胶

液体丁腈橡胶产品及其牌号见表 B.6。

表 B.6 液体丁腈橡胶产品及其牌号

牌号	结合丙烯腈质量分数 %	特性黏度
NBR 1768 L	17～20	8～13
NBR 2368-L	23～27	8～13
NBR 3068-L	30～40	8～13
NBR 3071-L	30～35	8～10
NBR 3072-L	30～35	10～13

B.7 丁腈橡胶/聚氯乙烯共沉胶

丁腈橡胶/聚氯乙烯共沉胶产品及其牌号见表 B.7。

表 B.7 丁腈橡胶/聚氯乙烯共沉胶产品及其牌号

牌号	NBR/PVC 质量比	结合丙烯腈质量分数 %
NBR/PVC 8020	80/20	24～26
NBR/PVC 7030	70/30	20～24

B.8 乙丙橡胶

乙丙橡胶产品及其牌号见表 B.8。

表 B.8 乙丙橡胶产品及其牌号

牌号	乙烯质量分数 %	第三单体	门尼黏度 ML(1+4)100 ℃
EPDM J-0010	48.1～53.1	—	8～13
EPDM J-0030	47.8～52.8	—	21～27
EPDM J-0050	49.3～54.3	—	45～55
EPDM J-2070	54.8～60.8	乙叉降冰片烯	39～49*
EPDM J-2080	60.0～68.0	乙叉降冰片烯	48～58*
EPDM 3045	51.1～57.1	乙叉降冰片烯	35～45*
EPDM 3062E	57.5～71.5	乙叉降冰片烯	36～46*
EPDM J-3080	65.5～71.5	乙叉降冰片烯	65～75*
EPDM J-3080P	65.5～71.5	乙叉降冰片烯	65～75*
EPDM J-3092E	54.2～60.2	乙叉降冰片烯	61～71*
EPDM 4045	49.0～55.0	乙叉降冰片烯	40～50
EPDM J-4090	49.5～55.5	乙叉降冰片烯	60～70*

注：标“*”者门尼黏度为 ML(1+4)125 ℃。

B.9 丁基橡胶

丁基橡胶产品及其牌号见表 B.9。

表 B.9 丁基橡胶产品及其牌号

牌号	不饱和度	门尼黏度 ML(1+4)100 ℃	污染程度
IIR 1751	1.75	51	非污染
IIR 1758	1.75	58	非污染
IIR 1742	1.75	42	非污染

B.10 异戊橡胶

异戊橡胶产品及其牌号见表 B.10。

表 B.10 异戊橡胶产品及其牌号

牌号	顺式-1,4 质量分数 %	门尼黏度 ML(1+4)100 ℃	污染程度
IR 9500	>95	>80	非污

B.11 溶聚苯乙烯-丁二烯橡胶

溶聚苯乙烯-丁二烯橡胶产品及其牌号见表 B.11。

表 B.11 溶聚苯乙烯-丁二烯橡胶产品及其牌号

牌号	总苯乙烯质量分数 %	乙烯基质量分数 %	门尼黏度 ML(1+4)100 ℃	防老剂对橡胶变色性	结构特点	用途	对应原牌号
S-SBR 1534	14.5～19.5	11～13	39.0～51.0	不变色	低苯乙烯含量充油胶	轮胎及工业制品	T1534
S-SBR 1530	15.0～20.0	11～13	31.0～43.0	不变色	低苯乙烯含量充油胶	轮胎及工业制品	T1530
S-SBR 1524	14.5～19.5	11～13	55.0～69.0	不变色	低苯乙烯含量充油胶	轮胎及工业制品	T1524
S-SBR 2530	22.5～27.5	11～13	34.0～46.0	不变色	中苯乙烯含量充油胶	轮胎及工业制品	T2530
S-SBR 2535	25.0～30.0	11～13	48.0～62.0	不变色	中苯乙烯含量充油胶	轮胎及工业制品	T2535
S-SBR 2535L	23.0～29.0	11～13	40.0～54.0	不变色	中苯乙烯含量充油胶	轮胎及工业制品	T2535L
S-SBR 2003	22.5～27.5	11～13	27.0～39.0	不变色	直链嵌段苯乙烯	制鞋及工业制品	T2003
S-SBR 1000	15.0～20.0	11～13	39.0～51.0	不变色	低苯乙烯含量胶	制鞋、轮胎及工业制品	T1000
S-SBR 2000A	23.5～26.5	11～13	39.0～51.0	不变色	中苯乙烯含量胶；极低的杂质和凝胶含量	MBS 树脂(透明型 HIPS)的抗冲改性剂	T2000A
S-SBR 2000R	22.5～27.5	11～13	39.0～51.0	不变色	中苯乙烯含量的非充油胶	制鞋、轮胎及工业制品	T2000R
S-SBR 2100R	22.5～27.5	11～13	68.0～88.0	不变色	中苯乙烯含量的非充油胶	制鞋、轮胎及工业制品	T2100R

B.12 氟橡胶

氟橡胶产品及其牌号见表 B.12。

表 B.12 氟橡胶产品及其牌号

牌号	氟质量分数 %	门尼黏度 ML(5+4)100 ℃
FPM 2301	19.1～20.2(氯含量)	1.5～2.4(特性黏度)
FPM 2302	13.2～15.2(氯含量)	4.4～5.6(特性黏度)
FPM 2601	65	60～100
FPM 2602	65	140～180
FPM 2461	[illegible]	50～80
FPM 2462	[illegible]	70～100
FPM 4000	54～58	70～110*
FPNM 3700	[illegible]	
注：标有“*”者，门尼黏度为 ML(1+10)100 ℃。		

B.13 硅橡胶

硅橡胶产品及其牌号见表 B.13。

表 B.13 硅橡胶产品及其牌号

牌号	相对分子质量 10^4	基团含量/ %
MQ 1000	40～70	
MVQ 1101	50～80	乙烯基 0.07～0.12
MVQ 1102	45～70	乙烯基 0.13～0.22
MVQ 1103	60～85	乙烯基 0.13～0.22
MPVQ 1201	45～80	苯基 7
MPVQ 1202	40～80	苯基 20
MNVQ 1302	>50	β氰乙基 20～25
MFVQ 1401	40～60	乙烯基链接 0.3～0.5
MFVQ 1402	60～90	乙烯基链接 0.3～0.5
MFVQ 1403	90～130	乙烯基链接 0.3～0.5

B.14 聚氨酯橡胶

聚氨酯橡胶产品及其牌号见表 B.14。

表 B.14 聚氨酯橡胶产品及其牌号

牌号	多羟基化合物	异氰酸酯
AU 1110	聚己二酸-乙二酸-丙二醇	MDI
AU 1102	聚己二酸-乙二酸-丙二醇	TDI
AU 2100	聚己二酸-乙二酸-丙二醇	TDI
AU 2110	聚己二酸-乙二酸-丙二醇	MDI
AU 2200	聚己二酸丁二醇	TDI
AU 2210	聚己二酸丁二醇	MDI
AU 2300	聚 ε-己内酯	TDI
AU 2310	聚 ε-己内酯	MDI
EU 2400	聚丙二醇	TDI
EU 2410	聚丙二醇	MDI
EU 2500	聚四氢呋喃	TDI
EU 2510	聚四氢呋喃	MDI
EU 2600	聚四氢呋喃-环氧乙烷	TDI
EU 2610	聚四氢呋喃-环氧乙烷	MDI
EU 2700	聚四氢呋喃-环氧丙烷	TDI
EU 2710	聚四氢呋喃-环氧丙烷	MDI
注：第三位数为异氰酸酯种类：0——2,4-甲苯二异氰酸酯(TDI)，1——4,4-二苯基甲烷二氰异酸酯(MDI)。		

B.15 氯磺化聚乙烯

氯磺化聚乙烯产品及其牌号见表 B.15。

表 B.15 氯磺化聚乙烯产品及其牌号

牌号	氯质量分数 %	硫质量分数 %	门尼黏度 ML(1+4)100 ℃
CSM 2300	23～27	0.8～1.2	40～60
CSM 2910	29～33	1.3～1.7	40～50
CSM 3303	33～37	0.8～1.2	30～40
CSM 3304	33～37	0.8～1.2	41～50
CSM 3305	33～37	0.8～1.2	51～60
CSM 3308	33～37	0.8～1.2	80～90
CSM 4010	40～45	0.8～1.2	60～90

B.16 氯醚橡胶

氯醚橡胶产品及其牌号见表B.16。

表 B.16 氯醚橡胶产品及其牌号

牌号	氯质量分数 %	门尼黏度 ML(1+4)100 ℃
CO 3606	26～38	60～70
ECO 2406	24～27	55～85
ECO 2408	24～27	85～120
PECO 1206	12～18	55～85

B.17 聚丙烯酸酯橡胶

聚丙烯酸酯橡胶产品及其牌号见表B.17。

表 B.17 聚丙烯酸酯橡胶产品及其牌号

牌号	聚合类型	门尼黏度 ML(1+4)100 ℃	防老剂类型	耐油耐热型
ACM 3221	三元共聚型	45～45	非污染	耐热型
ACM 3222	三元共聚型	35～45	非污染	耐热改进耐寒型

ICS 26.260.20
K 35

中华人民共和国国家标准

GB/T 5590—2008
代替 GB 5590—1985

矿用防爆低压电磁起动器

Low voltage explosion protection electromagnetic starter for mining

2008-09-24 发布　　2009-08-01 实施

中华人民共和国国家质量监督检验检疫总局
中国国家标准化管理委员会　发布

前　言

本标准代替 GB 5590—1985《矿用隔爆型电磁起动器》。

本标准与 GB 5590—1985 相比，主要修改内容如下：

a) 标准名称“矿用隔爆型电磁起动器”修订为“矿用防爆低压电磁起动器”；
b) 增加了规范性引用文件；
c) 增加了控制方式的分类，在按用途分类中增加了“双速起动器”、“其他起动器”；
d) 增加了“额定绝缘电压(U_i)、额定冲击耐受电压(U_{imp})”的要求；
e) 增加了短路特性的有关要求；
f) 增加了机械环境条件(表 2)；
g) 增加了额定电压耐受冲击(表 3)；
h) 爬电距离中去掉了Ⅲ$_b$；
i) 易接近部件温升极限中增加了 3 项易接近部件(表 9)；
j) 起动器的电寿命不应低于其机械寿命的 1/10，修订为 1/20；
k) 增加了真空隔离(换相)开关的分断能力要求；
l) 增加了电子过载保护时的特性值；
m) 增加了双速起动器速度切换；
n) 增加了通断操作过电压保护及其他保护要求；
o) 增加了振动与冲击要求；
p) 增加了抗电磁干扰要求；
q) 产品铭牌上增加标准编号及安全标志；
r) 细化了防爆性能要求内容。

本标准由中国电器工业协会提出。

本标准由全国防爆电气设备标准化技术委员会(SAC/TC 9)归口并负责解释。

本标准主要起草单位：煤炭科学研究总院抚顺分院、南阳防爆电气研究所、徐州煤矿机械厂、沈阳电气传动研究所。

本标准主要起草人：付淑玲、秦燕、闫昌东、张丽晓、臧梦、李长录、李少春、邵明杰、范光、杨文忠、王和平。

本标准于 1985 年 11 月首次发布，本次为第一次修订。

矿用防爆低压电磁起动器

1 范围

本标准规定了矿用防爆低压电磁起动器(以下简称起动器)的分类、特性、技术要求、结构和性能要求、试验方法、检验规则以及标志、包装、运输和贮存要求。

本标准适用于煤矿井下,在交流 50 Hz,电压至 1 140 V 的线路中,控制三相鼠笼型异步电动机就地、远距离起动和停止、反转和双速,同时对电动机及有关电路进行保护的起动器的设计、制造与检验。

本标准有关过载保护的条款不适用于装入电动机内部的埋入式过热保护装置。

2 规范性引用文件

下列文件中的条款通过本标准的引用而成为本标准的条款。凡是注明日期的引用文件,其随后所有的修改单(不包括勘误的内容)或修订版均不适用于本标准,然而,鼓励根据本标准达成协议的各方研究是否可使用这些文件的最新版本,凡是不注日期的引用文件,其最新版本适用于本标准。

GB/T 156 标准电压(GB/T 156—2007,IEC 60038:2002,MOD)

GB/T 762 标准电流等级(GB/T 762—2002,eqv IEC 60059:1999)

GB/T 2423.4—1993 电工电子产品基本环境试验规程 试验 Db:交变湿热试验方法(eqv IEC 60068-2-30:1980)

GB/T 2423.5—1995 电工电子产品环境试验 第 2 部分:试验方法 试验 Ea 和导则:冲击方法(idt IEC 60068-2-27:1987)

GB/T 2423.10—1995 电工电子产品环境试验 第 2 部分:试验方法 试验 Fc 和导则:振动(正弦)(idt IEC 60068-2-6:1982)

GB/T 2829 周期检验计数抽样程序及表(适用于对过程稳定性的检验)

GB/T 2900.18 电工术语 低压电器

GB 2900.35 电工术语 爆炸性环境用设备

GB 3836.1—2000 爆炸性气体环境用电气设备 第 1 部分:通用要求(eqv IEC 60079-0:1998)

GB 3836.2—2000 爆炸性气体环境用电气设备 第 2 部分:隔爆型“d”(eqv IEC 60079-1:1990)

GB 3836.3—2000 爆炸性气体环境用电气设备 第 3 部分:增安型“e”(eqv IEC 60079-7:1990)

GB 3836.4—2000 爆炸性气体环境用电气设备 第 4 部分:本质安全型“i”(eqv IEC 60079-11:1999)

GB 4208—2008 外壳防护等级(IP 代码)(IEC 60529:2001,IDT)

GB/T 11021—1998 电气绝缘 耐热性分级

GB 14048.1—2006 低压开关设备和控制设备 第 1 部分:总则(IEC 60947-1:2001,MOD)

GB 14048.3—2002 低压开关设备和控制设备 第 3 部分:开关、隔离器、隔离开关以及熔断器组合电器(IEC 60947-3:2001,IDT)

GB 14048.4—2003 低压开关设备和控制设备 机电式接触器和电动机起动器(IEC 60947-4-1:2000,IDT)

GB 14048.5—2001 低压开关设备和控制设备 第 5-1 部分:控制电路电器和开关元件 机电式控制电路电器(eqv IEC 60947-5-1:1997)

3 定义、符号、代号

3.1

定义

本标准采用下列定义。

3.1.1

先导回路 forerunner electric circuit

控制主电路闭合和(或)断开时，最先接受指令信号的控制回路。

3.1.2

主电路漏电闭锁保护 main circuit protection for leakage atresia

当负荷侧主电路对地绝缘电阻下降至规定值时，保证起动器按正常操作程序不能闭合，实现对主电路的保护。

3.1.3

控制电路绝缘监视保护 monitoring protection of control circuit insulation

当控制电路对地绝缘电阻下降至规定值时，对控制电路实现保护。

3.1.4 其余定义均应符合 GB 2900.18、GB 2900.35、GB 14048.1—2006 的有关低压电器名词术语的规定。

3.2

符号 symbol

按 GB 14048.1—2006、GB 14048.4—2003 中的规定。

3.3

代号 code

本标准通常选用的使用类别及代号按表 1 的规定。

表 1

电流	使用类别	典型用途举例
AC	AC-3	鼠笼型异步电动机的起动、运转中分断
AC	AC-4	鼠笼型异步电动机的起动、反接制动与反向运转、点动

4 分类与命名

4.1 分类

4.1.1 按用途分

a) 不可逆起动器；

b) 可逆起动器；

c) 多回路起动器；

d) 双速起动器；

e) 其他起动器。

4.1.2 按灭弧介质分

a) 空气式起动器；

b) 真空式起动器。

4.1.3 按控制方式分

a) 就地控制；

b) 远距离控制；

c) 程序控制；

d) 自动控制。

4.2 命名

产品命名至少应包括以下信息：

a) 起动器的分类；

b) 主电路的额定值；

c) 操作方式；

d) 其他(如使用类别、极数等)。

注：a)与 b)必须考虑，其余由产品确定。

5 特性

5.1 电源额定频率：50 Hz。

5.2 额定电压

5.2.1 额定工作电压(U_e)：380 V、660 V、1 140 V。

5.2.2 额定绝缘电压(U_i)：GB 14048.1—2006 中的 4.3.1.2 适用。

起动器的额定绝缘电压是一个与介电试验电压和爬电距离有关的电压值，在任何情况下最大的额定电压值不超过额定绝缘电压值，若没有明确规定额定绝缘电压，则规定的工作电压的最高值认为是额定绝缘电压值。

5.2.3 额定冲击耐受电压(U_{imp})：GB 14048.1—2006 中的 4.3.1.3 适用。

5.3 电流

5.3.1 额定工作电流(I_e)或额定工作功率：GB 14048.1—2006 中的 4.3.2.3 适用。

额定工作电流值应符合 GB/T 762 的规定(除非产品标准另有规定)。

5.3.2 约定自由空气发热电流(I_{th})：GB 14048.1—2006 中的 4.3.2.1 适用。

5.3.3 约定封闭发热电流(I_{the})：GB 14048.1—2006 中的 4.3.2.2 适用。

5.3.4 额定不间断电流(I_u)：GB 14048.1—2006 中的 4.3.2.4 适用。

5.4 额定工作制

GB 14048.1—2006 中的 4.3.4 适用。

a) 八小时工作制：GB 14048.1—2006 中 4.3.4.1 适用。

b) 不间断工作制：GB 14048.1—2006 中 4.3.4.2 适用。

c) 断续周期工作制或断续工作制：GB 14048.1—2006 中 4.3.4.3 适用。

5.5 正常负载和过载特性

5.5.1 耐受过载电流能力：GB 14048.1—2006 中 4.3.5.1 适用。

5.5.2 额定接通能力：GB 14048.1—2006 中 4.3.5.2 适用。

5.5.3 额定分断能力：GB 14048.1—2006 中 4.3.5.3 适用。

5.6 短路特性

5.6.1 额定短时耐受电流(I_{cw})：GB 14048.1—2006 中 4.3.6.1 适用。

5.6.2 额定短路接通能力(I_{cm})：GB 14048.1—2006 中 4.3.6.2 适用。

5.6.3 额定短路分断能力(I_{cn})：GB 14048.1—2006 中 4.3.6.3 适用。

5.6.4 额定限制短路电流：GB 14048.1—2006 中 4.3.6.4 适用。

5.7 使用类别

产品的使用类别按表 1。如起动器已进行一种严酷条件的试验，且已进行过的验证温升试验的电流不低于所选用使用类别在不间断工作制下的额定工作电流的最大值，则可以适用于其他的使用类别，而不必进行试验。

5.8 起动器中隔离开关或隔离换相开关的性能要求按 GB 14048.3—2002 规定。

5.9 控制电路

控制电源电压：

交流 6 V、12 V、24 V、36 V、42 V、127 V、220 V、380 V、660 V；

直流 6 V、12 V、24 V、48 V、110 V、220 V。

其中先导回路供电电压不高于交流 36 V。

5.10 辅助电路

GB 14048.1—2006 中 4.6 适用。

6 技术要求

6.1 起动器应符合本标准的要求，并按照规定的程序和国家认可的质量监督检验部门审批的图样和技术文件制造。

6.2 起动器必须符合 GB 3836.1—2000、GB 3836.2—2000、GB 3836.3—2000、GB 3836.4—2000 的规定，并取得国家认可的检验部门发放的“防爆合格证”。

6.3 起动器的组成元件(交流接触器、隔离开关、变压器、热继电器、电子继电器、控制按钮、指示灯、继电器、显示屏等)的技术指标，除应满足本标准的要求外，还须符合各自标准的要求。

6.4 起动器应具有如下保护功能：

a) 过载保护；

b) 断相保护；

c) 短路保护；

d) 欠压保护；

e) 主电路漏电闭锁保护；

f) 通断操作过电压保护。

6.5 起动器根据需要可装设以下保护功能的一种或数种：

a) 主电路选择性漏电保护；

b) 控制电路绝缘监视保护；

c) 漏气闭锁、温度、显示等其他保护。

7 正常工作条件

a) 海拔不超过 2 000 m，气压为 80 kPa～110 kPa；

b) 周围环境温度为 −5 ℃～+40 ℃，若环境温度超过 −5 ℃～+40 ℃范围，但在 −20 ℃～+60 ℃范围内时，须在铭牌上标明。温升计算以最高环境温度为基准；

c) 周围空气相对湿度不大于 95%(+25 ℃时)；

d) 含有煤尘、煤矿爆炸气体(甲烷)的环境下；

e) 与水平面的安装倾斜度一般不超过 15°，但机载产品应不小于主机的最大工作倾斜角；

f) 在无显著摇动和冲击振动的地方；

g) 在无明显破坏绝缘的气体或蒸气的环境中；

h) 能防止滴水的地方；

i) 污染等级：3 级；

j) 安装类别：Ⅱ类、Ⅲ类；

k) 机械环境条件按表 2 的规定。

表 2

产品种类	振动					冲击		
	振动频率/Hz	加速度幅值[a]/(m/s^2)	位移幅值[b]/mm	扫频循环次数	样品状态	峰值加速度/(m/s^2)	脉冲持续时间/ms	样品状态
井下一般起动器	10～150	20	0.15	10	不通电	500	11	不通电
安装于采掘机械上的起动器	10～150	50	0.35	20	通电	500	11	通电

a 指交越频率以上的定加速度幅值。

b 指交越频率以下的定位移幅值。

8 结构和性能要求

8.1 结构要求

8.1.1 起动器的隔爆外壳应符合 GB 3836.1—2000、GB 3836.2—2000 有关规定，适用时可包括：

a) 外壳应由隔爆型主体和接线盒组成，对于组合起动器也可由隔爆型主体和隔爆型电缆连接器组成，并符合相关产品标准规定。外壳应具有托架，同时也能适用于固定安装。

b) 外壳的隔爆接合面配合间隙、长度、粗糙度应符合 GB 3836.2—2000 的有关规定。

c) 外壳应能承受耐压试验、内部点燃的不传爆试验。

d) 接线盒应便于接线，并留有适合于导线弯曲半径的空间。应考虑到正确连接导线后，其电气间隙、爬电距离应符合相应防爆型式专用标准的规定。应有足够数量的、符合 GB 3836.1—2000 中第 16 章及其附录 D 和 GB 3836.2—2000 第 12 章及其附录 D 规定的引入装置。若无机械连锁时，应设有"严禁带电开盖"的警告牌。

e) 电缆引入装置的密封圈应符合 GB 3836.1—2000、GB 3836.2—2000 附录 D 的规定。

f) 连接件的绝缘套管应符合 GB 3836.1—2000 中 23.4.5 的要求。

g) 起动器的观察窗，其结构应符合 GB 3836.2—2000 中的第 8 章的要求，其衬垫符合 GB 3836.2—2000 中的 5.4 的要求，其胶粘结合面符合 GB 3836.2—2000 中的 5.5 的要求。

h) 观察窗的透明件应能承受通过 GB 3836.1—2000 中 23.4.3.1 的冲击试验和 GB 3836.1—2000 中 23.4.6.2 的热剧变试验的要求。

i) 起动器的隔离开关或隔离换相开关与隔爆外壳之间应装设可靠的机械联锁，保证当隔离开关或隔离换相开关处于断开位置时，主腔才能打开；当主腔打开后，以正常操作方法不能使隔离开关或隔离换相开关闭合。

j) 起动器的隔离开关或隔离换相开关与接触器之间应有可靠的电气联锁，只有当接触器控制电路断开时，隔离开关或隔离换相开关才能转换位置。

k) 隔离开关或隔离换相开关的手柄操作机构应有足够的机械强度，其操作方向应符合 GB 4205 的规定，手柄在闭合和断开位置应有清晰的指示和可靠的定位。

l) 起动器的内、外接地连接件应符合 GB 3836.1—2000 第 15 章的规定，其标志应清晰耐久。

m) 起动器中本质安全电路的结构要求应符合 GB 3836.4—2000 的规定。

n) 起动器中本质安全电路接线端子与非本质安全电路接线端子之间距离不小于 50 mm。

o) 起动器中本质安全电路应承受 GB 3836.4—2000 规定的本安火花点燃试验。

p) 起动器的输出端断电后，如外壳内仍有带电部件，须加设防护性绝缘盖板，并标明警告字样。

8.1.2 可逆起动器除必须具有电气联锁和机械联锁外，还应符合下述规定：

a) 电气联锁应保证两台接触器中的一台闭合后，另一台的控制电路就被断开；

b) 机械联锁应保证两台接触器的主触头不能被同时接通。

8.1.3 起动器所有的黑色金属部件(电磁铁工作表面除外)均应有可靠的防蚀措施，金属零部件不得有裂纹及镀层脱落等情况，塑料零件表面光滑，不得有气泡，开裂及麻点，主腔和接线盒内壁应涂耐弧漆。

8.1.4 起动器所有紧固件均应有防止其自行松脱的措施。

8.1.5 电气间隙和爬电距离

8.1.5.1 电气间隙

8.1.5.1.1 主腔内主电路的电气间隙

起动器按污染等级和额定冲击耐受电压所确定的主腔内最小电气间隙见表3的规定。如电气间隙小于表3数值时，则冲击耐受电压试验必须进行，若电气间隙等于或大于表3数值，则不必进行冲击耐受电压试验，可用测量间隙的方法来加以验证。

8.1.5.1.2 接线盒内的电气间隙应符合 GB 3836.2—2000 中 C3 的规定(本安电路按 8.1.5.4)。

8.1.5.1.3 起动器内辅助电路和控制电路的电气间隙：

a) 与主电路额定工作电压相同并一起动作的辅助电路和控制电路的电气间隙应符合表3的规定；

b) 与主电路额定工作电压不同且不一起动作的辅助电路和控制电路的电气间隙可有不同的电气间隙，应符合表3的规定。

8.1.5.1.4 隔离开关或隔离换相开关的触头在断开位置时，同一极的断开触头之间的电气间隙及额定冲击耐受电压按 GB 14048.1—2006 中的表13、表14的规定。

表 3

由电源系统额定电压确定的相对相电压(交流有效值)/V	额定冲击耐受电压[a] U_{imp}/kV	最小电气间隙/mm
$U \leqslant 50$	0.5	0.8
$50 < U \leqslant 100$	0.8	0.8
$100 < U \leqslant 150$	1.5	1.5
$150 < U \leqslant 300$	2.5	3.0
$300 < U \leqslant 600$	4.0	5.5
$600 < U \leqslant 1\,000$	6.0	8.0
$1\,000 < U \leqslant 1\,200$	8.0	14.0

[a] 最小电气间隙是以 1.2/50 μs 冲击电压为基础，其气压为 80 kPa，相当于海拔 2 000 m 处正常大气压。

8.1.5.2 爬电距离

8.1.5.2.1 起动器主腔内爬电距离按污染等级3、额定绝缘电压或工作电压及材料组别所确定的爬电距离应大于或等于表4的规定值。

绝缘材料可按它们的相比漏电起痕指数(CTI)划分为三个组别。

绝缘材料组别：

Ⅰ $600 \leqslant CTI$

Ⅱ $400 \leqslant CTI < 600$

Ⅲ$_a$ $175 \leqslant CTI < 400$

8.1.5.2.2 起动器接线盒内爬电距离应符合 GB 3836.3—2000 的规定。起动器非金属外壳或外壳的非金属部件直接用来支承裸露带电部件时，外壳内壁表面或外壳部件的耐泄痕性和爬电距离应符合 GB 3836.2—2000 中 A2 的规定。

8.1.5.3 对于未规定冲击耐受电压值的起动器，其主腔内(主电路、控制电路、辅助电路)电气间隙和爬电距离按 GB 14048.4—2003 附录 C 规定。

8.1.5.4 本质安全型电路的电气间隙和爬电距离应符合 GB 3836.4—2000 的规定。

8.1.6 起动器外壳防护等级主体不低于 IP44，接线盒不低于 IP54 的规定。

表 4

额定绝缘电压或工作电压(交流有效值)/V	爬电距离/mm		
	Ⅰ	Ⅱ	Ⅲa
$U_i \leqslant 40$	1.4	1.6	1.8
$40 < U_i \leqslant 63$	1.6	1.8	2.0
$63 < U_i \leqslant 127(125)$	1.9	2.1	2.4
$127(125) < U_i \leqslant 250$	3.2	3.6	4.0
$250 < U_i \leqslant 400$	5.0	5.6	6.3
$400 < U_i \leqslant 660$	8.0	9.0	10.0
$660 < U_i \leqslant 1\ 200$	16.0	18.0	20.0

8.1.7 与本安型电路有关的隔离变压器

8.1.7.1 变压器的型式试验按 GB 3836.4—2000 中 8.1.4 的规定进行。

8.1.7.2 变压器例行试验按 GB 3836.4—2000 中 8.1.5 规定。

8.1.7.3 变压器保护措施按 GB 3836.4—2000 中 8.1.2 要求。

8.1.7.4 变压器结构要求应符合 GB 3836.4—2000 中 8.1.3 规定。

a) 向本安电路供电的端子与其他端子应分开布置，其电气间隙与爬电距离须不小于表 5 的规定值。

表 5 变压器端子电气间隙和爬电距离

额定电压/V(峰值)	电气间隙/mm	浇封中间距/mm	爬电距离/mm	涂层下的爬电距离/mm
10	1.5	0.5	1.5	0.5
30	2.0	0.7	2.0	0.7
60	3	1	3	1
90	4	1.3	4	1.3
190	5	1.7	8	2.6
375	6	2.0	10	3.3

b) 变压器中向本安电路供电的绕组应与其他绕组分开布置。

c) 变压器中向本安电路供电的绕组与其他绕组内外布置时，应采取下列措施之一：

——向本安电路供电的绕组与其他绕组间有固体绝缘。

——本安电路的绕组与其他绕组间用接地屏蔽或等效导线绕组隔离。屏蔽厚度应不小于表 6 规定值，金属箔屏蔽应设置两根结构上分开的接地导线，其中每一根导线应能承受熔断器和断路器动作之前流过的最大持续电流。导线屏蔽由至少两个电气上分开的导线层组成，其中每一层都接地，而且能承受熔断器和断路器动作之前流过的最大持续电流，导线层之间的绝缘应承受 500 V 电压试验。

表6　屏蔽厚度

熔断器额定电流/A	0.1	0.5	1	2	3	5
屏蔽金属箔最小厚度/mm	0.05	0.05	0.075	0.15	0.25	0.3
屏蔽绕组的导线直径/mm	0.2	0.45	0.63	0.9	1.12	1.4

d)　向本安电路供电变压器的铁心必须接地。

8.1.8　本安电路用印制板相关要求应符合 GB 3836.4—2000 中 6.2.3 的要求。

8.2　性能要求

8.2.1　温升

8.2.1.1　在下列规定条件下，起动器绝缘线圈在空气中的温升极限值、与外部导线连接的接线端温升极限及易接近部件温升极限值不得超过表7、表8、表9的数值，其他部件例如：主触头、辅助触头、产品内部导线连接处等的温升极限由产品标准另行规定。原则上其他部件的温升应以不损害部件本身以及相连或相邻部件正常工作为限。

a)　控制电源电压为额定工作电压；

b)　主电路通以约定封闭发热电流；

c)　各种与发热有关的元件应选择在最大发热值。

表7　绝缘线圈在空气中的温升极限

绝缘电阻等级	用电阻法测得的温升极限/K
A	85
E	100
B	110
F	135
H	160
注：线圈在空气中温升极限值按周围空气平均温度为 20 ℃条件下推荐的。	

表8　与外部导线连接的接线端子温升极限

端子材料	温升极限/K
裸铜	60
裸黄铜	65
铜(或黄铜)镀锡	65
铜(或黄铜)镀银或镀镍	70
其他金属	≤65

注1：实际使用中采用的外接导体直径不宜显著地小于 GB 14048.1—2006 表9和表10规定的导体，否则会促使接线端子和电器内部部件温度较高，并导致电器损坏。

注2：表中规定的温升极限适用于全新的和完好的条件下进行试验的电器。产品标准对不同的试验条件和小尺寸(容积)的器件可以规定不同的温升值，但不可超过上述温升值 10 K。

注3：其他金属的温升极限是根据使用经验和寿命试验来决定，但不应超过 65 K。

表 9 易接近部件温升极限

易接近部件	温升极限[a]/K
人力操作部件：	
金属的	15
非金属的	25
可触及但不能握住的部件：	
金属的	30
非金属的	40
正常操作时不触及的部件[b]	65
外壳接近电缆进口处外表面：	
金属的	40
非金属的	50

a 产品标准对不同的试验条件和小尺寸(容积)的器件可以规定不同的温升值，但不可超过上述温升值 10 K。

b 应防止电器与易燃材料接触或与人的偶然接触。如果制造厂有此规定，则 200 K 的极限可以超过。确定安装位置和提供防护措施以免发生危险是安装者的责任。制造厂应根据 GB 14048.1—2006 中 5.3 的规定提供适当的信息。

间断周期工作制绕组的温升：当主电路无电流通过时，线圈绕组在额定频率(当为交流时)及最高额定控制电源电压下，按表 10 给出的断续周期工作制绕组的操作条件，其温升不超过表 7 规定的温升极限。

表 10 断续周期工作制绕组的操作条件

断续周期工作制级别	每一次闭合—断开操作循环/s	线圈通电时间/s
12	300	120
30	120	48
120	30	12
300	12	4.8
600	6	2.2
1 200	3	1.2

注：表中控制线圈通电时间是按负载系数 40%给出的，不同的负载系数应在产品标准中另行规定闭合—断开时操作循环的通电时间。

8.2.1.2 控制电路温升按 GB 14048.1—2006 中 7.2.2.5 的规定。

8.2.1.3 辅助电路温升按 GB 14048.1—2006 中 7.2.2.7 的规定。

8.2.1.4 起动器的最高表面温度不得超过 150 ℃。

8.2.2 介电性能

起动器的绝缘应能承受交流 50 Hz，表 11 所列工频试验电压(有效值)历时 1 min 无击穿或闪络现象，绝缘电阻不小于表 12 的规定。

表 11

额定绝缘电压/V	工频试验电压(交流有效值)/V
$U_i \leqslant 60$	1 000
$60 < U_i \leqslant 300$	2 000
$300 < U_i \leqslant 660$[a]	2 500
$660 < U_i \leqslant 800$	3 000
$800 < U_i \leqslant 1\ 000$	3 500
$1\ 000 < U_i \leqslant 1\ 200$	4 200

a 额定工作电压 660 V 等级的工频耐压归至额定绝缘电压 $660 < U_i \leqslant 800$ 挡。

对于产品标准中允许与主电路连接的控制电路及辅助电路，工频试验电压为：

当额定绝缘电压 U_i 不超过 60 V 时，工频试验电压为 1 000 V；

当额定绝缘电压 U_i 超过 60 V 时，工频试验电压为 $2U_i + 1\ 000$ V，至少为 1 500 V。

本质安全型电路介电性能应符合 GB 3836.4—2000 的规定，增安型接线盒的介电性能应符合 GB 3836.3—2000 的规定。

8.2.3 交变湿热性能

起动器的交变湿热性能应符合 GB 3836.1—2000 附录 C 的规定。试验周期 12 d，严酷温度为 40 ℃。试后绝缘电阻不小于表 12 的规定，并能承受 8.2.2 规定的工频试验电压。

表 12

额定绝缘电压/V	绝缘电阻/MΩ	
	湿热前	湿热后
$U_i \leqslant 60$	≥2	≥1.0
$60 < U_i \leqslant 300$	>20	≥1.5
$300 < U_i \leqslant 660$	>50	≥2.0
$660 < U_i \leqslant 800$	>50	≥2.0
$800 < U_i \leqslant 1\ 000$	>50	≥2.0
$1\ 000 < U_i \leqslant 1\ 200$	>100	≥2.5

8.2.4 正常负载和过载条件下的性能要求

8.2.4.1 接通与分断能力

8.2.4.1.1 起动器应能接通与分断表 13 规定的使用类别相对应的电流并完成相应的次数，通电时间和间隔时间不超过表 13 和表 14 的规定。

表 13

使用类别	额定工作电流/A	接通条件[c]			分断条件			通电时间[b]/s	间隔时间/s	操作循环次数
		I/I_e	U/U_e	$\cos\Phi$ ±0.05	I/I_e	U/U_e	$\cos\Phi$ ±0.05			
AC-3	$I_e \leqslant 100$	10	1.1	0.35	8	1.1	0.35	0.05	a	50
	$I_e > 100$	8	1.1	0.35	6	1.1	0.35			

表 13（续）

使用类别	额定工作电流/A	接通条件[c]			分断条件			通电时间[b]/s	间隔时间/s	操作循环次数
		I/I_e	U/U_e	cosΦ ±0.05	I/I_e	U/U_e	cosΦ ±0.05			
AC-4	I_e≤100	12	1.1	0.35	10	1.1	0.35	0.05	[a]	50
	I_e>100	10	1.1	0.35	8	1.1	0.35			

注：试验参数的允许误差按 GB 14048.1—2006 表 8。

a 间隔时间按表 12 规定。

b 表中所列 0.05 s 为最小值，最大通电时间不超过 0.2 s；若触头在重新断开之前已经完全闭合，则允许时间小于 0.05 s；同样如用户制造厂同意，最大通电时间也可延长。

c 若制造厂同意，接通与通断一起进行，操作循环也为 50 次。其中 25 次为 110%U_e，25 次为 75%U_e。

表 14

分断电流 I_c/A	间隔时间/s
I_c≤100	10
100<I_c≤200	20
200<I_c≤300	30
300<I_c≤400	40
400<I_c≤600	60
600<I_c≤800	80
800<I_c≤1 000	100
1 000<I_c≤1 300	140
1 300<I_c≤1 600	180
1 600<I_c	240

注：按使用要求允许缩短间隔时间，但必须≥10 s。

8.2.4.1.2 可逆起动器的接通与分断应能在表 13 规定（AC-4）条件下进行 50 次可逆转换操作。

8.2.5 操作性能

8.2.5.1 空载操作性能（动作特性范围）

在额定控制电源电压 75%～110%之间热态范围内的任何电压下起动器应能可靠吸合，在额定控制电源电压的 20%～60%（直流为 10%～60%）处于吸合状态的起动器应能释放。在触头磨损的情况下，起动器的释放电压不低于 10%额定控制电源电压。

8.2.5.2 约定操作性能

在符合 GB 14048.4—2003 中条件下，起动器接通和分断表 15 中规定的不同使用类别的有载操作的接通和分断电流并完成操作循环次数。若制造厂同意，则允许缩短间隔时间，也允许延长通电时间。

表 15 不同使用类别的约定性能的接通与分断(通断)条件

使用类别	接通和分断(通断)条件					
	I_c/I_e	U/U_e	cosΦ (±0.05)	通电时间[a]/s	间隔时间/s	操作循环次数[b]
AC-3	2.0	1.05	[c]	0.05	[d]	6 000
AC-4	6.0	1.05	[c]	0.05	[d]	6 000

a 若能使触头在断开之前完全闭合,则允许通电时间小于 0.05 s,最大通电时间不能超过 0.1 s。

b 操作循环次数为最少次数,若制造厂同意,也可按电寿命次数或电寿命次数的一个比例数确定操作循环次数。推荐 17%、50%、100%。此时操作循环次数可视作电寿命次数。

c $I_e \leqslant 100$ A,cos$\Phi=0.45$;$I_e>100$ A,cos$\Phi=0.35$。

d 见表 12。

8.2.6 寿命

8.2.6.1 机械寿命

GB 14048.4—2003 中 8.2.4.3.1 适用,起动器的接触器机械寿命为(百万次):0.1、0.3、1、3、6、10。

8.2.6.2 电寿命

起动器的电寿命在表 16 中规定的条件下,用不修理和不更换任何零部件所能承受的有载操作次数来表示。除非另有规定 AC-3 类别电寿命不应低于起动器所规定的机械寿命 1/20,其中 AC-4 电寿命次数为 1 万、3 万、6 万、10 万、15 万次。操作频率和 AC-4 电寿命应在产品标准中规定。

表 16 不同使用类别下验证电寿命的接通与分断条件

使用类别	接 通			分断条件		
	I/I_e	U/U_e	cosΦ ±0.05	I_c/I_e	U/U_e	cosΦ ±0.05
AC-3	6.0	1.0	0.35	1.0	0.17	0.35
AC-4	6.0	1.0	0.35	6.0	1.0	0.35

8.2.7 耐受过载电流能力

真空起动器应能承受表 17 所规定的试验电流由过载继电器延时分断 3~5 次所造成的热效应。

表 17 耐受过载电流要求

额定工作电流/A	试验电流/A	通电时间/s
≤630	$8\times I_e$(AC-3)	10

8.2.8 辅助触头的性能

应符合 GB 14048.5—2001 中的规定。

8.2.9 隔离开关或隔离换相开关的分断能力和机械寿命

8.2.9.1 隔离开关或隔离换相开关的分断能力按表 18 规定。

表 18 隔离开关或隔离换相开关的分断能力

I_c/I_e	U/U_e	cosΦ(±0.05)	试验次数(正、反)	间隔时间/s
1[a]	1.0	0.35	3	180
3[a]	1.05			
6[b]				
8[b]				

a 适用于额定工作电压 1 140 V 及以下的空气型隔离开关或隔离换相开关。

b 适用于额定工作电压 1 140 V 及以下的真空型隔离开关或隔离换相开关。

8.2.9.2 隔离开关的机械寿命为(万次):0.1、0.3、0.6、1.0。

8.2.10 过载保护性能

用热继电器作过载保护时,其特性应符合表19的规定,用电子保护器作为过载保护时,其特性应符合表20的规定。

表 19

过电流/整定电流	动作时间	起始状态
1.05	2 h 不动作	冷态
1.2	<20 min	热态
1.5	<3 min	热态
6	≥5 s	冷态

表 20

过载电流/整定电流	动作时间		起始状态	复位方式	复位时间/min
	La 组[a]	Lb 组[b]			
1.05	2 h 不动作	2 h 不动作	冷态	自动	$1<t<3$
1.2	<20 min	5 min<t<20 min	热态		
1.5	<3 min	1 min<t<3 min	热态		
6	≥5 s	8 s<t<16 s	冷态		

a 100 A 以下使用于恒定负载的电子保护器过载保护特性适用于 La 组。

b 100 A 及以上或使用于变动负载的电子保护器过载保护特性适用于 Lb 组。

8.2.11 断相保护性能

起动器的断相保护性能符合表21规定。

表 21

序号	过载电流/整定电流		动作时间	起始状态
	任意二相	第三相		
1	1.0	0.9	不动作	冷态
2	1.15[a]	0	<20 min	热态
3	1.05[b]	0	<3 min	热态

a 适用于 100 A 以下使用于恒定负载的电子保护器断相保护特性。

b 适用于 100 A 及以上或使用于变动负载的电子保护器断相保护特性。

8.2.12 短路保护性能

短路保护应主要采用两相或三相熔断器来实现。其额定短路分断能力应不低于起动器安装点的预期短路电流。起动器按其额定工作电流确定的预期短路电流见表22。

表 22 相当于额定工作电流的预期试验电流“γ”

额定工作电流(AC-3)/A	预期电流“γ”/kA
$I_e \leqslant 16$	0.6
$16 < I_e \leqslant 63$	1.5
$63 < I_e \leqslant 125$	2.5
$125 < I_e \leqslant 200$	3.0

表 22(续)

额定工作电流(AC-3)/A	预期电流"γ"/kA
$200<I_e\leqslant400$	4.5
$400<I_e\leqslant630$	6.0
$630<I_e$	用户与制造厂协商

注1:预期短路电流"γ"是最小预期试验电流,若制造厂同意或用户要求也可提高预期电流或按 GB 14048.4—2003 中表进行。

注2:试验点的预期短路电流应不小于有关型式最大预期短路电流,且仅当试验电流 q 大于"γ"电流时,才进行试验电流试验。

真空起动器采用过电流继电器或电子保护器做短路保护时,应具有极限分断能力,极限分断能力值按表 23 的规定。

真空起动器的极限分断能力与适当的 SCPD 应协调配合,使之在保护特性上合理,一般应作后备保护。制造厂应推荐一种适当的短路保护电器(SCPD),并提供有关特性。本标准采用 GB 14048.4—2003 中型配合类型,即"2"型协调配合。

用过电流继电器或电子保护器做短路保护时,其特性参数按表 22 规定。

表 23　极限分断电流

额定工作电流/A	极限分断电流/kA	U_r/U_e	$\cos\Phi$	通电时间/s	间隔时间/s	试验次数
$I_e\leqslant16$	0.6	1.0	0.65±0.05	0.05~0.2	180	3
$16<I_e\leqslant63$	1.5					
$63<I_e\leqslant80$	2.0					
$80<I_e\leqslant125$	2.5					
$125<I_e\leqslant200$	3.0					
$200<I_e\leqslant400$	4.5					
$400<I_e\leqslant630$	6.0					

表 24

过电流/整定电流	动作时间/ms	起始状态
8~10	200~400	冷态

8.2.13　主电路漏电闭锁保护性能

起动器的主电路对地绝缘电阻值降低到表 25 动作值以下时,应实现主电路漏电闭锁。当对地绝缘电阻上升到动作值的 1.5 倍时,应能自动解除主电路漏电闭锁。

表 25

主电路额定工作电压/V	单相漏电闭锁整定值/kΩ	动作值允许误差/%
380	7	+20
660	22	+20
1 140	40	+20

8.2.14　双速起动器速度切换

双速起动器应具有自动或手动速度切换装置及低速向高速切换功能。当负荷电流降至 $1.2I_e$ 以下时，由低速自动切换到高速。当采用时间形式来控制低、高速切换时，则时间应延时可调。速度切换时间不大于 150 ms。切换负荷或切换延时可调时间在产品标准中规定。

8.2.15 控制井下风机用起动器应具有风电闭锁控制功能及主、备风机切换功能，其技术指标应在产品标准中规定。

8.2.16 组合起动器其控制功能应在产品标准中规定。

8.2.17 通断操作过电压保护

起动器通断操作过电压保护应采用 R-C 阻容保护等形式，过电压值及验证应在产品标准中规定。

8.2.18 其他保护

起动器的主电路若采用选择性漏电保护、控制电路绝缘监视保护、漏气闭锁保护等性能应在产品标准中规定。

8.2.19 振动与冲击

起动器的电子插件及插接件应能承受表 2 中规定，试后应能正常工作。

8.2.20 抗电磁干扰要求

除非产品标准另有规定，按 GB 14048.1—2006 中 7.3.2 的规定。

8.2.21 起动器若为本质安全型，其本安参数由产品标准规定，但应符合 GB 3836.4—2000 中的规定。

8.2.22 对于具有显示功能的起动器，其显示功能由产品标准规定。

9 试验方法

9.1 验证结构要求

9.1.1 防爆结构及参数检查按 GB 3836.1～GB 3836.4—2000 的有关规定进行。

9.1.2 隔爆外壳的耐压试验、内部点燃的不传爆试验按 GB 3836.2—2000 中第 15 章的规定进行。

9.1.3 外壳的冲击试验应按 GB 3836.1—2000 中 23.4.3.1 的规定进行。

9.1.4 电缆引入装置夹紧及密封性能及机械强度试验按 GB 3836.1—2000 中附录 D 和 GB 3836.2—2000 中附录 D 的规定进行。

9.1.5 观察窗的透明件热剧变试验按 GB 3836.1—2000 中 23.4.6.2 的规定进行。

9.1.6 绝缘套管扭转试验按 GB 3836.1—2000 中 23.4.5 的规定进行。

9.1.7 外壳防护性能试验按 GB 4208—2008 的规定进行。

9.1.8 电气间隙、爬电距离按 GB 14048.1—2006、GB 3836.3—2000 的规定进行。

9.1.9 电缆引入装置的橡胶密封圈材料老化试验按 GB 3836.1—2000 中 D3.3 的规定进行。

9.1.10 本质安全电路的火花点燃试验按 GB 3836.4—2000 中 10.1～10.4 规定进行。

9.1.11 本质安全电路的温度试验按 GB 3836.4—2000 中 10.5 规定进行。

9.1.12 隔离开关和可逆的手柄指示及操作位置、操作按钮检验用目测和操作进行检查。

9.1.13 接地保护输出端的警告标志、防蚀要求、防松要求用目测检查。

9.1.14 隔离开关和可逆的机械联锁与电气联锁检查应按 GB 3836.1—2000 的规定进行。

9.1.15 起动器的振动与冲击试验，按 GB/T 2423.10—1995 和 GB/T 2423.5—1995 的规定进行。

9.1.16 起动器的最高表面温度试验按 GB 3836.1—2000 的规定进行。

9.2 验证性能要求

9.2.1 温升试验按 GB 14048.1—2006 的 8.3.3.3 规定进行。

9.2.2 介电性能按 GB 14048.1—2006 的 8.3.3.4 规定进行。

9.2.3 交变湿热性能试验按 GB 3836.1—2000 及 GB/T 2423.4—1993 相关规定进行。

9.2.4 额定接通与分断能力按 GB 14048.1—2006 中 8.3.3.5 的规定进行。

9.2.5 可逆接通与分断及可逆转换试验，包括 50 次操作程序，而每个操作程序又包括下述两个操作循环：

第一操作循环:闭合 A→断开 A→闭合 B→断开 B→间隔时间 10 s～30 s;

第二操作循环:闭合 B→断开 B→闭合 A→断开 A→间隔时间 10 s～30 s;

(上述 A 和 B 为起动器的两台接触器)。

这些循环交替重复进行。试验时,起动器应处于规定的正常使用状态下进行操作,正常状态下有机械联锁或电气联锁装置的均应使用。

9.2.6 空载操作性能(动作特性范围)试验按 GB 14048.1—2006 中 8.3.3.6 的规定进行。

9.2.7 约定操作性能试验按 GB 14048.1—2006 中 8.3.3.6 的规定进行。

9.2.8 机械寿命与电寿命试验、隔离开关机械寿命试验按 GB 14048.1—2006 中 8.3.3.7 的规定进行。

9.2.9 耐受过载电流能力试验按 GB 14048.4—2003 中 9.3.5 的规定进行。

9.2.10 隔离开关分断能力试验按 GB 14048.1—2000 中 8.3.3.5 的规定进行。

9.2.11 辅助触头的性能试验按 GB 14048.5—2001 的规定进行,对于起动器,如果选用元件符合本标准 6.3 规定,并以通过相应等效试验,则不需要在起动器上重复进行本试验。

9.2.12 过载保护性能试验按 GB 14048.1—2006 中 8.3.3.1、8.3.3.2 规定进行。

9.2.13 短路保护性能试验若选用熔断器作短路保护时,其分断能力高于或等于起动器的产品标准规定,且已证明符合熔断器本身标准的规定时,则在起动器中不需要重复进行本试验。

9.2.14 短路保护性能试验若选用过电流继电器或电子保护器做短路保护时按表 22 规定进行。

9.2.15 极限分断能力试验 GB 14048.1—2000 中 8.3.3.5 的规定进行。

9.2.16 主电路漏电闭锁保护性能试验用可变电阻箱单相模拟漏电电阻的方法进行。

9.2.17 双速起动器速度切换试验,时间切换型试验按 AC-4 试验条件进行,在额定工作电压及额定工作电流条件下试验 10 次,操作程序:低速接通→低速断开→经切换时间→高速接通→高速断开,经 3 min 停顿后开始第二次操作循环。自动速度电流转换型采用加载电流信号方法进行。

9.2.18 风机用起动器控制功能试验方法在产品标准中规定。

9.2.19 组合起动器控制功能试验方法在产品标准中规定。

9.2.20 通断操作过电压保护试验按 GB 14048.1—2000 中 8.3.3.5 及 GB 14048.4—2003 中 9.3.3.5.4 的规定进行。

9.2.21 其他保护试验方法在产品标准中规定。

9.2.22 抗电磁干扰要求试验按 GB 14048.1—2000 中 8.4.1。

9.2.23 显示功能试验方法在产品标准中规定。

10 检验规则

起动器的检验分型式试验、定期试验和出厂检验 3 种。

10.1 型式试验

起动器在下列情况之一应进行型式试验:

a) 新样机试制后;

b) 正常生产后,如结构、材料、工艺有较大改变,可能影响产品性能时;

c) 新产品或老产品转厂生产试制或产品停产三年后,恢复生产时;

d) 国家质量监督机构提出进行型式检验要求时;

e) 出厂检验结果与上次型式检验有较大差异时。

10.1.1 型式试验规则

用于型式试验的起动器必须是结构、制造、材料等符合设计要求的样品,每个试验项目不少于 2 台,所有试验项目都能通过和所有承受试验的试品都合格,则认为起动器的型式试验合格,型式试验中涉及安全和重大性能指标的项目不允许失败,如有失败必找出原因,采取措施,予以改进,并重新试验合格方为合格。

10.1.2　型式试验项目

见表 26。

10.2　定期试验

对正式生产的起动器应每隔 5 年进行一次定期试验。

10.2.1　定期试验规则

用做定期试验的起动器，应从出厂检验合格的成批产品中按 GB/T 2829 的规定任意抽取，每个试验项目应不少于 2 台，所有规定试验项目和所有被试的产品都能通过，才能认为起动器的定期试验合格，定期试验中若仅遇 1 台 1 个项目不通过，则允许对该项目按原抽样方法加倍复试，若加倍复试全部通过，则认为定期试验合格，如再出现 1 个项目不通过则认为定期试验不合格。

10.2.2　定期试验项目

定期试验项目与 10.1.2 型式试验项目相同。其中寿命试验、防爆性能试验可在认为有必要时进行。

10.3　出厂检验

10.3.1　出厂检验规则

10.3.1.1　出厂检验须对每台产品逐一进行检验，经检验合格，附有产品质量合格证方可出厂。

10.3.1.2　进行出厂检验的起动器，应符合全部出厂检验项目的要求，否则需返修，直至合格，无法修复的应报废。

10.3.1.3　出厂检验项目

a)　按图样及有关文件规定检验起动器的装配质量、外观和成套性；

b)　出厂检验项目见表 26。

表 26　检验项目

序号	检验项目		型式试验	出厂检验	本标准试验方法	备注
1	防爆结构及参数检查		√	√	9.1.1	
2	外壳耐压和内部点燃的不传爆试验		√	—	9.1.2	
3	静态强度(水压)试验		√	√	9.1.2	按 GB 3836.2—2000 第 16 章
4	冲击试验		√	—	9.1.3	*
5	密封性能及机械强度试验		√	—	9.1.4	
6	夹紧性能及机械强度试验		√	—	9.1.4	
7	热剧变试验		√	—	9.1.5	*
8	绝缘套管扭转试验		√	—	9.1.6	*
9	外壳防护性能试验		√	—	9.1.7	*
10	电气间隙与爬电距离		√	√	9.1.8	
11	老化试验		√	—	9.1.9	
12	本安性能试验	本安参数测量	√	√	9.1.10	视产品情况而定
		本安火花试验	√	—		
13	温度试验		√	—	9.1.11,9.1.16	视产品情况而定
14	隔离开关和可逆的手柄位置检查		√	√	9.1.12	
15	接地保护与警告检查		√	√	9.1.13	

表 26（续）

序号	检　验　项　目		型式试验	出厂检验	本标准试验方法	备　注
16	防蚀、防松检查		√	√	9.1.13	
17	隔离开关和可逆的机械联锁与电气联锁检查		√	√	9.1.14	
18	振动与冲击试验		√	—	9.1.15	*
19	温升试验		√	—	9.2.1	
20	介电性能试验	冲击耐压试验	√	—	9.2.2	*
		工频耐压	√	√		
		本安电路工频耐压	√	√		
21	交变湿热性能试验		√	—	9.2.3	
22	额定接通与分断能力试验		√	—	9.2.4	
23	可逆接通与分断及可逆转换试验		√	—	9.2.5	视产品情况而定
24	空载操作性能(动作特性范围)试验		√	√	9.2.6	
25	约定操作性能试验		√	—	9.2.7	
26	寿命试验	机械寿命(隔离开关)	√	—	9.2.8	*
		电寿命试验				
27	耐受过载电流能力试验		√	—	9.2.9	
28	隔离开关分断能力试验		√	—	9.2.10	
29	辅助触头的性能试验		√	—	9.2.11	*
30	过载与断相保护性能试验		√	—	9.2.12	
	过载继电器整定值校正		√	√		
31	短路保护性能试验		√	—	9.2.13、9.2.14	视产品情况而定
32	极限分断能力试验		√	—	9.2.15	
33	主电路漏电闭锁保护性能试验		√	√	9.2.16	
34	双速起动器速度切换试验		√	—	9.2.17	视产品情况而定
35	风机用起动器控制功能		√	√	9.2.18	视产品情况而定
36	组合起动器控制功能		√	√	9.2.19	视产品情况而定
37	通断操作过电压保护试验		√	—	9.2.20	*
38	其他保护		√	√	9.2.21	视产品情况而定
39	抗电磁干扰要求		√	—	9.2.22	*
40	显示功能试验		√	√	9.2.23	视产品情况而定
41	外观检查及铭牌、包装、标志检查		√	√	11	
* 表示的项目，也可根据具体产品情况而定；√为应进行试验的项目。						

10.4 凡属下列情况之一者，应按 GB 3836.1—2000 的规定进行图样及文件审查和样品试验。

a) 未取得“防爆合格证”的产品；

b) 已取得“防爆合格证”的产品，因局部更改涉及防爆性能时，则应将更改部分图样及说明送原检验单位重新审查；

c) 防爆合格证的有效期满时；

d) 对已发“防爆合格证”的产品进行复查时。

11 标志、包装、运输和贮存要求

11.1 标志

11.1.1 每台起动器在外壳明显处必须有用永久性的清晰的凸纹或凹纹方式标出标志“Ex”和牢固的安全标志，标志的样式应符合有关规定。

11.1.2 起动器外壳明显处须设置可靠牢固的铜质或不锈钢铭牌，铭牌数据的刻划方法应保证字迹在起动器整个使用时期内不易磨掉，铭牌须包括下列内容：

a) 产品的型号和名称；

b) 额定工作电压、额定工作电流；

c) 产品重量与制造日期；

d) 防爆标志(依次标明 Ex、防爆型式、类别、级别等标志)；

e) 防爆合格证编号；

f) 安全标志编号；

g) 标准编号；

h) 制造厂名和(或)商标；

i) 出厂编号；

j) 本质安全型电路额定参数(有必要时)；

k) 额定工作制；

l) 其他有关数据。

上述 j)～l)项按需要选取。

11.2 包装

11.2.1 总则

起动器的包装必须防止其在运输途中受到损坏，并应具有防雨、防尘的要求。

11.2.2 包装标志

包装箱外壁应有清晰整齐的包装标志，并应保证不因运输或贮存日久而模糊不清，除非另有规定，其内容如下：

a) 制造厂厂名和商标及地址；

b) 收货单位名称与地址；

c) 产品名称，型号、数量；

d) 毛重及产品净重；

e) 箱子外型尺寸：长、宽、高；

f) 包装年、月；

g) 包装储运标志按 GB/T 191 选用如“向上”“防潮”“小心轻放”等字样。

11.2.3 文件

随同产品供应文件有：

a) 装箱单：

b) 产品合格证明书(或标志)；

c) 产品使用说明书。

11.3 运输、贮存

包装箱在运输、贮存过程中均不得受雨水浸袭。产品应放置在没有雨雪侵入，空气流通相对湿度不大于 95%(25 ℃)，温度不高于+40 ℃不低于−5 ℃的仓库中，自由落体高度为 100 mm 不得翻滚。运输或最低温度可能出现低于−5 ℃情况，此时由供、需双方协商解决。

ICS 29.035.99
K 15

中华人民共和国国家标准

GB/T 5591.3—2008

电气绝缘用柔软复合材料 第3部分：单项材料规范

Combined flexible materials for electrical insulation— Part 3:Specifications for individual materials

(IEC 60626-3:2002,MOD)

2008-11-07 发布　　2009-10-01 实施

中华人民共和国国家质量监督检验检疫总局
中国国家标准化管理委员会　发布

前言

GB/T 5591《电气绝缘用柔软复合材料》包括以下三个部分：

——第1部分：定义和一般要求；

——第2部分：试验方法；

——第3部分：单项材料规范。

本部分为GB/T 5591的第3部分。

本部分修改采用IEC 60626-3：2002《电气绝缘用柔软复合材料　第3部分：单项材料规范》(第2.1版)。

本部分与IEC 60626-3：2002(第2.1版)的主要差异如下：

a) 增加了GB/T 11026.1—2003《电气绝缘材料耐热性　第1部分：老化程序和试验结果的评价》(IEC 60216-1：2001，IDT)和JB/T 3730—1999《电气绝缘用柔软复合材料耐热性评定方法　卷管检查电压法》引用标准；

b) 删除了IEC 60626-3：2002中的所有篇的编号；

c) 增加了分类命名示例；

d) 对IEC 60626-3：2002中表1重新编排，其中组成材料仅针对补强材料，结构针对复合的层数，并增加了含有PI膜的100%PAa纤维非织布结构组成，使本部分更完整、更易于对组成与结构的识别；

e) 增加了对基材的总体要求(如玻璃布)；

f) 在技术方面明确了耐热性(T·I)的要求并规定了试验方法；

g) 在文本编辑方面对相关的内容和表格进行了较大的调整或整合，将IEC 60626-3：2002中的每一篇要求改用表格表示，减少了本部分的篇幅；

h) 在击穿电压试验方法中增加了对厚型材料弯折后击穿电压试验用电极的压强要求；

i) 增加了资料性附录A、附录B和附录C，分别叙述IEC 60626-3：2002与JB/T 2197—1999之间命名的对照、IEC 60626-3：2002与本部分章条的对照和IEC 60626-3：2002中"篇"号与本部分表格编号的对照。

本部分的附录A、附录B和附录C为资料性附录。

本部分由中国电器工业协会提出。

本部分由全国绝缘材料标准化技术委员会(SAC/TC 51)归口。

本部分主要起草单位：桂林电器科学研究所、四川东材科技集团股份有限公司、西安西电电工材料有限责任公司、杭州泰达实业有限公司、无锡华宝绝缘材料有限公司。

本部分起草人：李学敏、赵平、杜超云、吕伟琴、吴明。

本部分为首次制定。

电气绝缘用柔软复合材料 第3部分：单项材料规范

1 范围

GB/T 5591 的本部分规定了各种电气绝缘用柔软复合材料的分类、命名、要求、试验方法及供货条件。

本部分适用于电气绝缘用柔软复合材料。

2 规范性引用文件

下列文件中的条款通过 GB/T 5591 的本部分的引用而成为本部分的条款。凡是注日期的引用文件，其随后所有的修改单(不包括勘误的内容)或修订版均不适用于本部分，然而，鼓励根据本部分达成协议的各方研究是否可使用这些文件的最新版本。凡是不注日期的引用文件，其最新版本适用于本部分。

GB/T 5591.1—2002 电气绝缘用柔软复合材料 第1部分：定义和一般要求(IEC 60626-1：1995,MOD)

GB/T 5591.2—2002 电气绝缘用柔软复合材料 第2部分：试验方法(IEC 60626-2：1995,MOD)

GB/T 11026.1—2003 电气绝缘材料耐热性 第1部分：老化程序和试验结果的评价(IEC 60216-1：2001,IDT)

GB 12802.2—2004 电气绝缘用薄膜 第2部分：电气绝缘用聚酯薄膜(IEC 60674-3-2：1992,MOD)

GB/T 13542.6—2006 电气绝缘用薄膜 第6部分：电气绝缘用聚酰亚胺薄膜(IEC 60674-3-4/6：1993,MOD)

GB/T 20628.1—2006 电气用纤维素纸 第1部分：定义和一般要求(IEC 60554-1：1977,MOD)

GB/T 20629.1—2006 电气用非纤维素纸 第1部分：定义和一般要求(IEC 60819-1：1995,IDT)

JB/T 2197—1999 电气绝缘材料产品分类、命名及型号编制方法

JB/T 3730—1999 电气绝缘用柔软复合材料耐热性评定试验方法 卷管检查电压法

JB/T 8989.1—1999 电工用压纸板和薄纸板 第1部分：定义和一般要求(eqv IEC 60641-1：1979)

JB/T 9554—1999 电工用聚酯纤维非织布

JC/T 170—2002 无碱玻璃布

IEC 60554-3 电气用纤维纸 第3部分：单项材料规范

IEC 60641-3 电气用压纸板和薄纸板 第3部分：单项材料规范

IEC 60819-3 电气用非纤维素纸 第3部分：单项材料规范

3 柔软复合材料组成及命名

3.1 分类

柔软复合材料按组成材料和结构进行分类，见表1。

表 1　柔软复合材料的组成与结构

组　　成	结　　构
含硫酸盐木浆纤维纸或薄纸板	含 PET 薄膜两层结构
	含 PET 薄膜三层结构
	其他结构
含棉纤维纸或薄纸板	含 PET 薄膜两层结构
	含 PET 薄膜三层结构
	其他结构
含棉纤维和木浆纤维混抄纸或薄纸板	含 PET 薄膜两层结构
	含 PET 薄膜三层结构
	其他结构
含纤维素纤维或纤维素纤维与非纤维素纤维混抄纸或薄纸板	待定
含轧光或未轧光聚芳酰胺纤维纸(湿法抄造)	含 PET 薄膜两层结构
	含 PET 薄膜三层结构
	含 PI 薄膜三层结构
含无机/有机纤维混抄纸(湿法抄造)	含 PET 薄膜两层结构
	含 PET 薄膜三层结构
	其他结构
含填充玻璃纸	含 PET 薄膜两层结构
	含 PET 薄膜三层结构
	含玻璃布两层结构
	其他结构
含 100%PET 为基的纤维或含 100%PAa 为基的纤维非织布	含 PET 薄膜的三层结构
	含 PI 薄膜的三层结构
	其他结构
含其他材料	待定
注：上述组成结构有的尚未制订规范。	

3.2　命名

按 GB/T 5591.1—2002 并根据柔软复合材料的组分类型和结构进行分类和命名。

示例 1：

P - C / F - PET / P - C，0.15 mm

- 0.15 mm — 标称厚度
- C — 纤维素纸或纸板
- P — 纸和非织布类
- PET — 聚对苯二甲酸乙二醇酯
- F — 薄膜
- C — 纤维素纸和纸板
- P — 纸和非织布类

示例 2:

P - PAa / F - PI / P - PAa, 0.20 mm

- 0.20 mm——标称厚度
- PAa——聚芳酰胺纤维纸
- P——纸和非织布类
- PI——聚酰亚胺
- F——薄膜
- PAa——聚芳酰胺纤维纸
- P——纸和非织布类

示例 3:

P - FG2 / C - G, 0.16 mm

- 0.16 mm——标称厚度
- G——玻璃
- C——纺织品
- FG2——2 型填充玻璃纸
- P——纸和非织布类

4 对基材的要求

4.1 对组成材料的要求

4.1.1 对纤维素纸或薄纸板(P-C)的要求

所用的纤维素纸应符合 GB/T 20628.1—2006 和 IEC 60554-3 的要求。

所用的薄纸板应符合 JB/T 8989.1—1999 及 IEC 60641-3 的要求。

4.1.2 对聚芳酰胺纤维纸(P-PAa)的要求

所用的聚芳酰胺纤维纸应符合 GB/T 20629.1—2006 和 IEC 60819-3 的要求。

4.1.3 对混抄有机/无机纤维纸(P-H)的要求

所用的混抄有机/无机纸应符合 GB/T 20629.1—2006 和 IEC 60819-3 的要求。

4.1.4 对填充玻璃纸(P-FG1 及 P-FG2)的要求

所用的填充玻璃纸应符合 GB/T 20629.1—2006 和 IEC 60819-3 的要求。

4.1.5 对非织布(P-PET)的要求

所用的非织布应符合 JB/T 9554—1999 的要求。

4.1.6 对玻璃布(C-G)的要求

所用的玻璃布应符合 JC/T 170—2002 标准要求。

4.1.7 对薄膜(F-PET 或 F-PI)的要求

所用的薄膜应符合 GB 12802.2—2004 和 GB/T 13542.6—2006 的要求。

4.2 对组成材料的厚度要求

应优先选用表 2 至表 25 中推荐的组成材料厚度,若选用其他厚度的组成材料则由供需双方商定。

4.3 对柔软复合材料性能的要求

4.3.1 对由纤维素纸或薄纸板(P-C)组成的柔软复合材料的要求见表 2～表 9。

4.3.2 对由聚芳酰胺纤维纸(P-PAa)组成的柔软复合材料的要求见表 10～表 15。

4.3.3 对由混抄无机/有机纸(P-H)组成的柔软复合材料的要求见表 16～表 18。

4.3.4 对由填充玻璃纸(P-FG1 或 P-FG2 及 F-FG1)组成的柔软复合材料的要求见表 18～表 22。

4.3.5 对由聚酯非织布(P-PET)组成的柔软复合材料的要求见表23～表25。

5 试验方法

在无特殊规定时,试样应按GB/T 5591.2—2002中第3章规定进行预处理和试验。

5.1 外观

按GB/T 5591.1—2002中第5章规定,用目测检查。

5.2 尺寸

5.2.1 厚度

按GB/T 5591.2—2002中第4章规定,用分度值为0.002 mm的静重式测厚仪测量。

5.2.2 宽度

用分度值为1 mm的钢直尺测量。

5.3 定量

按GB/T 5591.2—2002第5章规定进行。

5.4 拉伸强度及伸长率

按GB/T 5591.2—2002中第6章规定进行。

5.5 击穿电压

按GB/T 5591.2—2002中第11章规定进行,其中窄条试样的试验电极推荐采用$\phi6/\phi6$电极系统,宽幅材料则采用$\phi25/\phi75$电极系统。对于用于较厚的柔软复合材料弯折后击穿电压试验用的上电极,试验时要增加增压锤以保证试验电极与试样充分接触。

5.6 温度指数(T·I)

按GB/T 11026.1—2003及JB/T 3730—1999规定进行,其中诊断性能为卷管检查电压。

6 接头

按GB/T 5591.1—2002中第7章规定。

7 供货条件

按GB/T 5591.1—2002中第8章规定。

表 2 对 F-PET/P-C(23 μmPET 薄膜单面复合薄纸板或纸)柔软复合材料的要求

序号	性能		单位	要求										
1	标称厚度		mm	0.10	0.13	0.15	0.18	0.20	0.30	0.35	0.40	0.45	0.50	0.60
2	厚度偏差		%	±15						±10				
3	标称定量		g/m²	115	155	190	215	250	300	370	430	490	610	730
4	定量偏差		%	±12										
5	拉伸强度	纵向未折	N/10 mm	≥90	≥100	≥135	≥150	≥180	≥220	≥270	≥300	≥360	≥450	≥540
		横向未折		≥60	≥70	≥90	≥100	≥120	≥140	≥180	≥200	≥240	≥300	≥350
		纵向弯折		≥70	≥80	≥100	≥110	≥140	≥170	≥210	≥240	≥280	≥350	≥420
		横向弯折		≥40	≥50	≥60	≥70	≥80	≥100	≥120	≥140	≥160	≥200	≥240
6	伸长率	纵向未折	%	≥3				≥5						
		横向未折		≥10				≥13						
7	击穿电压	未弯折	kV	≥6										
		弯折后		≥5										—
8	温度指数 (T·I)		—	≥120										

表 3　对 F-PET/P-C(36 μmPET 薄膜单面复合薄纸板或纸)柔软复合材料的要求

序号	性能		单位	要求									
1	标称厚度		mm	0.10	0.15	0.20	0.25	0.30	0.35	0.40	0.45	0.50	0.60
2	厚度偏差		%	±15				±10					
3	标称定量		g/m^2	120	190	250	280	370	395	490	510	610	730
4	定量偏差		%	±12									
5	拉伸强度	纵向未折	N/10 mm	≥90	≥135	≥180	≥190	≥270	≥280	≥360	≥380	≥450	≥540
		横向未折		≥60	≥90	≥120	≥130	≥180	≥190	≥240	≥250	≥300	≥360
		纵向弯折		≥70	≥100	≥130	≥150	≥200	≥230	≥270	≥300	≥340	≥410
		横向弯折		≥40	≥60	≥80	≥90	≥120	≥130	≥160	≥170	≥200	≥240
6	伸长率	纵向未折	%	≥3		≥5							
		横向未折		≥10		≥13							
7	击穿电压	未弯折	kV	≥7									
		弯折后		≥6									—
8	温度指数(T·I)		—	≥120									

表 4　对 F-PET/P-C(50 μmPET 薄膜单面复合薄纸板或纸)柔软复合材料的要求

序号	性能		单位	要求								
1	标称厚度		mm	0.15	0.20	0.25	0.30	0.35	0.40	0.45	0.50	0.60
2	厚度偏差		%	±15				±10				
3	标称定量		g/m²	190	245	305	360	420	480	535	590	700
4	定量偏差		%	±12								
5	拉伸强度	纵向未折	N/10 mm	≥100	≥120	≥150	≥190	≥240	≥300	≥360	≥380	≥400
		横向未折		≥80	≥90	≥95	≥105	≥120	≥150	≥180	≥190	≥200
		纵向弯折		≥70	≥80	≥95	≥130	≥180	≥230	≥275	≥300	≥320
		横向弯折		≥40	≥50	≥60	≥90	≥115	≥145	≥175	≥180	≥190
6	伸长率	纵向未折	%	≥3				≥5				
		横向未折		≥10				≥13				
7	击穿电压	未弯折	kV	≥8								
		弯折后		≥6								—
8	温度指数(T·I)		—	≥120								

表 5 对 P-C/F-PET/P-C(23 μmPET 薄膜双面复合薄纸板或纸)柔软复合材料的要求

序号	性能		单位	要求									
1	标称厚度		mm	0.12	0.15	0.20	0.25	0.30	0.35	0.40	0.45	0.50	0.60
2	厚度偏差		%	±15		±10							
3	标称定量		g/m²	140	170	230	270	370	430	490	550	610	730
4	定量偏差		%	±12									
5	拉伸强度	纵向未折	N/10 mm	≥100	≥135	≥160	≥190	≥270	≥300	≥360	≥400	≥450	≥540
		横向未折		≥70	≥90	≥120	≥130	≥160	≥200	≥240	≥270	≥300	≥360
		纵向弯折		≥60	≥105	≥140	≥150	≥210	≥240	≥260	≥310	≥350	≥420
		横向弯折		≥40	≥60	≥80	≥90	≥120	≥135	≥160	≥175	≥200	≥240
6	伸长率	纵向未折	%	≥3		≥5							
		横向未折		≥10									
7	击穿电压	未弯折	kV	≥6									
		弯折后		≥5									—
8	温度指数 (T·I)		—	≥120									

表 6 对 P-C/F-PET/P-C(36 μmPET 薄膜双面复合薄纸板或纸)柔软复合材料的要求

序号	性能		单位	要求									
1	标称厚度		mm	0.12	0.15	0.20	0.25	0.30	0.35	0.40	0.45	0.50	0.60
2	厚度偏差		%		±15					±10			
3	标称定量		g/m²	150	180	240	300	370	430	490	550	610	730
4	定量偏差		%						±12				
5	拉伸强度	纵向未折	N/10 mm	≥100	≥135	≥180	≥200	≥270	≥300	≥360	≥400	≥450	≥540
		横向未折		≥75	≥100	≥120	≥130	≥180	≥200	≥240	≥255	≥300	≥360
		纵向弯折		≥85	≥100	≥140	≥160	≥210	≥230	≥280	≥300	≥350	≥420
		横向弯折		≥50	≥60	≥80	≥90	≥120	≥130	≥160	≥175	≥200	≥240
6	伸长率	纵向未折	%						≥5				
		横向未折							≥10				
7	击穿电压	未弯折	kV						≥7				
		弯折后						≥6					—
8	温度指数(T·I)		—						≥120				

表 7 对 P-C/F-PET/P-C(50 μmPET 薄膜双面复合薄纸板或纸)柔软复合材料的要求

序号	性能		单位	要求							
1	标称厚度		mm	0.15	0.25	0.30	0.35	0.40	0.45	0.50	0.55
2	厚度偏差		%	±15		±10					
3	标称定量		g/m²	200	320	380	440	490	550	620	700
4	定量偏差		%	±12							
5	拉伸强度	纵向未折	N/10 mm	≥135	≥200	≥270	≥310	≥360	≥400	≥450	≥540
		横向未折		≥100	≥130	≥180	≥200	≥240	≥255	≥300	≥360
		纵向弯折		≥100	≥160	≥210	≥235	≥280	≥300	≥350	≥420
		横向弯折		≥60	≥80	≥120	≥130	≥160	≥175	≥200	≥240
6	伸长率	纵向未折	%	≥3				≥5			
		横向未折		≥10							
7	击穿电压	未弯折	kV	≥8							
		弯折后		≥6							—
8	温度指数 (T·I)		—	≥120							

表 8　对 P-C/F-PET/P-C(75 μmPET 薄膜双面复合薄纸板或纸)柔软复合材料的要求

序号	性能		单位	要求								
1	标称厚度		mm	0.15	0.20	0.25	0.30	0.35	0.40	0.45	0.50	0.60
2	厚度偏差		%	±15		±10						
3	标称定量		g/m²	190	240	310	380	430	510	560	620	740
4	定量偏差		%	±12								
5	拉伸强度	纵向未折	N/10 mm	≥140	≥190	≥230	≥280	≥330	≥380	≥420	≥470	≥570
		横向未折		≥105	≥140	≥170	≥210	≥240	≥280	≥310	≥350	≥420
		纵向弯折		≥100	≥130	≥160	≥200	≥230	≥270	≥300	≥340	≥410
		横向弯折		≥65	≥90	≥110	≥120	≥130	≥180	≥200	≥220	≥270
6	伸长率	纵向未折	%	≥5								
		横向未折		≥10								
7	击穿电压	未弯折	kV	≥10								
		弯折后		≥9								
8	温度指数 (T·I)		—	≥120								—

表 9 对 P-C/F-PET/P-C(100 μm 及 125 μmPET 薄膜双面复合薄纸板或纸)柔软复合材料的要求

序号	性能		单位	要求							
				100 μmPET				125 μmPET			
1	标称厚度		mm	0.20	0.30	0.40	0.50	0.20	0.30	0.40	0.50
2	厚度偏差		%	±15	±10			±15	±10		
3	标称定量		g/m²	250	380	510	620	260	380	515	635
4	定量偏差		%	±12				±12			
5	拉伸强度	纵向未折	N/10 mm	≥200	≥300	≥400	≥500	≥200	≥300	≥400	≥500
		横向未折		≥160	≥240	≥320	≥400	≥160	≥240	≥320	≥400
		纵向弯折		≥140	≥210	≥280	≥350	≥140	≥210	≥280	≥350
		横向弯折		≥100	≥150	≥200	≥250	≥100	≥150	≥200	≥250
6	伸长率	纵向未折	%	≥5				≥5			
		横向未折		≥10				≥10			
7	击穿电压	未弯折	kV	≥11				≥13			
		弯折后		≥9				≥11			
8	温度指数 (T·I)		—	≥120				≥120			

表 10 对 P-PAa/F-PET(PET 薄膜单面复合 50 μm 轧光聚芳酰胺纤维纸)柔软复合材料的要求

序号	性能		单位	要求								
1	标称厚度		mm	0.08	0.10	0.11	0.13	0.16	0.18	0.25	0.31	0.41
2	厚度偏差		%	±15							±10	
3	标称定量		g/m^2	95	110	125	160	190	230	320	390	550
4	定量偏差		%	±12								
5	薄膜标称厚度		μm	23	36	50	75	100	125	190	250	350
6	拉伸强度	纵向未折	N/10 mm	≥100	≥120	≥130	≥140	≥160	≥180	≥230	≥280	≥340
		横向未折		≥70	≥80	≥80	≥90	≥100	≥120	≥200	≥300	≥320
		纵向弯折		≥60	≥70	≥80	≥90	≥100	≥130	≥150	≥200	≥250
		横向弯折		≥50	≥60	≥60	≥80	≥90	≥100	≥150	≥200	≥250
7	伸长率	纵向未折	%	≥15						≥20		
		横向未折		≥20								
8	击穿电压	未弯折	kV	≥5	≥6	≥7	≥9	≥10	≥12	≥15	≥18	≥21
		弯折后		≥4	≥5	≥6	≥8	≥8	≥10	≥12	≥15	≥18
9	温度指数 (T·I)		—	≥130								

表 11 对 P-PAa/F-PET(PET 薄膜单面复合 80 μm 轧光聚芳酰胺纤维纸)柔软复合材料的要求

序号	性能		单位	要求								
1	标称厚度		mm	0.11	0.12	0.14	0.16	0.19	0.22	0.28	0.34	0.44
2	厚度偏差		%	±15							±10	
3	标称定量		g/m²	120	135	155	190	220	255	340	420	565
4	定量偏差		%	±12								
5	薄膜标称厚度		μm	23	36	50	75	100	125	190	250	350
6	拉伸强度	纵向未折	N/10 mm	≥100	≥120	≥130	≥140	≥160	≥180	≥230	≥280	≥340
		横向未折		≥70	≥80	≥80	≥90	≥100	≥120	≥200	≥300	≥320
		纵向弯折		≥60	≥70	≥80	≥90	≥100	≥130	≥150	≥200	≥250
		横向弯折		≥50	≥60	≥60	≥80	≥90	≥100	≥150	≥200	≥250
7	伸长率	纵向未折	%	≥15						≥20		
		横向未折		≥20						≥25		
8	击穿电压	未弯折	kV	≥6	≥7	≥8	≥10	≥11	≥13	≥16	≥18	≥21
		弯折后		≥5	≥6	≥6	≥8	≥9	≥11	≥13	≥15	≥18
9	温度指数 (T·I)		—	≥130								

表 12　对 P-PAa/F-PET/P-PAa(PET 薄膜双面复合 50 μm 轧光聚芳酰胺纤维纸)柔软复合材料的要求

序号	性能		单位	要求								
1	标称厚度		mm	0.14	0.15	0.17	0.19	0.22	0.24	0.31	0.37	0.47
2	厚度偏差		%	±15							±10	
3	标称定量		g/m^2	140	150	170	200	230	270	360	450	590
4	定量偏差		%	±12								
5	薄膜标称厚度		μm	23	36	50	75	100	125	190	250	350
6	拉伸强度	纵向未折	N/10 mm	≥100	≥150	≥160	≥170	≥190	≥220	≥270	≥330	≥400
		横向未折		≥80	≥90	≥90	≥105	≥120	≥150	≥200	≥300	≥350
		纵向弯折		≥80	≥80	≥90	≥100	≥110	≥130	≥200	≥250	≥300
		横向弯折		≥50	≥70	≥70	≥90	≥100	≥120	≥150	≥200	≥250
7	伸长率	纵向未折	%	≥15					≥20			
		横向未折		≥20						≥25		
8	击穿电压	未弯折	kV	≥6	≥7	≥8	≥11	≥12	≥14	≥19	≥23	≥28
		弯折后		≥5	≥6	≥7	≥9	≥10	≥12	≥15	≥18	≥20
9	温度指数(T·I)		—	≥155								

表 13　对 P-PAa/F-PET/P-PAa(PET 薄膜两面复合 80 μm 轧光聚芳酰胺纤维纸)柔软复合材料的要求

序号	性能		单位	要求									
1	标称厚度		mm	0.20	0.21	0.22	0.25	0.28	0.30	0.36	0.43	0.48	0.53
2	厚度偏差		%	±15							±10		
3	标称定量		g/m²	185	200	220	255	290	325	420	500	570	640
4	定量偏差		%	±12									
5	薄膜标称厚度		μm	23	36	50	75	100	125	190	250	300	350
6	拉伸强度	纵向未折	N/10 mm	≥160	≥160	≥170	≥190	≥220	≥270	≥320	≥380	≥430	≥450
		横向未折		≥100	≥120	≥140	≥180	≥190	≥200	≥250	≥300	≥300	≥300
		纵向弯折		≥80	≥90	≥160	≥180	≥190	≥200	≥250	≥300	≥300	≥300
		横向弯折		≥60	≥70	≥100	≥140	≥150	≥160	≥200	≥250	≥250	≥250
7	伸长率	纵向未折	%	≥15					≥20				
		横向未折		≥20					≥25				
8	击穿电压	未弯折	kV	≥7	≥8	≥9	≥12	≥13	≥15	≥20	≥23	≥25	≥30
		弯折后		≥5	≥7	≥8	≥10	≥11	≥13	≥16	≥18	≥20	—
9	温度指数（T·I）		—	≥155									

表 14 对 P-PAa/F-PET/P-PAa(PET 薄膜两面复合 130 μm 轧光或未轧光聚芳酰胺纤维纸柔软复合材料)的要求

序号	性能		单位	要求										
				由轧光 PAa 组成					由未轧光 PAa 组成					
1	标称厚度		mm	0.32	0.35	0.37	0.40	0.52	0.28	0.30	0.32	0.35	0.37	0.40
2	厚度偏差		%	±15					±20					
3	标称定量		g/m²	330	360	400	440	620	135	155	170	205	240	280
4	定量偏差		%	±12					±12					
5	薄膜标称厚度		μm	50	75	100	125	250	23	36	50	75	100	125
6	拉伸强度	纵向未折	N/10 mm	≥200	≥200	≥250	≥300	≥400	≥45	≥60	≥75	≥100	≥120	≥140
		横向未折		≥170	≥200	≥220	≥260	≥320	≥45	≥60	≥75	≥100	≥120	≥140
		纵向弯折		≥170	≥190	≥210	≥230	≥330	≥40	≥50	≥75	≥80	≥100	≥120
		横向弯折		≥120	≥130	≥150	≥190	≥300	≥40	≥50	≥75	≥80	≥100	≥120
7	伸长率	纵向未折	%	≥7				≥15	≥7					
		横向未折		≥10				≥20	≥10					
8	击穿电压	未弯折	kV	≥10	≥13	≥14	≥16	≥25	≥4	≥5	≥6	≥9	≥10	≥12
		弯折后		≥8	≥11	≥12	≥14	—	≥3	≥4	≥5	≥6	≥9	≥10
9	温度指数 (T·I)		—	≥155					≥155					

表 15 对 P-PAa/F-PI/P-PAa(PI 薄膜两面复合轧光聚芳酰胺纤维纸)柔软复合材料的要求

序号	性能		单位	要求					
1	标称厚度		mm	0.14	0.17	0.20	0.22	0.30	0.32
2	厚度偏差		%	±15					
3	标称定量		g/m^2	135	170	190	220	300	330
4	定量偏差		%	±12					
5	薄膜标称厚度		μm	25	50	25	50	25	50
6	聚芳酰胺纤维纸标称厚度			50	50	80	80	130	130
7	拉伸强度	纵向未折	N/10 mm	≥140	≥160	≥160	≥200	≥270	≥300
		横向未折		≥80	≥90	≥100	≥180	≥150	≥260
		纵向弯折		≥70	≥90	≥80	≥160	≥140	≥180
		横向弯折		≥50	≥70	≥60	≥100	≥90	≥130
8	伸长率	纵向未折	%	≥15	≥17	≥15	≥17	≥15	≥17
		横向未折		≥15	≥17	≥15	≥17	≥15	≥17
9	击穿电压	未弯折	kV	≥7	≥9	≥7	≥9	≥7	≥9
		弯折后		≥6	≥8	≥6	≥8	≥6	≥8
10	温度指数(T·I)		—	≥180					

表 16 对 P-H/F-PET(PET 薄膜单面复合混抄无机/有机纸)柔软复合材料的要求

序号	性能		单位	要求			
1	标称厚度		mm	0.10	0.15	0.18	0.21
2	厚度偏差		%	±15			
3	标称定量		g/m²	135	180	215	250
4	定量偏差		%	±15			
5	薄膜标称厚度		μm	23	23	50	23
6	拉伸强度	纵向未折	N/10 mm	≥115	≥135	≥230	≥155
		横向未折		待定	待定	待定	待定
		纵向弯折		待定	待定	待定	待定
		横向弯折		待定	待定	待定	待定
7	伸长率	纵向未折	%	≥7	≥7	≥11	≥13
		横向未折		待定	待定	待定	待定
8	击穿电压	未弯折	kV	≥4	≥4	≥6.5	≥4
		弯折后		待定	待定	待定	待定
9	温度指数(T·I)		—	≥130			

表 17　对 P-H/F-PET/P-H(PET 薄膜两面复合混抄无机/有机纸)柔软复合材料的要求

序号	性能		单位	要求										
				75 μmP-H 纸						125 μmP-H 纸				
1	标称厚度		mm	0.13	0.23	0.28	0.34	0.41	0.51	0.28	0.30	0.33	0.38	0.51
2	厚度偏差		%	±15						±15				
3	标称定量		g/m²	255	295	365	455	530	670	325	355	395	455	630
4	定量偏差		%	±15						±15				
5	PET 膜标称厚度		μm	23	75	125	190	250	350	23	50	75	125	250
6	拉伸强度	纵向未折	N/10 mm	≥135	≥290	≥385	≥540	≥655	≥770	≥135	≥230	≥290	≥425	≥695
		横向未折		待定	待定	待定	待定	待定	待定	待定	待定	待定	待定	待定
		纵向弯折		待定	待定	待定	待定	待定	待定	待定	待定	待定	待定	待定
		横向弯折		待定	待定	待定	待定	待定	待定	待定	待定	待定	待定	待定
7	伸长率	纵向未折	%	≥7						≥7				
		横向未折		待定						待定				
8	击穿电压	未弯折	kV	≥4	≥8.5	≥12	≥13	≥15	≥15	≥4	≥7	≥8.5	≥12	≥15
		弯折后		待定						待定				
9	温度指数(T·I)		—	≥155						≥155				

表 18 对 P-H/P-FG1/P-H(1 型填充玻璃纸双面复合混抄无机/有机纸)柔软复合材料及 P-FG1/F-PET(25 μmPET 单面复合 1 型填充玻璃纸)柔软复合材料的要求

序号	性能		单位	要求							
				P-H/P-FG1/P-H			P-FG1/F-PET				
1	标称厚度		mm	0.50	0.54	0.76	0.15	0.20	0.28	0.41	0.53
2	厚度偏差		%	±15			±15				
3	标称定量		g/m²	585	625	825	165	225	310	455	560
4	定量偏差		%	±15			±15				
5	P-FG1 纸标称厚度		μm	250	180	500	—	—	—	—	—
6	纸标称厚度		μm	125	180	125	—	—	—	—	—
7	PET 膜标称厚度		μm	—	—	—	125	180	250	380	500
8	拉伸强度	纵向未折	N/10 mm	≥190	≥270	≥155	≥75	≥75	≥75	≥75	≥75
		横向未折		待定	待定	待定	待定	待定	待定	待定	待定
		纵向弯折		待定	待定	待定	待定	待定	待定	待定	待定
		横向弯折		待定	待定	待定	待定	待定	待定	待定	待定
9	伸长率	纵向未折	%	≥0.8			≥0.8				
		横向未折		待定			待定				
10	击穿电压	未弯折	kV	≥3.5			≥4				
		弯折后		待定			待定				
11	温度指数(T·I)		—	≥180			≥130				

表 19 对 P-FG1/F-PET(50 μm 和 75 μm PET 薄膜单面复合 1 型填充玻璃纸)柔软复合材料的要求

序号	性能		单位	要求									
				50 μmPET						75 μmPET			
1	标称厚度		mm	0.18	0.23	0.30	0.43	0.69	0.81	0.20	0.25	0.33	0.46
2	厚度偏差		%	±15						±15			
3	标称定量		g/m²	205	270	350	500	785	920	245	305	385	525
4	定量偏差		%	±15						±15			
5	纸的标称厚度		μm	125	180	250	380	640	760	125	180	250	380
6	拉伸强度	纵向未折	N/10 mm	≥140		≥155				≥195			
		横向未折		待定									
		纵向弯折		待定									
		横向弯折		待定									
7	伸长率	纵向未折	%	≥0.8						≥0.8			
		横向未折		待定						待定			
8	击穿电压	未弯折	kV	≥6.5						≥8.5			
		弯折后		待定						待定			
9	温度指数(T·I)		—	≥130						≥130			

表 20　对 P-FG2/F-PET(PET 薄膜单面复合 2 型填充玻璃纸)柔软复合材料的要求

序号	性能		单位	要求					
1	标称厚度		mm	0.09	0.10	0.13	0.15	0.18	0.20
2	厚度偏差		%	±15					
3	标称定量		g/m²	85	105	135	175	205	245
4	定量偏差		%	±15					
5	薄膜标称厚度		μm	12	23	50	23	50	75
6	纸的标称厚度		μm	75			125		
7	拉伸强度	纵向未折	N/10 mm	≥30	≥75	≥145	≥75	≥145	≥195
		横向未折		待定					
		纵向弯折		待定					
		横向弯折		待定					
8	伸长率	纵向未折	%	≥2.3					
		横向未折		待定					
9	击穿电压	未弯折	kV	≥2.3	≥4.0	≥6.5	≥4.0	≥6.5	≥8.5
		弯折后		待定					
10	温度指数(T·I)		—	≥130					

表 21　对 P-FG1/C-G 或 P-FG2/C-G(1 型或 2 型填充玻璃纸单面复合纺织玻璃布)柔软复合材料的要求

序号	性能		单位	要求						
				P-FG1					P-FG2	
1	标称厚度		mm	0.21	0.26	0.34	0.46	0.85	0.13	0.16
2	厚度偏差		%	±15					±15	
3	标称定量		g/m^2	240	300	380	520	920	105	145
4	定量偏差		%	±15					±15	
5	纸的标称厚度		μm	130	180	250	380	760	75	75
6	玻璃布标称厚度		μm	84					50	84
7	拉伸强度	纵向未折	N/10 mm	≥350					≥150	≥350
		横向未折		待定						
		纵向弯折		待定						
		横向弯折		待定						
8	伸长率	纵向未折	%	≥0.8					≥2.3	
		横向未折		待定					待定	
9	击穿电压	未弯折	kV	≥0.9	≥1.4	≥1.9	≥2.7	≥4.4	≥0.7	
		弯折后		待定					待定	
10	温度指数（T·I）		—	≥180					≥180	

表 22　对 P-FG1 或 P-FG2/F-PET/P-FG1 或 P-FG2(在 PET 薄膜两面复合 1 型或 2 型填充玻璃纸)柔软复合材料的要求

序号	性能		单位	要求									
				P-FG1 纸						P-FG2 纸			
1	标称厚度		mm	0.28	0.30	0.38	0.38	0.41	0.81	0.18	0.38	0.41	0.81
2	厚度偏差		%	±15						±15			
3	标称定量		g/m²	320	360	440	435	470	930	175	240	300	350
4	定量偏差		%	±15						±15			
5	薄膜标称厚度		μm	23	50	125	23	50	50	23	75	23	50
6	纸的标称厚度		μm	125	125	125	180	180	380	75	75	125	125
7	拉伸强度	纵向未折	N/10 mm	≥75	≥45	≥345	≥75	≥155	≥230	≥75	≥195	≥75	≥145
		横向未折		待定									
		纵向弯折		待定									
		横向弯折		待定									
8	伸长率	纵向未折	%	≥0.8						≥2.3			
		横向未折		待定						待定			
9	击穿电压	未弯折	kV	≥4.0	≥6.5	≥12	≥4.0	≥6.5	≥6.5	≥4.0	≥8.5	≥4.0	≥6.5
		弯折后		待定						待定			
10	温度指数(T·I)		—	≥155						≥155			

表 23　对 P-PET/F-PET/P-PET(在 PET 薄膜两面复合 50 μm PET 非织布)柔软复合材料的要求

序号	性能		单位	要求							
1	标称厚度		mm	0.13	0.15	0.18	0.20	0.23	0.30	0.35	0.45
2	厚度偏差		%	±15						±10	
3	标称定量		g/m^2	115	145	190	220	260	350	425	560
4	定量偏差		%	±12							
5	薄膜标称厚度		μm	23	50	75	100	125	190	250	350
6	拉伸强度	纵向未折	N/10 mm	≥50	≥110	≥140	≥160	≥200	≥300	≥350	≥400
		横向未折		≥40	≥90	≥105	≥120	≥150	≥200	≥300	≥350
		纵向弯折		≥35	≥90	≥105	≥120	≥150	≥200	≥300	≥350
		横向弯折		≥30	≥70	≥90	≥100	≥120	≥150	≥200	≥250
7	伸长率	纵向未折	%	≥20							
		横向未折		≥50							
8	击穿电压	未弯折	kV	≥4.0	≥6.0	≥7.0	≥9.0	≥10	≥15	≥18	≥22
		弯折后		≥3.0	≥5.0	≥6.0	≥8.0	≥9.0	≥13	≥16	≥20
9	温度指数(T·I)		—	≥130							

表 24 对 P-PET/F-PET/P-PET(在 PET 薄膜两面复合 75 μmPET 非织布)柔软复合材料的要求

序号	性能		单位	要求					
1	标称厚度		mm	0.23	0.25	0.28	0.34	0.40	0.50
2	厚度偏差		%	±20					
3	标称定量		g/m^2	230	265	300	390	480	620
4	定量偏差		%	±12					
5	薄膜标称厚度		μm	75	100	125	190	250	350
6	拉伸强度	纵向未折	N/10 mm	≥140	≥180	≥220	≥270	≥300	≥340
		横向未折		≥105	≥120	≥150	≥200	≥300	≥300
		纵向弯折		≥100	≥120	≥150	≥200	≥300	≥300
		横向弯折		≥90	≥100	≥120	≥150	≥200	≥200
7	伸长率	纵向未折	%	≥20					
		横向未折		≥40					
8	击穿电压	未弯折	kV	≥7.0	≥9.0	≥10	≥15	≥18	≥22
		弯折后		≥6.0	≥8.0	≥9.0	≥13	≥16	≥20
9	温度指数(T·I)		—	≥130					

表 25　对 P-PET/F-PET/P-PET（在 PET 薄膜两面复合 125 μmPET 非织布）复合材料的要求

序号	性能		单位	要求					
1	标称厚度		mm	0.31	0.34	0.36	0.42	0.48	0.58
2	厚度偏差		%	±20					
3	标称定量		g/m²	290	330	360	450	530	650
4	定量偏差		%	±12					
5	薄膜标称厚度		μm	75	100	125	190	250	350
6	拉伸强度	纵向未折	N/10 mm	≥180	≥200	≥240	≥300	≥340	≥400
		横向未折		≥105	≥120	≥150	≥200	≥300	≥350
		纵向弯折		≥100	≥120	≥150	≥200	≥300	≥350
		横向弯折		≥90	≥100	≥120	≥150	≥200	≥250
7	伸长率	纵向未折	%	≥20					
		横向未折		≥40					
8	击穿电压	未弯折	kV	≥7.0	≥9.0	≥10	≥15	≥18	≥22
		弯折后		≥6.0	≥8.0	≥9.0	≥13	≥16	—
9	温度指数(T·I)		—	≥130					

附 录 A
（资料性附录）
本部分的分类命名与 JB/T 2197—1996 的命名对照

表 A.1 给出了本部分分类命名与 JB/T 2197—1996 的命名对照一览表。

表 A.1 本部分的分类命名与 JB/T 2197—1996 的命名对照

本部分	JB/T 2197—1996
F-PET/P-C	6520
P-CF-PET/P-C	—
P-PAa/F-PET	—
P-PAa/F1-PET/P-PAa	6640
P-PAa/F-PI/ P-PAa	6650
P-H/F-PET	—
P-H/F-PET/P-H	—
P-H/F-FG1/P-H	—
P-FG1/F-PET	—
P-FG1/F-PET/P-FG1	—
P-FG2/F-PET	—
P-FG2/F-PET/P-FG2	—
P-FG1/C-G	—
P-FG2/C-G	—
P-PET/F-PET/P-PET	6630

附　录　B
（资料性附录）
本部分章条编号与 IEC 60626-3:2002 章条编号对照

表 B.1 给出了本部分章条编号与 IEC 60626-3:2002 章条对照一览表。

表 B.1　本部分章条编号与 IEC 60626-3:2002 章条编号对照

本部分章条编号	IEC 60626-3:2003 章条编号
1	1
2	2
3.1	6
3.2	4
4.1	分别对应各篇中的 3 或表
4.2	—
4.3	分别对应各篇中 2 和表
5	分别对应各篇中的表
6	—
7	—
附录 A	—
附录 B	—
附录 C	—

附　录　C
（资料性附录）
本部分表格编号与 IEC 60626-3:2002“篇”的对照

表 C.1 给出了本部分表格编号与 IEC 60626-3:2002 中“篇”的对照一览表。

表 C.1　本部分表格编号与 IEC 60626-3:2002 中“篇”的编号对照

本部分表的编号	IEC 60626-3:2002 中“篇”的编号
表 1	表 1
表 2	第 100 篇
表 3	第 101 篇
表 4	第 102 篇
表 5	第 110 篇
表 6	第 111 篇
表 7	第 112 篇
表 8	第 113 篇
表 9	第 114 篇和第 115 篇
表 10	第 302 篇
表 11	第 303 篇
表 12	第 312 篇
表 13	第 313 篇
表 14	第 315 篇和第 320 篇
表 15	第 330 篇
表 16	第 340 篇
表 17	第 350 篇和第 351 篇
表 18	第 360 篇和第 400 篇
表 19	第 401 篇和第 402 篇
表 20	第 403 篇
表 21	第 410 篇和第 411 篇
表 22	第 420 篇和第 421 篇
表 23	第 502 篇
表 24	第 503 篇
表 25	第 505 篇

ICS 77.140.80
J 31

中华人民共和国国家标准

GB/T 5612—2008
代替 GB/T 5612—1985

铸铁牌号表示方法

Code for representing cast iron

2008-03-03 发布　　　　2008-08-01 实施

中华人民共和国国家质量监督检验检疫总局
中国国家标准化管理委员会　发布

前　言

本标准修改采用国际标准 ISO/TR 15931:2004《铸铁和生铁牌号表示方法》(英文版)。

本标准根据 ISO/TR 15931:2004 重新起草。

本标准是对 GB/T 5612—1985《铸铁牌号表示方法》的修订，与 GB/T 5612—1985 相比，主要技术内容修改如下：

——增加了奥氏体灰铸铁、奥氏体球墨铸铁及耐热灰铸铁等 9 种铸铁的名称和代号；

——修改了抗磨白口铸铁、耐蚀球墨铸铁、耐热球墨铸铁等 4 种铸铁的代号。

本标准自实施之日起，代替 GB/T 5612—1985。

本标准的附录 A 为规范性附录。

本标准由中国机械工业联合会提出。

本标准由全国铸造标准化技术委员会归口。

本标准参加起草单位：沈阳铸造研究所、西安交通大学、东风汽车有限公司铸造分公司。

本标准主要起草人：张允华、齐笑冰、高义民、原笑伽。

本标准所代替标准的历次版本发布情况：

——GB/T 5612—1985。

铸铁牌号表示方法

1 范围

本标准规定了铸铁牌号用代号、化学元素符号、名义含量及力学性能的表示方法。

本标准适用于各种铸铁。

2 规范性引用文件

下列文件中的条款通过本标准的引用而成为本标准的条款。凡是注日期的引用文件，其随后所有的修改单（不包括勘误的内容）或修订版均不适用于本标准，然而，鼓励根据本标准达成协议的各方研究是否可使用这些文件的最新版本。凡是不注日期的引用文件，其最新版本适用于本标准。

GB/T 8170 数值修约规则

3 铸铁牌号表示方法

3.1 铸铁代号

3.1.1 铸铁基本代号由表示该铸铁特征的汉语拼音字的第一个大写正体字母组成，当两种铸铁名称的代号字母相同时，可在该大写正体字母后加小写正体字母来区别。

3.1.2 当要表示铸铁的组织特征或特殊性能时，代表铸铁组织特征或特殊性能的汉语拼音字的第一个大写正体字母排列在基本代号的后面。铸铁代号及实例见附录 A。

3.2 元素符号、名义含量及力学性能

合金化元素符号用国际化学元素符号表示，混合稀土元素用符号“RE”表示。名义含量及力学性能用阿拉伯数字表示。

3.3 以化学成分表示的铸铁牌号

3.3.1 当以化学成分表示铸铁的牌号时，合金元素符号及名义含量（质量分数）排列在铸铁代号之后。

3.3.2 在牌号中常规碳、硅、锰、硫、磷元素一般不标注，有特殊作用时，才标注其元素符号及含量。

3.3.3 合金化元素的含量大于或等于 1%时，在牌号中用整数标注，数值的修约按 GB/T 8170 执行。小于 1%时，一般不标注，只有对该合金特性有较大影响时，才标注其合金化元素符号。

3.3.4 合金化元素按其含量递减次序排列，含量相等时按元素符号的字母顺序排列。

3.4 以力学性能表示的铸铁牌号

3.4.1 当以力学性能表示铸铁的牌号时，力学性能值排列在铸铁代号之后。当牌号中有合金元素符号时，抗拉强度值排列于元素符号及含量之后，之间用“-”隔开。

3.4.2 牌号中代号后面有一组数字时，该组数字表示抗拉强度值，单位为 MPa；当有两组数字时，第一组表示抗拉强度值，单位为 MPa，第二组表示伸长率值，单位为%，两组数字间用“-”隔开。

4 铸铁牌号结构

铸铁牌号结构形式示例：

示例 1：

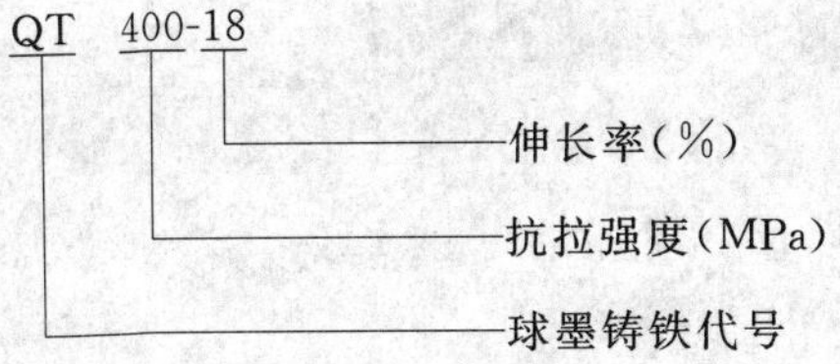

示例 2：HTS Si 15 Cr 4 RE

- RE——稀土元素符号
- 4——铬的名义含量
- Cr——铬的元素符号
- 15——硅的名义含量
- Si——硅的元素符号
- HTS——耐蚀灰铸铁代号

示例 3：QTM Mn 8-300

- 300——抗拉强度(MPa)
- 8——锰的名义含量
- Mn——锰的元素符号
- QTM——抗磨球墨铸铁代号

附 录 A
（规范性附录）
铸铁名称、代号及牌号表示方法实例

表 A.1 各种铸铁名称、代号及牌号表示方法实例

铸铁名称	代号	牌号表示方法实例
灰铸铁	HT	
灰铸铁	HT	HT250，HT Cr-300
奥氏体灰铸铁	HTA	HTA Ni20Cr2
冷硬灰铸铁	HTL	HTL Cr1Ni1Mo
耐磨灰铸铁	HTM	HTM Cu1CrMo
耐热灰铸铁	HTR	HTR Cr
耐蚀灰铸铁	HTS	HTS Ni2Cr
球墨铸铁	QT	
球墨铸铁	QT	QT400-18
奥氏体球墨铸铁	QTA	QTA Ni30Cr3
冷硬球墨铸铁	QTL	QTL Cr Mo
抗磨球墨铸铁	QTM	QTM Mn8-30
耐热球墨铸铁	QTR	QTR Si5
耐蚀球墨铸铁	QTS	QTS Ni20Cr2
蠕墨铸铁	RuT	RuT420
可锻铸铁	KT	
白心可锻铸铁	KTB	KTB350-04
黑心可锻铸铁	KTH	KTH350-10
珠光体可锻铸铁	KTZ	KTZ650-02
白口铸铁	BT	
抗磨白口铸铁	BTM	BTM Cr15Mo
耐热白口铸铁	BTR	BTRCr16
耐蚀白口铸铁	BTS	BTSCr28

ICS 73.100.10
J 84

中华人民共和国国家标准

GB/T 5621—2008
代替 GB/T 5621—1999

凿岩机械与气动工具 性能试验方法

Test methods of performance for rock drilling machines and pneumatic tools

(ISO 2787:1984, Rotary and percussive pneumatic tools—
Performance tests, MOD)

2008-07-09 发布 2009-02-01 实施

中华人民共和国国家质量监督检验检疫总局
中国国家标准化管理委员会 发布

前　言

本标准修改采用 ISO 2787:1984《回转式和冲击式气动工具　性能试验》(英文版)。

本标准根据 ISO 2787:1984 重新起草。为了便于比较,在资料性附录 D 中列出了本标准条款和国际标准条款的对照一览表。

本标准在采用 ISO 2787:1984 时进行了修改。这些技术性差异用垂直单线标识在它们所涉及的条款的页边空白处,并在资料性附录 E 中给出了技术性差异及其原因的一览表,以供参考。

为便于使用,本标准还作了下列编辑性修改:

——“本国际标准”一词改为“本标准”;

——用小数点“.”代替作为小数点的“,”;

——删除国际标准的“前言”、“目录”和“引言”;

——取消了 ISO 2787 中“定义”一章的全部内容;

——对 ISO 2787:1984 附录 C 中的个别错误进行了修改。

本标准是对 GB/T 5621—1999《凿岩机械与气动工具　性能试验方法》进行的修订,与 GB/T 5621—1999 相比,主要变化如下:

——增加了目次;

——删除了“ISO 前言”;

——在规范性引用文件中增加了 GB/T 6374—2004;

——将 5.1.2 中的“环境温度:20 ℃±2 ℃”和“压气温度:20 ℃±5 ℃”分别改为“环境温度:10～35 ℃”和“压气温度:15～35 ℃”;

——在 5.6.1 中的“磁电传感器”后增加了“压力传感器”;

——根据产品的实际特性,将原标准 C.1.7a)的内容重新规定为 C.1.7a)(见附录 E);

——增加了资料性附录 D 和附录 E。

本标准代替 GB/T 5621—1999。

本标准的附录 C 为规范性附录,附录 A、附录 B、附录 D 和附录 E 为资料性附录。

本标准由中国机械工业联合会提出。

本标准由全国凿岩机械与气动工具标准化技术委员会(SAC/TC 173)归口。

本标准起草单位:天水凿岩机械气动工具研究所。

本标准主要起草人:孙必武。

本标准代替标准的历次版本发布情况为:

——GB/T 5621—1985、GB/T 5621—1999。

凿岩机械与气动工具　性能试验方法

1　范围

本标准规定了凿岩机械与气动工具(以下简称产品)的性能检验方法和技术条件。

本标准适用于凿岩机械与气动工具的性能检验,不适用于冲击式气螺刀和气扳机。

2　规范性引用文件

下列文件中的条款通过本标准的引用而成为本标准的条款。凡是注日期的引用文件,其随后所有的修改单(不包括勘误的内容)或修订版均不适用于本标准,然而,鼓励根据本标准达成协议的各方研究是否可使用这些文件的最新版本。凡是不注日期的引用文件,其最新版本适用于本标准。

GB 3100—1993　国际单位制及其应用(eqv ISO 1000:1992)

GB 3101—1993　有关量、单位和符号的一般原则(eqv ISO 31-0:1992)

GB/T 4974—2005　压缩机、凿岩机械与气动工具　优先压力(ISO 5941:1979,MOD)

GB/T 6247—2004　凿岩机械与气动工具　术语(ISO 3857-3:1989,MOD)

GB/T 6374—2004　凿岩机械与气动工具　尾柄和衬套配合尺寸(ISO 1180:1983,MOD)

3　术语、量与单位符号

3.1　术语

GB/T 6247—2004 确立的术语和定义适用于本标准。

3.2　量、单位和符号

本标准所采用的量与单位符号应符合 GB 3100—1993 和 GB 3101—1993 的规定,见表 1。

表 1

量 的 名 称	量 的 符 号	单 位 名 称	单 位 符 号
活塞直径	D	毫米	mm
力	F	牛顿	N
长度	L	米或毫米	m 或 mm
扭矩	M	牛顿米	N·m
最大拧紧扭矩	M_e	牛顿米	N·m
管道或软管内径	d	毫米	mm
冲击能量	e	焦耳	J
冲击频率	f	赫兹	Hz
质量	m	千克	kg
主轴转速	n	转每分	r/min
功率	P	千瓦	kW
绝对压力	p	兆帕	MPa
活塞行程	s	毫米	mm
大气压力	p_b	千帕	kPa
表压力(有效压力)	p_e	兆帕	MPa
体积流量	q_V	升每秒	L/s

3.3 角注符号

o——环境条件；

av——平均值；

max——最大值；

min——最小值；

s——起动状态(n 或 $f=0$)；

i——无负荷状态；

P——在给定的输出功率条件下。

3.4 性能数据符号

p——试验数据有效时的压气压力(荐用压力)；

P——输出功率；

q_{VP}——给定输出功率时的耗气量；

q_{Vi}——空转耗气量；

n_P——给定输出功率时的转速；

M_P——给定输出功率时的扭矩；

M_{smax}——最大起动扭矩；

M_{smin}——最小起动扭矩；

n_i——空转转速；

f_i——无负荷冲击频率；

e——冲击能量；

f——冲击频率；

M_e——最大拧紧扭矩。

4 产品的分类

4.1 对产品的说明(见表2)。

表 2

序号	对产品的说明	符　号	注　　释
1	产品型号		制造厂的产品型号
2	标准产品		产品应包括夹持器及所有防止事故和噪声的装置，但不包括作业工具、管接头、软管和支架等
3	产品的质量	m	标准产品所规定的正常配备的产品质量
4	产品的尺寸		在任何情况下都应注明产品的总长度及某种产品的特征长度
5	活塞的直径和质量	D、m_p	冲击活塞的最大外径尺寸和质量
6	活塞的理论行程	s	装上尾柄后，活塞可以在工作室内轴向移动的长度
7	荐用软管内径和长度	d、L_h	供气软管及接头的最小内径和长度
8	作业工具的型号和尺寸		按 GB/T 6374—2004 的规定
9	工具尾柄和衬套		按 GB/T 6374—2004 的规定
10	工具定位器		
11	特殊的和附加的特性		如凿岩机的湿式和干式凿岩等

4.2 各种类型产品应给出的数据

4.2.1 不带回转的冲击式产品的数据：

——产品的型号；

——产品的质量；

——产品的尺寸；

——活塞的直径和质量；

——活塞的理论行程；

——荐用软管的内径和长度；

——作业工具的型号和尺寸；

——工具的尾柄和衬套；

——荐用压气压力；

——负荷耗气量；

——冲击能量；

——冲击频率。

4.2.2 带回转的冲击式产品(如凿岩机)：

——产品的型号；

——产品的质量；

——产品的尺寸；

——活塞的直径和质量(活塞的质量包括活塞上螺旋母的质量)；

——活塞的理论行程；

——荐用软管的内径和长度；

——作业工具的型号和尺寸；

——工具的尾柄和衬套；

——特殊的和附加的特性；

——荐用压气压力；

——负荷耗气量；

——冲击能量；

——冲击频率；

——空转转速。

4.2.3 回转式产品：

——产品的型号；

——产品的质量；

——产品的尺寸；

——作业工具的型号和尺寸；

——工具的尾柄和衬套；

——特殊的和附加的特性；

——荐用压气压力；

——最大输出功率；

——负荷耗气量；

——空转耗气量；

——负荷转速；

——空转转速。

4.2.4 纯扭式气螺刀和气扳机：

——产品型号；

——产品的质量；

——产品的尺寸；

——作业工具的型号和尺寸；

——工具的尾柄和衬套；

——特殊的和附加的特性；

——荐用压气压力；

——最大输出功率；

——空转耗气量；

——最大起动扭矩；

——空转转速。

5 性能试验方法

5.1 性能试验的一般规则

5.1.1 试验工作应由有资格的试验人员进行。试验用设备、仪器和仪表应按标准方法进行校准。

5.1.2 不同的环境条件如大气压力和环境温度，影响着产品性能，而且，压气的温度也影响着产品性能，所以，试验条件应在下列规定的范围内：

——大气压力：96±10 kPa；

——环境温度：10 ℃～35 ℃；

——压气温度：15 ℃～35 ℃。

在试验期间，温度应尽可能地接近试验条件，任何偏离规定条件的情况都应在试验报告中注明。试验报告的格式见附录A和附录B。

5.1.3 一般情况下，产品应在0.63 MPa±0.015 MPa有效压力(表压力)下进行试验。如果产品设计采用了GB/T 4974—2005规定的不同的压力(例如0.4 MPa)，也可采用该压力，但应在试验报告中说明。不管采用何种压力，在所有试验条件下都应保持这一压力。

5.1.4 测压点依据所使用的产品类型而定。

5.1.4.1 回转式工具应在紧靠产品进气口前测定工作压力。

5.1.4.2 对于冲击式工具来说，因考虑到试验时脉动气流对性能的影响，从测压点到被测产品之间连接的软管长度应至少为3 m，最好接近3 m。软管的内径尺寸应在试验报告中说明。

5.1.5 除特殊说明外，压力、主轴转速、冲击频率、输出功率和冲击能量等性能参数均应在相同的运转条件下测量。

5.1.6 在试验运转期间，使用润滑油的规格和数量应符合制造厂推荐的要求。

5.1.7 由于制造的公差，相同型号的产品会测出不同的性能参数。为了获得某种型号产品的性能参数，必须测量若干台同一型号的产品(最少5台)，然后给出算术平均值。

5.2 压力

5.2.1 进气压力是影响产品性能的重要因素，因此，应精确地进行测量。

5.2.2 测量用压力表应能清楚地读出满量程0.5%的压力值，所测压力值应在压力表最大读数的1/4至3/4之间。

5.2.3 试验时进气管路上测压点处压气的流速在绝对压力为0.73 MPa±0.015 MPa时不应超过15 m/s。测压时被测产品应在运转状态。

5.2.4 在输气管路与被测产品之间装一个贮气罐，就可在测压点得到低速度气流，贮气罐还可以衰减气流中的脉动，以确保正确的流量测量。图1为一个比较适用的装置示意图。

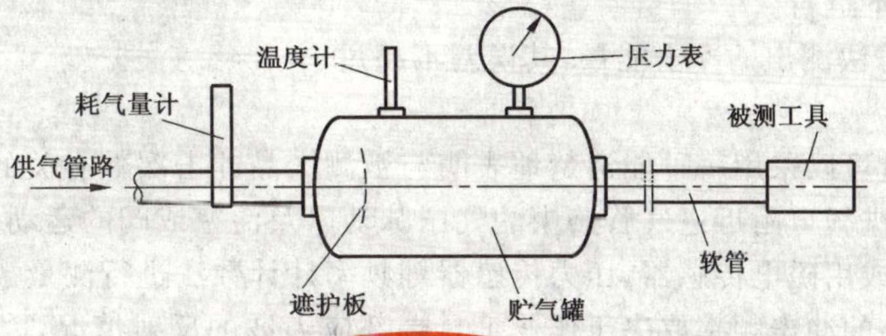

图 1 贮气罐的应用

垂直于气流方向的贮气罐的截面积 A(单位为 m^2)应满足:

$$A > 7 \times 10^{-4} \times \frac{q_{V\max}}{p} \qquad \cdots\cdots(1)$$

式中:

$q_{V\max}$——被测产品设计时的最大自由空气流量,单位为升每秒(L/s);

p——输气管路中的绝对压力,单位为兆帕(MPa)。

此时的气流速度相当于或低于 15 m/s。

在试验冲击式产品时,贮气罐的容量应至少是被测产品换气容量的 100 倍。压力表的压力导出孔的位置应在贮气罐进气孔的另一端,其中心线与气流的方向应垂直,以免气流直接冲入压力导出孔。在贮气罐进气口前放一块遮护板效果比较好(如图 1 所示)。

为检查贮气罐和流量装置中压缩空气的温度,贮气罐上应装有温度计。

5.2.5 在按图 1 装置检测产品之前,应校验该装置,具体方法是慢慢地加大空气流量至被测产品的最大流量,同时观察压力表,在这个过程中,压力表读数的变化不应超过 0.5%。

5.2.6 在输气管路中应保证没有压力脉冲,例如来自空气压缩机的压力脉冲,以免引起压力测量和耗气量测量中的误差。输气管路中如有明显的压力脉冲,则应在压缩空气进入测量装置之前消除压力脉冲,即可在空气压缩机和测量装置之间设置另一个合适的贮气罐。

5.2.7 按 5.2.4~5.2.6 和使用适当校准的压力表进行试验时,应使运转压力保持在要求压力值的 ±2% 以内。

5.3 扭矩

5.3.1 气动回转式产品的扭矩测量应按照公认的试验准则或方法进行,所参考的试验方法应在试验报告中说明。

5.3.2 回转式产品的扭矩应采用摆臂式测力计、扭矩仪或制动器进行测量。

5.3.3 当被测产品的扭矩低于摆臂式测力计额定扭矩的 1/10 时,不应使用这种扭矩装置。

5.3.4 正确方法测出的扭矩误差不应超过 ±3%。

5.4 主轴转速

5.4.1 主轴转速的测量,应采用以足够频率进行校准的仪器进行测量。本标准推荐采用磁电传感器或光电传感器,用频率计计数的方法。

5.4.2 按 5.4.1 的要求测出的主轴转速,其误差不应超过 ±2%。

5.5 冲击能量

5.5.1 当冲击式产品的活塞撞击作业工具(如凿岩钎具、凿子等)时,在作业工具中产生应力波(应力脉冲),并沿着作业工具的方向传向凿头末端,此应力脉冲能用适当的仪器记录下来。应力脉冲携带着活塞的一部分冲击能量,而且最大应力是活塞在撞击作业工具时的冲击末速度(即活塞冲击能量)的函数。通过适当的标定,活塞的冲击能量与最大应力之间的关系就可确定下来。采用应力波法测量冲击能量的详细方法见附录 C。

5.5.2 对于由活塞运动而产生回转的冲击回转式产品,在测量冲击能量时,回转机构应在没有任何扭矩加于作业工具的情况下运行。

5.5.3 如按附录C的方法测出的冲击能量，其误差不超过±10%。

5.6 冲击频率

5.6.1 冲击频率的测量可以采用一种能清楚地表明与被测产品冲击次数有关的信号进行，如作业工具的运动、应力脉冲、产品进气口附近进气管路中的气压脉动以及活塞或阀的运动信号等。本标准推荐用应力脉冲计算机测量法或用磁电传感器、压力传感器等频率计计数法进行测量。

5.6.2 由于冲击式产品的冲击频率取决于作业工具端部应力波的反射情况，因此，冲击频率应在产品正常作业的条件下测量。例如，凿岩机冲击频率的测量应在实际凿岩作业条件下进行。

5.6.3 正确测量得到的冲击频率，其误差不超过±2%。

5.7 输出功率

5.7.1 回转式产品的输出功率可从测得的主轴转速与从制动器中测得的对应扭矩按式(2)计算出来：

$$P = \frac{M \cdot \omega}{1\,000} \quad \cdots\cdots(2)$$

式中：

P——输出功率，单位为千瓦(kW)；

M——扭矩，单位为牛米(N·m)；

ω——主轴角速度，单位为弧每秒(rad/s)

$$\omega = \frac{2\pi \cdot n}{60}$$

n——主轴转速，单位为转每分钟(r/min)。

计算出每一组主轴转速和对应扭矩的功率，可绘制出功率与主轴转速的功率曲线图。由曲线图可估算出最大功率时的主轴转速，在此主轴转速时可精确测量出产品输出的最大功率值。

在试验报告中应陈述测出的最大功率和相应的主轴转速。

计算出的输出功率的精度，取决于主轴转速和扭矩的测量精度。如果这两项达到5.3.4和5.4.2的要求，那么，计算出的输出功率误差不超过±5%。

5.7.2 冲击式产品的输出功率可以按式(3)计算出来：

$$P = 10^{-3} \cdot e \cdot f \quad \cdots\cdots(3)$$

式中：

P——输出功率，单位为千瓦(kW)；

e——冲击能量，单位为焦(J)；

f——冲击频率，单位为赫兹(Hz)。

在试验报告中应陈述计算出的输出功率。

计算出的输出功率的精度取决于按5.5.3和5.6.3测出的冲击能量和冲击频率的精度，用这种方法得出的输出功率的误差不超过±12%。

5.8 耗气量

5.8.1 产品的耗气量一般用以L/s或m^3/min为单位的自由空气来表示，测量方法是把测得的产品进气口的流量换算成基准大气下的自由空气来计算。基准大气的条件为：

大气压力：100 kPa；温度：20 ℃；湿度：65%。

5.8.2 气动工具的耗气量应在产品的进气口一侧测量，即压缩空气进入产品的一侧测量。

5.8.3 产品的耗气量，可使用已知精度或经校准的流量喷嘴、压差装置、涡轮流量计和金属管转子流量计等进行测量。如果流量计的使用状况偏离了校准状态时，应对测量的值进行修正。

5.8.4 正确地进行测量，其测量结果的误差不超过±5%。

附　录　A
（资料性附录）
凿岩机械与气动工具试验报告格式（回转式产品）

根据 GB/T 5621—2008 进行了如下检测。

A.1　试验对象

产品型号及名称：________________________________

产品编号：________________________________

制造厂：________________________________

A.2　试验条件

大气压力（绝对压力）：________ kPa；环境温度：________℃；湿度：________%。

A.3　工作条件

验收气压（表压力）：________ MPa；压气温度：______℃；润滑油型号：________________；

软管长度：________ m；软管内径：________ mm。

A.4　试验仪器

____

____。

A.5　试验结果

A.5.1　负荷耗气量：____________________ L/s；修正值：____________________ L/s；

空转转速：____________________ r/min；空转耗气量：________________ L/s。

A.5.2　转速和扭矩的试验结果见表 A.1，功率曲线见图 A.1。

表 A.1

主轴转速/(r/min)						
扭矩/(N·m)						
计算的输出功率/kW						

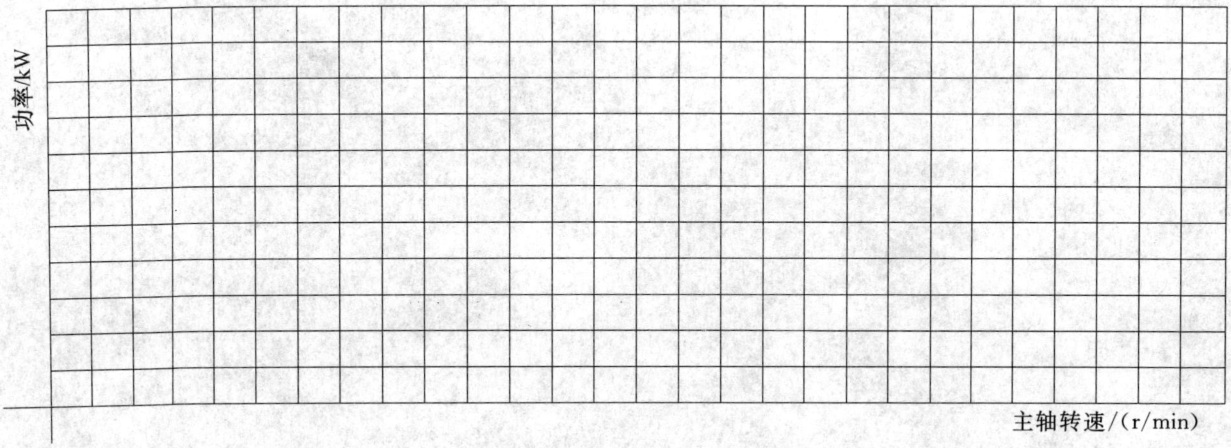

图 A.1

A.5.3 最大功率时的主轴转速：________ r/min。

A.5.4 最大功率时主轴转速下测得的扭矩见表 A.2。

表 A.2

最大功率时的扭矩/(N·m)					
计算出的输出功率/kW					

A.6 试验记事

____

____

____

____。

报告人：________ 检测日期：________年____月____日

批准：________ 批准日期：________年____月____日

附 录 B
（资料性附录）
凿岩机械与气动工具试验报告格式（冲击式产品）

根据 GB/T 5621—2008 进行了如下检测。

B.1 试验对象

产品型号及名称：________________

产品编号：________________

制造厂：________________

B.2 试验条件

大气压力（绝对压力）：________ kPa；环境温度：________ ℃；湿度：________ %

B.3 工作条件

验收气压（表压力）：________ MPa；压气温度：________ ℃；润滑油型号：________；

软管长度：________ m；软管内径：________ mm。

B.4 试验仪器（应描述吸能方式）

____

____

____

____

________________。

B.5 试验结果

B.5.1 负荷耗气量：________ L/s；修正值：________ L/s

B.5.2 试验结果见表 B.1。

表 B.1

冲击频率/Hz					
每次的冲击能量/J					
无负荷或最小扭矩时的转速/(r/min)					

B.6 试验记事

B.6.1 测杆长度：________ mm；

B.6.2 测杆直径：________ mm；

B.6.3 冲击活塞长度：________ mm；

B.6.4 施于被测产品的轴推力：________ N；

B.6.5 自由落锤试验情况：________________

____

________________。

B.6.6 测杆上应变片的位置图：

B.6.7 其他试验记事：____
____
____。

报告人：________________　检测日期：________年______月______日

批准：________________　批准日期：________年______月______日

附 录 C
(规范性附录)
用应力波法测量冲击能量的程序

C.1 方法 A

C.1.1 用应力波法测量冲击能量所需要的主要设备为贴有应变片的特制或一般钎杆，一台合适的电子放大器，以及能显示入射应力波全长、得出波形坐标的记录设备。

C.1.2 杆件的要求

a) 贴有应变片的杆件的截面积应不变，其受冲击端应有符合 GB/T 6374—2004 要求的尾柄。从测量应变片的位置到杆件的另一端的距离应足够长，以保证初始入射波不受测量应变片处反射波的影响。

b) 从杆件的凸缘到应变片的距离，应保证可以测量出反射波而不受从杆凸缘处重新反射来的波的干扰。

C.1.3 杆件上至少应贴两片应变片，对称地贴于杆直径两侧，这样可以消除由于弯曲应变造成的影响，以测量轴向应变量。

C.1.4 杆应顺着产品导向，以避免出现弯曲。

C.1.5 如果产品可以采用两种尾柄尺寸，应在冲击能量试验结果中注明试验所使用的尾柄尺寸。

C.1.6 吸能装置应尽量不出现能量反射现象，反射能量不应超过入射能量的 20%，这个值按首次反射能量与初次入射波能量之比确定，以模拟在实际应用中的反射情况。

C.1.7 产品的运转条件

a) 产品应直立在试验台上运行(见图 C.1)。对于大型产品(如导轨式凿岩机)，也可在水平卧式试验台上运行。

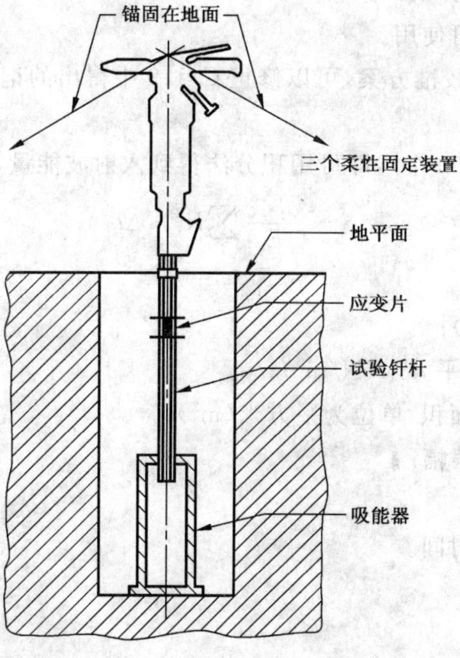

图 C.1 应变测量装置

b) 为了使产品得到和正常作业条件下一样的稳定性，需要用柔性装置把产品牢牢地固定住，这种装置可以用校正的弹簧，也可以用气动千斤顶。除另有规定外，轴推力大小的选用应按制造厂的规定。本标准推荐破碎机的轴推力为 450 N～500 N，气镐的轴推力为 200 N～250 N。

注：确定这些轴推力是为了得到稳定的试验结果，它们并不代表在正常作业条件下的轴推力。

C.1.8 输入到产品的能量应按制造厂的规定。

C.1.9 应记录一定数量的入射波（如 25 个），由此逐一计算出能量（见 C.1.12），并取平均值。

C.1.10 按 C.1.9 所得的记录为电输出和时间的关系曲线。必须把曲线转换成应力和时间关系的曲线。这项转换工作可以用应变片系数、对应变片电桥的输入电压和电输出这样一些电参数来进行。由于应变片粘贴的不一致性，因此实际的应变片系数同所应用的值不一定相同，所以需要对该系数进行标定。其中一个方法是自由落锤试验。

在自由落锤试验中，用一根具有导向装置的落锤自由下落冲击钎杆，落锤截面均匀，同钎杆的截面相似或稍大一些。记录下全部的入射波，按式（C.1）计算：

$$R = \rho \cdot c \cdot \frac{v}{1+\gamma} \qquad \cdots\cdots\cdots\cdots (C.1)$$

式中：

R——应力振幅，单位为牛每平方米（N/m^2）；

ρ——钎杆材料密度，单位为千克每立方米（kg/m^3）；

c——钎杆中的声速，单位为米每秒（m/s）；

v——冲击点落锤速度，单位为米每秒（m/s）；

γ——钎杆与落锤的横截面积比。

在自由落锤试验中，冲击点的落锤速度为：

$$v = \sqrt{2gh}$$

式中：

g——重力加速度，单位为米每二次方秒（m/s^2）；

h——落锤下落高度，单位为米（m）。

如能准确校准，其他方法也可使用。

C.1.11 采用 C.1.10 中提出的校准方案，可以修正 C.1.9 中得出的记录，反映出贴应变片部位杆上的应力波通过该点时的时间关系。

C.1.12 用足够的积分点（至少 30 个），即可用积分法得到入射波能量，按式（C.2）计算：

$$e = \frac{a \cdot c}{E} \sum_j R_j^2 \cdot \Delta t \qquad \cdots\cdots\cdots\cdots (C.2)$$

式中：

e——冲击能量，单位为焦（J）；

E——杨氏模量，单位为牛每平方米（N/m^2）；

a——贴有应变片的杆的截面积，单位为平方米（m^2）；

R_j——第 j 个积分点的应力振幅；

j——积分点的个数；

Δt——每个间隔的应力持续时间。

C.2 方法 B

C.2.1 如果测量设备不具备方法 A 中 C.1.12 要求的对入射波至少 30 个测点进行采样的速度，则可采用下述比例法。

C.2.2　当产品的冲击频率稳定时，应记录完整的入射应力波。

C.2.3　应补充记录至少 25 次连续冲击的振幅。根据记录，计算出入射波的平均应力峰值和冲击频率。

C.2.4　为了按 C.2.7 得出冲击能量的平均值，每组应进行 3 次试验。

C.2.5　用 C.1.10 提出的校准方法，可将记录的入射应力波(见 C.2.2)重新画出来，并把信号划分成一定数量的间隔。

C.2.6　用修正系数乘上校准的入射应力波。修正系数应该为从 C.2.3 得出的平均峰值应力除以从 C.2.5 记录得出的峰值应力。

C.2.7　然后按 C.1.12 给出的方法计算出入射应力波的能量。

C.2.8　作为采用方法 B 的一个计算实例，图 C.2 为整个入射波的电输出与时间的关系。为计算能量的总和，入射应力波的全部时间(160 μs)被划分成 16 个间隔，每个间隔 $\Delta t = 10\ \mu s$。

图 C.2　入射应力波局部波形

C.2.8.1　所用应力按式(C.3)计算：

$$R = E \times \frac{4U_0}{KU_iN} \quad \cdots\cdots\cdots\cdots (C.3)$$

$$R = 20.7 \times 10^{10} \times \frac{4U_0}{2.125 \times 3 \times 2} = 6.5 \times 10^{10} \times U_0$$

式中：

R——应力振幅，单位为牛每平方米(N/m²)；

U_0——电桥输出电压，单位为伏(V)；

K——应变片系数，$K = 2.125$；

U_i——加在电桥上电压，$U_i = 3$ V；

N——工作臂的数量，$N = 2$；

E——杨氏模量，$E = 20.7 \times 10^{10}$ N/m²。

式(C.3)可把每个 Δt 上的电输出转换成应力振幅，单位为 N/m²。

C.2.8.2　从连续 25 次冲击的记录，可以得出入射波平均峰值应力为 31×10^7 N/m²[再次应用式(C.3)]。这个值相当于整个记录下的入射波得出的应力振幅峰值 29×10^7 N/m²。然后将所有入射应力波应力振幅值乘上系数(31/29)的方法予以修正。

从连续 25 次冲击的记录中也可以得出产品的冲击频率。

C.2.8.3　表 C.1 给出了应力振幅值及经修正的应力振幅值。

C.2.8.4　用自由落锤试验进行检验，用速度与峰值应力值的插入比较法即可确定实际应力峰值应力振幅的速度。把求得的速度代入式(C.1)，即可计算出峰值应力，然后把这个值同第 5 间隔得到的值进行比较(见表 C.1)。此时两个数值吻合，无需对校准值进行修正。

表 C.1

时间间隔	应力振幅值/(10^7 N/m²)	经修正的应力振幅值/(10^7 N/m²)
0	0	0
1	1.96	2.10
2	6.48	6.93
3	16.87	18.03
4	22.76	24.33
5	28.55(峰值)	30.52
6	22.07	23.59
7	17.53	18.74
8	14.22	15.20
9	18.84	20.14
10	10.30	11.01
11	9.68	10.35
12	6.47	6.92
13	7.35	7.86
14	8.04	8.59
15	9.32	9.96
16	5.14	5.49

C.2.8.5 用式(C.2)计算能量 e:

$$e=\frac{ac}{E}\cdot\sum_{j=1}^{16}R_j^2\cdot\Delta t$$

$$=\frac{7.26\times10^{-4}\times5.08\times10^{3}\times(10\times10^{-6})\times10^{14}}{20.7\times10^{10}}\times(2.10^2+6.93^2+\cdots+5.49^2)$$

$$=71.025\approx71$$

式中:

a——贴有应变片的杆的截面积,$a=7.26\times10^{-4}$ m²;

c——钢中的声速,$c=5\ 080$ m/s;

E——杨氏模量,$E=20.7\times10^{10}$ N/m²;

$\Delta t=10\times10^{-6}$ s。

C.2.8.6 结果

耗气量:30 L/s;

冲击频率:20 Hz;

每次冲击的冲击能量(平均值):71 J。

附　录　D
（资料性附录）
本标准章条编号与 ISO 2787:1984 章条编号对照

表 D.1 给出了本标准章条编号与 ISO 2787:1984 章条编号对照一览表。

表 D.1　本标准章条编号与 ISO 2787:1984 章条编号对照一览表

本标准章条编号	对应的国际标准章条编号
1	1
2	2
3	4
3.1	3
3.2	4.1～4.2
3.3	4.3
3.4	5.2
3.4.1	5.2.1
3.4.2	5.2.2
3.4.3	5.2.3
3.4.4	5.2.4
3.4.5	5.2.5
3.4.6	5.2.6
3.4.7	5.2.7
3.4.8	5.2.8 的前一句
3.4.9	5.2.8 的后一句
3.4.10	5.2.9
3.4.11	5.2.10
3.4.12	5.2.11
4	5
4.1	5.1
4.1 的表 1	5.1.1～5.1.11
4.2	5.3
4.2.1	5.3.1
4.2.2	5.3.2
4.2.3	5.3.3
4.2.4	5.3.4
5	6
5.1	6.1
5.1.1	6.1.1

表 D.1（续）

本标准章条编号	对应的国际标准章条编号
5.1.2	6.1.2
5.1.3	6.1.3
5.1.4	6.1.4
5.1.4.1	6.1.4.1
5.1.4.2	6.1.4.2
5.1.5	6.1.5
4.1.6	6.1.6
5.1.7	6.1.7
5.2	6.2
5.2.1	6.2.2
5.2.2	6.2.3
5.2.3	6.2.4
5.2.4	6.2.5
5.2.5	6.2.6
5.2.6	6.2.7
5.3	6.3
5.3.1	6.3.1
5.3.2	6.3.2
5.3.3	6.3.3
5.4	6.4
5.4.1	6.4.1
5.4.2	6.4.2
5.5	6.5
5.5.1	6.5.1
5.5.2	6.5.2
5.5.3	6.5.3
5.6	6.6
5.6.1	6.6.1
5.6.2	6.6.2
5.6.3	6.6.3
5.7	6.7
5.7.1	6.7.1
5.7.2	6.7.2
5.8	6.8
5.8.1	6.8.1

表 D.1（续）

本标准章条编号	对应的国际标准章条编号
5.8.2	6.8.2
5.8.3	6.8.3
5.8.4	6.8.4
附录 A	附录 A
附录 B	附录 B
附录 C	附录 C
附录 D	—
附录 E	—

附　录　E
（资料性附录）
本标准与 ISO 2787:1984 的技术性差异及其原因

表 E.1 给出了本标准与 ISO 2787:1984 的技术性差异及其原因一览表。

表 E.1　本标准与 ISO 2787:1984 的技术性差异及其原因

本标准的章条编号	技术性差异	原　因
1	增加了"不适用于冲击式气螺刀和气扳机"	这两种产品另有国际标准规定
2	引用了采用国际标准的我国标准。 增加了 GB/T 6374—2004	以适应我国国情，强调与 GB/T 1.1 的一致性
3.1	删除了 ISO 2787 中的定义一章。 增加了"GB/T 6247—2000 确定的术语和定义适用于本标准。"	ISO 2787 中的定义 3.1.1～3.1.8 广为人知，其他定义见 GB/T 6247—2000
3.2	删除了 ISO 2787—2004 中 4.1 的 a)～g)。 增加了"本标准所采用的量与单位符号应符合 GB 3100 和GB 3101 的规定"	量和单位符号在 GB 3100 和 GB 3101 已有规定
4.2.2	在活塞的直径和质量后增加了"(活塞的质量包括螺旋母的质量)"	以适合实际情况
5.1.2	将"环境温度:20 ℃±2 ℃"改为"环境温度:10 ℃～35 ℃"; 将"压气温度:20 ℃±5 ℃"改为"压气温度:15 ℃～35 ℃"	当今测量技术已进步，放宽要求已不成问题
5.2.2	删除了对压力表校准的要求	对计量器具的校准是通用要求
5.2.4	将公式(1)压力单位由 bar 变为 MPa	与国际单位一致
5.4.1	增加了"本标准推荐采用磁电传感器或光电传感器，用频率计计数的方法。"	以适应我国国情
5.6.1	在"磁电传感器"后增加了"压力传感器"	以增加标准的适用性
C.1.7 a)	增加了"对于大型产品(如导轨式凿岩机)，也可在水平卧式试验台上运行"	以适应不同类型的产品
C.1.12 C.2.1	将"至少 10 个"改为"至少 30 个"	以提高测量精度

ICS 27.010
F 01

中华人民共和国国家标准

GB/T 5623—2008
代替 GB/T 5623—1985

产品电耗定额制定和管理导则

Guide for the electricity consumption quota determination and regulation of product

2008-09-18 发布 2009-05-01 实施

中华人民共和国国家质量监督检验检疫总局
中国国家标准化管理委员会 发布

前　言

本标准代替 GB/T 5623—1985《产品电耗定额制定和管理导则》。

本标准与 GB/T 5623—1985 相比主要变化如下：

——原标准的引言部分修改为本标准规定的内容和适用范围；

——本标准增加引用文件 GB/T 12723；

——原标准中第 2 章分类和第 3 章用途的内容，修改为本标准的基本要求；

——原标准中的 6.2.1 数理统计法、6.2.2 实测法、6.2.3 计算法，三种方法的解释改为附录；

——原标准中的 7.7 删除。

本标准的附录 A、附录 B 为规范性附录。

本标准由全国能源基础与管理标准化技术委员会提出。

本标准由全国能源基础与管理标准化技术委员会合理用电分技术委员会归口。

本标准起草单位：北京太工天成测控技术有限公司、北京节能环保中心、中国标准化研究院、清华大学、北京电力公司。

本标准主要起草人：石荣、翟克俊、陶毅、成建宏、孟昭利。

本标准于 1985 年首次发布。

产品电耗定额制定和管理导则

1 范围

本标准规定了产品电耗定额(以下简称定额)制定的基本要求、用电量计算、产量计算、定额制定及定额管理。

本标准适用于使用电能进行生产,并有定型产品或固定工作量的用电单位,也适用于农业电力排灌、农副产品加工等生产用电。

2 规范性引用文件

下列文件中的条款通过本标准的引用而成为本标准的条款。凡是注日期的引用文件,其随后所有的修改单(不包括勘误的内容)或修订版均不适用于本标准,然而,鼓励根据本标准达成协议的各方研究是否可使用这些文件的最新版本。凡是不注日期的引用文件,其最新版本适用于本标准。

GB/T 12723 单位产品能源消耗限额编制通则

3 术语和定义

下列术语和定义适用于本标准。

3.1

电耗定额 electricity consumption quota

在给定条件下,生产单位产品或完成单位工作量所消耗电量的标准值。

4 基本要求

4.1 定额的制定应符合 GB/T 12723 的规定要求。

4.2 用电单位依据定额考核生产单位产品或完成单位工作量用电技术水平。定额是评估电能利用效率和用电管理水平的一项综合性技术经济指标。

4.3 定额分为综合定额和单项定额两类。

4.3.1 综合定额分为全厂综合定额(全厂定额)和车间综合定额(车间定额)。

4.3.2 单项定额分为工序定额和工艺定额。

5 用电量计算

5.1 计算综合定额的用电量是确定范围内直接生产和间接生产所消耗的电量之和。计算单项定额的用电量是确定范围内直接生产所消耗的电量。单项定额具有可比性,其用电量包括的范围应根据生产工艺流程确定,计算范围由主管部门作出统一规定。

5.2 直接生产的用电量是产品(或半成品)生产时在物理和化学过程中消耗的电量,以及在生产工艺、设备中直接损耗的各项电量,如机械、热力、电磁、化学等引起的损耗电量。

5.3 间接生产的用电量是与直接生产过程有关的其他用电量,包括:

a) 修理、工具、备料、运输、检验等辅助生产部门的用电量;

b) 供水、供气、供汽、供热、供冷等用电量;

c) 生产设备的维修、事故检修及检修后试运行的用电量;

d) 安全生产的用电量;

e) 三废处理的用电量;

f) 厂区内照明用电量；

g) 与上述有关的配电损耗电量。

5.4 计算定额的用电量中不包括：

a) 外供电量；

b) 基建工程用电量；

c) 非生产用电量(如文化、生活福利设施等用电量)；

d) 新产品开发、研制和投产前试生产用电量；

e) 自备发电厂自用电量；

f) 与上述有关的配电损耗电量。

6 产量计算

6.1 产品产量计量单位与生产计划、统计和产品目录中所用的计量单位一致。

6.2 综合定额的产品数量按合格产品实物量计算。不能按产品实物量制定定额时，按工作量制定定额。

单项定额的产量按合格产品实物量计算，也可按产品基准量或折纯量计算。基准量和折纯量的具体计算方法由主管部门统一规定。

6.3 计算产品产量。不包括产品研发、试制的产品数量。

7 定额制定

7.1 定额应在生产正常、经济合理条件下，考虑综合能耗最低的原则制定。

7.2 制定定额方法应选用数理统计法、实测法、计算法等(见附录 A)。

7.3 工序和工艺定额是原始定额，制定应根据技术数据，采用实测法或计算法。

7.4 按产品生产过程、生产组织等用电项目编制定额(见附录 B)。

7.5 编制定额应以下列资料为依据：

a) 历年生产的技术经济指标(如产值、产量、品种、用电量和原电耗定额等)；

b) 产品电耗的计算、试验和实测数据；

c) 利用电能平衡方法测算电能利用效率；

d) 节电技术措施实施效益；

e) 国内、外同类产品电耗水平。

8 定额管理

8.1 定额应定期修订。全厂综合定额、单项定额和车间定额由用电单位核准。

8.2 变更定额时，由用电单位核准。

8.3 用电单位应做好定额的编制、统计、分析和上报工作，定期考核，节奖超罚。

8.4 用电单位应加强电能计量、检测、统计工作。重点机台等应配备用电量计量装置。

8.5 生产多种产品而其用电量无法分开时，应采用分摊法进行合理分摊。

8.6 定额执行情况应定期进行检查。

附 录 A
（规范性附录）
制定定额的方法

A.1 数理统计法是运用数理统计方法对有关的统计资料进行整理和分析的基础上，并考虑影响定额的诸因素，如生产工艺的改进、生产设备的改造、产品结构的变化、生产机械化自动化程度的提高、自然条件的变更、生产原料的变化、生产组织的改善、用能结构的改变，以及节约技术措施的应用等，以确定定额的一种方法。

A.2 实测法是对实际生产过程所消耗的电量进行现场的科学的测定，以确定定额的一种方法。

在实测时，被测的机组应处于正常状态，并在额定负荷下运转，工作方式经济合理，并采用与正常生产相同质量、规格的原材料。

A.3 计算法是根据产品设计和已经形成的生产工艺等条件，经过专门的试验和理论计算，并依据实际生产条件加以修正而确定定额的一种方法。

在进行计算时，应有生产工艺的技术参数、设备技术性能参数、设备的工作方式、各种有关的技术经济指标等。

附　录　B
（规范性附录）
构成定额用电项目表

构成定额用电项目见表B.1。

表B.1　构成定额用电项目表

<table>
<tr><th>产品名称</th><th>用电项目</th><th>消耗电量</th><th>备注</th></tr>
<tr><td></td><td>一、 直接生产用电
1. ××工艺
(1) ××设备；
(2) ××设备；
(3) 线损。
2. ××工序
(1) ××设备；
(2) ××设备；
(3) 配电损耗电量
a) 变压器；
b) 线路线损。
二、 间接生产用电
1. 辅助车间
(1) 修理车间；
(2) 运输车间 ；
(3) 其他 。
2. 动力用电
(1) 供水；
(2) 供气；
(3) 供汽；
(4) 其他 。
3. 检修用电
(1) 维修；
(2) 事故检修；
(3) 检修后试运行。
4. 安全生产用电
5. 三废处理用电
6. 办公、照明用电(厂区内)
7. 配电损耗电量
(1) 变压器；
(2) 线路</td><td></td><td></td></tr>
</table>

ICS 21.060.60
J 15

GB

中华人民共和国国家标准

GB/T 5625—2008
代替 GB/T 5625.1—1985,GB/T 5625.2—1985

扩口式端直通管接头

Flared couplings—Straight thread

2008-05-07 发布 2008-11-01 实施

中华人民共和国国家质量监督检验检疫总局
中国国家标准化管理委员会 发布

前　言

本标准是扩口式管接头系列标准之一。

本标准是对GB/T 5625.1—1985《扩口式端直通管接头》和GB/T 5625.2—1985《扩口式端直通管接头体》的修订。主要修订内容如下：

——将两个标准的内容进行了整合；

——修改了英文名称；

——增加了F型螺纹柱端，A型螺纹柱端增加了55°非密封管螺纹(G)；

——减少了部分应由制造商控制的参数；

——对部分公差按现行公差与配合标准进行调整；

——取消了表面粗糙度标注，表面粗糙度要求在GB/T 5653《扩口式管接头技术条件》中给出。

本标准自实施之日起代替GB/T 5625.1—1985、GB/T 5625.2—1985。

本标准由中国机械工业联合会提出。

本标准由全国管路附件标准化技术委员会归口。

本标准负责起草单位：中机生产力促进中心、海盐管件制造有限公司、伊顿(宁波)流体连接件有限公司。

本标准参加起草单位：嘉兴迈思特管件制造有限公司、建湖县特佳液压管件有限公司、海盐高博管件有限公司、海盐县海管管件制造有限公司、焦作市路通液压附件有限公司。

本标准主要起草人：李维荣、耿志学、周舜华、李俊英、陶忠明、左学俊、阮浩丰、周剑飞、王利民。

本标准所代替标准的历次版本发布情况为：

——GB/T 5625.1—1985、GB/T 5625.2—1985。

扩口式端直通管接头

1 范围

本标准规定了扩口式端直通管接头和接头体的尺寸、标记及技术要求。

本标准适用于管子外径为 4 mm～34 mm，最大工作压力 3.5 MPa～16 MPa 的液压流体传动和一般用途的管路系统。

2 规范性引用文件

下列文件中的条款通过本标准的引用而成为本标准的条款。凡是注日期的引用文件，其随后所有的修改单(不包括勘误的内容)或修订版均不适用于本标准，然而，鼓励根据本标准达成协议的各方研究是否可使用这些文件的最新版本。凡是不注日期的引用文件，其最新版本适用于本标准。

GB/T 3765—2008　卡套式管接头技术条件

GB/T 5646—2008　扩口式管接头管套

GB/T 5647—2008　扩口式管接头用 A 型螺母

GB/T 5648—2008　扩口式管接头用 B 型螺母

GB/T 5652—2008　扩口式管接头扩口端尺寸

GB/T 5653—2008　扩口式管接头技术条件

GB/T 19674.2—2005　液压管接头用螺纹油口和柱端　填料密封柱端(A 型和 E 型)

3 尺寸

带 A 型柱端的扩口式端直通管接头和接头体的尺寸应符合图 1、图 2 和表 1 的规定，A 型柱端型式尺寸应符合 GB/T 19674.2 的规定。

带 F 型柱端的扩口式端直通管接头和接头体的尺寸应符合图 3、图 4 和表 2 的规定，F 型柱端型式尺寸应符合 GB/T 3765 附录 A 的规定。

接头体扩口端尺寸应符合 GB/T 5652 的规定。

4 标记

4.1 标记方法

扩口式端直通管接头和接头体的标记方法应符合 GB/T 5653 的规定。

4.2 标记示例

扩口型式 A，管子外径为 10 mm，普通螺纹(M)A 型柱端，表面镀锌处理的钢制扩口式端直通管接头标记为：

管接头　GB/T 5625　A10/M14×1.5

扩口型式 A，管子外径为 10 mm，普通螺纹(M)A 型柱端，表面镀锌处理的钢制扩口式端直通接头体标记为：

接头体　GB/T 5625　A10/M14×1.5

5 技术要求

技术要求按 GB/T 5653 的规定。

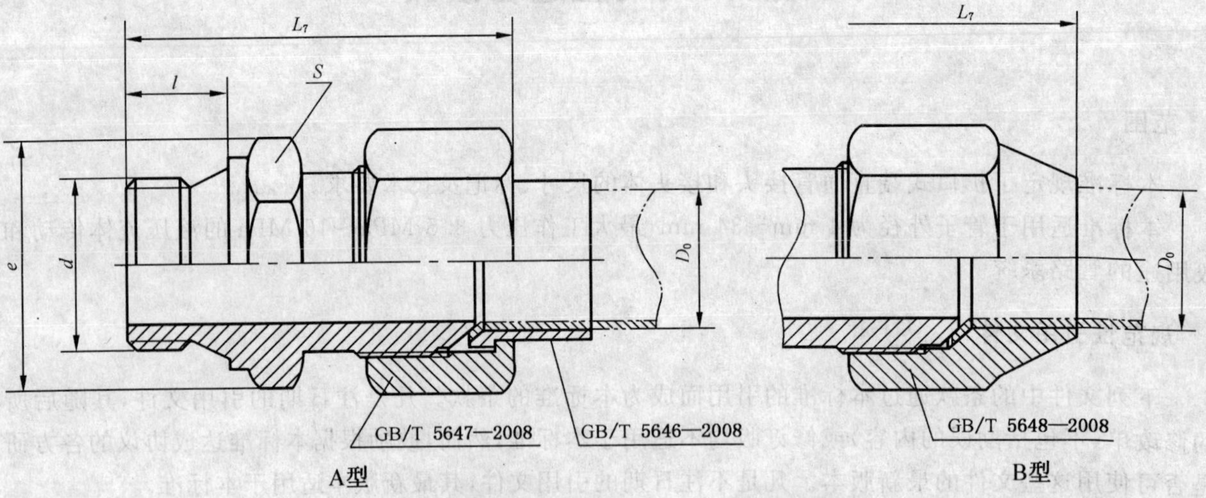

图 1 带 A 型柱端的扩口式端直通管接头

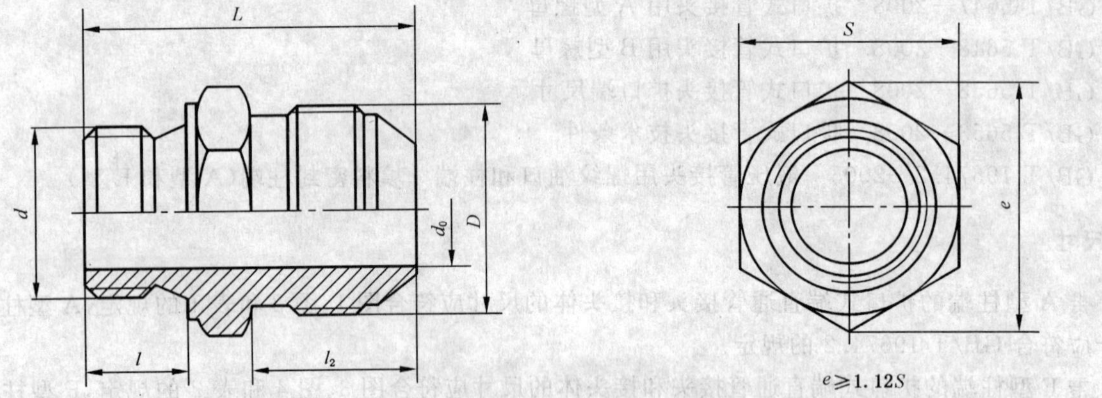

图 2 带 A 型柱端的扩口式端直通接头体

表 1 带 A 型柱端的扩口式端直通管接头和接头体尺寸

单位为毫米

管子外径 D_0	d_0	d[a]		D	L_7≈		l	l_2	L	S
					A 型	B 型				
4	3	M10×1	G1/8	M10×1	31.5	36	8	12.5	26.5	14
5	3.5									
6	4			M12×1.5	35.5	40		16	30	
8	6	M12×1.5	G1/4	M14×1.5	44	52	12	18	37	17
10	8	M14×1.5		M16×1.5	45	54		19	38	19
12	10	M16×1.5	G3/8	M18×1.5	45.5	57			39	22
14	12[b]	M18×1.5		M22×1.5		61		19.5	39.5	24
16	14	M22×1.5	G1/2	M24×1.5	49	65	14	20	43	30
18	15			M27×1.5		69		20.5	43.5	

表 1（续）

单位为毫米

管子外径 D_0	d_0	d^a		D	$L_7\approx$		l	l_2	L	S
					A 型	B 型				
20	17	M27×2	G3/4	M30×2	58.5	—	16	26	52	34
22	19			M33×2	59.5	—				
25	22	M33×2	G1	M36×2	64	—	18		56	41
28	24			M39×2	66.5	—		27.5	58.5	
32	27	M42×2	G1¼	M42×2	71	—	20	28.5	62.5	50
34	30			M45×2	71.5	—				

[a] 优先选用普通螺纹。

[b] 采用 55° 非密封的管螺纹时尺寸为 10 mm。

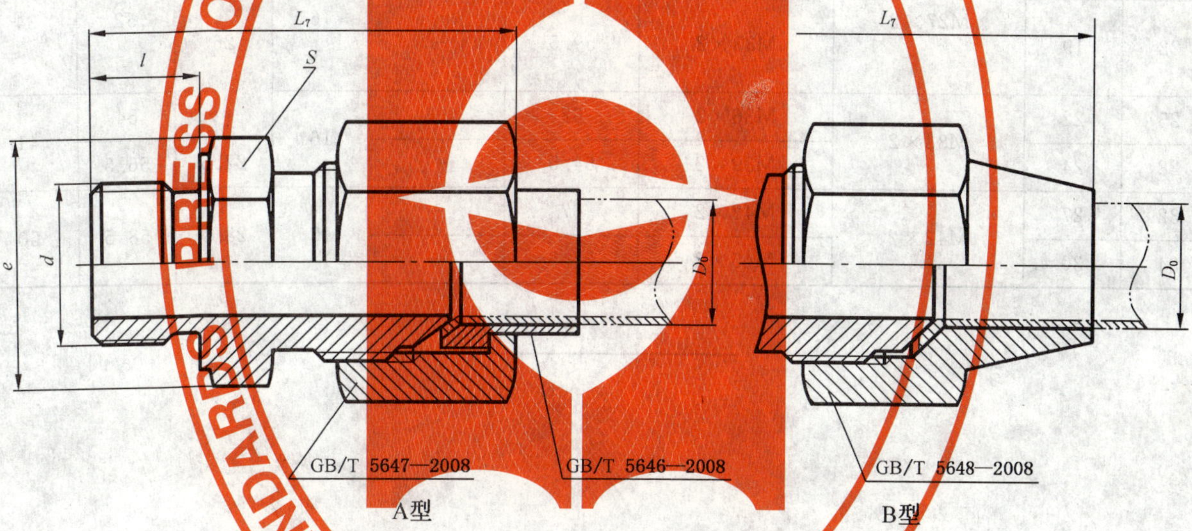

图 3　带 F 型柱端的扩口式端直通管接头

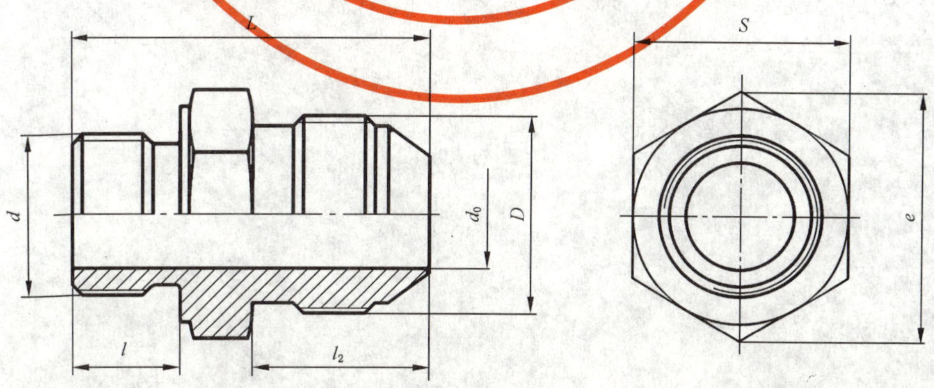

$e\geqslant 1.12S$

图 4　带 F 型柱端的扩口式端直通接头体

表 2　带 F 型柱端的扩口式端直通管接头和接头体尺寸

单位为毫米

<table>
<tr><th rowspan="2">管子外径 D_0</th><th rowspan="2">d_0</th><th rowspan="2">d</th><th rowspan="2">D</th><th colspan="2">$L_7 \approx$</th><th rowspan="2">l</th><th rowspan="2">l_2</th><th rowspan="2">L</th><th rowspan="2">S</th></tr>
<tr><th>A 型</th><th>B 型</th></tr>
<tr><td>4</td><td>3</td><td rowspan="3">M10×1</td><td rowspan="2">M10×1</td><td rowspan="2">32</td><td rowspan="2">36.5</td><td rowspan="3">8.5</td><td rowspan="2">12.5</td><td rowspan="2">27</td><td rowspan="3">14</td></tr>
<tr><td>5</td><td>3.5</td></tr>
<tr><td>6</td><td>4</td><td>M12×1.5</td><td>36</td><td>40.5</td><td>16</td><td>30.5</td></tr>
<tr><td>8</td><td>6</td><td>M12×1.5</td><td>M14×1.5</td><td>43</td><td>51</td><td rowspan="2">11</td><td>18</td><td>36</td><td>17</td></tr>
<tr><td>10</td><td>8</td><td>M14×1.5</td><td>M16×1.5</td><td>44</td><td>53</td><td rowspan="2">19</td><td>37</td><td>19</td></tr>
<tr><td>12</td><td>10</td><td>M16×1.5</td><td>M18×1.5</td><td>45</td><td>56.5</td><td>11.5</td><td>38.5</td><td>22</td></tr>
<tr><td>14</td><td>12</td><td>M18×1.5</td><td>M22×1.5</td><td>46</td><td>61.5</td><td>12.5</td><td>19.5</td><td>40</td><td>24</td></tr>
<tr><td>16</td><td>14</td><td rowspan="2">M22×1.5</td><td>M24×1.5</td><td rowspan="2">48</td><td>64</td><td rowspan="2">13</td><td>20</td><td>42</td><td rowspan="2">30</td></tr>
<tr><td>18</td><td>15</td><td>M27×1.5</td><td>68</td><td>20.5</td><td>42.5</td></tr>
<tr><td>20</td><td>17</td><td rowspan="2">M27×2</td><td>M30×2</td><td>58.5</td><td>—</td><td rowspan="2">16</td><td rowspan="3">26</td><td rowspan="2">52</td><td rowspan="2">34</td></tr>
<tr><td>22</td><td>19</td><td>M33×2</td><td>59.5</td><td>—</td></tr>
<tr><td>25</td><td>22</td><td rowspan="2">M33×2</td><td>M36×2</td><td>62</td><td>—</td><td rowspan="2">16</td><td>54</td><td rowspan="2">41</td></tr>
<tr><td>28</td><td>24</td><td>M39×2</td><td>64.5</td><td>—</td><td>27.5</td><td>56.5</td></tr>
<tr><td>32</td><td>27</td><td rowspan="2">M42×2</td><td>M42×2</td><td>67</td><td>—</td><td rowspan="2">16</td><td rowspan="2">28.5</td><td rowspan="2">58.5</td><td rowspan="2">50</td></tr>
<tr><td>34</td><td>30</td><td>M45×2</td><td>67.5</td><td>—</td></tr>
</table>

ICS 21.060.60
J 15

中华人民共和国国家标准

GB/T 5626—2008
代替 GB/T 5626.1—1985,GB/T 5626.2—1985

扩口式锥螺纹直通管接头

Flared couplings—Male

2008-05-07 发布 2008-11-01 实施

中华人民共和国国家质量监督检验检疫总局
中国国家标准化管理委员会 发布

前　言

本标准是扩口式管接头系列标准之一。

本标准是对 GB/T 5626.1—1985《扩口式锥螺纹直通管接头》和 GB/T 5626.2—1985《扩口式锥螺纹直通管接头体》的修订。主要修订内容如下：

——将两个标准的内容进行了整合；

——修改了英文名称；

——螺纹柱端增加了 55° 密封管螺纹(R)和 60° 密封管螺纹(NPT)，取消了原标准中的米制锥螺纹(ZM)；

——减少了部分应由制造商控制的参数；

——对部分公差按现行公差与配合标准进行调整；

——取消了表面粗糙度标注，表面粗糙度要求在 GB/T 5653《扩口式管接头技术条件》中给出。

本标准自实施之日起代替 GB/T 5626.1—1985、GB/T 5626.2—1985。

本标准由中国机械工业联合会提出。

本标准由全国管路附件标准化技术委员会归口。

本标准负责起草单位：中机生产力促进中心、海盐管件制造有限公司、伊顿(宁波)流体连接件有限公司。

本标准参加起草单位：嘉兴迈思特管件制造有限公司、建湖县特佳液压管件有限公司、海盐高博管件有限公司、海盐县海管管件制造有限公司、焦作市路通液压附件有限公司。

本标准主要起草人：耿志学、李维荣、周舜华、李俊英、陶忠明、左学俊、阮浩丰、周剑飞、王利民。

本标准所代替标准的历次版本发布情况为：

——GB/T 5626.1—1985、GB/T 5626.2—1985。

扩口式锥螺纹直通管接头

1 范围

本标准规定了扩口式锥螺纹直通管接头和接头体的尺寸、标记及技术要求。

本标准适用于管子外径为 4 mm～34 mm，最大工作压力 3.5 MPa～16 MPa 的液压流体传动和一般用途的管路系统。

2 规范性引用文件

下列文件中的条款通过本标准的引用而成为本标准的条款。凡是注日期的引用文件，其随后所有的修改单(不包括勘误的内容)或修订版均不适用于本标准，然而，鼓励根据本标准达成协议的各方研究是否可使用这些文件的最新版本。凡是不注日期的引用文件，其最新版本适用于本标准。

GB/T 5646—2008　扩口式管接头管套

GB/T 5647—2008　扩口式管接头用 A 型螺母

GB/T 5648—2008　扩口式管接头用 B 型螺母

GB/T 5652—2008　扩口式管接头扩口端尺寸

GB/T 5653—2008　扩口式管接头技术条件

3 尺寸

扩口式锥螺纹直通管接头和接头体的尺寸应符合图 1、图 2 和表 1 的规定，接头体扩口端尺寸应符合 GB/T 5652 的规定。

4 标记

4.1 标记方法

扩口式锥螺纹直通管接头和接头体的标记方法应符合 GB/T 5653 的规定。

4.2 标记示例

扩口型式 A，管子外径为 10 mm，55° 密封管螺纹(R)，表面镀锌处理的钢制扩口式锥螺纹直通管接头标记为：

管接头　GB/T 5626　A10/R1/4

扩口型式 A，管子外径为 10 mm，55° 密封管螺纹(R)，表面镀锌处理的钢制扩口式锥螺纹直通接头体标记为：

接头体　GB/T 5626　A10/R1/4

5 技术要求

技术要求按 GB/T 5653 的规定。

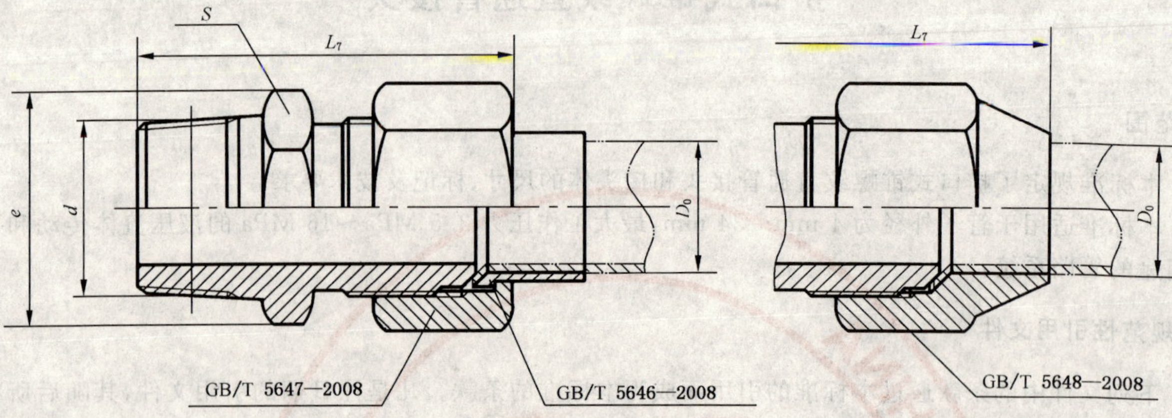

A型　　B型

图 1　扩口式锥螺纹直通管接头

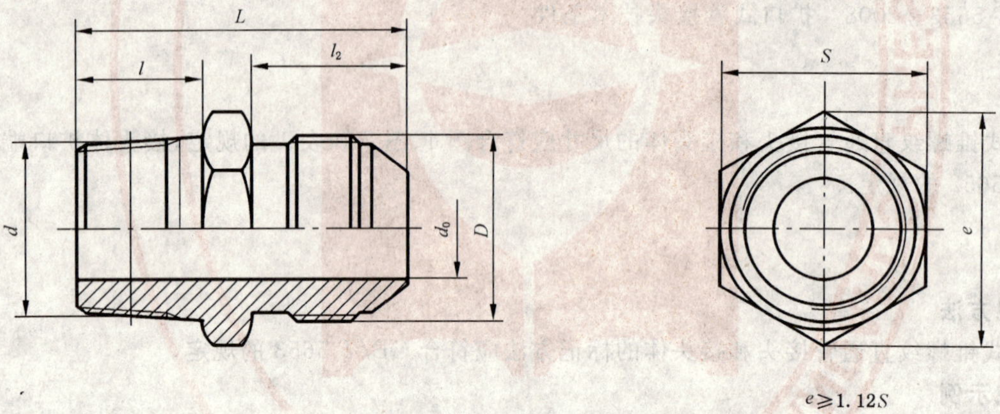

$e \geqslant 1.12S$

图 2　扩口式锥螺纹直通接头体

表 1　扩口式锥螺纹直通管接头和接头体尺寸　　单位为毫米

管子外径 D_0	d_0	d[a]		D	$L_7 \approx$		l	l_2	L	S
					A 型	B 型				
4	3	R1/8	NPT1/8	M10×1	31.5	36	8.5	12.5	26.5	12
5	3.5									
6	4			M12×1.5	36	40.5		16	30	14
8	6	R1/4	NPT1/4	M14×1.5	42.5	50.5	12.5	18	36	17
10	8			M16×1.5	43.5	52.5		19	37	19
12	10	R3/8	NPT3/8	M18×1.5	45	56.5	13		38.5	22
14				M22×1.5		60.5		19.5	39	24

表 1（续） 单位为毫米

管子外径 D_0	d_0	d^a		D	$L_7\approx$ A型	$L_7\approx$ B型	l	l_2	L	S
16	14	R1/2	NPT1/2	M24×1.5	50.5	67	17	20	44.5	27
18	15			M27×1.5		71		20.5	45	30
20	17	R3/4	NPT3/4	M30×2	58.5	—	18		52	32
22	19			M33×2	59.5	—		26		34
25	22	R1	NPT1	M36×2	65.5	—	21.5		57.5	41
28	24			M39×2	68	—		27.5	60	
32	27	R1¼	NPT1¼	M42×2	73	—	24	28.5	64.5	46
34	30			M45×2		—				

[a] 优先选用55°密封管螺纹。

ICS 21.060.60
J 15

中华人民共和国国家标准

GB/T 5627—2008
代替 GB/T 5627.1—1985, GB/T 5627.2—1985

扩口式锥螺纹长管接头

Flared couplings—Male long

2008-05-07 发布　　2008-11-01 实施

中华人民共和国国家质量监督检验检疫总局
中国国家标准化管理委员会　发布

前言

本标准是扩口式管接头系列标准之一。

本标准是对GB/T 5627.1—1985《扩口式锥螺纹长管接头》和GB/T 5627.2—1985《扩口式锥螺纹长管接头体》的修订。主要修订内容如下：

——将两个标准的内容进行了整合；

——修改了英文名称；

——螺纹柱端增加了55°密封管螺纹(R)和60°密封管螺纹(NPT)，取消了原标准中的米制锥螺纹(ZM)；

——减少了部分应由制造商控制的参数；

——对部分公差按现行公差与配合标准进行调整；

——取消了表面粗糙度标注，表面粗糙度要求在GB/T 5653《扩口式管接头技术条件》中给出。

本标准自实施之日起代替GB/T 5627.1—1985、GB/T 5627.2—1985。

本标准由中国机械工业联合会提出。

本标准由全国管路附件标准化技术委员会归口。

本标准负责起草单位：中机生产力促进中心、海盐管件制造有限公司、嘉兴迈思特管件制造有限公司。

本标准参加起草单位：伊顿(宁波)流体连接件有限公司、建湖县特佳液压管件有限公司、海盐高博管件有限公司、海盐县海管管件制造有限公司、焦作市路通液压附件有限公司。

本标准主要起草人：耿志学、李维荣、周舜华、冯峰、陶忠明、左学俊、阮浩丰、周剑飞、王利民。

本标准所代替标准的历次版本发布情况为：

——GB/T 5627.1—1985、GB/T 5627.2—1985。

扩口式锥螺纹长管接头

1 范围

本标准规定了扩口式锥螺纹长管接头和接头体的尺寸、标记及技术要求。

本标准适用于管子外径为 4 mm～34 mm,最大工作压力 3.5 MPa～16 MPa 的液压流体传动和一般用途的管路系统。

2 规范性引用文件

下列文件中的条款通过本标准的引用而成为本标准的条款。凡是注日期的引用文件,其随后所有的修改单(不包括勘误的内容)或修订版均不适用于本标准,然而,鼓励根据本标准达成协议的各方研究是否可使用这些文件的最新版本。凡是不注日期的引用文件,其最新版本适用于本标准。

GB/T 5646—2008 扩口式管接头管套

GB/T 5647—2008 扩口式管接头用 A 型螺母

GB/T 5648—2008 扩口式管接头用 B 型螺母

GB/T 5652—2008 扩口式管接头扩口端尺寸

GB/T 5653—2008 扩口式管接头技术条件

3 尺寸

扩口式锥螺纹长管接头和接头体的尺寸应符合图 1、图 2 和表 1 的规定,接头体扩口端尺寸应符合 GB/T 5652 的规定。

4 标记

4.1 标记方法

扩口式锥螺纹长管接头和接头体的标记方法应符合 GB/T 5653 的规定。

4.2 标记示例

扩口型式 A,管子外径为 10 mm,55° 密封管螺纹(R),表面镀锌处理的钢制扩口式锥螺纹长管接头标记为:

管接头 GB/T 5627 A10/ R1/4

扩口型式 A,管子外径为 10 mm,55° 密封管螺纹(R),表面镀锌处理的钢制扩口式锥螺纹长接头体标记为:

接头体 GB/T 5627 A10/ R1/4

5 技术要求

技术要求按 GB/T 5653 的规定。

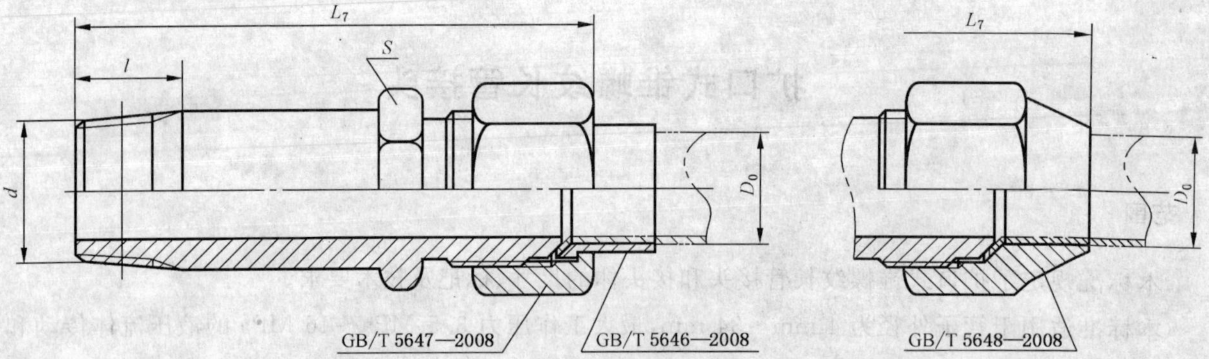

A 型　　　　B 型

图 1　扩口式锥螺纹长管接头

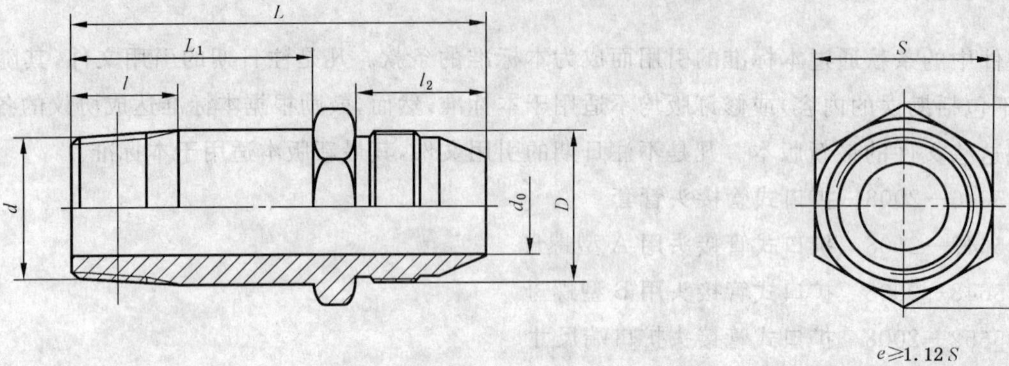

图 2　扩口式锥螺纹长接头体

表 1　扩口式锥螺纹长管接头和接头体尺寸

单位为毫米

管子外径 D_0	d_0	d[a]		D	$L_7\approx$ A 型	$L_7\approx$ B 型	l	l_2	L	L_1	S
4	3	R1/8	NPT1/8	M10×1	53.5	58	8.5	12.5	48.5	30	12
5	3.5										
6	4			M12×1.5	58.5	63		16	53		14
8	6	R1/4	NPT1/4	M14×1.5	92	100	12.5	18	85	60	17
10	8			M16×1.5	93	102		19	86		19
12	10	R3/8	NPT3/8	M18×1.5	93.5	105	13		87		22
14				M22×1.5		109		19.5	87.5		24
16	14	R1/2	NPT1/2	M24×1.5	95	111	17	20	89		27
18	15			M27×1.5		115		20.5	89.5		30
20	17	R3/4	NPT3/4	M30×2	102.5	—	18	26	96		32
22	19			M33×2	103.5	—					34
25	22	R1	NPT1	M36×2	106	—	21.5		98		41
28	24			M39×2	108.5	—		27.5	100.5		
32	27	R1¼	NPT1¼	M42×2	111	—	24	28.5	102.5		46
34	30			M45×2		—					

a 优先选用 55° 密封管螺纹。

ICS 21.060.60
J 15

中华人民共和国国家标准

GB/T 5628—2008
代替 GB/T 5628.1—1985,GB/T 5628.2—1985

扩口式直通管接头

Flared couplings—Union

2008-05-07 发布　　　　2008-11-01 实施

中华人民共和国国家质量监督检验检疫总局
中国国家标准化管理委员会　发布

前　言

本标准是扩口式管接头系列标准之一。

本标准是对 GB/T 5628.1—1985《扩口式直通管接头》和 GB/T 5628.2—1985《扩口式直通管接头体》的修订。主要修订内容如下：

——将两个标准的内容进行了整合；

——修改了英文名称；

——减少了部分应由制造商控制的参数；

——对部分公差按现行公差与配合标准进行调整；

——取消了表面粗糙度标注，表面粗糙度要求在 GB/T 5653《扩口式管接头技术条件》中给出。

本标准自实施之日起代替 GB/T 5628.1—1985、GB/T 5628.2—1985。

本标准由中国机械工业联合会提出。

本标准由全国管路附件标准化技术委员会归口。

本标准负责起草单位：中机生产力促进中心、海盐管件制造有限公司、嘉兴迈思特管件制造有限公司。

本标准参加起草单位：伊顿(宁波)流体连接件有限公司、建湖县特佳液压管件有限公司、海盐高博管件有限公司、海盐县海管管件制造有限公司、焦作市路通液压附件有限公司。

本标准主要起草人：耿志学、李维荣、周舜华、冯峰、陶忠明、左学俊、阮浩丰、周剑飞、王利民。

本标准所代替标准的历次版本发布情况为：

——GB/T 5628.1—1985、GB/T 5628.2—1985。

扩口式直通管接头

1 范围

本标准规定了扩口式直通管接头和接头体的尺寸、标记及技术要求。

本标准适用于管子外径为 4 mm～34 mm，最大工作压力 3.5 MPa～16 MPa 的液压流体传动和一般用途的管路系统。

2 规范性引用文件

下列文件中的条款通过本标准的引用而成为本标准的条款。凡是注日期的引用文件，其随后所有的修改单(不包括勘误的内容)或修订版均不适用于本标准，然而，鼓励根据本标准达成协议的各方研究是否可使用这些文件的最新版本。凡是不注日期的引用文件，其最新版本适用于本标准。

GB/T 5646—2008 扩口式管接头管套

GB/T 5647—2008 扩口式管接头用 A 型螺母

GB/T 5648—2008 扩口式管接头用 B 型螺母

GB/T 5652—2008 扩口式管接头扩口端尺寸

GB/T 5653—2008 扩口式管接头技术条件

3 尺寸

扩口式直通管接头和接头体的尺寸应符合图 1、图 2 和表 1 的规定，接头体扩口端尺寸应符合 GB/T 5652 的规定。

4 标记

4.1 标记方法

扩口式直通管接头和接头体的标记方法应符合 GB/T 5653 的规定。

4.2 标记示例

扩口型式 A，管子外径为 10 mm，表面镀锌处理的钢制扩口式直通管接头标记为：

管接头 GB/T 5628 A10

扩口型式 A，管子外径为 10 mm，表面镀锌处理的钢制扩口式直通接头体标记为：

接头体 GB/T 5628 A10

5 技术要求

技术要求按 GB/T 5653 的规定。

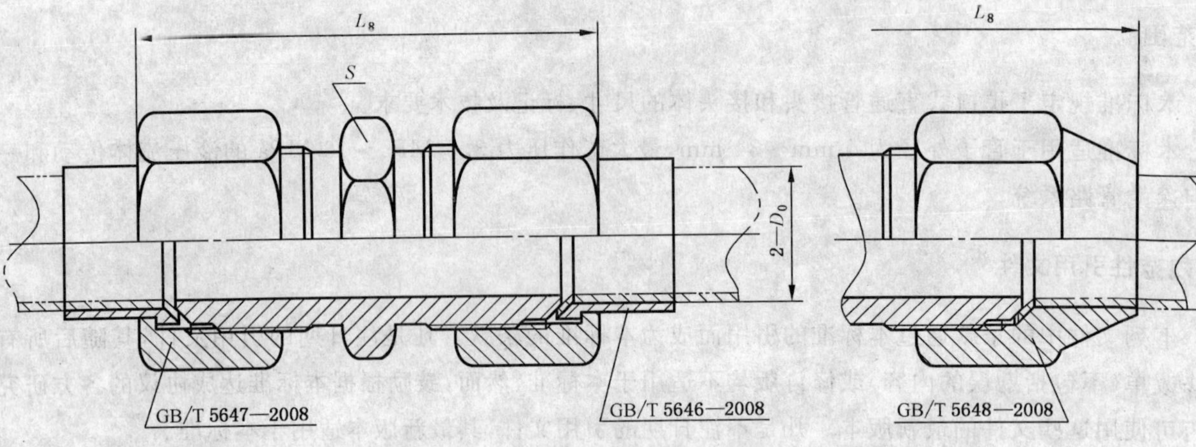

A 型　　B 型

图 1　扩口式直通管接头

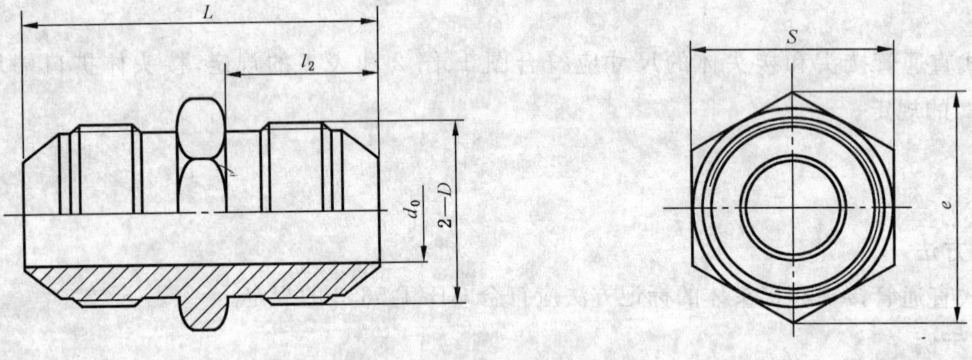

$e \geqslant 1.12S$

图 2　扩口式直通接头体

表 1　扩口式直通管接头和接头体尺寸

单位为毫米

管子外径 D_0	d_0	D	$L_8\approx$		l_2	L	S
			A 型	B 型			
4	3	M10×1	40	49	12.5	30	12
5	3.5						
6	4	M12×1.5	47.5	57.5	16	37	14
8	6	M14×1.5	55.5	71	18	42	17
10	8	M16×1.5	57.5	75.5	19	44	19
12	10	M18×1.5	58	81		45	22
14	12	M22×1.5		89	19.5	46	24
16	14	M24×1.5	60	92	20	48	27
18	15	M27×1.5		100	20.5	49	30
20	17	M30×2	75.5	—	26	62	32
22	19	M33×2	76.5	—			34
25	22	M36×2	78	—			41
28	24	M39×2	83.5	—	27.5	67	
32	27	M42×2	86	—	28.5	69	46
34	30	M45×2		—			

ICS 21.060.60
J 15

GB

中华人民共和国国家标准

GB/T 5629—2008
代替 GB/T 5629.1—1985,GB/T 5629.2—1985

扩口式锥螺纹弯通管接头

Flared couplings—Male elbow

2008-05-07 发布　　2008-11-01 实施

中华人民共和国国家质量监督检验检疫总局
中国国家标准化管理委员会　发布

前　言

本标准是扩口式管接头系列标准之一。

本标准是对 GB/T 5629.1—1985《扩口式锥螺纹直角管接头》和 GB/T 5629.2—1985《扩口式锥螺纹直角管接头体》的修订。主要修订内容如下：

——将两个标准的内容进行了整合；

——修改了中文和英文名称；

——螺纹柱端增加了 55° 密封管螺纹(R)和 60° 密封管螺纹(NPT)，取消了原标准中的米制锥螺纹(ZM)；

——增加了六方形坯件结构；

——减少了部分应由制造商控制的参数；

——对部分公差按现行公差与配合标准进行调整；

——取消了表面粗糙度标注，表面粗糙度要求在 GB/T 5653《扩口式管接头技术条件》中给出。

本标准自实施之日起代替 GB/T 5629.1—1985、GB/T 5629.2—1985。

本标准由中国机械工业联合会提出。

本标准由全国管路附件标准化技术委员会归口。

本标准负责起草单位：中机生产力促进中心、海盐管件制造有限公司、建湖县特佳液压管件有限公司。

本标准参加起草单位：伊顿(宁波)流体连接件有限公司、嘉兴迈思特管件制造有限公司、海盐高博管件有限公司、海盐县海管管件制造有限公司、焦作市路通液压附件有限公司。

本标准主要起草人：耿志学、李维荣、周舜华、左学俊、陶忠明、阮浩丰、周剑飞、王利民、冯峰。

本标准所代替标准的历次版本发布情况为：

——GB/T 5629.1—1985、GB/T 5629.2—1985。

扩口式锥螺纹弯通管接头

1 范围

本标准规定了扩口式锥螺纹弯通管接头和接头体的尺寸、标记及技术要求。

本标准适用于管子外径为 4 mm～34 mm，最大工作压力 3.5 MPa～16 MPa 的液压流体传动和一般用途的管路系统。

2 规范性引用文件

下列文件中的条款通过本标准的引用而成为本标准的条款。凡是注日期的引用文件，其随后所有的修改单(不包括勘误的内容)或修订版均不适用于本标准，然而，鼓励根据本标准达成协议的各方研究是否可使用这些文件的最新版本。凡是不注日期的引用文件，其最新版本适用于本标准。

GB/T 5646—2008 扩口式管接头管套

GB/T 5647—2008 扩口式管接头用 A 型螺母

GB/T 5648—2008 扩口式管接头用 B 型螺母

GB/T 5652—2008 扩口式管接头扩口端尺寸

GB/T 5653—2008 扩口式管接头技术条件

3 尺寸

扩口式锥螺纹弯通管接头和接头体的尺寸应符合图 1～图 4 和表 1 的规定，接头体扩口端尺寸应符合 GB/T 5652 的规定。

4 标记

4.1 标记方法

扩口式锥螺纹弯通管接头和接头体的标记方法应符合 GB/T 5653 的规定。

4.2 标记示例

扩口型式 A，管子外径为 10 mm，55° 密封管螺纹(R)，表面镀锌处理的钢制扩口式锥螺纹弯通管接头标记为：

管接头 GB/T 5629 A10/R1/4

扩口型式 A，管子外径为 10 mm，55° 密封管螺纹(R)，表面镀锌处理的钢制扩口式锥螺纹弯通接头体标记为：

接头体 GB/T 5629 A10/R1/4

5 技术要求

技术要求按 GB/T 5653 的规定。

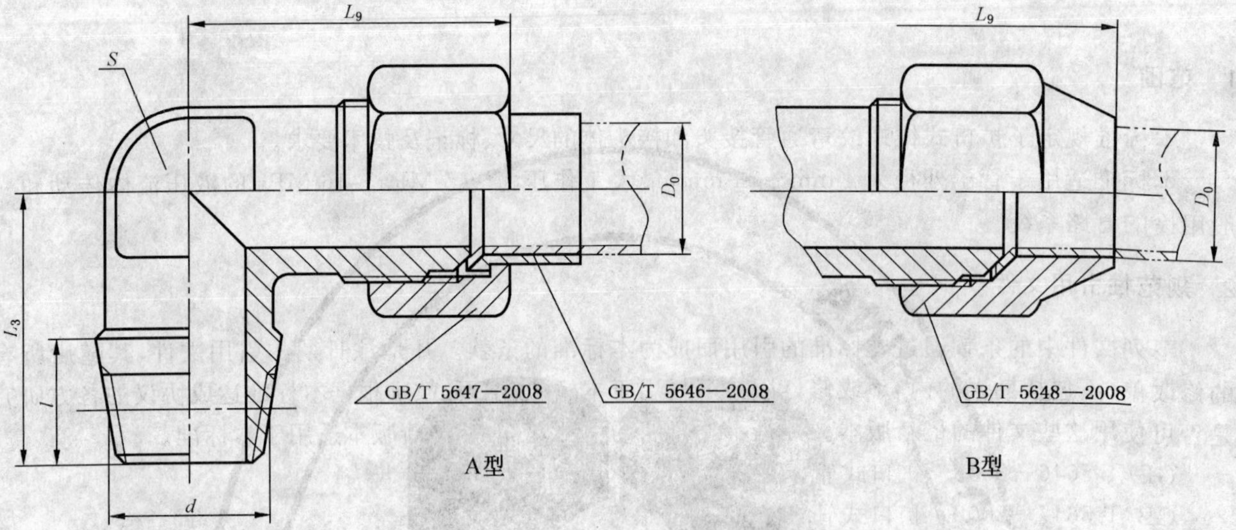

图 1　扩口式锥螺纹弯通管接头

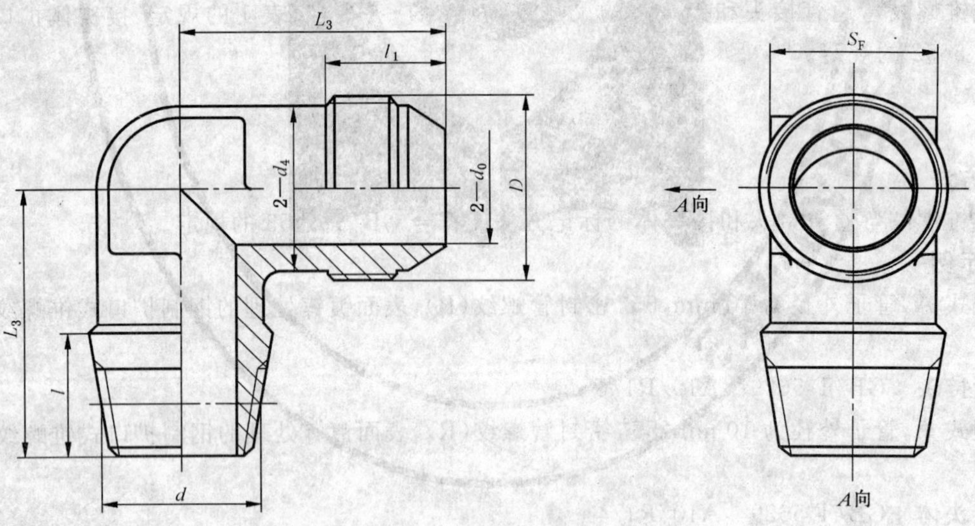

图 2　扩口式锥螺纹弯通接头体

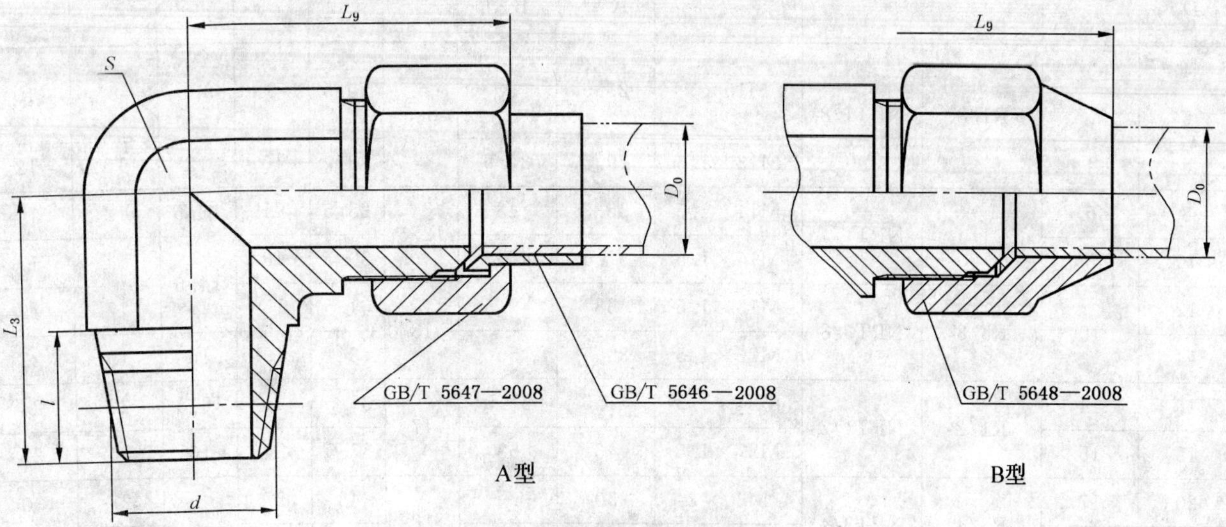

图 3　扩口式锥螺纹弯通管接头

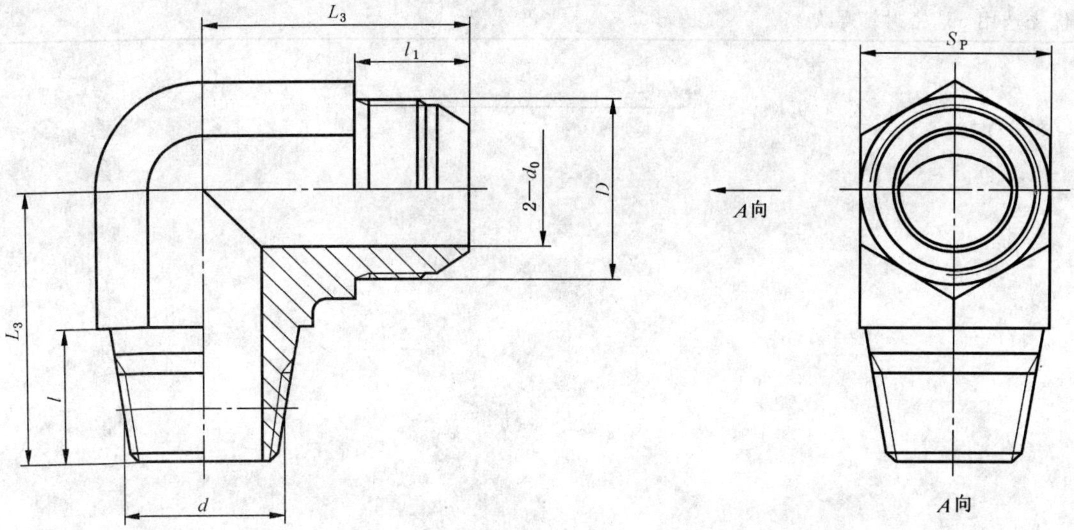

图 4　扩口式锥螺纹弯通接头体

表 1 扩口式锥螺纹弯通管接头和接头体尺寸

单位为毫米

管子外径 D_0	d_0	d[a]		D	$L_9\approx$		l	L_3	d_4	l_1	S	
					A 型	B 型					S_F	S_P
4	3	R1/8	NPT1/8	M10×1	25.5	30	8.5	20.5	8	9.5	8	10
5	3.5											
6	4			M12×1.5	29.5	34.5		24	10	12	10	12
8	6	R1/4	NPT1/4	M14×1.5	35.5	43	12.5	28.5	11	13.5	12	14
10	8			M16×1.5	37.5	46.5		30.5	13	14.5	14	17
12	10	R3/8	NPT3/8	M18×1.5	38	49.5	13	31.5	15		17	19
14				M22×1.5	39.5	55		34	19	15	19	22
16	14	R1/2	NPT1/2	M24×1.5	41.5	57.5	17	35.5	21	15.5	22	24
18	15			M27×1.5	43	63		37.5	24	16	24	27
20	17	R3/4	NPT3/4	M30×2	50	—	18	43	27	20	27	30
22	19			M33×2	53	—		45.5	30		30	34
25	22	R1	NPT1	M36×2	55	—	21.5	47	33		34	36
28	24			M39×2	58.5	—		50	36	21.5	36	41
32	27	R1¼	NPT1¼	M42×2	61	—	24	52.5	39	22.5	41	46
34	30			M45×2	62.5	—		54	42		46	

[a] 优先选用 55° 密封管螺纹。

ICS 21.060.60
J 15

中华人民共和国国家标准

GB/T 5630—2008

代替 GB/T 5630.1—1985,GB/T 5630.2—1985

扩口式弯通管接头

Flared couplings—Union elbow

2008-05-07 发布 2008-11-01 实施

中华人民共和国国家质量监督检验检疫总局
中国国家标准化管理委员会 发布

前　言

本标准是扩口式管接头系列标准之一。

本标准是对 GB/T 5630.1—1985《扩口式直角管接头》和 GB/T 5630.2—1985《扩口式直角管接头体》的修订。主要修订内容如下：

——将两个标准的内容进行了整合；

——修改了中文和英文名称；

——增加了六方形坯件结构；

——减少了部分应由制造商控制的参数；

——对部分公差按现行公差与配合标准进行调整；

——取消了表面粗糙度标注，表面粗糙度要求在 GB/T 5653《扩口式管接头技术条件》中给出。

本标准自实施之日起代替 GB/T 5630.1—1985、GB/T 5630.2—1985。

本标准由中国机械工业联合会提出。

本标准由全国管路附件标准化技术委员会归口。

本标准负责起草单位：中机生产力促进中心、海盐管件制造有限公司、建湖县特佳液压管件有限公司。

本标准参加起草单位：伊顿（宁波）流体连接件有限公司、嘉兴迈思特管件制造有限公司、海盐高博管件有限公司、海盐县海管管件制造有限公司、焦作市路通液压附件有限公司。

本标准主要起草人：耿志学、李维荣、周舜华、左学俊、陶忠明、阮浩丰、周剑飞、王利民、冯峰。

本标准所代替标准的历次版本发布情况为：

——GB/T 5630.1—1985、GB/T 5630.2—1985。

扩口式弯通管接头

1 范围

本标准规定了扩口式弯通管接头和接头体的尺寸、标记及技术要求。

本标准适用于管子外径为 4 mm～34 mm，最大工作压力 3.5 MPa～16 MPa 的液压流体传动和一般用途的管路系统。

2 规范性引用文件

下列文件中的条款通过本标准的引用而成为本标准的条款。凡是注日期的引用文件，其随后所有的修改单(不包括勘误的内容)或修订版均不适用于本标准，然而，鼓励根据本标准达成协议的各方研究是否可使用这些文件的最新版本。凡是不注日期的引用文件，其最新版本适用于本标准。

GB/T 5646—2008 扩口式管接头管套

GB/T 5647—2008 扩口式管接头用 A 型螺母

GB/T 5648—2008 扩口式管接头用 B 型螺母

GB/T 5652—2008 扩口式管接头扩口端尺寸

GB/T 5653—2008 扩口式管接头技术条件

3 尺寸

扩口式弯通管接头和接头体的尺寸应符合图 1～图 4 和表 1 的规定，接头体扩口端尺寸应符合 GB/T 5652 的规定。

4 标记

4.1 标记方法

扩口式弯通管接头和接头体的标记方法应符合 GB/T 5653 的规定。

4.2 标记示例

扩口型式 A，管子外径为 10 mm，表面镀锌处理的钢制扩口式弯通管接头标记为：

管接头 GB/T 5630 A10

扩口型式 A，管子外径为 10 mm，表面镀锌处理的钢制扩口式弯通接头体标记为：

接头体 GB/T 5630 A10

5 技术要求

技术要求按 GB/T 5653 的规定。

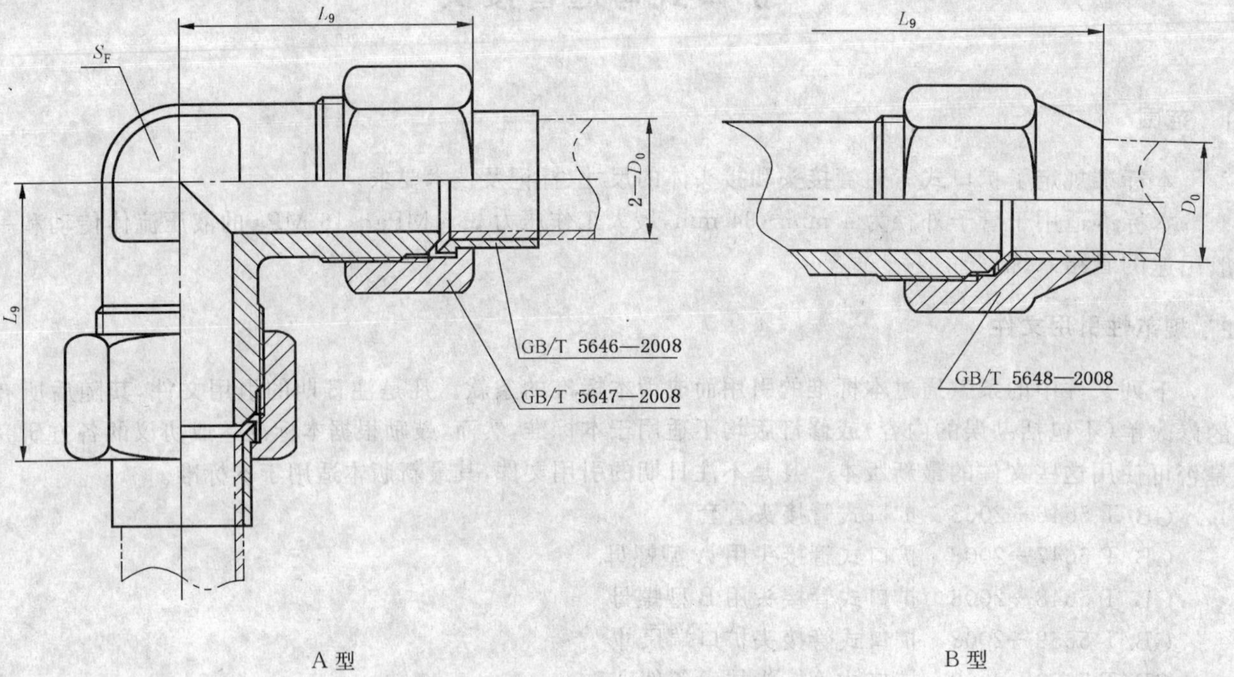

图 1　扩口式弯通管接头

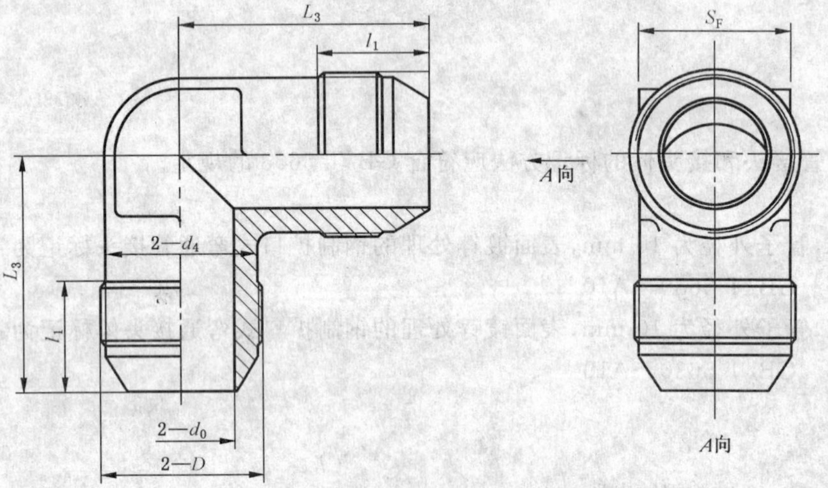

图 2　扩口式弯通接头体

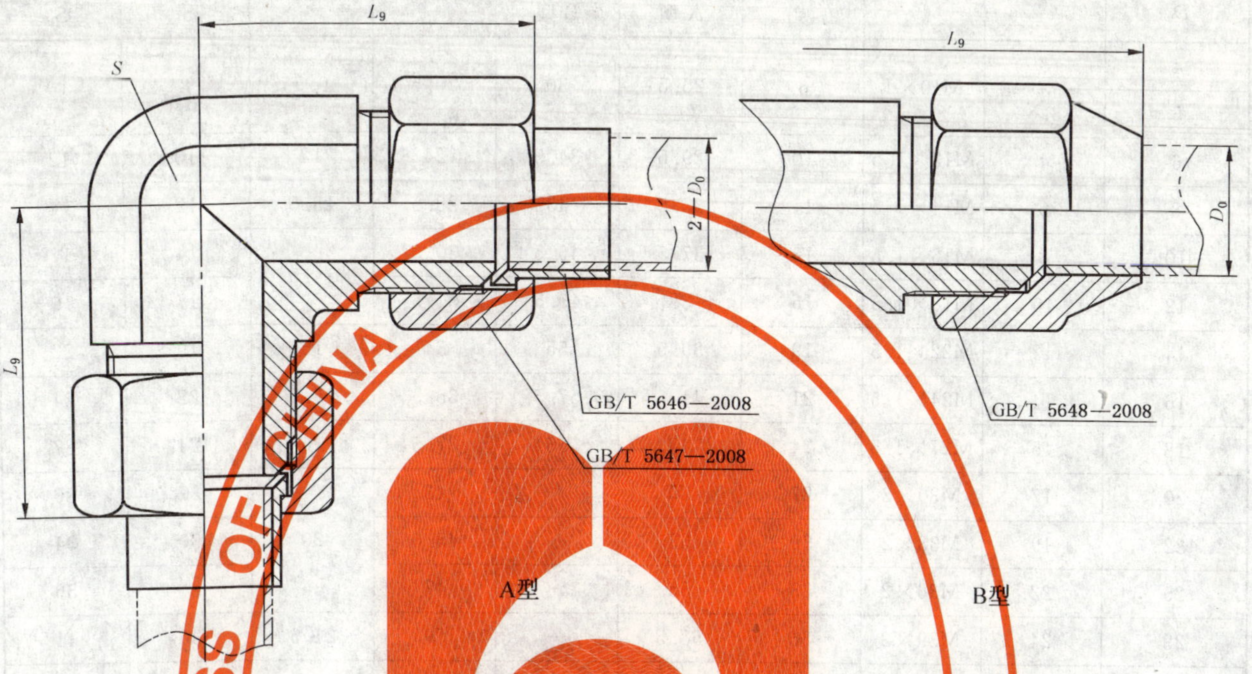

图 3　扩口式弯通管接头 8

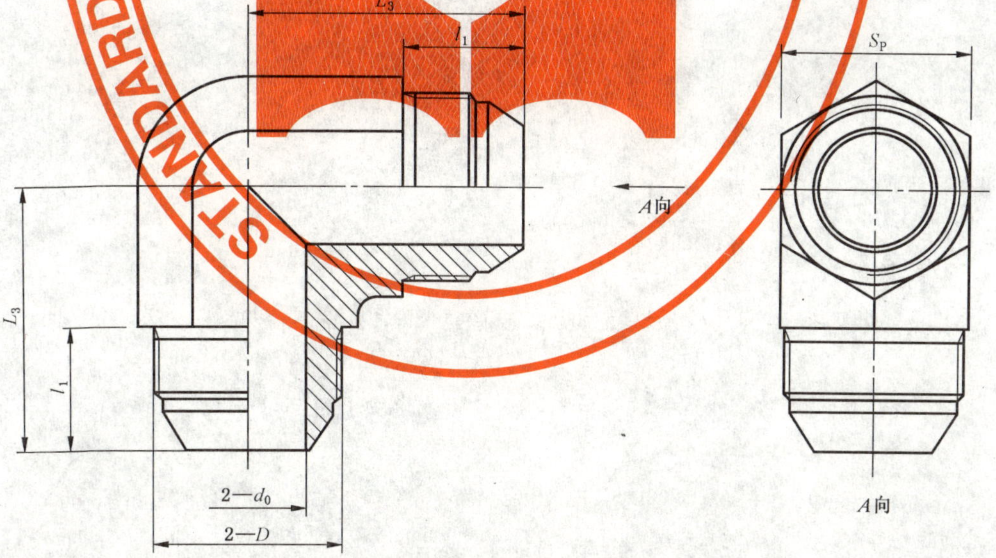

图 4　扩口式弯通接头体

表 1　扩口式弯通管接头和接头体尺寸

单位为毫米

管子外径 D_0	d_0	D	d_4	$L_9 \approx$		L_3	l_1	S	
				A 型	B 型			S_F	S_P
4	3	M10×1	8	25.5	30	20.5	9.5	8	10
5	3.5								
6	4	M12×1.5	10	29.5	34.5	24	12	10	12
8	6	M14×1.5	11	35.5	43	28.5	13.5	12	14
10	8	M16×1.5	13	37.5	46.5	30.5	14.5	14	17
12	10	M18×1.5	15	38	49.5	31.5		17	19
14	12	M22×1.5	19	39.5	55	34	15	19	22
16	14	M24×1.5	21	41.5	57.5	35.5	15.5	22	24
18	15	M27×1.5	24	43	63	37.5	16	24	27
20	17	M30×2	27	50	—	43	20	27	30
22	19	M33×2	30	53	—	45.5		30	34
25	22	M36×2	33	55	—	47		34	36
28	24	M39×2	36	58.5	—	50	21.5	36	41
32	27	M42×2	39	61	—	52.5	22.5	41	46
34	30	M45×2	42	62.5	—	54		46	

ICS 21.060.60
J 15

中华人民共和国国家标准

GB/T 5631—2008
代替 GB/T 5631.1—1985,GB/T 5631.2—1985

扩口式可调向端弯通管接头

Flared couplings—Straight thread elbow

2008-05-07 发布　　　　2008-11-01 实施

中华人民共和国国家质量监督检验检疫总局
中国国家标准化管理委员会　发布

前　言

本标准是扩口式管接头系列标准之一。

本标准是对GB/T 5631.1—1985《扩口式可调向端直角管接头》和GB/T 5631.2—1985《扩口式可调向端直角管接头体》的修订。主要修订内容如下：

——将两个标准的内容进行了整合；

——修改了中文和英文名称；

——增加了六方形坯件结构；

——修改了可调向端尺寸；

——减少了部分应由制造厂控制的参数；

——对部分公差按现行公差与配合标准进行调整；

——取消了表面粗糙度标注，表面粗糙度要求在GB/T 5653《扩口式管接头技术条件》中给出。

本标准自实施之日起代替GB/T 5631.1—1985、GB/T 5631.2—1985。

本标准由中国机械工业联合会提出。

本标准由全国管路附件标准化技术委员会归口。

本标准负责起草单位：中机生产力促进中心、海盐管件制造有限公司、海盐高博管件有限公司。

本标准参加起草单位：伊顿(宁波)流体连接件有限公司、嘉兴迈思特管件制造有限公司、建湖县特佳液压管件有限公司、海盐县海管管件制造有限公司、焦作市路通液压附件有限公司。

本标准主要起草人：耿志学、李维荣、周舜华、阮浩丰、左学俊、陶忠明、周剑飞、王利民、冯峰。

本标准所代替标准的历次版本发布情况为：

——GB/T 5631.1—1985、GB/T 5631.2—1985。

扩口式可调向端弯通管接头

1 范围

本标准规定了扩口式可调向端弯通管接头和接头体的尺寸、标记及技术要求。

本标准适用于管子外径为 4 mm～34 mm，最大工作压力 3.5 MPa～16 MPa 的液压流体传动和一般用途的管路系统。

2 规范性引用文件

下列文件中的条款通过本标准的引用而成为本标准的条款。凡是注日期的引用文件，其随后所有的修改单(不包括勘误的内容)或修订版均不适用于本标准，然而，鼓励根据本标准达成协议的各方研究是否可使用这些文件的最新版本。凡是不注日期的引用文件，其最新版本适用于本标准。

GB/T 3765—2008　卡套式管接头技术条件

GB/T 5646—2008　扩口式管接头管套

GB/T 5647—2008　扩口式管接头用 A 型螺母

GB/T 5648—2008　扩口式管接头用 B 型螺母

GB/T 5649—2008　管接头用锁紧螺母和垫圈

GB/T 5652—2008　扩口式管接头扩口端尺寸

GB/T 5653—2008　扩口式管接头技术条件

3 尺寸

扩口式可调向端弯通管接头和接头体的尺寸应符合图 1～图 4 和表 1 的规定，可调向端尺寸应符合 GB/T 3765 附录 A 中 L 系列的规定，接头体扩口端尺寸应符合 GB/T 5652 的规定。

4 标记

4.1 标记方法

扩口式可调向端弯通管接头和接头体的标记方法应符合 GB/T 5653 的规定。

4.2 标记示例

扩口型式 A，管子外径为 10 mm，普通螺纹(M)可调向螺纹柱端，表面镀锌处理的钢制扩口式可调向端弯通管接头标记为：

管接头　GB/T 5631　A10F

扩口型式 A，管子外径为 10mm，普通螺纹(M)可调向螺纹柱端，表面镀锌处理的钢制扩口式可调向端弯通接头体标记为：

接头体　GB/T 5631　A10F

5 技术要求

技术要求按 GB/T 5653 的规定。

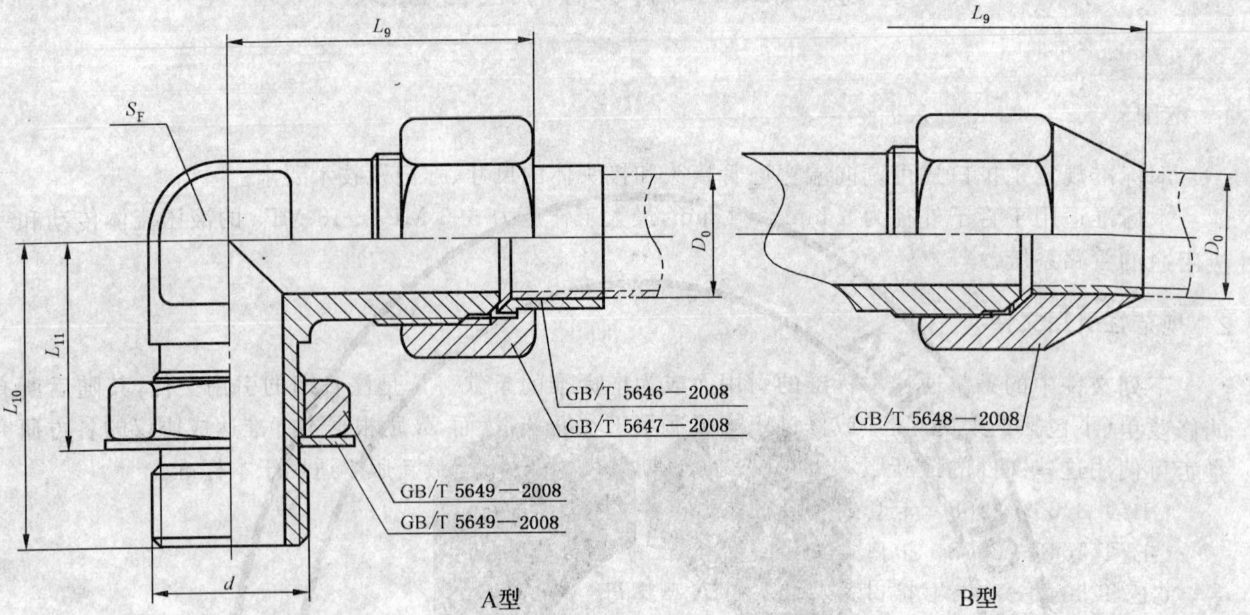

图 1 扩口式可调向端弯通管接头

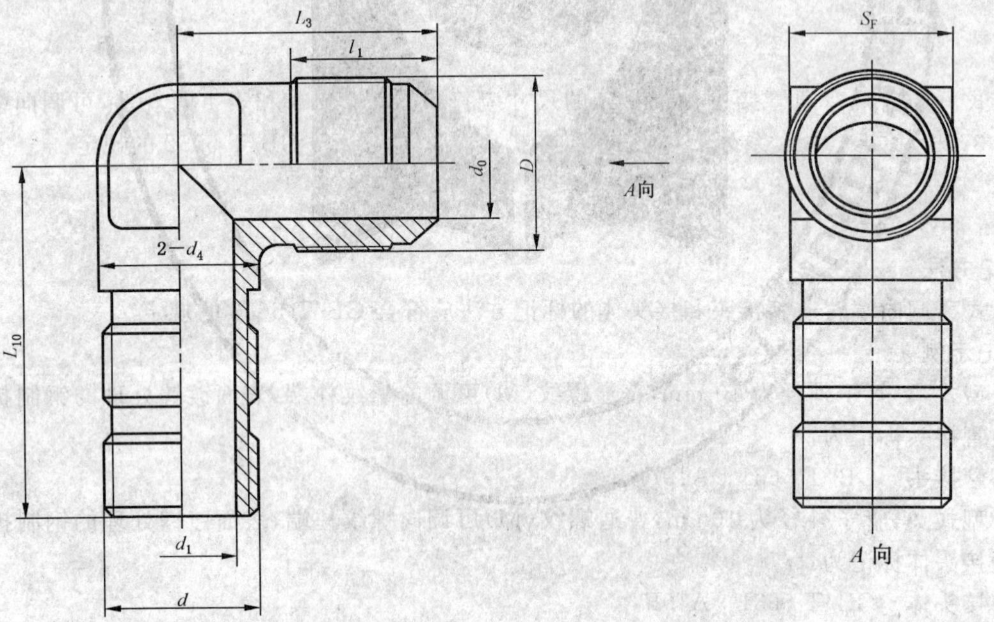

图 2 扩口式可调向端弯通接头体

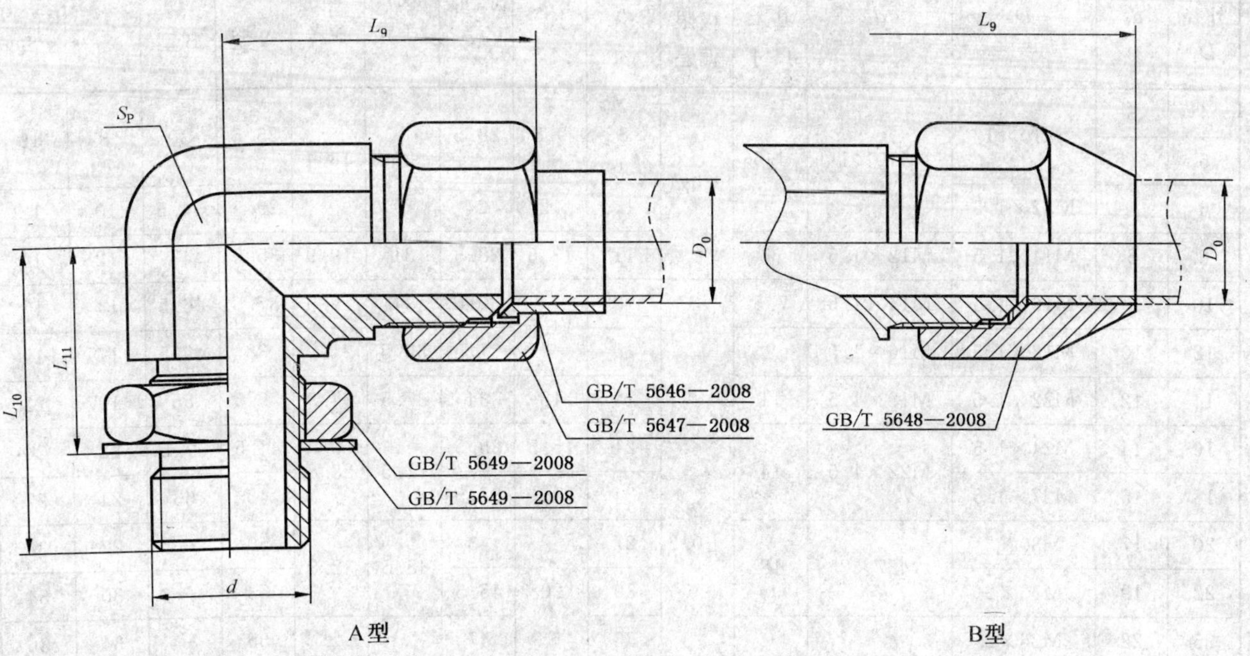

图 3 扩口式可调向端弯通管接头

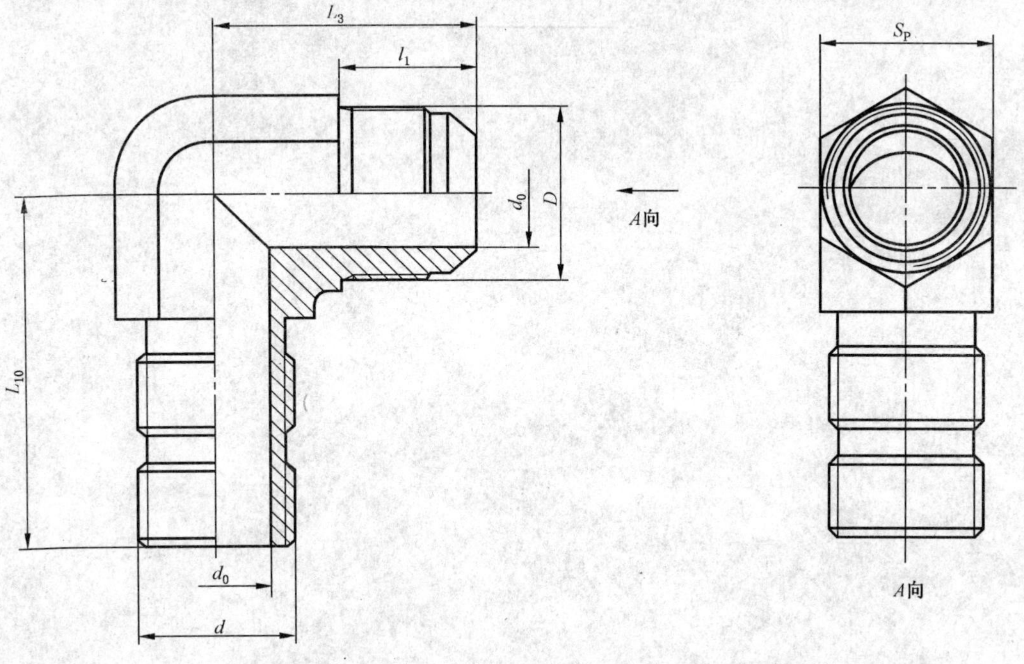

图 4 扩口式可调向端弯通管接头

表 1　扩口式可调向端弯通管接头和接头体尺寸

单位为毫米

管子外径 D_0	d_0	D	d	d_1 基本尺寸	d_1 极限偏差	d_4	l_1	L_3	L_{10} ±1	L_{11} 参考	$L_9\approx$ A 型	$L_9\approx$ B 型	S_F	S_P
4	3	M10×1	M10×1	4.5	±0.1	8	9.5	20.5	25	16.4	25.5	30	8	10
5	3.5													
6	4	M12×1.5				10	12	24			29.5	34.5	10	12
8	6	M14×1.5	M12×1.5	6		11	13.5	28.5	31	19.9	35.5	43	12	14
10	8	M16×1.5	M14×1.5	7.5		13	14.5	30.5	31	19.9	37.5	46.5	14	17
12	10	M18×1.5	M16×1.5	9		15		31.5	33.5	21.9	38	49.5	17	19
14	12	M22×1.5	M18×1.5	11		19	15	34	37.5	24.9	39.5	55	19	22
16	14	M24×1.5	M22×1.5	14		21	15.5	35.5	41.5	28.8	41.5	57.5	22	24
18	15	M27×1.5				24	16	37.5			43	63	24	27
20	17	M30×2	M27×2	18	±0.2	27	20	43	48.5	32.8	50	—	27	30
22	19	M33×2				30		45.5			53	—	30	34
25	22	M36×2	M33×2	23		33		47	51.5	35.8	55	—	34	36
28	24	M39×2				36	21.5	50			58.5	—	36	41
32	27	M42×2	M42×2	30		39	22.5	52.5	56.5	40.8	61	—	41	46
34	30	M45×2				42		54			62.5	—	46	

ICS 21.060.60
J 15

中华人民共和国国家标准

GB/T 5632—2008
代替 GB/T 5632.1—1985,GB/T 5632.2—1985

扩口式组合弯通管接头

Flared couplings—Swivel elbow

2008-05-07 发布　　　　2008-11-01 实施

中华人民共和国国家质量监督检验检疫总局
中国国家标准化管理委员会　发布

前　言

本标准是扩口式管接头系列标准之一。

本标准是对 GB/T 5632.1—1985《扩口式组合直角管接头》和 GB/T 5632.2—1985《扩口式组合直角管接头体》的修订。主要修订内容为：

——将两个标准的内容进行了整合；

——修改了中文和英文名称；

——增加了六方形坯件结构；

——减少了部分应由制造商控制的参数；

——对部分公差按现行公差与配合标准进行调整；

——取消了表面粗糙度标注，表面粗糙度要求在 GB/T 5653《扩口式管接头技术条件》中给出。

本标准自实施之日起代替 GB/T 5632.1—1985、GB/T 5632.2—1985。

本标准由中国机械工业联合会提出。

本标准由全国管路附件标准化技术委员会归口。

本标准负责起草单位：中机生产力促进中心、海盐管件制造有限公司、海盐高博管件有限公司。

本标准参加起草单位：伊顿（宁波）流体连接件有限公司、嘉兴迈思特管件制造有限公司、建湖县特佳液压管件有限公司、海盐县海管管件制造有限公司、焦作市路通液压附件有限公司。

本标准主要起草人：耿志学、李维荣、周舜华、阮浩丰、左学俊、陶忠明、周剑飞、王利民、冯峰。

本标准所代替标准的历次版本发布情况为：

——GB/T 5632.1—1985、GB/T 5632.2—1985。

扩口式组合弯通管接头

1 范围

本标准规定了扩口式组合弯通管接头和接头体的尺寸、标记及技术要求。

本标准适用于管子外径为 4 mm～34 mm，最大工作压力 3.5 MPa～16 MPa 的液压流体传动和一般用途的管路系统。

2 规范性引用文件

下列文件中的条款通过本标准的引用而成为本标准的条款。凡是注日期的引用文件，其随后所有的修改单(不包括勘误的内容)或修订版均不适用于本标准，然而，鼓励根据本标准达成协议的各方研究是否可使用这些文件的最新版本。凡是不注日期的引用文件，其最新版本适用于本标准。

GB/T 5646—2008 扩口式管接头管套

GB/T 5647—2008 扩口式管接头用 A 型螺母

GB/T 5648—2008 扩口式管接头用 B 型螺母

GB/T 5652—2008 扩口式管接头扩口端尺寸

GB/T 5653—2008 扩口式管接头技术条件

3 尺寸

扩口式组合弯通管接头和接头体的尺寸应符合图 1～图 4 和表 1 的规定，接头体扩口端尺寸应符合 GB/T 5652 的规定。

4 标记

4.1 标记方法

扩口式组合弯通管接头和接头体的标记方法应符合 GB/T 5653 的规定。

4.2 标记示例

扩口型式 A，管子外径为 10 mm，表面镀锌处理的钢制扩口式组合弯通管接头标记为：

管接头 GB/T 5632 A10

扩口型式 A，管子外径为 10 mm，表面镀锌处理的钢制扩口式组合弯通接头体标记为：

接头体 GB/T 5632 A10

5 技术要求

技术要求按 GB/T 5653 的规定。

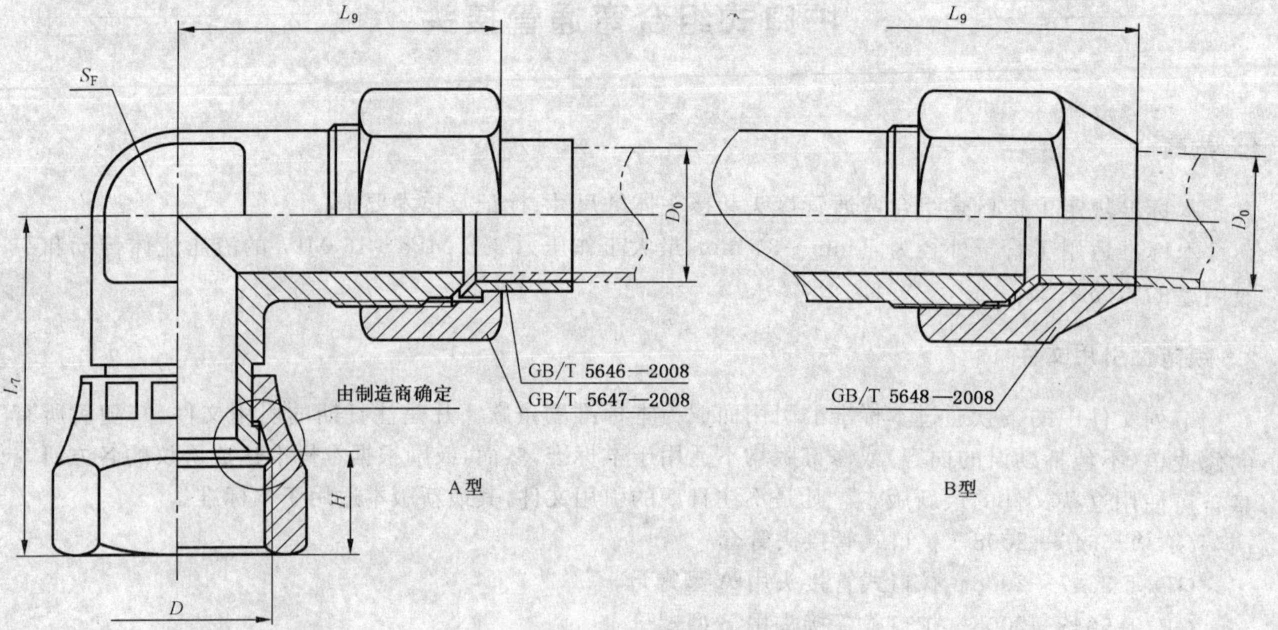

图 1　扩口式组合弯通管接头

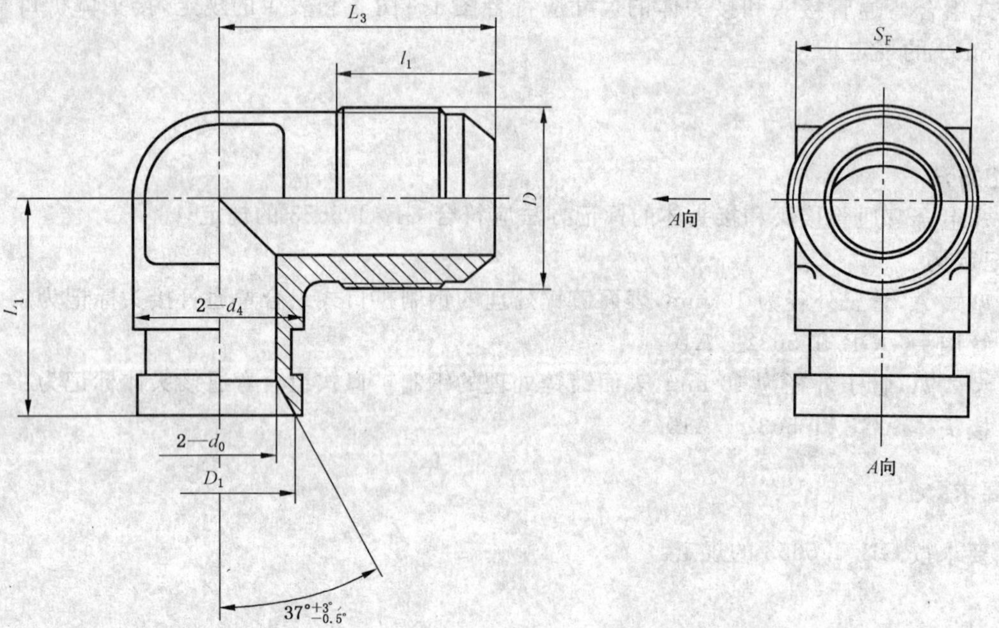

图 2　扩口式组合弯通接头体

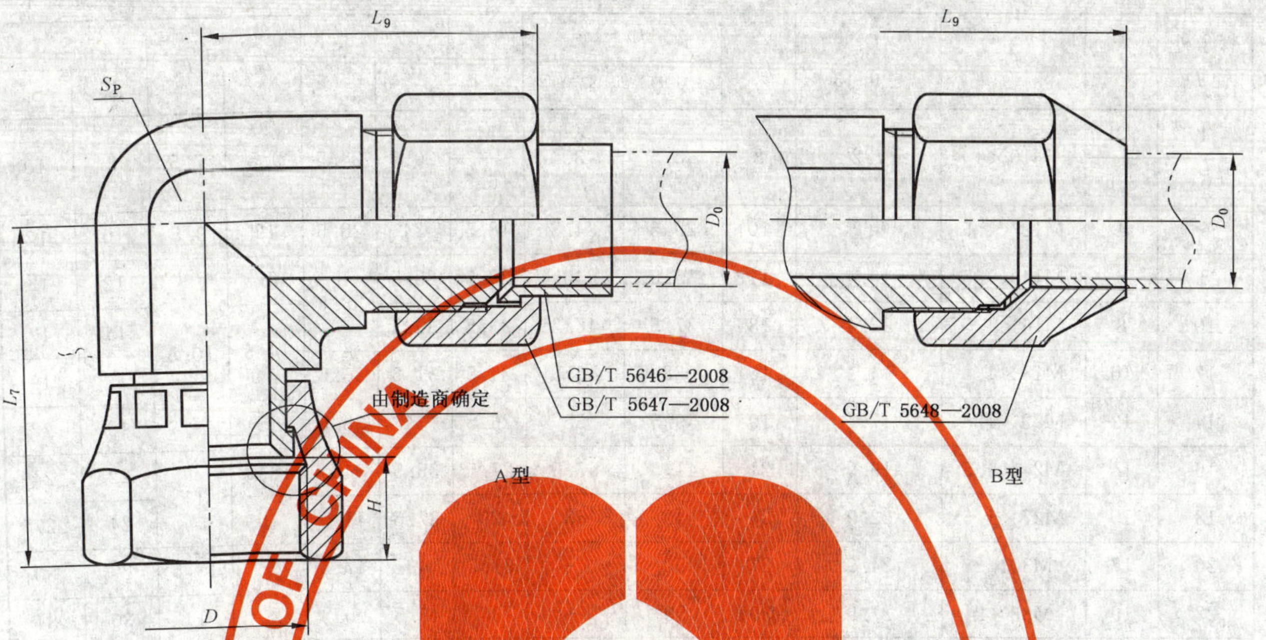

图 3　扩口式组合弯通管接头

图 4　扩口式组合弯通接头体

表 1 扩口式组合弯通管接头和接头体的尺寸

单位为毫米

<table>
<tr><th rowspan="2">管子外径 D_0</th><th rowspan="2">d_0</th><th rowspan="2">D</th><th rowspan="2">D_1 ±0.13</th><th rowspan="2">d_4</th><th colspan="2">$L_9\approx$</th><th rowspan="2">L_1</th><th rowspan="2">L_3</th><th rowspan="2">L_7</th><th rowspan="2">l_1</th><th rowspan="2">H</th><th colspan="2">S</th></tr>
<tr><th>A 型</th><th>B 型</th><th>S_F</th><th>S_P</th></tr>
<tr><td>4</td><td>3</td><td rowspan="2">M10×1</td><td rowspan="2">7.2</td><td rowspan="2">8</td><td rowspan="2">25.5</td><td rowspan="2">30</td><td>14</td><td rowspan="2">20.5</td><td rowspan="2">24.5</td><td rowspan="2">9.5</td><td rowspan="2">7.5</td><td rowspan="2">8</td><td rowspan="2">10</td></tr>
<tr><td>5</td><td>3.5</td><td>16.5</td></tr>
<tr><td>6</td><td>4</td><td>M12×1.5</td><td>8.7</td><td>10</td><td>29.5</td><td>34.5</td><td>18.5</td><td>24</td><td>28.5</td><td>12</td><td>9.5</td><td>10</td><td>12</td></tr>
<tr><td>8</td><td>6</td><td>M14×1.5</td><td>10.4</td><td>11</td><td>35.5</td><td>43</td><td>22.5</td><td>28.5</td><td rowspan="2">33.5</td><td>13.5</td><td rowspan="4">10.5</td><td>12</td><td>14</td></tr>
<tr><td>10</td><td>8</td><td>M16×1.5</td><td>12.4</td><td>13</td><td>37.5</td><td>46.5</td><td>23.5</td><td>30.5</td><td rowspan="2">14.5</td><td>14</td><td>17</td></tr>
<tr><td>12</td><td>10</td><td>M18×1.5</td><td>14.4</td><td>15</td><td>38</td><td>49.5</td><td>24.5</td><td>31.5</td><td>36.5</td><td>17</td><td>19</td></tr>
<tr><td>14</td><td>12</td><td>M22×1.5</td><td>17.4</td><td>19</td><td>39.5</td><td>55</td><td>26.5</td><td>34</td><td>38.5</td><td>15</td><td>19</td><td>22</td></tr>
<tr><td>16</td><td>14</td><td>M24×1.5</td><td>19.9</td><td>21</td><td>41.5</td><td>57.5</td><td>27.5</td><td>35.5</td><td>40</td><td>15.5</td><td rowspan="2">11</td><td>22</td><td>24</td></tr>
<tr><td>18</td><td>15</td><td>M27×1.5</td><td>22.9</td><td>24</td><td>43</td><td>63</td><td>29</td><td>37.5</td><td>41.5</td><td>16</td><td>24</td><td>27</td></tr>
<tr><td>20</td><td>17</td><td>M30×2</td><td>24.9</td><td>27</td><td>50</td><td>—</td><td>31.5</td><td>43</td><td>47.5</td><td rowspan="3">20</td><td>13.5</td><td>27</td><td>30</td></tr>
<tr><td>22</td><td>19</td><td>M33×2</td><td>27.9</td><td>30</td><td>53</td><td>—</td><td>36</td><td>45.5</td><td>51</td><td>14</td><td>30</td><td>34</td></tr>
<tr><td>25</td><td>22</td><td>M36×2</td><td>30.9</td><td>33</td><td>55</td><td>—</td><td>38</td><td>47</td><td>53</td><td>14.5</td><td>34</td><td>36</td></tr>
<tr><td>28</td><td>24</td><td>M39×2</td><td>33.9</td><td>36</td><td>58.5</td><td>—</td><td>40</td><td>50</td><td>56</td><td>21.5</td><td>15</td><td>36</td><td>41</td></tr>
<tr><td>32</td><td>27</td><td>M42×2</td><td>36.9</td><td>39</td><td>61</td><td>—</td><td>42.5</td><td>52.5</td><td>58.5</td><td rowspan="2">22.5</td><td>15.5</td><td>41</td><td rowspan="2">46</td></tr>
<tr><td>34</td><td>30</td><td>M45×2</td><td>39.9</td><td>42</td><td>62.5</td><td>—</td><td>44</td><td>54</td><td>60.5</td><td>16</td><td>46</td></tr>
</table>

ICS 21.060.60
J 15

中华人民共和国国家标准

GB/T 5633—2008
代替 GB/T 5633.1—1985,GB/T 5633.2—1985

扩口式可调向端三通管接头

Flared couplings—Straight thread branch tee

2008-05-07 发布 2008-11-01 实施

中华人民共和国国家质量监督检验检疫总局
中国国家标准化管理委员会 发布

前　言

本标准是扩口式管接头系列标准之一。

本标准是对 GB/T 5633.1—1985《扩口式可调向端三通管接头》和 GB/T 5633.2—1985《扩口式可调向端三通管接头体》的修订。主要修订内容为：

——将两个标准的内容进行了整合；

——修改了英文名称；

——增加了六方形坯件结构；

——修改了可调向端尺寸；

——减少了部分应由制造商控制的参数；

——对部分公差按现行公差与配合标准进行调整；

——取消了表面粗糙度标注，表面粗糙度要求在 GB/T 5653《扩口式管接头技术条件》中给出。

本标准自实施之日起代替 GB/T 5633.1—1985、GB/T 5633.2—1985。

本标准由中国机械工业联合会提出。

本标准由全国管路附件标准化技术委员会归口。

本标准负责起草单位：中机生产力促进中心、海盐管件制造有限公司、海盐县海管管件制造有限公司。

本标准参加起草单位：伊顿（宁波）流体连接件有限公司、嘉兴迈思特管件制造有限公司、建湖县特佳液压管件有限公司、海盐高博管件有限公司、焦作市路通液压附件有限公司。

本标准主要起草人：耿志学、李维荣、周舜华、周剑飞、左学俊、陶忠明、阮浩丰、王利民、冯峰。

本标准所代替标准的历次版本发布情况为：

——GB/T 5633.1—1985、GB/T 5633.2—1985。

扩口式可调向端三通管接头

1 范围

本标准规定了扩口式可调向端三通管接头和接头体的尺寸、标记及技术要求。

本标准适用于管子外径为 4 mm～34 mm，最大工作压力 3.5 MPa～16 MPa 的液压流体传动和一般用途的管路系统。

2 规范性引用文件

下列文件中的条款通过本标准的引用而成为本标准的条款。凡是注日期的引用文件，其随后所有的修改单(不包括勘误的内容)或修订版均不适用于本标准，然而，鼓励根据本标准达成协议的各方研究是否可使用这些文件的最新版本。凡是不注日期的引用文件，其最新版本适用于本标准。

GB/T 3765—2008 卡套式管接头技术条件

GB/T 5646—2008 扩口式管接头管套

GB/T 5647—2008 扩口式管接头用 A 型螺母

GB/T 5648—2008 扩口式管接头用 B 型螺母

GB/T 5649—2008 管接头用锁紧螺母和垫圈

GB/T 5652—2008 扩口式管接头扩口端尺寸

GB/T 5653—2008 扩口式管接头技术条件

3 尺寸

扩口式可调向端三通管接头和接头体的尺寸应符合图 1～图 4 和表 1 的规定，可调向端尺寸应符合 GB/T 3765 附录 A 中 L 系列的规定，接头体扩口端尺寸应符合 GB/T 5652 的规定。

4 标记

4.1 标记方法

扩口式可调向端三通管接头和接头体的标记方法应符合 GB/T 5653 的规定。

4.2 标记示例

扩口型式 A，管子外径为 10 mm，普通螺纹(M)可调向螺纹柱端，表面镀锌处理的钢制扩口式可调向端三通管接头标记为：

管接头 GB/T 5633 A10

扩口型式 A，管子外径为 10 mm，普通螺纹(M)可调向螺纹柱端，表面镀锌处理的钢制扩口式可调向端三通接头体标记为：

接头体 GB/T 5633 A10

5 技术要求

技术要求按 GB/T 5653 的规定。

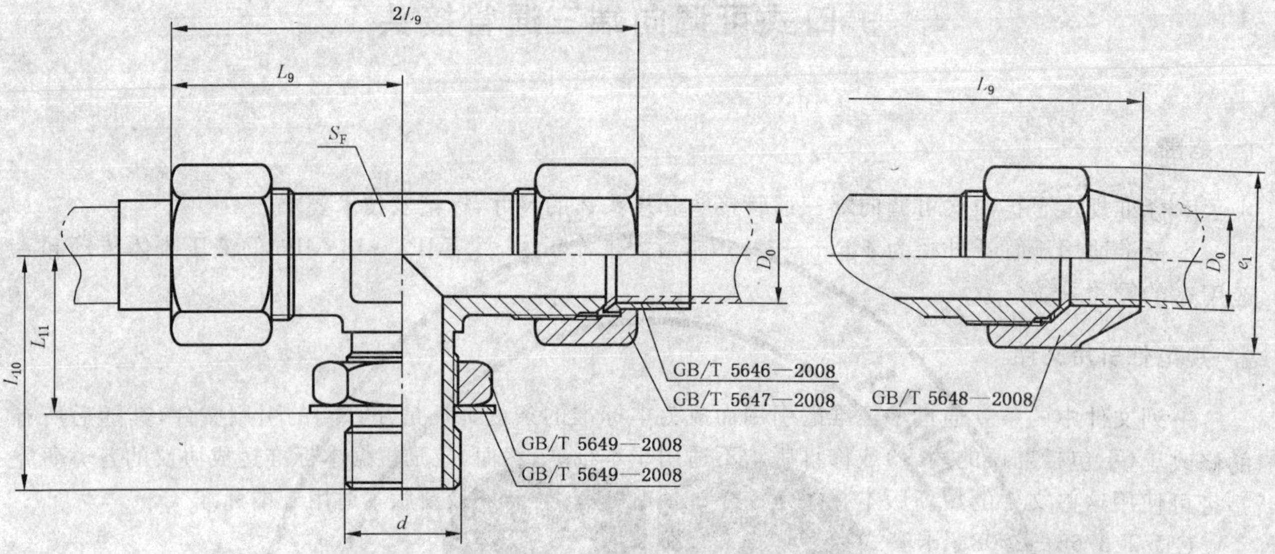

A 型　　B 型

图 1　扩口式可调向端三通管接头

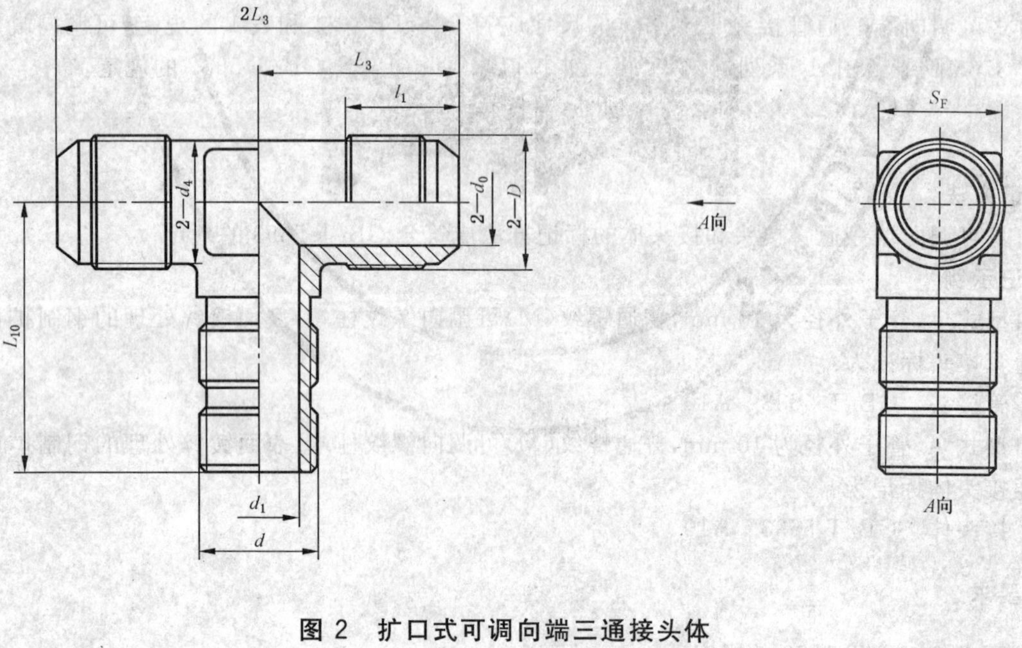

图 2　扩口式可调向端三通接头体

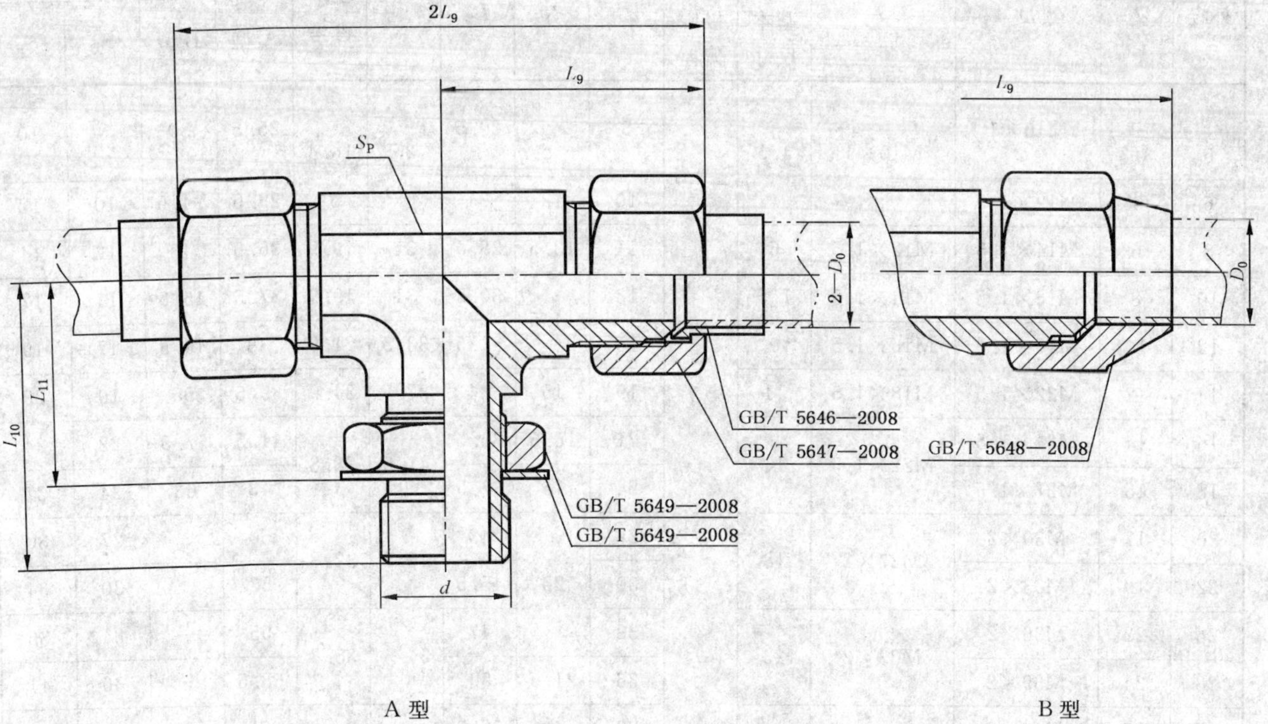

图 3　扩口式可调向端三通管接头

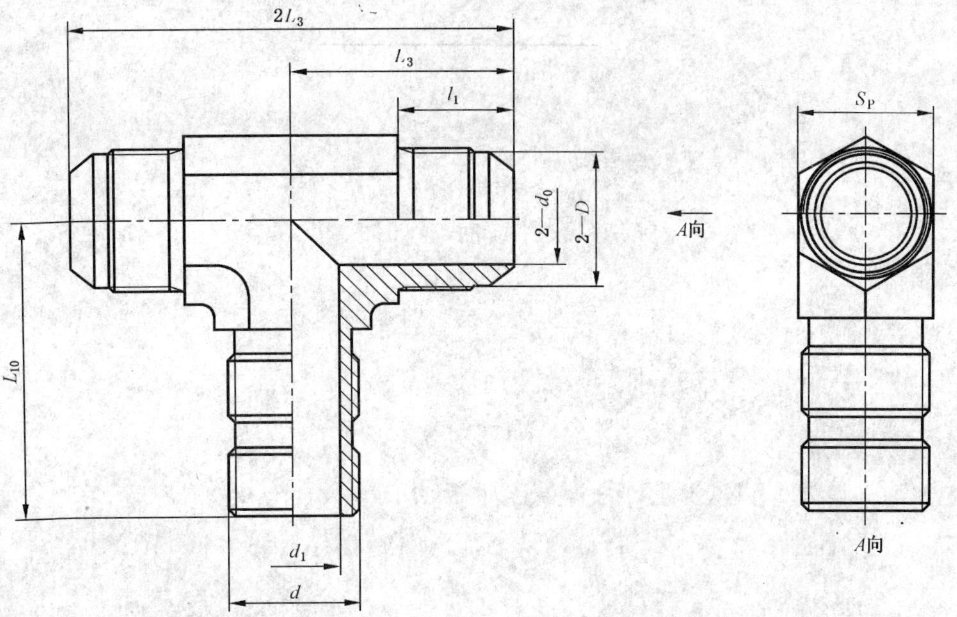

图 4　扩口式可调向端三通接头体

表 1　扩口式可调向端三通管接头和接头体尺寸

单位为毫米

管子外径 D_0	d_0	D	d	d_1 基本尺寸	d_1 极限偏差	d_4	l_1	L_3	$L_{10}\pm1$	L_{11} 参考	$L_9\approx$ A型	$L_9\approx$ B型	S S_F	S S_P
4	3	M10×1	M10×1	4.5	±0.1	8	9.5	20.5	25	16.4	25.5	30	8	10
5	3.5													
6	4	M12×1.5				10	12	24			29.5	34.5	10	12
8	6	M14×1.5	M12×1.5	6	±0.2	11	13.5	28.5	31	19.9	35.5	43	12	14
10	8	M16×1.5	M14×1.5	7.5		13	14.5	30.5	31	19.9	37.5	46.5	14	17
12	10	M18×1.5	M16×1.5	9		15		31.5	33.5	21.9	38	49.5	17	19
14	12	M22×1.5	M18×1.5	11		19	15	34	37.5	24.9	39.5	55	19	22
16	14	M24×1.5	M22×1.5	14		21	15.5	35.5	41.5	28.8	41.5	57.5	22	24
18	15	M27×1.5				24	16	37.5			43	63	24	27
20	17	M30×2	M27×2	18		27	20	43	48.5	32.8	50	—	27	30
22	19	M33×2				30		45.5			53	—	30	34
25	22	M36×2	M33×2	23		33		47	51.5	35.8	55	—	34	36
28	24	M39×2				36	21.5	50			58.5	—	36	41
32	27	M42×2	M42×2	30		39	22.5	52.5	56.5	40.8	61	—	41	46
34	30	M45×2				42		54			62.5	—	46	

ICS 21.060.60
J 15

中华人民共和国国家标准

GB/T 5634—2008
代替 GB/T 5634.1—1985,GB/T 5634.2—1985

扩口式组合弯通三通管接头

Flared couplings—Swivel run tee

2008-05-07 发布　　2008-11-01 实施

中华人民共和国国家质量监督检验检疫总局
中国国家标准化管理委员会　发布

前　言

本标准是扩口式管接头系列标准之一。

本标准是对 GB/T 5634.1—1985《扩口式组合直角三通管接头》和 GB/T 5634.2—1985《扩口式组合直角三通管接头体》的修订。主要修订内容为：

——将两个标准的内容进行了整合；

——修改了中文和英文名称；

——增加了六方形坯件结构；

——减少了部分应由制造商控制的参数；

——对部分公差按现行公差与配合标准进行调整；

——取消了表面粗糙度标注，表面粗糙度要求在 GB/T 5653《扩口式管接头技术条件》中给出。

本标准自实施之日起代替 GB/T 5634.1—1985、GB/T 5634.2—1985。

本标准由中国机械工业联合会提出。

本标准由全国管路附件标准化技术委员会归口。

本标准负责起草单位：中机生产力促进中心、海盐管件制造有限公司、海盐县海管管件制造有限公司。

本标准参加起草单位：伊顿(宁波)流体连接件有限公司、嘉兴迈思特管件制造有限公司、建湖县特佳液压管件有限公司、海盐高博管件有限公司、焦作市路通液压附件有限公司。

本标准主要起草人：耿志学、李维荣、周舜华、周剑飞、左学俊、陶忠明、阮浩丰、王利民、冯峰。

本标准所代替标准的历次版本发布情况为：

——GB/T 5634.1—1985、GB/T 5634.2—1985。

扩口式组合弯通三通管接头

1 范围

本标准规定了扩口式组合弯通三通管接头和接头体的尺寸、标记及技术要求。

本标准适用于管子外径为 4 mm～34 mm，最大工作压力 3.5 MPa～16 MPa 的液压流体传动和一般用途的管路系统。

2 规范性引用文件

下列文件中的条款通过本标准的引用而成为本标准的条款。凡是注日期的引用文件，其随后所有的修改单(不包括勘误的内容)或修订版均不适用于本标准，然而，鼓励根据本标准达成协议的各方研究是否可使用这些文件的最新版本。凡是不注日期的引用文件，其最新版本适用于本标准。

GB/T 5646—2008 扩口式管接头管套

GB/T 5647—2008 扩口式管接头用 A 型螺母

GB/T 5648—2008 扩口式管接头用 B 型螺母

GB/T 5652—2008 扩口式管接头扩口端尺寸

GB/T 5653—2008 扩口式管接头技术条件

3 尺寸

扩口式组合弯通三通管接头和接头体的尺寸应符合图 1～图 4 和表 1 规定，接头体扩口端尺寸应符合 GB/T 5652 的规定。

4 标记

4.1 标记方法

扩口式组合弯通三通管接头和接头体的标记方法应符合 GB/T 5653 的规定。

4.2 标记示例

扩口型式 A，管子外径为 10 mm，表面镀锌处理的钢制扩口式组合弯通三通管接头标记为：

管接头 GB/T 5634 A10

扩口型式 A，管子外径为 10 mm，表面镀锌处理的钢制扩口式组合弯通三通接头体标记为：

接头体 GB/T 5634 A10

5 技术要求

技术要求按 GB/T 5653 的规定。

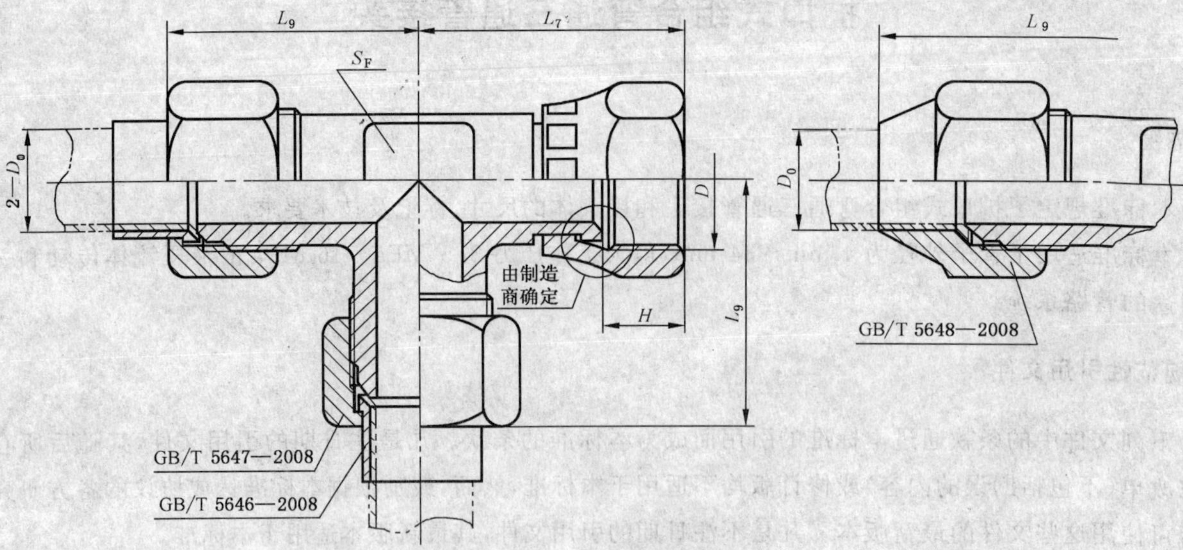

A 型　　　　　　　　B 型

图 1　扩口式组合弯通三通管接头

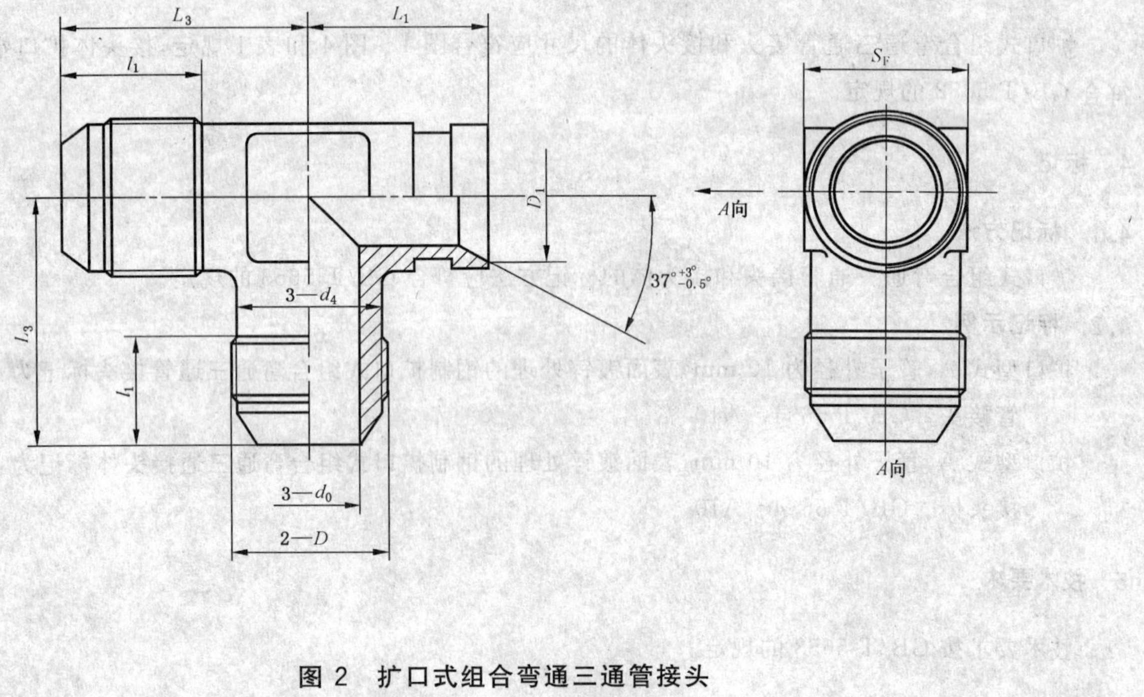

图 2　扩口式组合弯通三通管接头

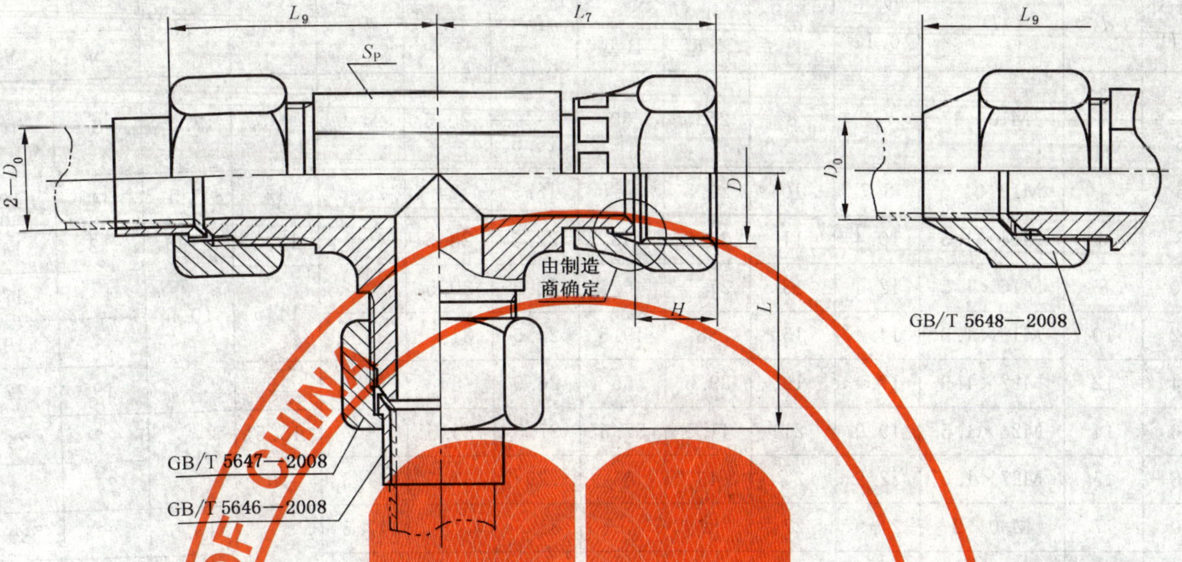

图 3　扩口式组合弯通三通管接头

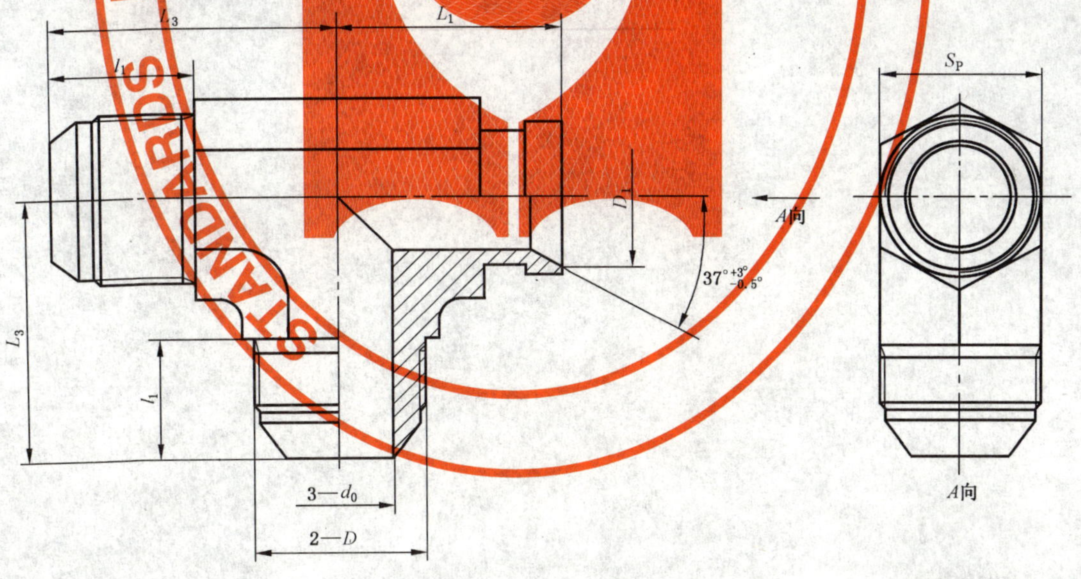

图 4　扩口式组合弯通三通接头体

表 1　扩口式组合弯通三通管接头和接头体的尺寸

单位为毫米

<table>
<tr><th rowspan="2">管子外径 D_0</th><th rowspan="2">d_0</th><th rowspan="2">D</th><th rowspan="2">$D_1\pm$ 0.13</th><th rowspan="2">d_4</th><th colspan="2">$L_9\approx$</th><th rowspan="2">L_1</th><th rowspan="2">L_3</th><th rowspan="2">L_7</th><th rowspan="2">l_1</th><th rowspan="2">H</th><th colspan="2">S</th></tr>
<tr><th>A 型</th><th>B 型</th><th>S_F</th><th>S_P</th></tr>
<tr><td>4</td><td>3</td><td rowspan="2">M10×1</td><td rowspan="2">7.2</td><td rowspan="2">8</td><td rowspan="2">25.5</td><td rowspan="2">30</td><td>14</td><td rowspan="2">20.5</td><td rowspan="2">24.5</td><td rowspan="2">9.5</td><td rowspan="2">7.5</td><td rowspan="2">8</td><td rowspan="2">10</td></tr>
<tr><td>5</td><td>3.5</td><td>16.5</td></tr>
<tr><td>6</td><td>4</td><td>M12×1.5</td><td>8.7</td><td>10</td><td>29.5</td><td>34.5</td><td>18.5</td><td>24</td><td>28.5</td><td>12</td><td>9.5</td><td>10</td><td>12</td></tr>
<tr><td>8</td><td>6</td><td>M14×1.5</td><td>10.4</td><td>11</td><td>35.5</td><td>43</td><td>22.5</td><td>28.5</td><td rowspan="2">33.5</td><td>13.5</td><td rowspan="4">10.5</td><td>12</td><td>14</td></tr>
<tr><td>10</td><td>8</td><td>M16×1.5</td><td>12.4</td><td>13</td><td>37.5</td><td>46.5</td><td>23.5</td><td>30.5</td><td rowspan="2">14.5</td><td>14</td><td>17</td></tr>
<tr><td>12</td><td>10</td><td>M18×1.5</td><td>14.4</td><td>15</td><td>38</td><td>49.5</td><td>24.5</td><td>31.5</td><td>36.5</td><td>17</td><td>19</td></tr>
<tr><td>14</td><td>12</td><td>M22×1.5</td><td>17.4</td><td>19</td><td>39.5</td><td>55</td><td>26.5</td><td>34</td><td>38.5</td><td>15</td><td>19</td><td>22</td></tr>
<tr><td>16</td><td>14</td><td>M24×1.5</td><td>19.9</td><td>21</td><td>41.5</td><td>57.5</td><td>27.5</td><td>35.5</td><td>40</td><td>15.5</td><td rowspan="2">11</td><td>22</td><td>24</td></tr>
<tr><td>18</td><td>15</td><td>M27×1.5</td><td>22.9</td><td>24</td><td>43</td><td>63</td><td>29</td><td>37.5</td><td>41.5</td><td>16</td><td>24</td><td>27</td></tr>
<tr><td>20</td><td>17</td><td>M30×2</td><td>24.9</td><td>27</td><td>50</td><td>—</td><td>31.5</td><td>43</td><td>47.5</td><td rowspan="3">20</td><td>13.5</td><td>27</td><td>30</td></tr>
<tr><td>22</td><td>19</td><td>M33×2</td><td>27.9</td><td>30</td><td>53</td><td>—</td><td>36</td><td>45.5</td><td>51</td><td>14</td><td>30</td><td>34</td></tr>
<tr><td>25</td><td>22</td><td>M36×2</td><td>30.9</td><td>33</td><td>55</td><td>—</td><td>38</td><td>47</td><td>53</td><td>14.5</td><td>34</td><td>36</td></tr>
<tr><td>28</td><td>24</td><td>M39×2</td><td>33.9</td><td>36</td><td>58.5</td><td>—</td><td>40</td><td>50</td><td>56</td><td>21.5</td><td>15</td><td>36</td><td>41</td></tr>
<tr><td>32</td><td>27</td><td>M42×2</td><td>36.9</td><td>39</td><td>61</td><td>—</td><td>42.5</td><td>52.5</td><td>58.5</td><td rowspan="2">22.5</td><td>15.5</td><td>41</td><td rowspan="2">46</td></tr>
<tr><td>34</td><td>30</td><td>M45×2</td><td>39.9</td><td>42</td><td>62.5</td><td>—</td><td>44</td><td>54</td><td>60.5</td><td>16</td><td>46</td></tr>
</table>

ICS 21.060.60
J 15

中华人民共和国国家标准

GB/T 5635—2008
代替 GB/T 5635.1—1985,GB/T 5635.2—1985

扩口式锥螺纹三通管接头

Flared couplings—Male branch tee

2008-05-07 发布　　2008-11-01 实施

中华人民共和国国家质量监督检验检疫总局
中国国家标准化管理委员会　发布

前　言

本标准是扩口式管接头系列标准之一。

本标准是对GB/T 5635.1—1985《扩口式锥螺纹三通管接头》和GB/T 5635.2—1985《扩口式锥螺纹三通管接头体》的修订。主要修订内容为：

——将两个标准的内容进行了整合；

——修改了英文名称；

——螺纹柱端增加了55°密封管螺纹(R)和60°密封管螺纹(NPT)，取消了原标准中的米制锥螺纹(ZM)；

——增加了六方形坯件结构；

——减少了部分应由制造商控制的参数；

——对部分公差按现行公差与配合标准进行调整；

——取消了表面粗糙度标注，表面粗糙度要求在GB/T 5653《扩口式管接头技术条件》中给出。

本标准自实施之日起代替GB/T 5635.1—1985、GB/T 5635.2—1985。

本标准由中国机械工业联合会提出。

本标准由全国管路附件标准化技术委员会归口。

本标准负责起草单位：中机生产力促进中心、海盐管件制造有限公司、焦作市路通液压附件有限公司。

本标准参加起草单位：伊顿(宁波)流体连接件有限公司、嘉兴迈思特管件制造有限公司、建湖县特佳液压管件有限公司、海盐高博管件有限公司、海盐县海管管件制造有限公司。

本标准主要起草人：耿志学、李维荣、周舜华、王利民、左学俊、陶忠明、阮浩丰、周剑飞、冯峰。

本标准所代替标准的历次版本发布情况为：

——GB/T 5635.1—1985、GB/T 5635.2—1985。

扩口式锥螺纹三通管接头

1 范围

本标准规定了扩口式锥螺纹三通管接头和接头体的尺寸、标记及技术要求。

本标准适用于管子外径为 4 mm～34 mm，最大工作压力 3.5 MPa～16 MPa 的液压流体传动和一般用途的管路系统。

2 规范性引用文件

下列文件中的条款通过本标准的引用而成为本标准的条款。凡是注日期的引用文件，其随后所有的修改单(不包括勘误的内容)或修订版均不适用于本标准，然而，鼓励根据本标准达成协议的各方研究是否可使用这些文件的最新版本。凡是不注日期的引用文件，其最新版本适用于本标准。

GB/T 5646—2008　扩口式管接头管套

GB/T 5647—2008　扩口式管接头用 A 型螺母

GB/T 5648—2008　扩口式管接头用 B 型螺母

GB/T 5652—2008　扩口式管接头扩口端尺寸

GB/T 5653—2008　扩口式管接头技术条件

3 尺寸

扩口式锥螺纹三通管接头和接头体的尺寸应符合图 1～图 4 和表 1 的规定，接头体扩口端尺寸应符合 GB/T 5652 的规定。

4 标记

4.1 标记方法

扩口式锥螺纹三通管接头和接头体的标记方法应符合 GB/T 5653 的规定。

4.2 标记示例

扩口型式 A，管子外径为 10 mm，55° 密封管螺纹(R)，表面镀锌处理的钢制扩口式锥螺纹三通管接头标记为：

管接头　GB/T 5635　A10/ R1/4

扩口型式 A，管子外径为 10 mm，55° 密封管螺纹(R)，表面镀锌处理的钢制扩口式锥螺纹三通接头体标记为：

接头体　GB/T 5635　A10/ R1/4

5 技术要求

技术要求按 GB/T 5653 的规定。

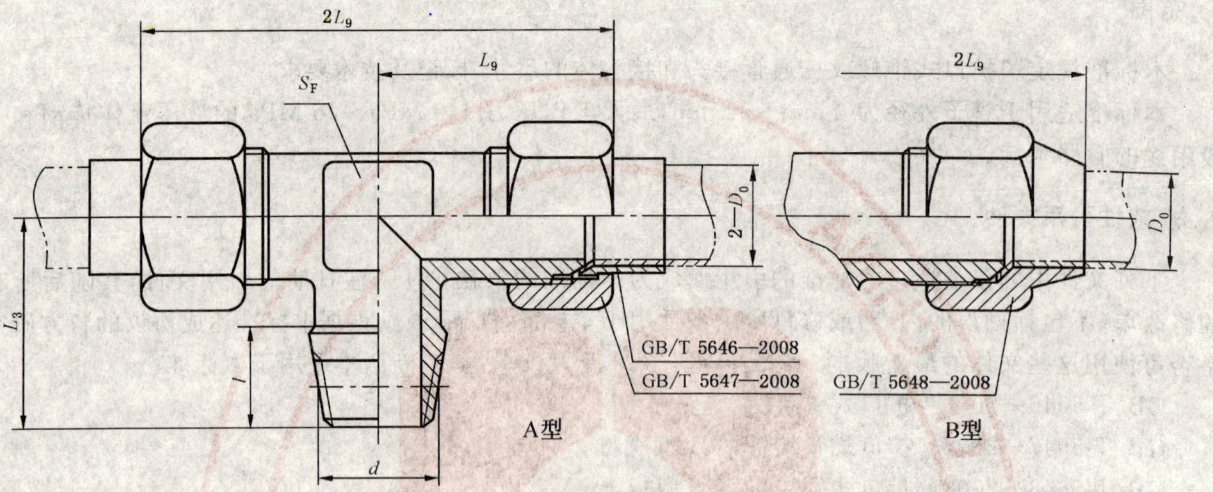

图 1 扩口式锥螺纹三通管接头

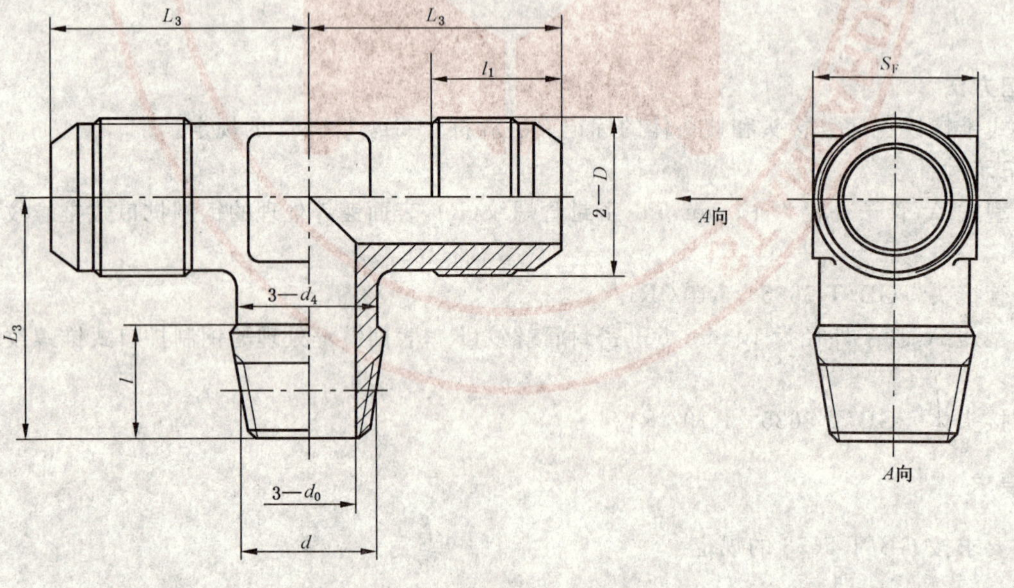

图 2 扩口式锥螺纹三通接头体

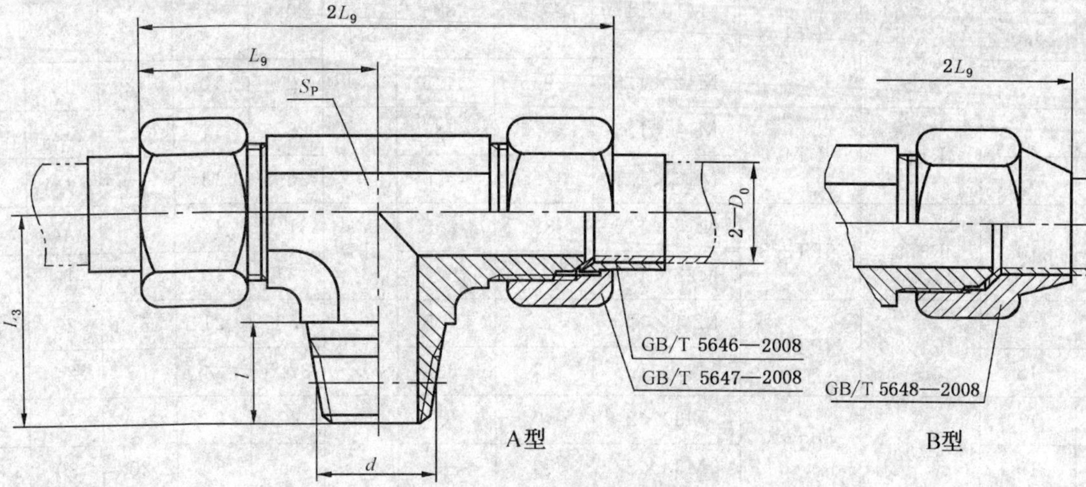

图 3　扩口式锥螺纹三通管接头

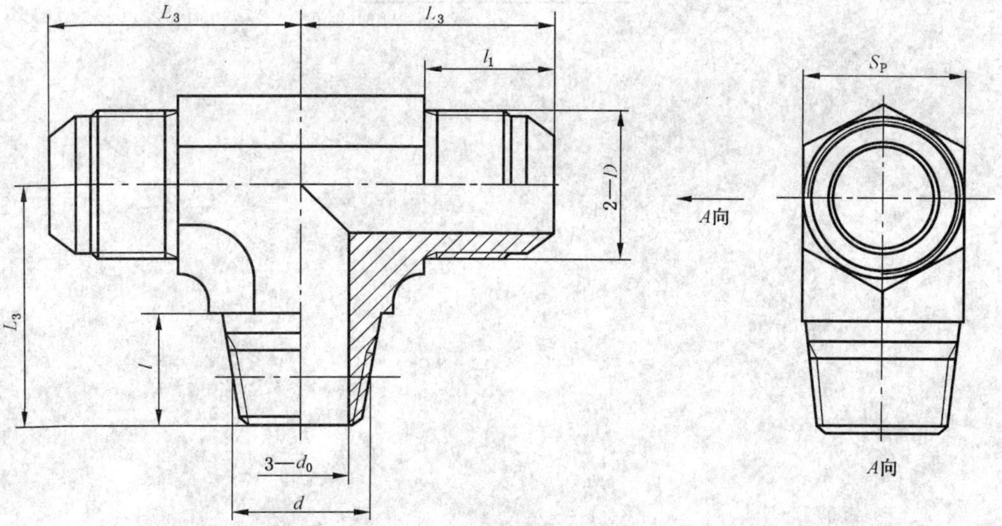

图 4　扩口式锥螺纹三通接头体

表 1 扩口式锥螺纹三通管接头和接头体尺寸

单位为毫米

<table>
<tr><th rowspan="2">管子外径 D_0</th><th rowspan="2">d_0</th><th colspan="2" rowspan="2">d[a]</th><th rowspan="2">D</th><th colspan="2">$L_9 \approx$</th><th rowspan="2">l</th><th rowspan="2">L_3</th><th rowspan="2">d_4</th><th rowspan="2">l_1</th><th colspan="2">S</th></tr>
<tr><th>A 型</th><th>B 型</th><th>S_F</th><th>S_P</th></tr>
<tr><td>4</td><td>3</td><td rowspan="3">R1/8</td><td rowspan="3">NPT1/8</td><td rowspan="2">M10×1</td><td rowspan="2">25.5</td><td rowspan="2">30</td><td rowspan="3">8.5</td><td rowspan="2">20.5</td><td rowspan="2">8</td><td rowspan="2">9.5</td><td rowspan="2">8</td><td rowspan="2">10</td></tr>
<tr><td>5</td><td>3.5</td></tr>
<tr><td>6</td><td>4</td><td>M12×1.5</td><td>29.5</td><td>34.5</td><td>24</td><td>10</td><td>12</td><td>10</td><td>12</td></tr>
<tr><td>8</td><td>6</td><td rowspan="2">R1/4</td><td rowspan="2">NPT1/4</td><td>M14×1.5</td><td>35.5</td><td>43</td><td rowspan="2">12.5</td><td>28.5</td><td>11</td><td>13.5</td><td>12</td><td>14</td></tr>
<tr><td>10</td><td>8</td><td>M16×1.5</td><td>37.5</td><td>46.5</td><td>30.5</td><td>13</td><td rowspan="2">14.5</td><td>14</td><td>17</td></tr>
<tr><td>12</td><td rowspan="2">10</td><td rowspan="2">R3/8</td><td rowspan="2">NPT3/8</td><td>M18×1.5</td><td>38</td><td>49.5</td><td rowspan="2">13</td><td>31.5</td><td>15</td><td>17</td><td>19</td></tr>
<tr><td>14</td><td>M22×1.5</td><td>39.5</td><td>55</td><td>34</td><td>19</td><td>15</td><td>19</td><td>22</td></tr>
<tr><td>16</td><td>14</td><td rowspan="2">R1/2</td><td rowspan="2">NPT1/2</td><td>M24×1.5</td><td>41.5</td><td>57.5</td><td rowspan="2">17</td><td>35.5</td><td>21</td><td>15.5</td><td>22</td><td>24</td></tr>
<tr><td>18</td><td>15</td><td>M27×1.5</td><td>43</td><td>63</td><td>37.5</td><td>24</td><td>16</td><td>24</td><td>27</td></tr>
<tr><td>20</td><td>17</td><td rowspan="2">R3/4</td><td rowspan="2">NPT3/4</td><td>M30×2</td><td>50</td><td>—</td><td rowspan="2">18</td><td>43</td><td>27</td><td rowspan="3">20</td><td>27</td><td>30</td></tr>
<tr><td>22</td><td>19</td><td>M33×2</td><td>53</td><td>—</td><td>45.5</td><td>30</td><td>30</td><td>34</td></tr>
<tr><td>25</td><td>22</td><td rowspan="2">R1</td><td rowspan="2">NPT1</td><td>M36×2</td><td>55</td><td>—</td><td rowspan="2">21.5</td><td>47</td><td>33</td><td>34</td><td>36</td></tr>
<tr><td>28</td><td>24</td><td>M39×2</td><td>58.5</td><td>—</td><td>50</td><td>36</td><td>21.5</td><td>36</td><td>41</td></tr>
<tr><td>32</td><td>27</td><td rowspan="2">R1¼</td><td rowspan="2">NPT1¼</td><td>M42×2</td><td>61</td><td>—</td><td rowspan="2">24</td><td>52.5</td><td>39</td><td rowspan="2">22.5</td><td>41</td><td rowspan="2">46</td></tr>
<tr><td>34</td><td>30</td><td>M45×2</td><td>62.5</td><td>—</td><td>54</td><td>42</td><td>46</td></tr>
<tr><td colspan="13">[a] 优先选用 55° 密封管螺纹。</td></tr>
</table>

ICS 21.060.60
J 15

GB

中华人民共和国国家标准

GB/T 5637—2008
代替 GB/T 5637.1—1985,GB/T 5637.2—1985

扩口式可调向端弯通三通管接头

Flared couplings—Straight thread run tee

2008-05-07 发布　　2008-11-01 实施

中华人民共和国国家质量监督检验检疫总局
中国国家标准化管理委员会　发布

前 言

本标准是扩口式管接头系列标准之一。

本标准是对 GB/T 5637.1—1985《扩口式可调向端直角三通管接头》和 GB/T 5637.2—1985《扩口式可调向端直角三通管接头体》的修订。主要修订内容为：

——将两个标准的内容进行了整合；

——修改了中文和英文名称；

——增加了六方形坯件结构；

——修改了可调向端尺寸；

——减少了部分应由制造商控制的参数；

——对部分公差按现行公差与配合标准进行调整；

——取消了表面粗糙度标注，表面粗糙度要求在 GB/T 5653《扩口式管接头技术条件》中给出。

本标准自实施之日起代替 GB/T 5637.1—1985、GB/T 5637.2—1985。

本标准由中国机械工业联合会提出。

本标准由全国管路附件标准化技术委员会归口。

本标准负责起草单位：中机生产力促进中心、海盐管件制造有限公司、焦作市路通液压附件有限公司。

本标准参加起草单位：伊顿(宁波)流体连接件有限公司、嘉兴迈思特管件制造有限公司、建湖县特佳液压管件有限公司、海盐高博管件有限公司、海盐县海管管件制造有限公司。

本标准主要起草人：耿志学、李维荣、周舜华、王利民、左学俊、陶忠明、阮浩丰、周剑飞、冯峰。

本标准所代替标准的历次版本发布情况为：

——GB/T 5637.1—1985、GB/T 5637.2—1985。

扩口式可调向端弯通三通管接头

1 范围

本标准规定了扩口式可调向端弯通三通管接头和接头体的尺寸、标记及技术要求。

本标准适用于管子外径为 4 mm～34 mm，最大工作压力 3.5 MPa～16 MPa 的液压流体传动和一般用途的管路系统。

2 规范性引用文件

下列文件中的条款通过本标准的引用而成为本标准的条款。凡是注日期的引用文件，其随后所有的修改单(不包括勘误的内容)或修订版均不适用于本标准，然而，鼓励根据本标准达成协议的各方研究是否可使用这些文件的最新版本。凡是不注日期的引用文件，其最新版本适用于本标准。

GB/T 3765—2008　卡套式管接头技术条件

GB/T 5646—2008　扩口式管接头管套

GB/T 5647—2008　扩口式管接头用 A 型螺母

GB/T 5648—2008　扩口式管接头用 B 型螺母

GB/T 5649—2008　管接头用锁紧螺母和垫圈

GB/T 5652—2008　扩口式管接头扩口端尺寸

GB/T 5653—2008　扩口式管接头技术条件

3 尺寸

扩口式可调向端弯通三通管接头和接头体的尺寸应符合图 1～图 4 和表 1 的规定，可调向端尺寸应符合 GB/T 3765 附录 A 中 L 系列的规定，接头体扩口端尺寸应符合 GB/T 5652 的规定。

4 标记

4.1 标记方法

扩口式可调向端弯通三通管接头和接头体的标记方法应符合 GB/T 5653 的规定。

4.2 标记示例

扩口型式 A，管子外径为 10 mm，普通螺纹(M)可调向螺纹柱端，表面镀锌处理的钢制扩口式可调向端弯通三通管接头标记为：

管接头　GB/T 5637　A10F

扩口型式 A，管子外径为 10 mm，普通螺纹(M)可调向螺纹柱端，表面镀锌处理的钢制扩口式可调向端弯通三通接头体标记为：

接头体　GB/T 5637　A10F

5 技术要求

技术要求按 GB/T 5653 的规定。

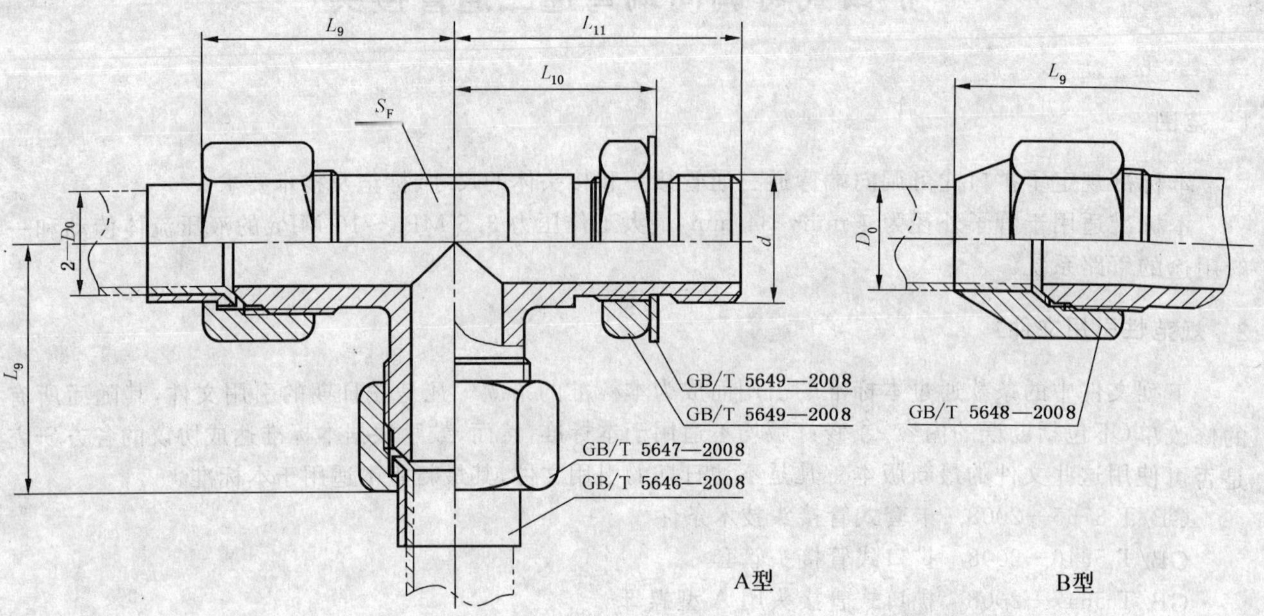

图 1 扩口式可调向端弯通三通管接头

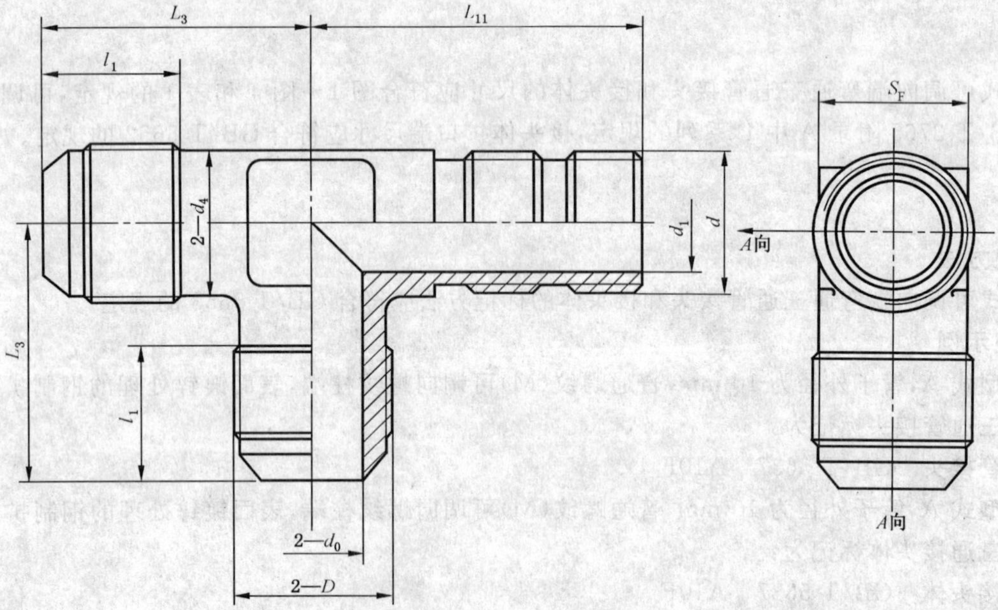

图 2 扩口式可调向端弯通三通接头体

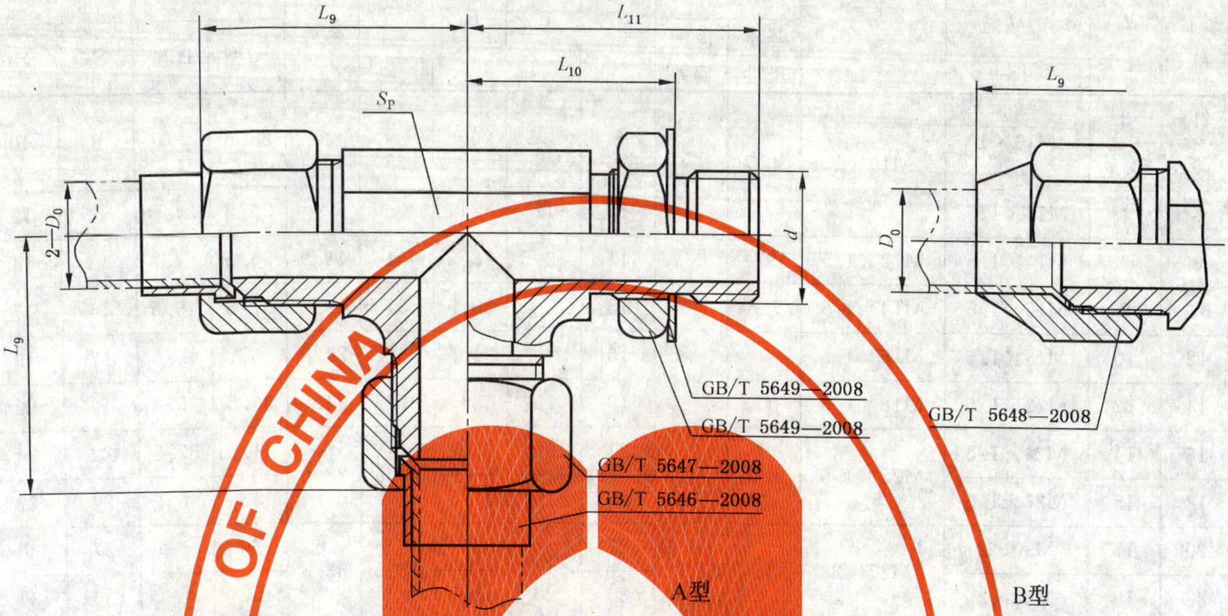

图 3　扩口式可调向端弯通三通管接头

图 4　扩口式可调向端弯通三通接头体

表 1　扩口式可调向端弯通三通管接头和接头体尺寸

单位为毫米

管子外径 D_0	d_0	D	d	d_1		d_4	l_1	L_3	L_{10} ±1	L_{11} 参考	L_9≈		S	
				基本尺寸	极限偏差						A 型	B 型	S_F	S_P
4	3	M10×1	M10×1	4.5	±0.1	8	9.5	20.5	25	16.4	25.5	30	8	10
5	3.5													
6	4	M12×1.5				10	12	24			29.5	34.5	10	12
8	6	M14×1.5	M12×1.5	6		11	13.5	28.5	31	19.9	35.5	43	12	14
10	8	M16×1.5	M14×1.5	7.5	±0.2	13	14.5	30.5	31	19.9	37.5	46.5	14	17
12	10	M18×1.5	M16×1.5	9		15		31.5	33.5	21.9	38	49.5	17	19
14	12	M22×1.5	M18×1.5	11		19	15	34	37.5	24.9	39.5	55	19	22
16	14	M24×1.5	M22×1.5	14		21	15.5	35.5	41.5	28.8	41.5	57.5	22	24
18	15	M27×1.5				24	16	37.5			43	63	24	27
20	17	M30×2	M27×2	18		27	20	43	48.5	32.8	50	—	27	30
22	19	M33×2				30		45.5			53	—	30	34
25	22	M36×2	M33×2	23		33		47	51.5	35.8	55	—	34	36
28	24	M39×2				36	21.5	50			58.5	—	36	41
32	27	M42×2	M42×2	30		39	22.5	52.5	56.5	40.8	61	—	41	46
34	30	M45×2				42		54			62.5	—	46	

ICS 21.060.60
J 15

中华人民共和国国家标准

GB/T 5638—2008
代替 GB/T 5638.1—1985,GB/T 5638.2—1985

扩口式组合三通管接头

Flared couplings—Swivel branch tee

2008-05-07 发布　　2008-11-01 实施

中华人民共和国国家质量监督检验检疫总局
中国国家标准化管理委员会　发布

前　言

本标准是扩口式管接头系列标准之一。

本标准是对 GB/T 5638.1—1985《扩口式组合三通管接头》和 GB/T 5638.2—1985《扩口式组合三通管接头体》的修订。主要修订内容为：

——将两个标准的内容进行了整合；

——修改了英文名称；

——增加了六方形坯件结构；

——减少了部分应由制造商控制的参数；

——对部分公差按现行公差与配合标准进行调整；

——取消了表面粗糙度标注，表面粗糙度要求在 GB/T 5653《扩口式管接头技术条件》中给出。

本标准自实施之日起代替 GB/T 5638.1—1985、GB/T 5638.2—1985。

本标准由中国机械工业联合会提出。

本标准由全国管路附件标准化技术委员会归口。

本标准负责起草单位：海盐管件制造有限公司、中机生产力促进中心。

本标准参加起草单位：伊顿（宁波）流体连接件有限公司、嘉兴迈思特管件制造有限公司、建湖县特佳液压管件有限公司、海盐高博管件有限公司、海盐县海管管件制造有限公司、焦作市路通液压附件有限公司。

本标准主要起草人：耿志学、李维荣、周舜华、陶忠明、左学俊、阮浩丰、周剑飞、王利民、冯峰。

本标准所代替标准的历次版本发布情况为：

——GB/T 5638.1—1985、GB/T 5638.2—1985。

扩口式组合三通管接头

1 范围

本标准规定了扩口式组合三通管接头和接头体的尺寸、标记及技术要求。

本标准适用于管子外径为 4 mm～34 mm，最大工作压力 3.5 MPa～16 MPa 的液压流体传动和一般用途的管路系统。

2 规范性引用文件

下列文件中的条款通过本标准的引用而成为本标准的条款。凡是注日期的引用文件，其随后所有的修改单（不包括勘误的内容）或修订版均不适用于本标准，然而，鼓励根据本标准达成协议的各方研究是否可使用这些文件的最新版本。凡是不注日期的引用文件，其最新版本适用于本标准。

GB/T 5646—2008 扩口式管接头管套

GB/T 5647—2008 扩口式管接头用 A 型螺母

GB/T 5648—2008 扩口式管接头用 B 型螺母

GB/T 5652—2008 扩口式管接头扩口端尺寸

GB/T 5653—2008 扩口式管接头技术条件

3 尺寸

扩口式组合三通管接头和接头体的尺寸应符合图 1～图 4 和表 1 的规定，接头体扩口端尺寸应符合 GB/T 5652 的规定。

4 标记

4.1 标记方法

扩口式组合三通管接头和接头体的标记方法应符合 GB/T 5653 的规定。

4.2 标记示例

扩口型式 A，管子外径为 10 mm，表面镀锌处理的钢制扩口式组合三通管接头标记为：

管接头 GB/T 5638 A10

扩口型式 A，管子外径为 10 mm，表面镀锌处理的钢制扩口式组合三通接头体标记为：

接头体 GB/T 5638 A10

5 技术要求

技术要求按 GB/T 5653 的规定。

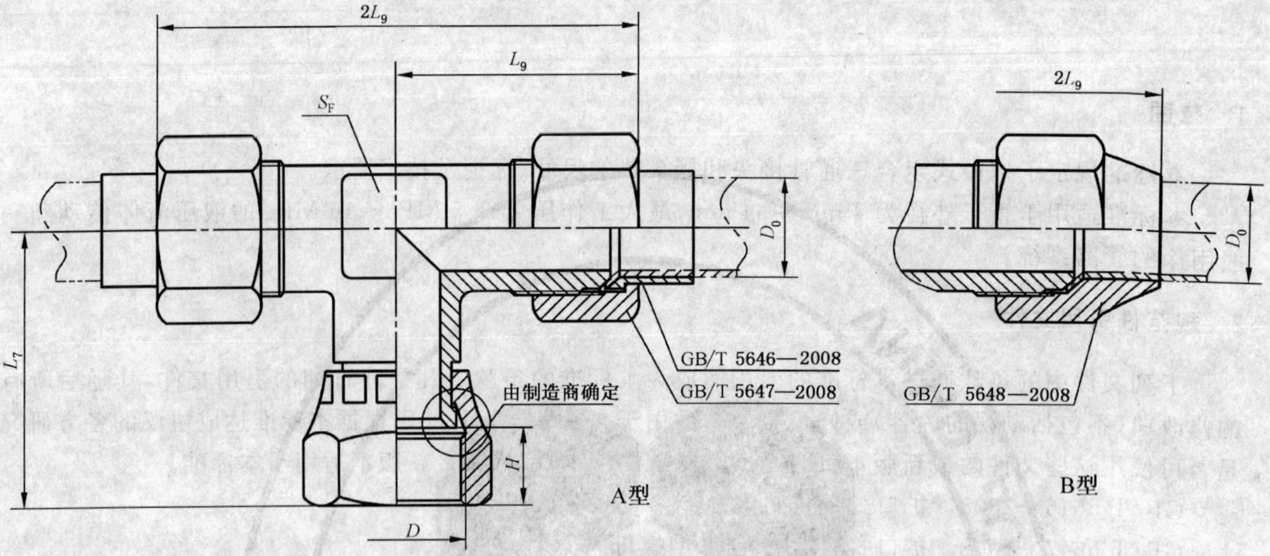

图 1 扩口式组合三通管接头

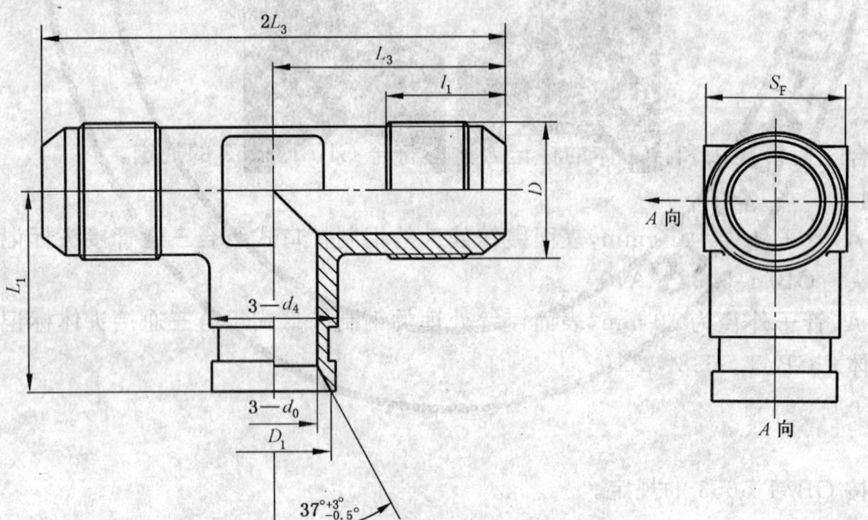

图 2 扩口式组合三通接头体

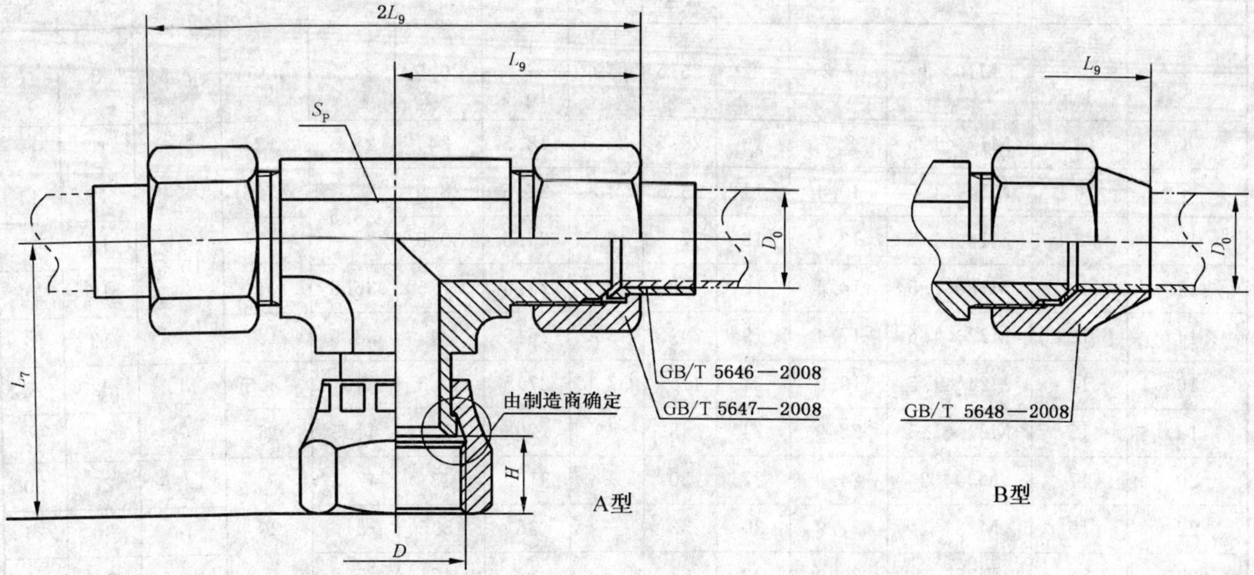

图 3　扩口式组合三通管接头

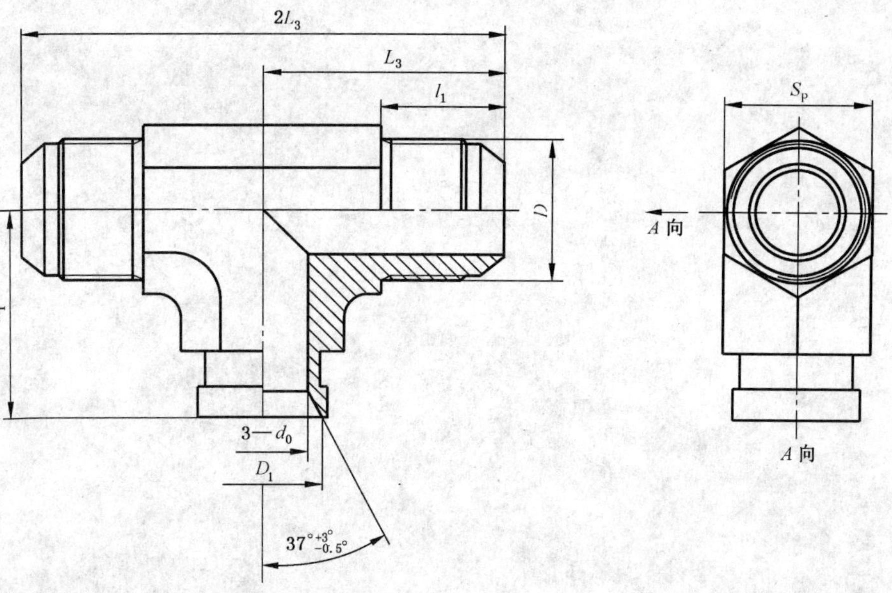

图 4　扩口式组合三通接头体

表 1　扩口式组合三通管接头和接头体的尺寸

单位为毫米

管子外径 D_0	d_0	D	D_1 ±0.13	d_4	$L_9\approx$		L_1	L_3	L_7	l_1	H	S	
					A 型	B 型						S_F	S_P
4	3	M10×1	7.2	8	25.5	30	14	20.5	24.5	9.5	7.5	8	10
5	3.5						16.5						
6	4	M12×1.5	8.7	10	29.5	34.5	18.5	24	28.5	12	9.5	10	12
8	6	M14×1.5	10.4	11	35.5	43	22.5	28.5	33.5	13.5	10.5	12	14
10	8	M16×1.5	12.4	13	37.5	46.5	23.5	30.5		14.5		14	17
12	10	M18×1.5	14.4	15	38	49.5	24.5	31.5	36.5			17	19
14	12	M22×1.5	17.4	19	39.5	55	26.5	34	38.5	15		19	22
16	14	M24×1.5	19.9	21	41.5	57.5	27.5	35.5	40	15.5	11	22	24
18	15	M27×1.5	22.9	24	43	63	29	37.5	41.5	16		24	27
20	17	M30×2	24.9	27	50	—	31.5	43	47.5	20	13.5	27	30
22	19	M33×2	27.9	30	53	—	36	45.5	51		14	30	34
25	22	M36×2	30.9	33	55	—	38	47	53		14.5	34	36
28	24	M39×2	33.9	36	58.5	—	40	50	56	21.5	15	36	41
32	27	M42×2	36.9	39	61	—	42.5	52.5	58.5	22.5	15.5	41	46
34	30	M45×2	39.9	42	62.5	—	44	54	60.5		16	46	

ICS 21.060.60
J 15

中华人民共和国国家标准

GB/T 5639—2008
代替 GB/T 5639.1—1985,GB/T 5639.2—1985

扩口式三通管接头

Flared couplings—Union tee

2008-05-07 发布　　2008-11-01 实施

中华人民共和国国家质量监督检验检疫总局
中国国家标准化管理委员会　发布

前 言

本标准是扩口式管接头系列标准之一。

本标准是对 GB/T 5639.1—1985《扩口式三通管接头》和 GB/T 5639.2—1985《扩口式三通管接头体》的修订。主要修订内容为：

——将两个标准的内容进行了整合；

——修改了英文名称；

——增加了六方形坯件结构；

——减少了部分应由制造商控制的参数；

——对部分公差按现行公差与配合标准进行调整；

——取消了表面粗糙度标注，表面粗糙度要求在 GB/T 5653《扩口式管接头技术条件》中给出。

本标准自实施之日起代替 GB/T 5639.1—1985、GB/T 5639.2—1985。

本标准由中国机械工业联合会提出。

本标准由全国管路附件标准化技术委员会归口。

本标准负责起草单位：嘉兴迈思特管件制造有限公司、中机生产力促进中心。

本标准参加起草单位：伊顿(宁波)流体连接件有限公司、海盐管件制造有限公司、建湖县特佳液压管件有限公司、海盐高博管件有限公司、海盐县海管管件制造有限公司、焦作市路通液压附件有限公司。

本标准主要起草人：陶忠明、耿志学、李维荣、周舜华、左学俊、阮浩丰、周剑飞、王利民、冯峰。

本标准所代替标准的历次版本发布情况为：

——GB/T 5639.1—1985、GB/T 5639.2—1985。

扩口式三通管接头

1 范围

本标准规定了扩口式三通管接头和接头体的尺寸、标记及技术要求。

本标准适用于管子外径为 4 mm～34 mm，最大工作压力 3.5 MPa～16 MPa 的液压流体传动和一般用途的管路系统。

2 规范性引用文件

下列文件中的条款通过本标准的引用而成为本标准的条款。凡是注日期的引用文件，其随后所有的修改单(不包括勘误的内容)或修订版均不适用于本标准，然而，鼓励根据本标准达成协议的各方研究是否可使用这些文件的最新版本。凡是不注日期的引用文件，其最新版本适用于本标准。

GB/T 5646—2008 扩口式管接头管套

GB/T 5647—2008 扩口式管接头用 A 型螺母

GB/T 5648—2008 扩口式管接头用 B 型螺母

GB/T 5652—2008 扩口式管接头扩口端尺寸

GB/T 5653—2008 扩口式管接头技术条件

3 尺寸

扩口式三通管接头和接头体的尺寸应符合图 1～图 4 和表 1 的规定，接头体扩口端尺寸应符合 GB/T 5652 的规定。

4 标记

4.1 标记方法

扩口式三通管接头和接头体的标记方法应符合 GB/T 5653 的规定。

4.2 标记示例

扩口型式 A，管子外径为 10 mm，表面镀锌处理的钢制扩口式三通管接头标记为：

管接头 GB/T 5639 A10

扩口型式 A，管子外径为 10 mm，表面镀锌处理的钢制扩口式三通接头体标记为：

接头体 GB/T 5639 A10

5 技术要求

技术要求按 GB/T 5653 的规定。

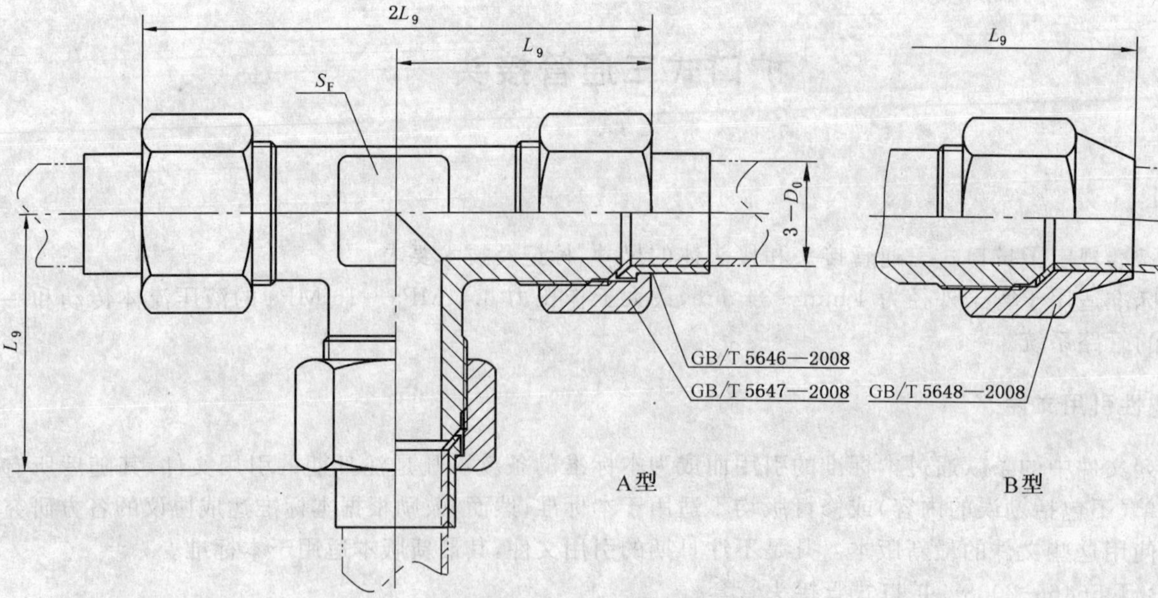

图 1 扩口式三通管接头

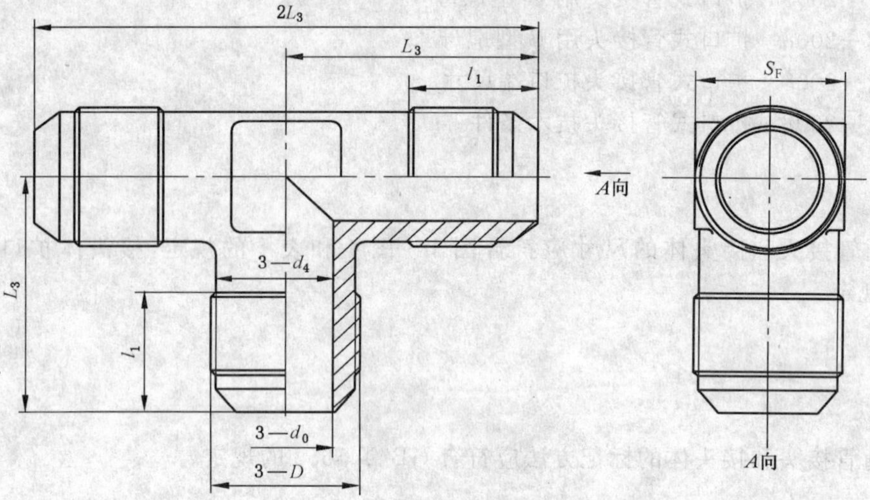

图 2 扩口式三通接头体

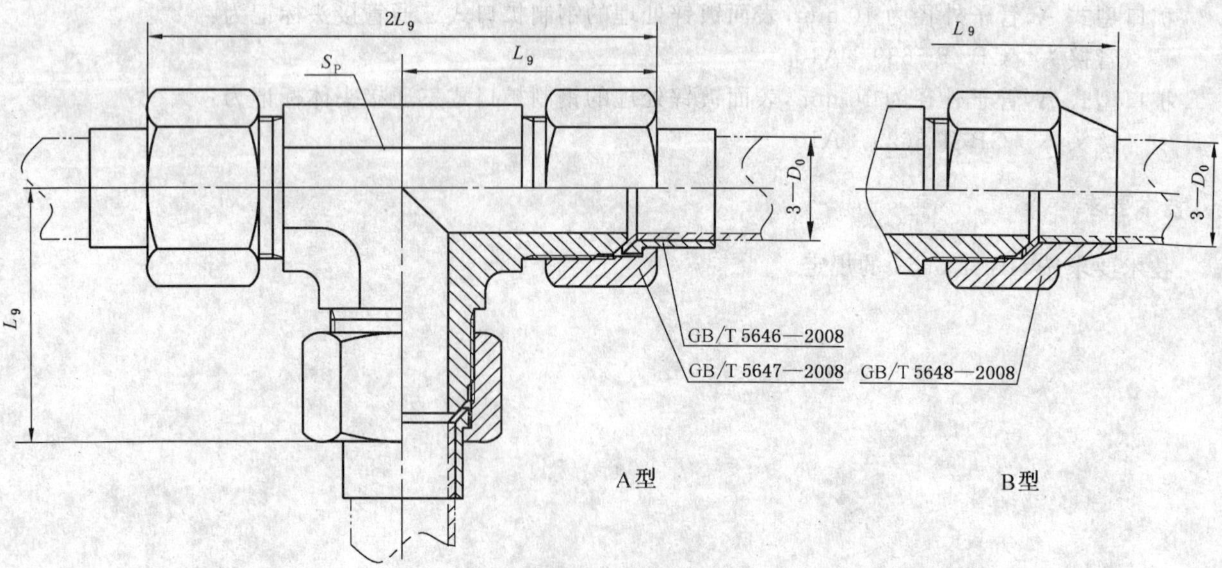

图 3 扩口式三通管接头

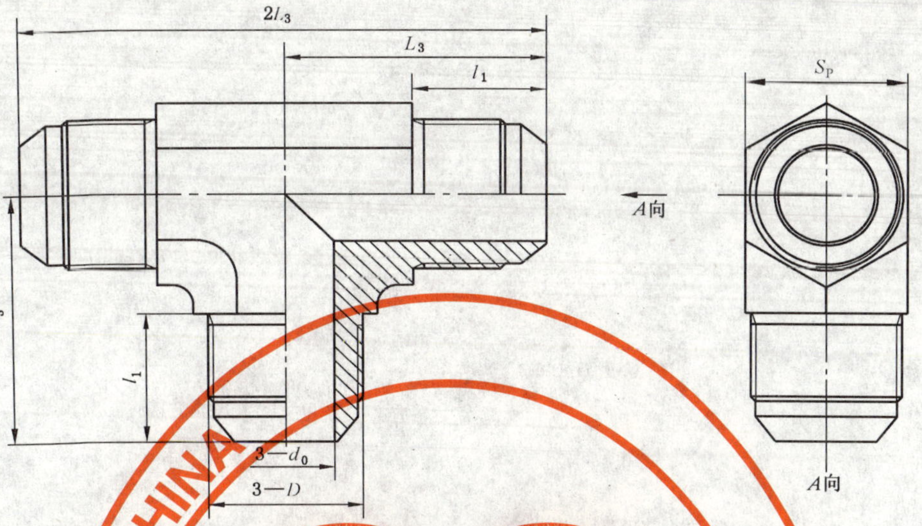

图 4　扩口式三通接头体

表 1　扩口式三通管接头和接头体尺寸

单位为毫米

管子外径 D_0	d_0	D	d_4	L_9≈		L_3	l_1	S	
				A 型	B 型			S_F	S_P
4	3	M10×1	8	25.5	30	20.5	9.5	8	10
5	3.5								
6	4	M12×1.5	10	29.5	34.5	24	12	10	12
8	6	M14×1.5	11	35.5	43	28.5	13.5	12	14
10	8	M16×1.5	13	37.5	46.5	30.5	14.5	14	17
12	10	M18×1.5	15	38	49.5	31.5		17	19
14	12	M22×1.5	19	39.5	55	34	15	19	22
16	14	M24×1.5	21	41.5	57.5	35.5	15.5	22	24
18	15	M27×1.5	24	43	63	37.5	16	24	27
20	17	M30×2	27	50	—	43	20	27	30
22	19	M33×2	30	53	—	45.5		30	34
25	22	M36×2	33	55	—	47		34	36
28	24	M39×2	36	58.5	—	50	21.5	36	41
32	27	M42×2	39	61	—	52.5	22.5	41	46
34	30	M45×2	42	62.5	—	54		46	

ICS 21.060.60
J 15

中华人民共和国国家标准

GB/T 5641—2008

代替 GB/T 5641.1—1985, GB/T 5641.2—1985

扩口式四通管接头

Flared couplings—Union cross

2008-05-07 发布　　2008-11-01 实施

中华人民共和国国家质量监督检验检疫总局
中国国家标准化管理委员会　发布

前言

本标准是扩口式管接头系列标准之一。

本标准是对 GB/T 5641.1—1985《扩口式四通管接头》和 GB/T 5641.2—1985《扩口式四通管接头体》的修订。主要修订内容为：

——将两个标准的内容进行了整合；

——修改了英文名称；

——增加了六方形坯件结构；

——减少了部分应由制造商控制的参数；

——对部分公差按现行公差与配合标准进行调整；

——取消了表面粗糙度标注，表面粗糙度要求在 GB/T 5653《扩口式管接头技术条件》中给出。

本标准自实施之日起代替 GB/T 5641.1—1985、GB/T 5641.2—1985。

本标准由中国机械工业联合会提出。

本标准由全国管路附件标准化技术委员会归口。

本标准负责起草单位：建湖县特佳液压管件有限公司、中机生产力促进中心。

本标准参加起草单位：海盐管件制造有限公司、伊顿(宁波)流体连接件有限公司、嘉兴迈思特管件制造有限公司、海盐高博管件有限公司、海盐县海管管件制造有限公司、焦作市路通液压附件有限公司。

本标准主要起草人：左学俊、耿志学、李维荣、周舜华、陶忠明、阮浩丰、周剑飞、王利民、冯峰。

本标准所代替标准的历次版本发布情况为：

——GB/T 5641.1—1985、GB/T 5641.2—1985。

扩口式四通管接头

1 范围

本标准规定了扩口式四通管接头和接头体的尺寸、标记及技术要求。

本标准适用于管子外径为 4 mm～34 mm，最大工作压力 3.5 MPa～16 MPa 的液压流体传动和一般用途的管路系统。

2 规范性引用文件

下列文件中的条款通过本标准的引用而成为本标准的条款。凡是注日期的引用文件，其随后所有的修改单（不包括勘误的内容）或修订版均不适用于本标准，然而，鼓励根据本标准达成协议的各方研究是否可使用这些文件的最新版本。凡是不注日期的引用文件，其最新版本适用于本标准。

GB/T 5646—2008 扩口式管接头管套

GB/T 5647—2008 扩口式管接头用 A 型螺母

GB/T 5648—2008 扩口式管接头用 B 型螺母

GB/T 5652—2008 扩口式管接头扩口端尺寸

GB/T 5653—2008 扩口式管接头技术条件

3 尺寸

扩口式四通管接头和接头体的尺寸应符合图 1～图 4 和表 1 的规定，接头体扩口端尺寸应符合 GB/T 5652 的规定。

4 标记

4.1 标记方法

扩口式四通管接头和接头体的标记方法应符合 GB/T 5653 的规定。

4.2 标记示例

扩口型式 A，管子外径为 10 mm，表面镀锌处理的钢制扩口式四通管接头标记为：

管接头 GB/T 5641 A10

扩口型式 A，管子外径为 10 mm，表面镀锌处理的钢制扩口式四通接头体标记为：

接头体 GB/T 5641 A10

5 技术要求

技术要求按 GB/T 5653 的规定。

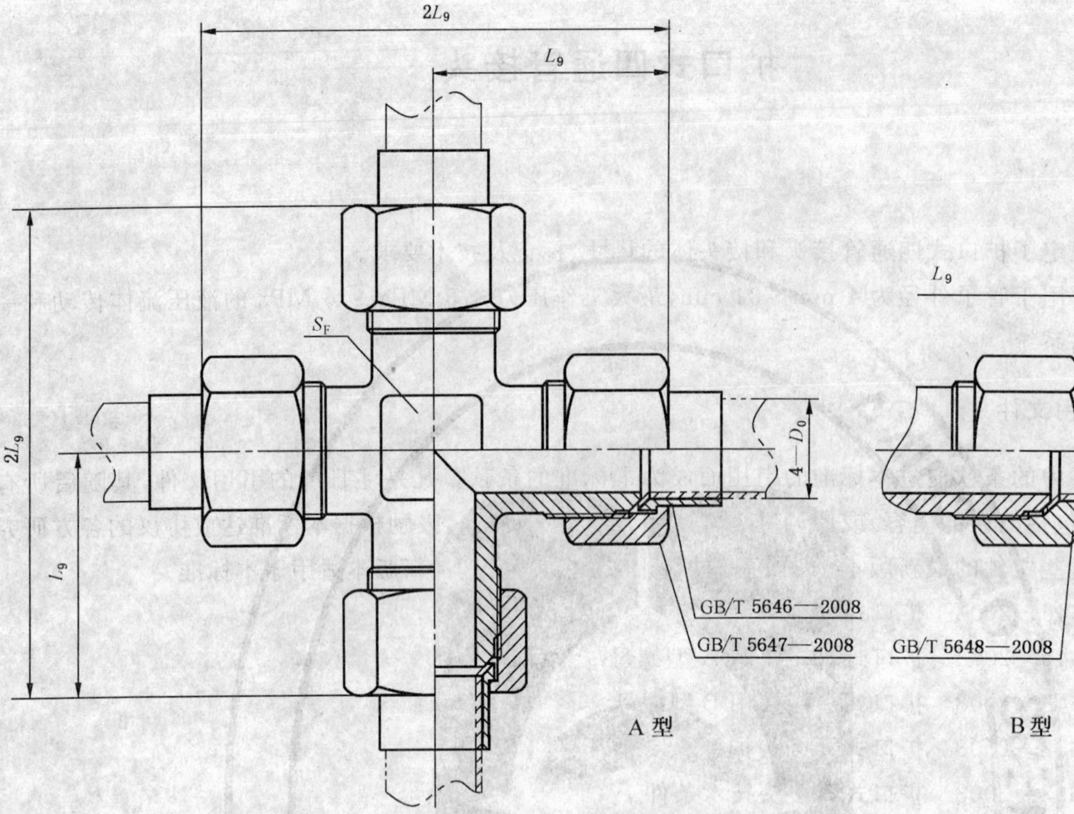

图 1 扩口式四通管接头

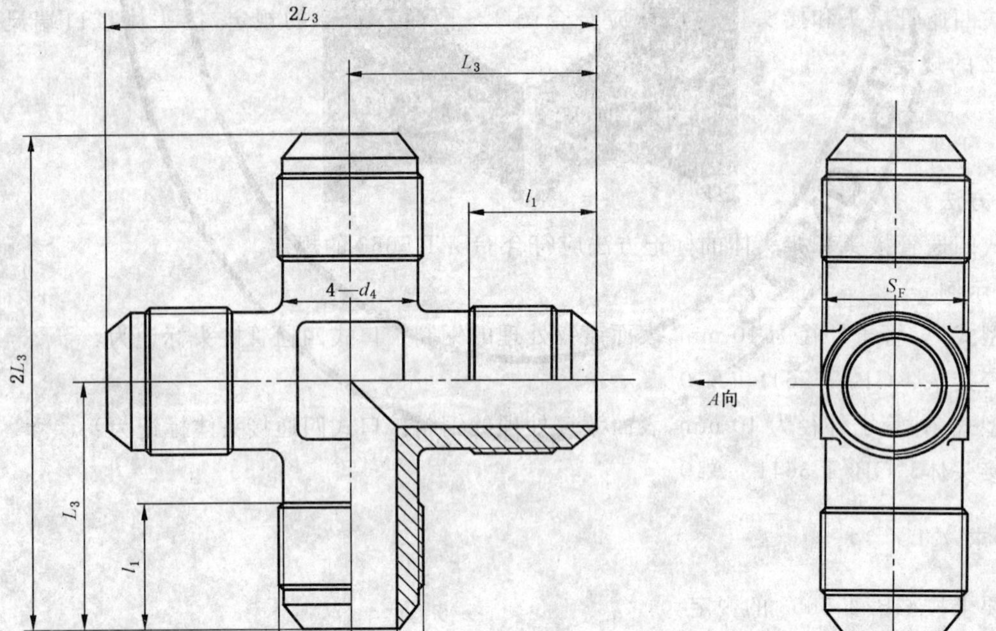

图 2 扩口式四通接头体

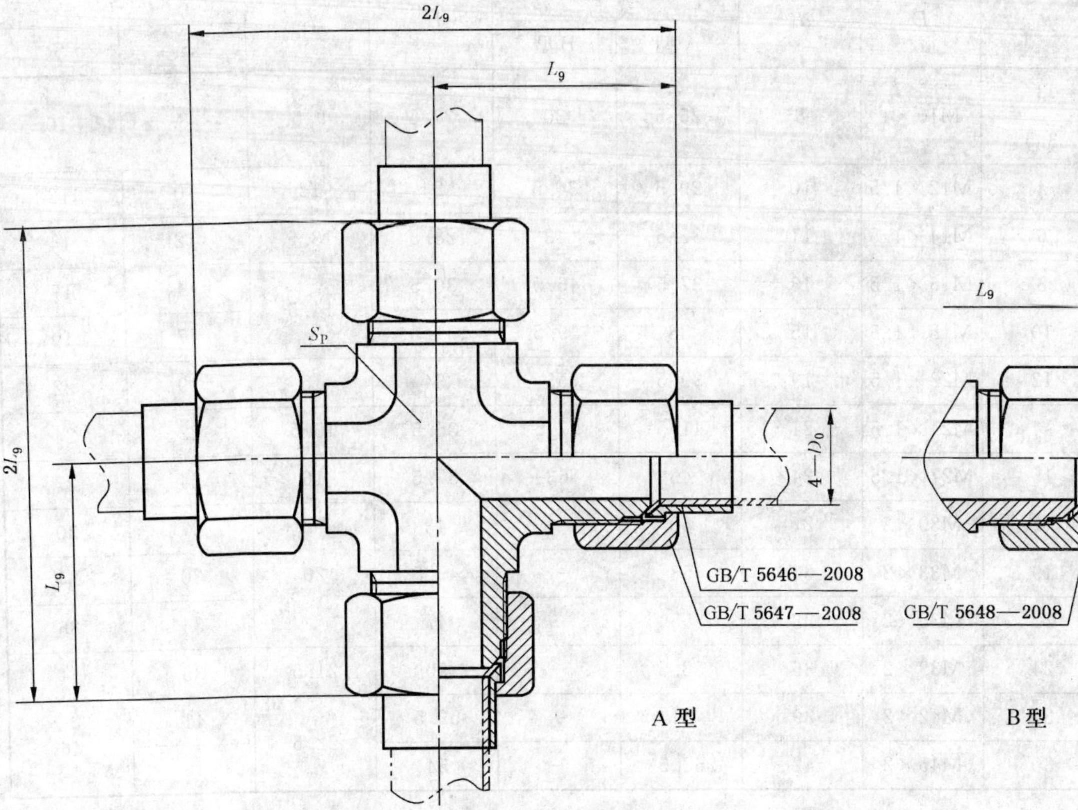

图 3　扩口式四通管接头

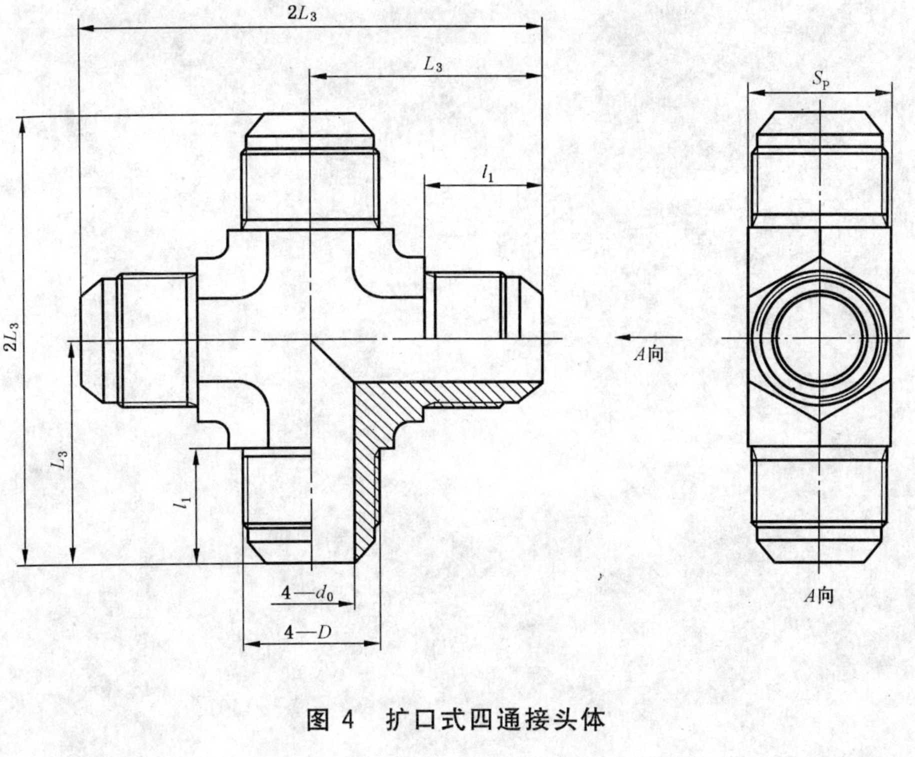

图 4　扩口式四通接头体

表 1　扩口式四通管接头和接头体尺寸

单位为毫米

管子外径 D_0	d_0	D	d_4	$L_9\approx$		L_3	l_1	S	
				A 型	B 型			S_F	S_P
4	3	M10×1	8	25.5	30	20.5	9.5	8	10
5	3.5								
6	4	M12×1.5	10	29.5	34.5	24	12	10	12
8	6	M14×1.5	11	35.5	43	28.5	13.5	12	14
10	8	M16×1.5	13	37.5	46.5	30.5	14.5	14	17
12	10	M18×1.5	15	38	49.5	31.5		17	19
14	12	M22×1.5	19	39.5	55	34	15	19	22
16	14	M24×1.5	21	41.5	57.5	35.5	15.5	22	24
18	15	M27×1.5	24	43	63	37.5	16	24	27
20	17	M30×2	27	50	—	43	20	27	30
22	19	M33×2	30	53	—	45.5		30	34
25	22	M36×2	33	55	—	47		34	36
28	24	M39×2	36	58.5	—	50	21.5	36	41
32	27	M42×2	39	61	—	52.5	22.5	41	46
34	30	M45×2	42	62.5	—	54		46	

ICS 21.060.60
J 15

GB

中华人民共和国国家标准

GB/T 5642—2008
代替 GB/T 5642.1—1985,GB/T 5642.2—1985

扩口式焊接管接头

Flared couplings—Weld male

2008-05-07 发布　　　　2008-11-01 实施

中华人民共和国国家质量监督检验检疫总局
中国国家标准化管理委员会　发布

前 言

本标准是扩口式管接头系列标准之一。

本标准是对 GB/T 5642.1—1985《扩口式焊接管接头》和 GB/T 5642.2—1985《扩口式焊接管接头体》的修订。主要修订内容为：

——将两个标准的内容进行了整合；

——修改了英文名称；

——减少了部分应由制造商控制的参数；

——对部分公差按现行公差与配合标准进行调整；

——取消了表面粗糙度标注，表面粗糙度要求在 GB/T 5653《扩口式管接头技术条件》中给出。

本标准自实施之日起代替 GB/T 5642.1—1985、GB/T 5642.2—1985。

本标准由中国机械工业联合会提出。

本标准由全国管路附件标准化技术委员会归口。

本标准负责起草单位：伊顿（宁波）流体连接件有限公司、中机生产力促进中心。

本标准参加起草单位：海盐管件制造有限公司、嘉兴迈思特管件制造有限公司、建湖县特佳液压管件有限公司、海盐高博管件有限公司、海盐县海管管件制造有限公司、焦作市路通液压附件有限公司。

本标准主要起草人：周舜华、耿志学、李维荣、陶忠明、左学俊、阮浩丰、周剑飞、王利民、冯峰。

本标准所代替标准的历次版本发布情况为：

——GB/T 5642.1—1985、GB/T 5642.2—1985。

扩口式焊接管接头

1　范围

本标准规定了扩口式焊接管接头和接头体的尺寸、标记及技术要求。

本标准适用于管子外径为 4 mm～34 mm，最大工作压力 3.5 MPa～16 MPa 的液压流体传动和一般用途的管路系统。

2　规范性引用文件

下列文件中的条款通过本标准的引用而成为本标准的条款。凡是注日期的引用文件，其随后所有的修改单(不包括勘误的内容)或修订版均不适用于本标准，然而，鼓励根据本标准达成协议的各方研究是否可使用这些文件的最新版本。凡是不注日期的引用文件，其最新版本适用于本标准。

GB/T 5646—2008　扩口式管接头管套

GB/T 5647—2008　扩口式管接头用 A 型螺母

GB/T 5648—2008　扩口式管接头用 B 型螺母

GB/T 5652—2008　扩口式管接头扩口端尺寸

GB/T 5653—2008　扩口式管接头技术条件

3　尺寸

扩口式焊接管接头和接头体的尺寸应符合图 1、图 2 和表 1 的规定，接头体扩口端尺寸应符合 GB/T 5652 的规定。

4　标记

4.1　标记方法

扩口式焊接管接头和接头体的标记方法应符合 GB/T 5653 的规定。

4.2　标记示例

扩口型式 A，管子外径为 10 mm，表面氧化处理的钢制扩口式焊接管接头标记为：

管接头　GB/T 5642　A10・O

扩口型式 A，管子外径为 10 mm，表面氧化处理的钢制扩口式焊接接头体标记为：

接头体　GB/T 5642　A10・O

5　技术要求

技术要求按 GB/T 5653 的规定。

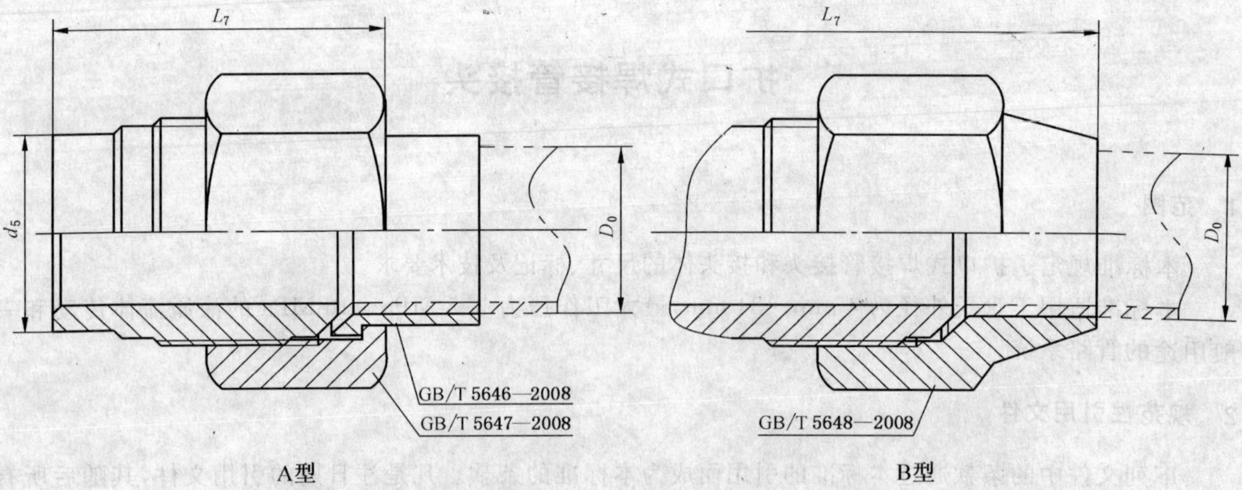

图 1 扩口式焊接管接头

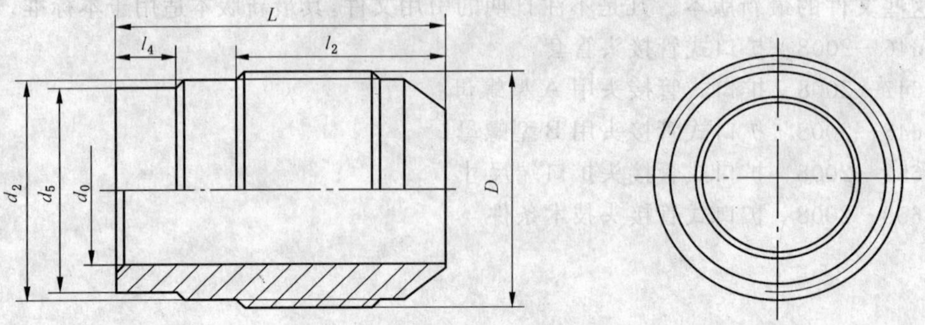

图 2 扩口式焊接接头体

表 1 扩口式焊接管接头和接头体

单位为毫米

管子外径 D_0	d_0	D	d_2	d_5	$L_7\approx$ A 型	$L_7\approx$ B 型	l_2	l_4	L
4	3	M10×1	8.5	6	23	27.5	9.5	3	18
5	3.5			7					
6	4	M12×1.5	10	8	27	31.5	12		20.5
8	6	M14×1.5	11.5	10	29	37	13.5		22.5
10	8	M16×1.5	13.5	12	30	41.5	14.5		23.5
12	10	M18×1.5	15.5	15					
14	12	M22×1.5	19.5	18		45.5	15		24
16	14	M24×1.5	21.5	20	30.5	46.5	15.5		24.5
18	15	M27×1.5	24.5	22	31.5	51.5	16	4	26
20	17	M30×2	27	25	36.5	—	20		30
22	19	M33×2	30	28	37.5	—			
25	22	M36×2	33	31	38	—			
28	24	M39×2	36	34	40	—	21.5		31.5
32	27	M42×2	39	37	41	—	22.5		32.5
34	30	M45×2	42	40		—			

ICS 21.060.60
J 15

中华人民共和国国家标准

GB/T 5643—2008
代替 GB/T 5643.1—1985,GB/T 5643.2—1985

扩口式过板直通管接头

Flared couplings—Bulkhead union

2008-05-07 发布　　2008-11-01 实施

中华人民共和国国家质量监督检验检疫总局
中国国家标准化管理委员会　发布

前　言

本标准是扩口式管接头系列标准之一。

本标准是对GB/T 5643.1—1985《扩口式隔壁直通管接头》和GB/T 5643.2—1985《扩口式隔壁直通管接头体》的修订。主要修订内容为：

——将两个标准的内容进行了整合；

——修改了英文名称；

——减少了部分应由制造商控制的参数；

——对部分公差按现行公差与配合标准进行调整；

——取消了表面粗糙度标注，表面粗糙度要求在GB/T 5653《扩口式管接头技术条件》中给出。

本标准自实施之日起代替GB/T 5643.1—1985、GB/T 5643.2—1985。

本标准由中国机械工业联合会提出。

本标准由全国管路附件标准化技术委员会归口。

本标准负责起草单位：嘉兴迈思特管件制造有限公司、中机生产力促进中心。

本标准参加起草单位：海盐管件制造有限公司、伊顿（宁波）流体连接件有限公司、建湖县特佳液压管件有限公司、海盐高博管件有限公司、海盐县海管管件制造有限公司、焦作市路通液压附件有限公司。

本标准主要起草人：耿志学、李维荣、周舜华、陶忠明、左学俊、阮浩丰、周剑飞、王利民、冯峰。

本标准所代替标准的历次版本发布情况为：

——GB/T 5643.1—1985、GB/T 5643.2—1985。

扩口式过板直通管接头

1 范围

本标准规定了扩口式过板直通管接头和接头体的尺寸、标记及技术要求。

本标准适用于管子外径为4 mm～34 mm，最大工作压力3.5 MPa～16 MPa的液压流体传动和一般用途的管路系统。

2 规范性引用文件

下列文件中的条款通过本标准的引用而成为本标准的条款。凡是注日期的引用文件，其随后所有的修改单（不包括勘误的内容）或修订版均不适用于本标准，然而，鼓励根据本标准达成协议的各方研究是否可使用这些文件的最新版本。凡是不注日期的引用文件，其最新版本适用于本标准。

GB/T 3763—2008 管接头用六角薄螺母

GB/T 5646—2008 扩口式管接头管套

GB/T 5647—2008 扩口式管接头用A型螺母

GB/T 5648—2008 扩口式管接头用B型螺母

GB/T 5652—2008 扩口式管接头扩口端尺寸

GB/T 5653—2008 扩口式管接头技术条件

3 尺寸

扩口式过板直通管接头和接头体的尺寸应符合图1、图2和表1的规定，接头体扩口端尺寸应符合GB/T 5652的规定。

4 标记

4.1 标记方法

扩口式过板直通管接头和接头体的标记方法应符合GB/T 5653的规定。

4.2 标记示例

扩口型式A，管子外径为10 mm，表面镀锌处理的钢制扩口式过板直通管接头标记为：

管接头 GB/T 5643 A10

扩口型式A，管子外径为10 mm，表面镀锌处理的钢制扩口式过板直通接头体标记为：

接头体 GB/T 5643 A10

5 技术要求

技术要求按GB/T 5653的规定。

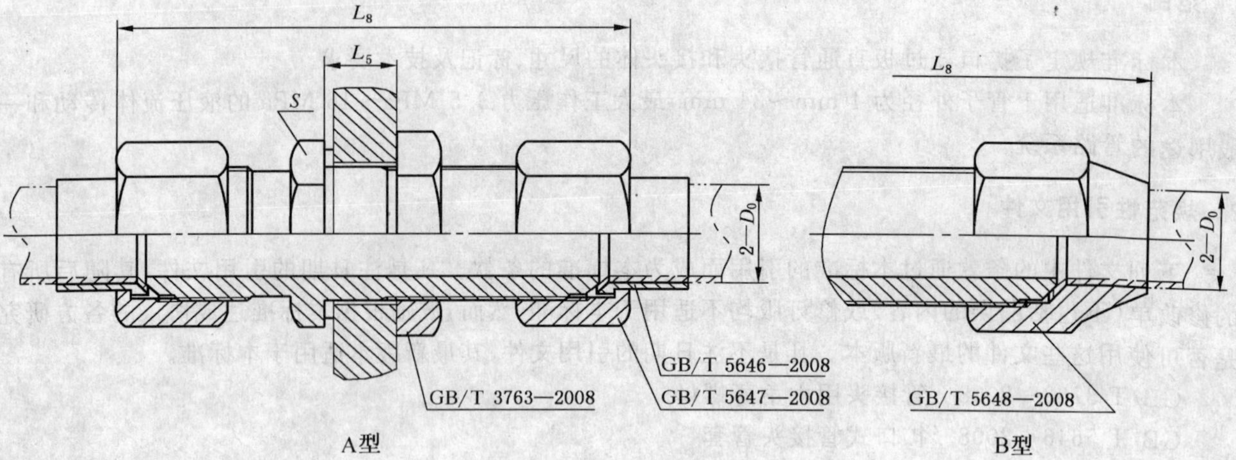

图 1　扩口式过板直通管接头

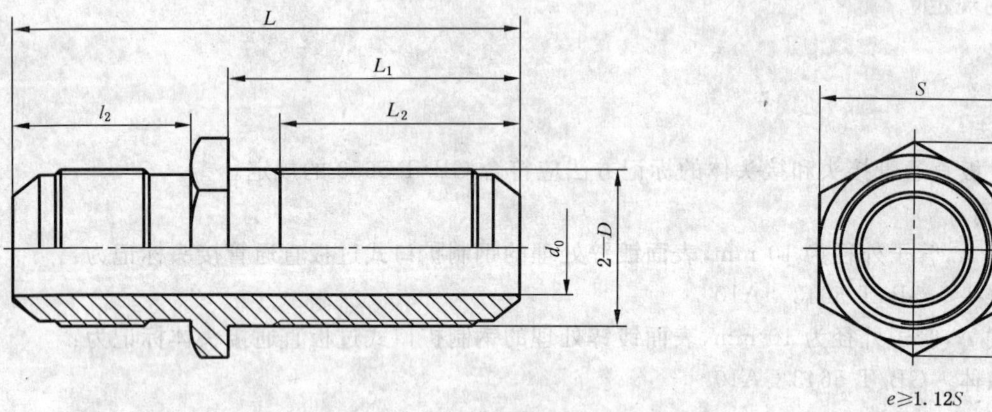

图 2　扩口式过板直通管接头

表 1 扩口式过板直通管接头和接头体尺寸

单位为毫米

<table>
<tr><th rowspan="2">管子外径 D_0</th><th rowspan="2">d_0</th><th rowspan="2">D</th><th colspan="2">$L_8\approx$</th><th rowspan="2">l_2</th><th rowspan="2">L</th><th rowspan="2">L_1</th><th rowspan="2">L_2</th><th rowspan="2">L_5 max.</th><th rowspan="2">S</th></tr>
<tr><th>A 型</th><th>B 型</th></tr>
<tr><td>4</td><td>3</td><td rowspan="2">M10×1</td><td rowspan="2">61.5</td><td rowspan="2">70.5</td><td rowspan="2">12.5</td><td rowspan="2">51.5</td><td rowspan="2">34</td><td rowspan="2">31</td><td rowspan="2">20.5</td><td rowspan="3">14</td></tr>
<tr><td>5</td><td>3.5</td></tr>
<tr><td>6</td><td>4</td><td>M12×1.5</td><td>71</td><td>80</td><td>16</td><td>60</td><td>38</td><td>34</td><td rowspan="3">21.5</td></tr>
<tr><td>8</td><td>6</td><td>M14×1.5</td><td>77.5</td><td>93</td><td>18</td><td>64</td><td>40</td><td>35.5</td><td>17</td></tr>
<tr><td>10</td><td>8</td><td>M16×1.5</td><td>79.5</td><td>97.5</td><td rowspan="2">19</td><td>66</td><td>41</td><td>36.5</td><td>19</td></tr>
<tr><td>12</td><td>10</td><td>M18×1.5</td><td rowspan="2">81</td><td>105</td><td>68</td><td>43</td><td>38.5</td><td>23.5</td><td>22</td></tr>
<tr><td>14</td><td>12</td><td>M22×1.5</td><td>112</td><td>19.5</td><td>69.5</td><td>44</td><td>39.5</td><td>24.5</td><td>27</td></tr>
<tr><td>16</td><td>14</td><td>M24×1.5</td><td>85</td><td>117</td><td>20</td><td>73</td><td>45</td><td>40.5</td><td>25</td><td>30</td></tr>
<tr><td>18</td><td>15</td><td>M27×1.5</td><td>87.5</td><td>127.5</td><td>20.5</td><td>76.5</td><td>48</td><td>43.5</td><td>28</td><td>32</td></tr>
<tr><td>20</td><td>17</td><td>M30×2</td><td>101.5</td><td>—</td><td rowspan="3">26</td><td>88</td><td>53</td><td>47</td><td>28.5</td><td>36</td></tr>
<tr><td>22</td><td>19</td><td>M33×2</td><td>105</td><td>—</td><td>90</td><td>55</td><td>49</td><td>29.5</td><td rowspan="2">41</td></tr>
<tr><td>25</td><td>22</td><td>M36×2</td><td>109</td><td>—</td><td>93</td><td>56</td><td>50</td><td>30</td></tr>
<tr><td>28</td><td>24</td><td>M39×2</td><td>114</td><td>—</td><td>27.5</td><td>97.5</td><td>58</td><td>52</td><td rowspan="2">30.5</td><td>46</td></tr>
<tr><td>32</td><td>27</td><td>M42×2</td><td>117.5</td><td>—</td><td rowspan="2">28.5</td><td>100.5</td><td>59</td><td>53</td><td rowspan="2">50</td></tr>
<tr><td>34</td><td>30</td><td>M45×2</td><td>120</td><td>—</td><td>102.5</td><td>60</td><td>54</td><td>31</td></tr>
</table>

ICS 21.060.60
J 15

中华人民共和国国家标准

GB/T 5644—2008
代替 GB/T 5644.1—1985,GB/T 5644.2—1985

扩口式过板弯通管接头

Flared couplings—Bulkhead union elbow

2008-05-07 发布　　2008-11-01 实施

中华人民共和国国家质量监督检验检疫总局
中国国家标准化管理委员会　发布

前　言

本标准是扩口式管接头系列标准之一。

本标准是对GB/T 5644.1—1985《扩口式隔壁直角管接头》和GB/T 5644.2—1985《扩口式隔壁直角管接头体》的修订。主要修订内容为：

——将两个标准的内容进行了整合；

——修改了中文和英文名称；

——增加了六方形坯件结构；

——减少了部分应由制造商控制的参数；

——对部分公差按现行公差与配合标准进行调整；

——取消了表面粗糙度标注，表面粗糙度要求在GB/T 5653《扩口式管接头技术条件》中给出。

本标准自实施之日起代替GB/T 5644.1—1985和GB/T 5644.2—1985。

本标准由中国机械工业联合会提出。

本标准由全国管路附件标准化技术委员会归口。

本标准负责起草单位：海盐县海管管件制造有限公司、中机生产力促进中心。

本标准参加起草单位：海盐管件制造有限公司、伊顿（宁波）流体连接件有限公司、嘉兴迈思特管件制造有限公司、建湖县特佳液压管件有限公司、海盐高博管件有限公司、焦作市路通液压附件有限公司。

本标准主要起草人：周剑飞、耿志学、李维荣、周舜华、陶忠明、左学俊、阮浩丰、王利民、冯峰。

本标准所代替标准的历次版本发布情况为：

——GB/T 5644.1—1985、GB/T 5644.2—1985。

扩口式过板弯通管接头

1 范围

本标准规定了扩口式过板弯通管接头和接头体的尺寸、标记及技术要求。

本标准适用于管子外径为 4 mm～34 mm，最大工作压力 3.5 MPa～16 MPa 的液压流体传动和一般用途的管路系统。

2 规范性引用文件

下列文件中的条款通过本标准的引用而成为本标准的条款。凡是注日期的引用文件，其随后所有的修改单(不包括勘误的内容)或修订版均不适用于本标准，然而，鼓励根据本标准达成协议的各方研究是否可使用这些文件的最新版本。凡是不注日期的引用文件，其最新版本适用于本标准。

GB/T 3763—2008　管接头用六角薄螺母
GB/T 5646—2008　扩口式管接头管套
GB/T 5647—2008　扩口式管接头用 A 型螺母
GB/T 5648—2008　扩口式管接头用 B 型螺母
GB/T 5652—2008　扩口式管接头扩口端尺寸
GB/T 5653—2008　扩口式管接头技术条件

3 尺寸

扩口式过板弯通管接头和接头体的尺寸应符合图 1～图 4 和表 1 的规定，接头体扩口端尺寸应符合 GB/T 5652 的规定。

4 标记

4.1 标记方法

扩口式过板弯通管接头和接头体的标记方法应符合 GB/T 5653 的规定。

4.2 标记示例

扩口型式 A，管子外径为 10 mm，表面镀锌处理的钢制扩口式过板弯通管接头标记为：

管接头　GB/T 5644　A10

扩口型式 A，管子外径为 10 mm，表面镀锌处理的钢制扩口式过板弯通接头体标记为：

接头体　GB/T 5644　A10

5 技术要求

技术要求按 GB/T 5653 的规定。

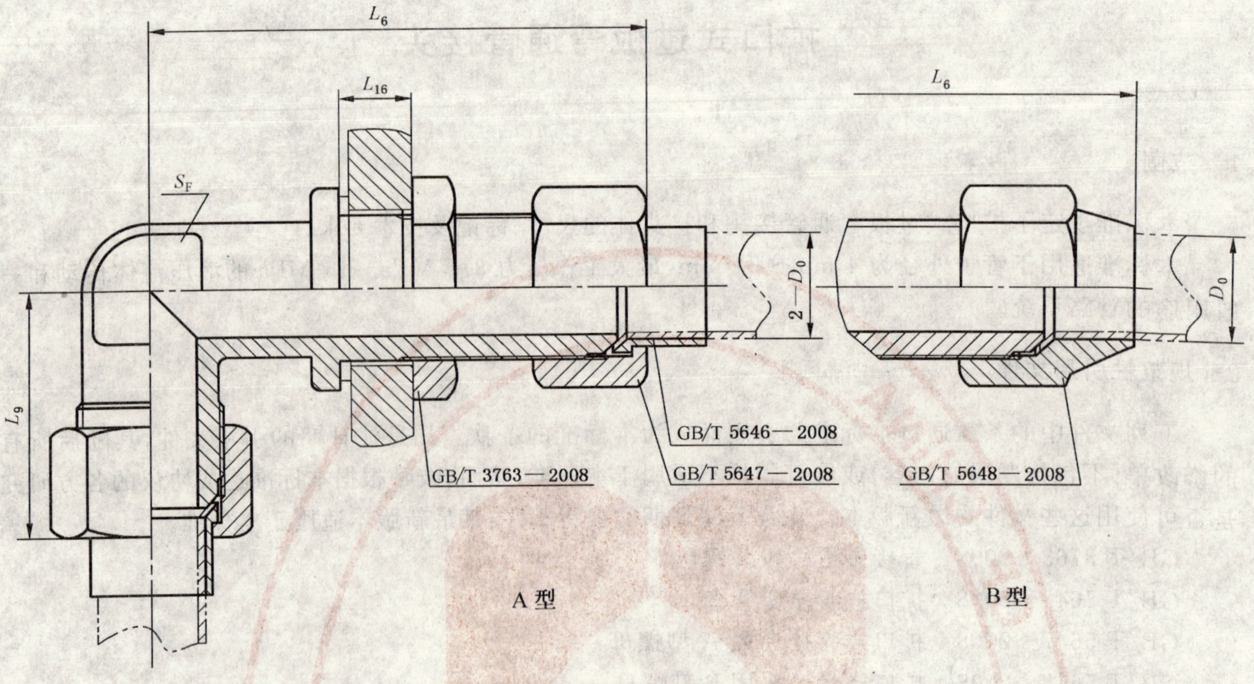

图 1 扩口式过板弯通管接头

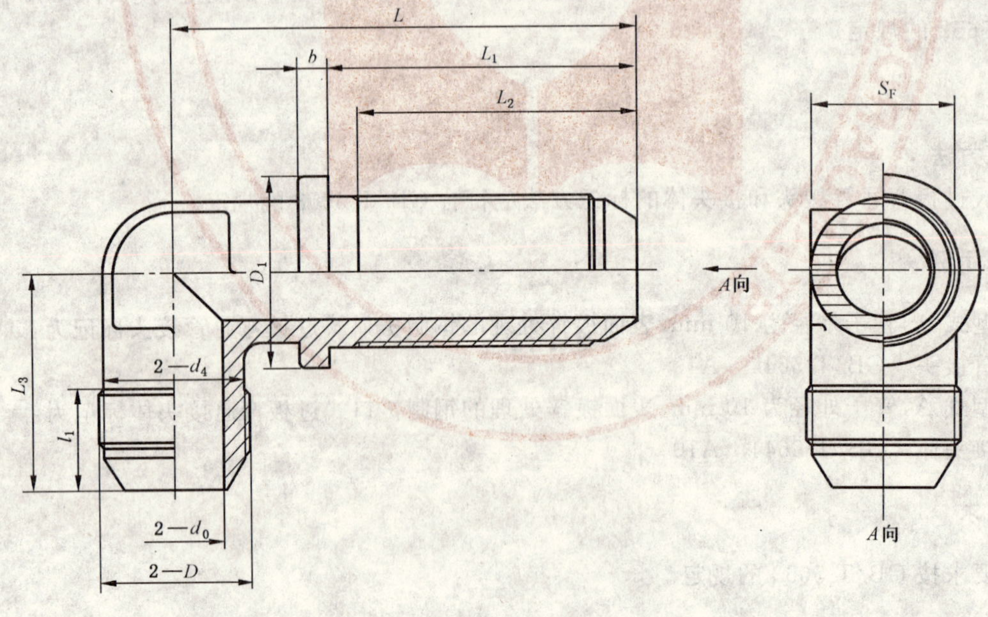

图 2 扩口式过板弯通接头体

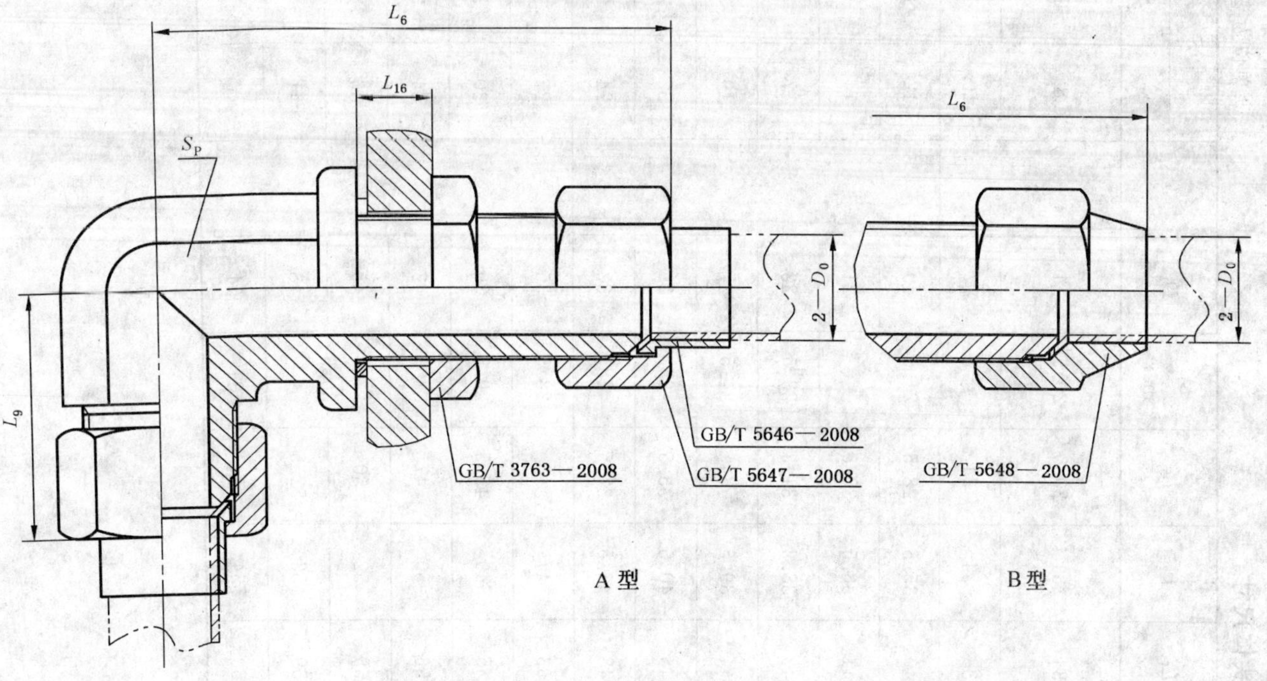

图 3　扩口式过板弯通管接头

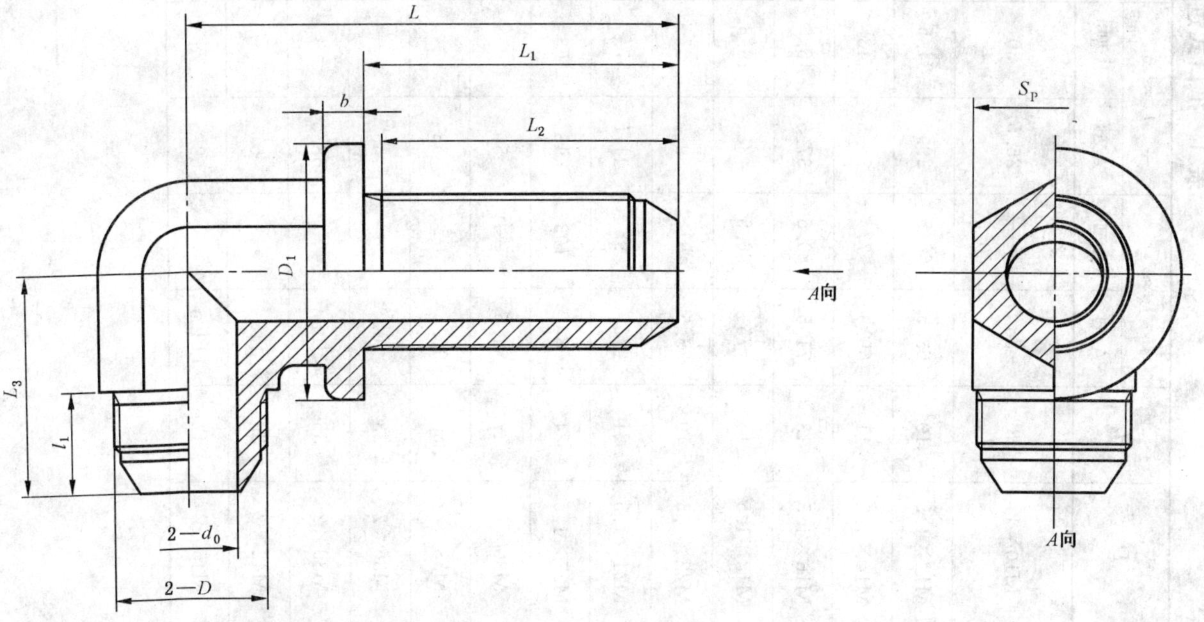

图 4　扩口式过板弯通接头体

表 1 扩口式过板弯通管接头和接头体尺寸

单位为毫米

管子外径 D_0	d_0	D	d_4	$L_6\approx$ A 型	$L_6\approx$ B 型	$L_9\approx$ A 型	$L_9\approx$ B 型	l_1	L	L_1	L_2	L_3	L_{16} max	D_1	b	S S_F	S S_P
4	3	M10×1	8	56	—	25.5	30	9.5	46	34	31	20.5	20.5	14	3	8	10
5	3.5				60.5												
6	4	M12×1.5	10	63.5	68.5	29.5	34.5	12	52	38	34	24	21.5	17		10	12
8	6	M14×1.5	11	69.5	77	35.5	43	13.5	56	40	35.5	28.5		19	4	12	14
10	8	M16×1.5	13	71.5	80.5	37.5	46.5	14.5	58	41	36.5	30.5		21		14	17
12	10	M18×1.5	15	75	86.5	38	49.5		62	43	38.5	31.5	23.5	23		17	19
14	12	M22×1.5	19	75.5	91	39.5	55	15	64	44	39.5	34	24.5	27		19	22
16	14	M24×1.5	21	73	95	41.5	57.5	15.5	67	45	40.5	35.5	25	29		22	24
18	15	M27×1.5	24	83	103	43	63	16	72	48	43.5	37.5	28	32		24	27
20	17	M30×2	27	84.5	—	50	—	20	78	53	47	43	28.5	35	5	27	30
22	19	M33×2	30	96.5	—	53	—		82	55	49	45.5	29.5	39		30	34
25	22	M36×2	33	102	—	55	—		86	56	50	47	30	42		34	36
28	24	M39×2	36	105	—	58.5	—	21.5	88	58	52	50	30.5	45		36	41
32	27	M42×2	39	112	—	61	—	22.5	95	59	53	52.5		48		41	46
34	30	M45×2	42	113.5	—	62.5	—		96	60	54	54	31	51		46	

ICS 21.060.60
J 15

中华人民共和国国家标准

GB/T 5645—2008
代替 GB/T 5645.1—1985,GB/T 5645.2—1985

扩口式压力表管接头

Flared couplings—Connector for pressure gauge

2008-05-07 发布 2008-11-01 实施

中华人民共和国国家质量监督检验检疫总局
中国国家标准化管理委员会 发布

前　言

本标准是扩口式管接头系列标准之一。

本标准是对 GB/T 5645.1—1985《扩口式压力表管接头》和 GB/T 5645.2—1985《扩口式压力表管接头体》的修订。主要修订内容为:

——将两个标准的内容进行了整合;

——修改了英文名称;

——增加了 55° 非密封的管螺纹(G);

——减少了部分应由制造商控制的参数;

——对部分公差按现行公差与配合标准进行调整;

——取消了表面粗糙度标注,表面粗糙度要求在 GB/T 5653《扩口式管接头技术条件》中给出。

本标准自实施之日起代替 GB/T 5645.1—1985、GB/T 5645.2—1985。

本标准由中国机械工业联合会提出。

本标准由全国管路附件标准化技术委员会归口。

本标准负责起草单位:建湖县特佳液压管件有限公司、中机生产力促进中心。

本标准参加起草单位:海盐管件制造有限公司、伊顿(宁波)流体连接件有限公司、嘉兴迈思特管件制造有限公司、海盐高博管件有限公司、海盐县海管管件制造有限公司、焦作市路通液压附件有限公司。

本标准主要起草人:耿志学、李维荣、周舜华、李俊英、左学俊、陶忠明、阮浩丰、周剑飞、王利民、冯峰。

本标准所代替标准的历次版本发布情况为:

——GB/T 5645.1—1985、GB/T 5645.2—1985。

扩口式压力表管接头

1 范围

本标准规定了扩口式压力表管接头和接头体的尺寸、标记及技术要求。

本标准适用于管子外径为 6 mm～14 mm，最大工作压力 3.5 MPa～16 MPa 的液压流体传动和一般用途的管路系统。

2 规范性引用文件

下列文件中的条款通过本标准的引用而成为本标准的条款。凡是注日期的引用文件，其随后所有的修改单(不包括勘误的内容)或修订版均不适用于本标准，然而，鼓励根据本标准达成协议的各方研究是否可使用这些文件的最新版本。凡是不注日期的引用文件，其最新版本适用于本标准。

GB/T 5646—2008　扩口式管接头管套

GB/T 5647—2008　扩口式管接头用 A 型螺母

GB/T 5648—2008　扩口式管接头用 B 型螺母

GB/T 5652—2008　扩口式管接头扩口端尺寸

GB/T 5653—2008　扩口式管接头技术条件

JB/T 1002—1977　密封垫圈

3 尺寸

扩口式压力表管接头和接头体的尺寸应符合图 1、图 2 和表 1 的规定，接头体扩口端尺寸应符合 GB/T 5652 的规定。

4 标记

4.1 标记方法

扩口式压力表管接头和接头体的标记方法应符合 GB/T 3761 的规定。

4.2 标记示例

扩口型式 A，管子外径为 10 mm，表面镀锌处理的钢制扩口式压力表管接头标记为：

管接头　GB/T 5645　A10

扩口型式 A，管子外径为 10 mm，表面镀锌处理的钢制扩口式压力表接头体标记为：

接头体　GB/T 5645　A10

5 技术要求

技术要求按 GB/T 5653 的规定。

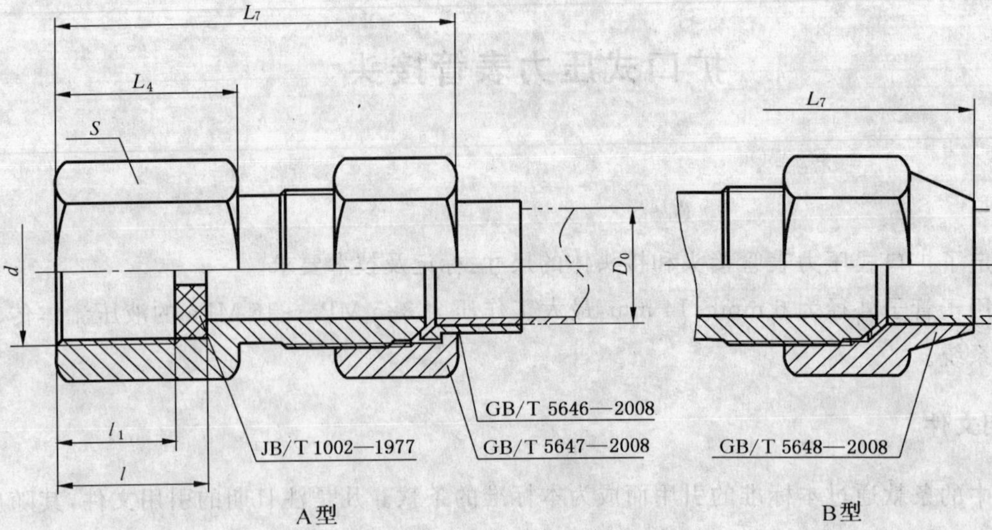

图 1　扩口式压力表管接头

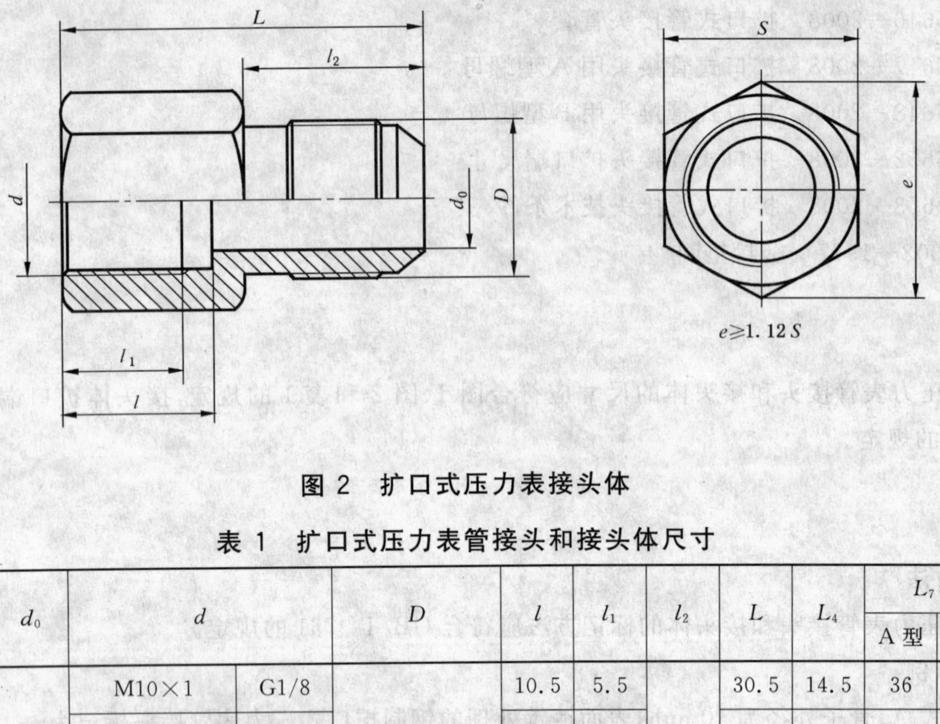

图 2　扩口式压力表接头体

表 1　扩口式压力表管接头和接头体尺寸

单位为毫米

<table>
<tr><th rowspan="2">管子外径 D_0</th><th rowspan="2">d_0</th><th rowspan="2" colspan="2">d</th><th rowspan="2">D</th><th rowspan="2">l</th><th rowspan="2">l_1</th><th rowspan="2">l_2</th><th rowspan="2">L</th><th rowspan="2">L_4</th><th colspan="2">L_7≈</th><th rowspan="2">S</th></tr>
<tr><th>A 型</th><th>B 型</th></tr>
<tr><td rowspan="3">6</td><td rowspan="3">4</td><td>M10×1</td><td>G1/8</td><td rowspan="3">M12×1.5</td><td>10.5</td><td>5.5</td><td rowspan="3">16</td><td>30.5</td><td>14.5</td><td>36</td><td>41</td><td>14</td></tr>
<tr><td>M14×1.5</td><td>G1/4</td><td>13.5</td><td>8.5</td><td>33.5</td><td>17.5</td><td>39</td><td>44</td><td>17</td></tr>
<tr><td rowspan="2">M20×1.5</td><td rowspan="2">G1/2</td><td rowspan="2">19</td><td rowspan="2">12</td><td>40</td><td rowspan="2">24</td><td>45.5</td><td>50</td><td rowspan="2">24</td></tr>
<tr><td>14</td><td>12</td><td>M22×1.5</td><td>19.5</td><td>43.5</td><td>49.5</td><td>65</td></tr>
</table>

ICS 21.060.60
J 15

中华人民共和国国家标准

GB/T 5646—2008
代替 GB/T 5646—1985

扩口式管接头管套

Flared couplings—Sleeve

2008-05-07 发布　　　　2008-11-01 实施

中华人民共和国国家质量监督检验检疫总局
中国国家标准化管理委员会　发布

前　言

本标准是扩口式管接头系列标准之一。

本标准是对 GB/T 5646—1985《扩口式管接头管套》的修订。主要修订内容为：

——修改了英文名称；

——减少了部分应由制造商控制的参数；

——对部分公差按现行公差与配合标准进行调整；

——取消了表面粗糙度标注，表面粗糙度要求在 GB/T 5653《扩口式管接头技术条件》中给出。

本标准自实施之日起代替 GB/T 5646—1985。

本标准由中国机械工业联合会提出。

本标准由全国管路附件标准化技术委员会归口。

本标准负责起草单位：中机生产力促进中心、焦作市路通液压附件有限公司。

本标准参加起草单位：海盐管件制造有限公司、伊顿（宁波）流体连接件有限公司、嘉兴迈思特管件制造有限公司、建湖县特佳液压管件有限公司、海盐高博管件有限公司、海盐县海管管件制造有限公司。

本标准主要起草人：耿志学、李维荣、周舜华、李俊英、王利民、陶忠明、左学俊、阮浩丰、周剑飞、冯峰。

本标准所代替标准的历次版本发布情况为：

——GB/T 5646—1985。

扩口式管接头管套

1 范围

本标准规定了扩口式管接头管套的尺寸、标记及技术要求。

本标准适用于管子外径为 4 mm～34 mm，最大工作压力 3.5 MPa～16 MPa 的液压流体传动和一般用途的管路系统。

2 规范性引用文件

下列文件中的条款通过本标准的引用而成为本标准的条款。凡是注日期的引用文件，其随后所有的修改单(不包括勘误的内容)或修订版均不适用于本标准，然而，鼓励根据本标准达成协议的各方研究是否可使用这些文件的最新版本。凡是不注日期的引用文件，其最新版本适用于本标准。

GB/T 5653—2008　扩口式管接头技术条件

3 尺寸

扩口式管接头管套的尺寸应符合图 1 和表 1 的规定。

4 标记

4.1 标记方法

扩口式管接头管套的标记方法应符合 GB/T 5653 的规定。

4.2 标记示例

管子外径为 10 mm，表面镀锌处理的钢制扩口式管接头管套标记为：

管套　GB/T 5646　10

5 技术要求

技术要求按 GB/T 5653 的规定。

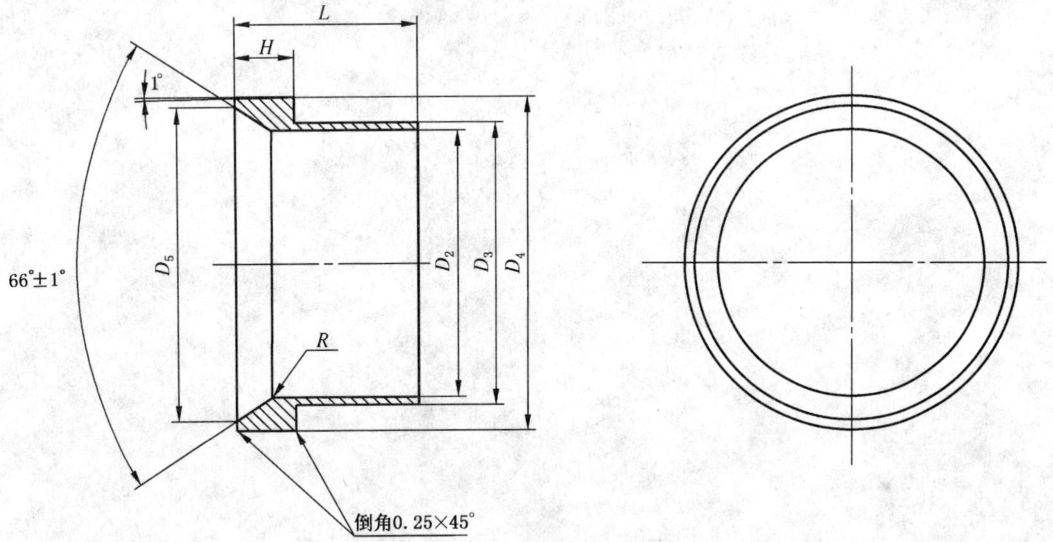

图 1　扩口式管接头管套

表 1　扩口式管接头管套尺寸

单位为毫米

<table>
<tr><th rowspan="2">管子外径
D_0</th><th colspan="2">D_2</th><th colspan="2">D_3</th><th>D_4</th><th>D_5</th><th>H</th><th rowspan="2">L</th><th rowspan="2">R</th></tr>
<tr><th>公称尺寸</th><th>极限偏差</th><th>公称尺寸</th><th>极限偏差</th><th>$^{0}_{-0.2}$</th><th>$^{0}_{-0.5}$</th><th>±0.30</th></tr>
<tr><td>4</td><td>4</td><td rowspan="13">+0.25
+0.15</td><td>5.5</td><td>0
−0.075</td><td rowspan="2">8.7</td><td rowspan="2">7.2</td><td rowspan="2">3.5</td><td>9</td><td rowspan="4">1</td></tr>
<tr><td>5</td><td>5</td><td>6.5</td><td rowspan="3">0
−0.09</td><td>10</td></tr>
<tr><td>6</td><td>6</td><td>7.5</td><td>10.2</td><td>8.7</td><td rowspan="5">4.5</td><td>11</td></tr>
<tr><td>8</td><td>8</td><td>9.5</td><td>12.2</td><td>10.4</td><td>12</td></tr>
<tr><td>10</td><td>10</td><td>11.5</td><td rowspan="3">0
−0.11</td><td>14.2</td><td>12.4</td><td>13</td><td rowspan="4">1.5</td></tr>
<tr><td>12</td><td>12</td><td>13.5</td><td>16.2</td><td>14.4</td><td>14</td></tr>
<tr><td>14</td><td>14</td><td>16</td><td>20.2</td><td>17.9</td><td>15</td></tr>
<tr><td>16</td><td>16</td><td>18</td><td rowspan="5">0
−0.13</td><td>22.2</td><td>19.9</td><td>16</td></tr>
<tr><td>18</td><td>18</td><td>20</td><td>25.2</td><td>22.9</td><td>17</td><td rowspan="3">2</td></tr>
<tr><td>20</td><td>20</td><td>22</td><td>27.5</td><td>24.9</td><td rowspan="2">6.5</td><td>18</td></tr>
<tr><td>22</td><td>22</td><td>24</td><td>30.5</td><td>27.9</td><td rowspan="2">20</td></tr>
<tr><td>25</td><td>25</td><td>27</td><td>33.5</td><td>30.9</td><td rowspan="2">7</td><td rowspan="4">2.5</td></tr>
<tr><td>28</td><td>28</td><td>30</td><td rowspan="3">0
−0.16</td><td>36.5</td><td>33.9</td><td>22</td></tr>
<tr><td>32</td><td>32</td><td rowspan="2">+0.3
+0.2</td><td>34</td><td>39.5</td><td>36.9</td><td rowspan="2">7.5</td><td rowspan="2">23</td></tr>
<tr><td>34</td><td>34</td><td>36</td><td>42.5</td><td>39.9</td></tr>
</table>

ICS 21.060.60
J 15

中华人民共和国国家标准

GB/T 5647—2008
代替 GB/T 5647—1985

扩口式管接头用 A 型螺母

Flared couplings—Style A nut

2008-05-07 发布 2008-11-01 实施

中华人民共和国国家质量监督检验检疫总局
中国国家标准化管理委员会
发布

前　言

本标准是扩口式管接头系列标准之一。

本标准是对 GB/T 5647—1985《扩口式 A 型管接头螺母》的修订。主要修订内容为：

——修改了中文和英文名称；

——减少了部分应由制造商控制的参数；

——对部分公差按现行公差与配合标准进行调整；

——取消了表面粗糙度标注，粗糙度要求在技术条件标准中给出。

本标准自实施之日起代替 GB/T 5647—1985。

本标准由中国机械工业联合会提出。

本标准由全国管路附件标准化技术委员会归口。

本标准负责起草单位：中机生产力促进中心、海盐高博管件有限公司。

本标准参加起草单位：海盐管件制造有限公司、伊顿（宁波）流体连接件有限公司、嘉兴迈思特管件制造有限公司、建湖县特佳液压管件有限公司、海盐县海管管件制造有限公司、焦作市路通液压附件有限公司。

本标准主要起草人：李维荣、耿志学、阮浩丰、周舜华、陶忠明、左学俊、周剑飞、王利民、冯峰。

本标准所代替标准的历次版本发布情况为：

——GB/T 5647—1985。

扩口式管接头用A型螺母

1 范围

本标准规定了扩口式管接头用A型螺母的尺寸及技术要求。

本标准适用于管子外径为4 mm～34 mm，最大工作压力3.5 MPa～16 MPa的液压流体传动和一般用途的管路系统。

2 规范性引用文件

下列文件中的条款通过本标准的引用而成为本标准的条款。凡是注日期的引用文件，其随后所有的修改单(不包括勘误的内容)或修订版均不适用于本标准，然而，鼓励根据本标准达成协议的各方研究是否可使用这些文件的最新版本。凡是不注日期的引用文件，其最新版本适用于本标准。

GB/T 5653—2008 扩口式管接头技术条件

3 尺寸

扩口式管接头用A型螺母的尺寸应符合图1和表1规定。

4 标记

4.1 标记方法

扩口式管接头用A型螺母的标记应符合GB/T 5653的规定。

4.2 标记示例

管子外径为10 mm，表面镀锌处理的钢制扩口式管接头用A型螺母标记为：

螺母 GB/T 5647 A10

5 技术要求

技术要求按GB/T 5653的规定。

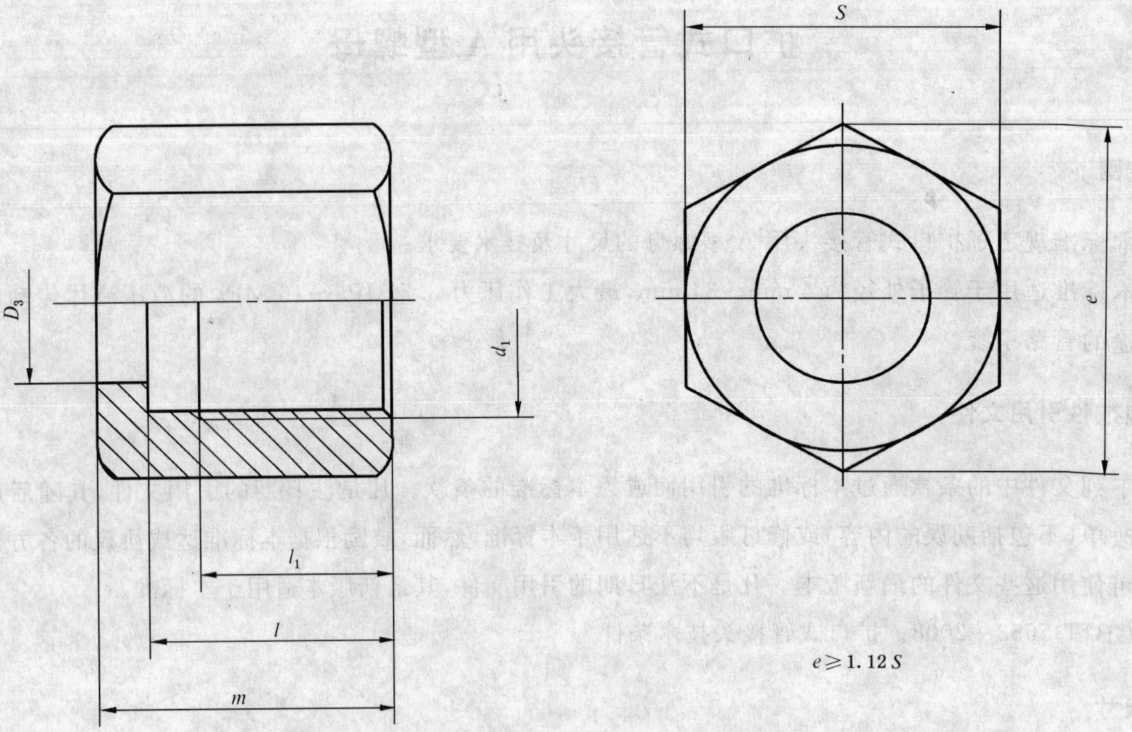

图 1　扩口式管接头用 A 型螺母

表 1　扩口式管接头用 A 型螺母尺寸　　单位为毫米

管子外径 D_0	d_1	D_3 公称尺寸	D_3 极限公差	l_1	l	m	S
4	M10×1	5.5	+0.075 0	6.5	11.5	13.5	12
5		6.5	+0.09				
6	M12×1.5	7.5		7.5	13.5	16.5	14
8	M14×1.5	9.5		8.5	15.5	18.5	17
10	M16×1.5	11.5	+0.11 0	9.5	16.5	19.5	19
12	M18×1.5	13.5					22
14	M22×1.5	16					27
16	M24×1.5	18	+0.13 0	10	17	20	30
18	M27×1.5	20					32
20	M30×2	22		10.5	20.5	24.5	36
22	M33×2	24		11.5	21.5	25.5	
25	M36×2	27		12	22	26	41
28	M39×2	30	+0.16 0	13	23	27.5	46
32	M42×2	34		13.5	23.5	28.5	50
34	M45×2	36		14	24	29	

ICS 21.060.60
J 15

GB

中华人民共和国国家标准

GB/T 5648—2008
代替 GB/T 5648—1985

扩口式管接头用B型螺母

Flared couplings—Style B nut

2008-05-07 发布　　　　2008-11-01 实施

中华人民共和国国家质量监督检验检疫总局
中国国家标准化管理委员会　发布

前言

本标准是扩口式管接头系列标准之一。

本标准是对 GB/T 5648—1985《扩口式 B 型管接头螺母》的修订。主要修订内容为：

——修改了中文和英文名称；

——增加了 14、16 和 18 三个规格；

——减少了部分应由制造商控制的参数；

——对部分公差按现行公差与配合标准进行调整；

——取消了表面粗糙度标注，粗糙度要求在技术条件标准中给出。

本标准自实施之日起代替 GB/T 5648—1985。

本标准由中国机械工业联合会提出。

本标准由全国管路附件标准化技术委员会归口。

本标准负责起草单位：中机生产力促进中心。

本标准参加起草单位：海盐管件制造有限公司、伊顿（宁波）流体连接件有限公司、嘉兴迈思特管件制造有限公司、建湖县特佳液压管件有限公司、海盐高博管件有限公司、海盐县海管管件制造有限公司、焦作市路通液压附件有限公司。

本标准主要起草人：李维荣、耿志学、周舜华、李俊英、陶忠明、左学俊、阮浩丰、周剑飞、王利民、冯峰。

本标准所代替标准的历次版本发布情况为：

——GB/T 5648—1985。

扩口式管接头用 B 型螺母

1 范围

本标准规定了扩口式管接头用 B 型螺母的尺寸及技术要求。

本标准适用于管子外径为 4 mm～34 mm，最大工作压力 3.5 MPa～16 MPa 的液压流体传动和一般用途的管路系统。

2 规范性引用文件

下列文件中的条款通过本标准的引用而成为本标准的条款。凡是注日期的引用文件，其随后所有的修改单(不包括勘误的内容)或修订版均不适用于本标准，然而，鼓励根据本标准达成协议的各方研究是否可使用这些文件的最新版本。凡是不注日期的引用文件，其最新版本适用于本标准。

GB/T 5653—2008 扩口式管接头技术条件

3 尺寸

扩口式管接头用 B 型螺母的尺寸应符合图 1 和表 1 规定。

4 标记

4.1 标记方法

扩口式管接头用 B 型螺母的标记应符合 GB/T 5653 的规定。

4.2 标记示例

管子外径为 10 mm，表面镀锌处理的钢制扩口式管接头用 B 型螺母标记为：

螺母 GB/T 5648 B10

5 技术要求

技术要求按 GB/T 5653 的规定。

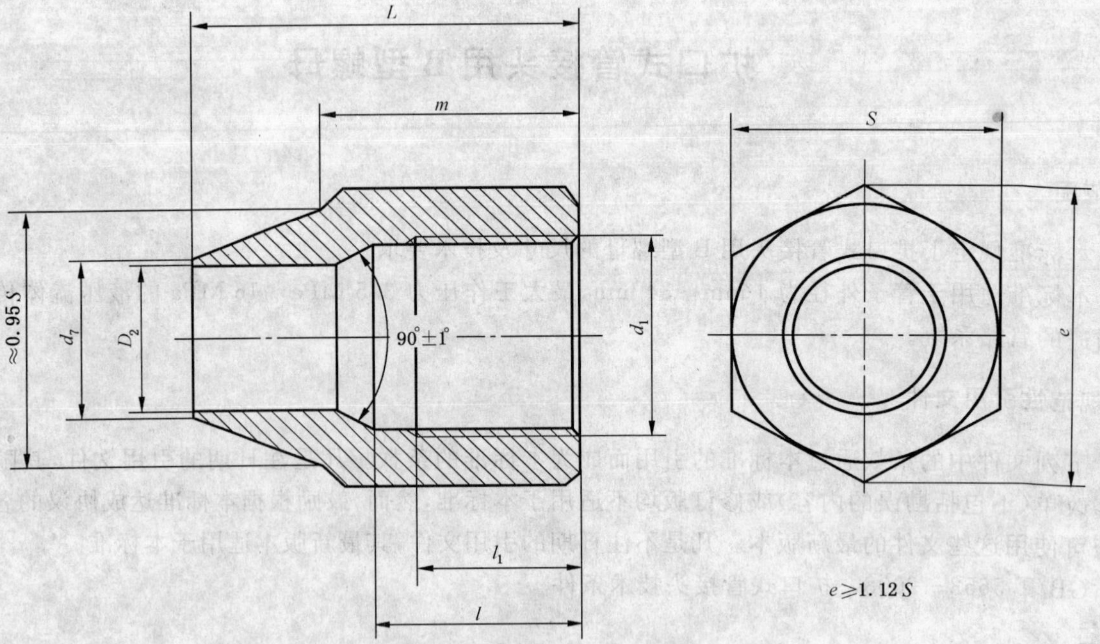

图 1 扩口式管接头用 B 型螺母

表 1 扩口式管接头用 B 型螺母尺寸

单位为毫米

<table>
<tr><th>管子外径
D_0</th><th>d_1</th><th>D_2
$^{+0.25}_{+0.15}$</th><th>d_7</th><th>l</th><th>l_1</th><th>L</th><th>m</th><th>S</th></tr>
<tr><td>4</td><td rowspan="2">M10×1</td><td>4</td><td>6</td><td rowspan="2">7</td><td rowspan="2">5</td><td rowspan="3">16</td><td rowspan="3">10</td><td rowspan="2">12</td></tr>
<tr><td>5</td><td>5</td><td>8</td></tr>
<tr><td>6</td><td>M12×1.5</td><td>6</td><td>9</td><td>9.5</td><td>7</td><td>14</td></tr>
<tr><td>8</td><td>M14×1.5</td><td>8</td><td>11</td><td>11</td><td>8</td><td>20</td><td>12</td><td>17</td></tr>
<tr><td>10</td><td>M16×1.5</td><td>10</td><td>14</td><td rowspan="2">11.5</td><td rowspan="2">8.5</td><td>26</td><td>14</td><td>19</td></tr>
<tr><td>12</td><td>M18×1.5</td><td>12</td><td>16</td><td>28</td><td>16</td><td>22</td></tr>
<tr><td>14</td><td>M22×1.5</td><td>14</td><td>17</td><td>12</td><td>9</td><td>32</td><td>18</td><td rowspan="2">27</td></tr>
<tr><td>16</td><td>M24×1.5</td><td>16</td><td>19</td><td>13</td><td>10</td><td>34</td><td>20</td></tr>
<tr><td>18</td><td>M27×1.5</td><td>18</td><td>22</td><td>14</td><td>11</td><td>38</td><td>22</td><td>30</td></tr>
</table>

ICS 21.060.60
J 15

中华人民共和国国家标准

GB/T 5649—2008
代替 GB/T 5649—1985,GB/T 5652—1985

管接头用锁紧螺母和垫圈

Flared couplings—Lock nut and lockup washer

2008-05-07 发布　　　　2008-11-01 实施

中华人民共和国国家质量监督检验检疫总局
中国国家标准化管理委员会　发布

前　言

本标准是 GB/T 5649—1985《扩口式管接头锁紧螺母》的修订版，并分别代替 GB/T 5649—1985《扩口式管接头锁紧螺母》、GB/T 5652—1985《扩口式管接头锁紧螺母垫圈》两个标准。

本标准与 GB/T 5649—1985、GB/T 5652—1985 相比主要变化如下：

——将两个标准的内容进行了整合；

——修改了中文和英文名称；

——修改了锁紧螺母的结构和尺寸，并调整了垫圈的相关尺寸；

——减少了部分应由制造商控制的参数；

——取消了表面粗糙度标注，表面粗糙度要求在 GB/T 5653《扩口式管接头技术条件》中给出。

本标准自实施之日起代替 GB/T 5649—1985 和 GB/T 5652—1985。

本标准由中国机械工业联合会提出。

本标准由全国管路附件标准化技术委员会归口。

本标准负责起草单位：中机生产力促进中心。

本标准参加起草单位：海盐管件制造有限公司、伊顿（宁波）流体连接件有限公司、嘉兴迈思特管件制造有限公司、建湖县特佳液压管件有限公司、海盐高博管件有限公司、海盐县海管管件制造有限公司、焦作市路通液压附件有限公司。

本标准主要起草人：李维荣、耿志学、周舜华、李俊英、陶忠明、左学俊、阮浩丰、周剑飞、王利民、冯峰。

本标准所代替标准的历次版本发布情况为：

——GB/T 5649—1985、GB/T 5652—1985。

管接头用锁紧螺母和垫圈

1 范围

本标准规定了管接头用锁紧螺母和垫圈的尺寸、标记及技术要求。

本标准适用于卡套式或扩口式可调向管接头的连接。

2 规范性引用文件

下列文件中的条款通过本标准的引用而成为本标准的条款。凡是注日期的引用文件，其随后所有的修改单(不包括勘误的内容)或修订版均不适用于本标准，然而，鼓励根据本标准达成协议的各方研究是否可使用这些文件的最新版本。凡是不注日期的引用文件，其最新版本适用于本标准。

GB/T 5653—2008 扩口式管接头技术条件

3 尺寸

管接头用锁紧螺母的尺寸应符合图1和表1的规定，管接头用锁紧垫圈的尺寸应符合图2和表2的规定。

4 标记

4.1 标记方法

管接头用锁紧螺母和垫圈的标记方法应符合 GB/T 5653 的规定。

4.2 标记示例

螺纹规格为 M20×1.5，表面镀锌处理的钢制管接头用锁紧螺母标记为：

螺母 GB/T 5649 M20×1.5

与螺纹规格为 M20×1.5 的管接头用锁紧螺母配套使用，不经表面处理的钢制管接头用锁紧垫圈标记为：

垫圈 GB/T 5649 M20×1.5

5 技术要求

技术要求按 GB/T 5653 的规定。

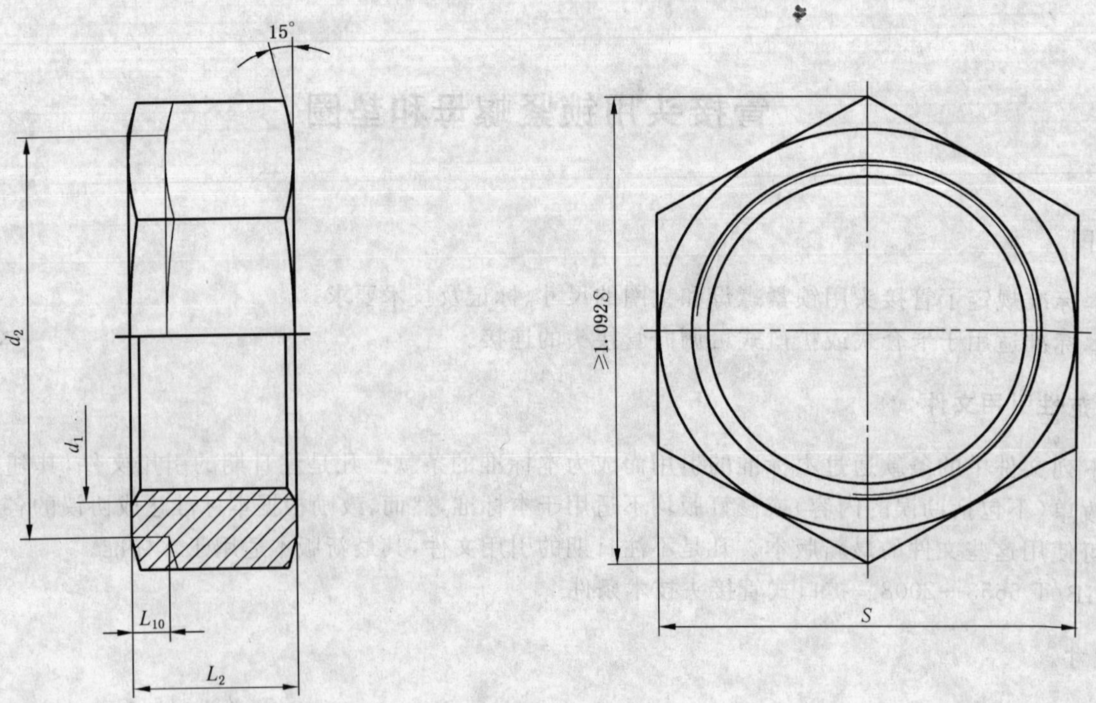

图 1 管接头用锁紧螺母

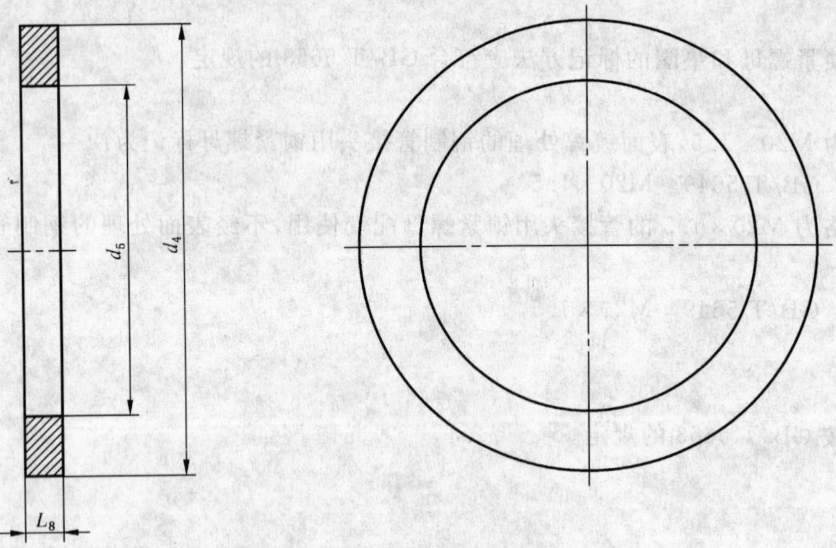

图 2 管接头用锁紧垫圈

表 1 管接头用锁紧螺母尺寸

单位为毫米

d_1	d_2 ±0.2	L_{10} ±0.1	L_2 ±0.2		S
			L 系列	S 系列	
M10×1	13.8	1.5	6	7	14
M12×1.5	16.8	2	7.5	8.5	17
M14×1.5	18.8	2	7.5	8.5	19
M16×1.5	21.8	2	7.5	9	22
M18×1.5	23.8	2.5	7.5	10.5	24
M20×1.5	26.8	2.5	8	11	27
M22×1.5	26.8	2.5	8	11	27
M27×2	31.8	2.5	10	13.5	32
M33×2	40.8	3	10	13.5	41
M42×2	49.8	3	10	14	50
M48×2	54.8	3	10	15	55

表 2 管接头用锁紧垫圈尺寸

单位为毫米

适用螺纹 d_1	d_4 ±0.4	d_5	L_8 ±0.08
M10×1	14.5	8.4	0.9
M12×1.5	17.5	9.7	0.9
M14×1.5	19.5	11.7	0.9
M16×1.5	22.5	13.7	0.9
M18×1.5	24.5	15.7	0.9
M20×1.5	27.5	17.7	1.25
M22×1.5	27.5	19.7	1.25
M27×2	32.5	24	1.25
M33×2	41.5	30	1.25
M42×2	50.5	39	1.25
M48×2	55.5	45	1.25

ICS 21.060.60
J 15

中华人民共和国国家标准

GB/T 5650—2008
代替 GB/T 5650—1985

扩口式管接头用空心螺栓

Flared couplings—Inverted flare bolts

2008-05-07 发布　　　2008-11-01 实施

中华人民共和国国家质量监督检验检疫总局
中国国家标准化管理委员会　发布

前　言

本标准是扩口式管接头系列标准之一。

本标准是对 GB/T 5650—1985《扩口式管接头空心螺栓》的修订。主要修订内容为：

——修改了中文和英文名称；

——减少了部分应由制造商控制的参数；

——对部分公差按现行公差与配合标准进行调整；

——取消了表面粗糙度标注，表面粗糙度要求在 GB/T 5653《扩口式管接头技术条件》中给出。

本标准自实施之日起代替 GB/T 5650—1985。

本标准由中国机械工业联合会提出。

本标准由全国管路附件标准化技术委员会归口。

本标准负责起草单位：中机生产力促进中心。

本标准参加起草单位：海盐管件制造有限公司、伊顿（宁波）流体连接件有限公司、嘉兴迈思特管件制造有限公司、建湖县特佳液压管件有限公司、海盐高博管件有限公司、海盐县海管管件制造有限公司、焦作市路通液压附件有限公司。

本标准主要起草人：李维荣、耿志学、周舜华、李俊英、陶忠明、左学俊、阮浩丰、周剑飞、王利民、冯峰。

本标准所代替标准的历次版本发布情况为：

——GB/T 5650—1985。

扩口式管接头用空心螺栓

1 范围

本标准规定了扩口式管接头用空心螺栓的尺寸、标记及技术要求。

本标准适用于管子外径为 4 mm～18 mm，最大工作压力 3.5 MPa～16 MPa 的液压流体传动和一般用途的管路系统。

2 规范性引用文件

下列文件中的条款通过本标准的引用而成为本标准的条款。凡是注日期的引用文件，其随后所有的修改单(不包括勘误的内容)或修订版均不适用于本标准，然而，鼓励根据本标准达成协议的各方研究是否可使用这些文件的最新版本。凡是不注日期的引用文件，其最新版本适用于本标准。

GB/T 5653—2008 扩口式管接头技术条件

3 尺寸

扩口式管接头用空心螺栓的尺寸应符合图 1 和表 1 规定。

4 标记

4.1 标记方法

扩口式管接头用空心螺栓的标记方法应符合 GB/T 5653 的规定。

4.2 标记示例

管子外径为 10 mm，表面镀锌处理的钢制扩口式管接头用 A 型空心螺栓标记为：

螺栓 GB/T 5650 A10

5 技术要求

技术要求按 GB/T 5653 的规定。

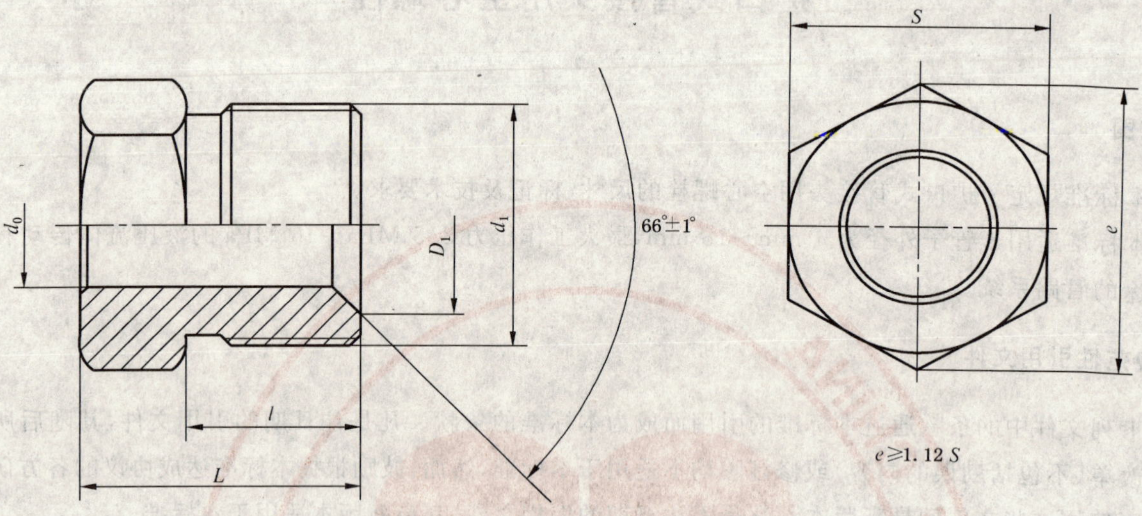

A 型

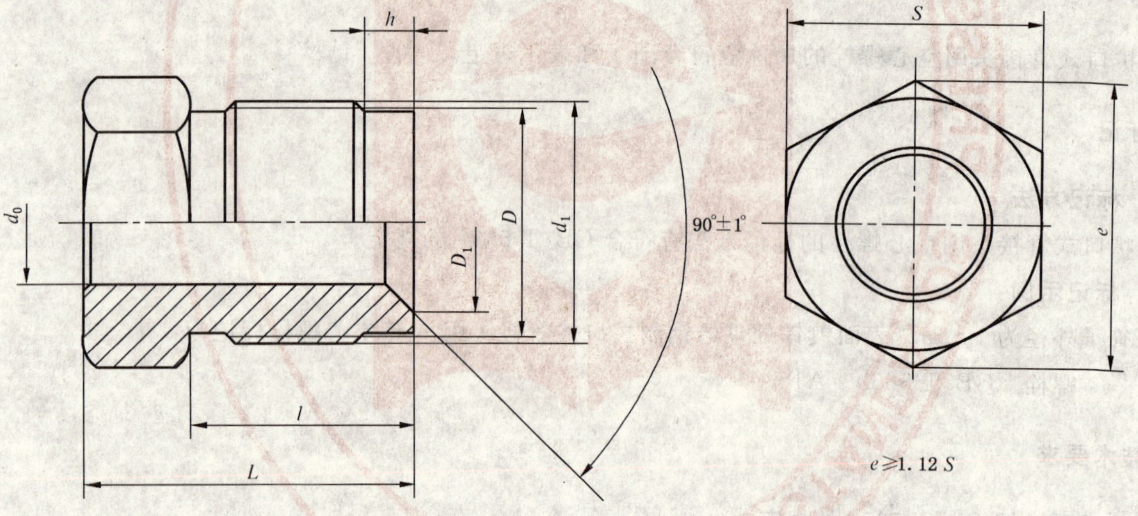

B 型

图 1　扩口式管接头用空心螺栓

表 1 扩口式管接头用空心螺栓尺寸

单位为毫米

<table>
<tr><th rowspan="2">管子外径
D_0</th><th rowspan="2">d_0
$\begin{matrix}+0.25\\+0.15\end{matrix}$</th><th rowspan="2">$d_1$</th><th rowspan="2">$D$</th><th rowspan="2">$D_1$</th><th rowspan="2">$h$</th><th colspan="2">$l$</th><th colspan="2">$L$</th><th rowspan="2">$S$</th></tr>
<tr><th>A 型</th><th>B 型</th><th>A 型</th><th>B 型</th></tr>
<tr><td>4</td><td>4</td><td rowspan="2">M10×1</td><td rowspan="2">8.4</td><td rowspan="2">7</td><td rowspan="3">4.5</td><td rowspan="2">8.5</td><td rowspan="2">12.5</td><td>13.5</td><td>17.5</td><td rowspan="2">12</td></tr>
<tr><td>5</td><td>5</td><td>14.5</td><td>18.5</td></tr>
<tr><td>6</td><td>6</td><td>M12×1.5</td><td>10</td><td>8.5</td><td>11</td><td>14.5</td><td>17</td><td>20.5</td><td>14</td></tr>
<tr><td>8</td><td>8</td><td>M14×1.5</td><td>11.7</td><td>10.5</td><td rowspan="6">5.5</td><td>13</td><td>18</td><td>19</td><td>24</td><td>17</td></tr>
<tr><td>10</td><td>10</td><td>M16×1.5</td><td>13.7</td><td>12.5</td><td rowspan="5">13.5</td><td rowspan="5">18.5</td><td rowspan="2">20.5</td><td rowspan="2">25.5</td><td>19</td></tr>
<tr><td>12</td><td>12</td><td>M18×1.5</td><td>15.7</td><td>14.5</td><td>22</td></tr>
<tr><td>14</td><td>14</td><td>M22×1.5</td><td>19.7</td><td>17.5</td><td rowspan="3">21.5</td><td rowspan="3">26.5</td><td>24</td></tr>
<tr><td>16</td><td>16</td><td>M24×1.5</td><td>21.7</td><td>19.2</td><td>27</td></tr>
<tr><td>18</td><td>18</td><td>M27×1.5</td><td>24.7</td><td>22.2</td><td>30</td></tr>
</table>

ICS 21.060.60
J 15

中华人民共和国国家标准

GB/T 5651—2008
代替 GB/T 5651—1985

扩口式管接头用密合垫

Flared couplings—Seat insert

2008-05-07 发布　　　　2008-11-01 实施

中华人民共和国国家质量监督检验检疫总局
中国国家标准化管理委员会　发布

前言

本标准是扩口式管接头系列标准之一。

本标准是对 GB/T 5651—1985《扩口式管接头密合垫》的修订。主要修订内容为：

——修改了中文和英文名称；

——减少了部分应由制造商控制的参数；

——对部分公差按现行公差与配合标准进行调整；

——取消了表面粗糙度标注，表面粗糙度要求在 GB/T 5653《扩口式管接头技术条件》中给出。

本标准自实施之日起代替 GB/T 5651—1985。

本标准由中国机械工业联合会提出。

本标准由全国管路附件标准化技术委员会归口。

本标准负责起草单位：中机生产力促进中心。

本标准参加起草单位：海盐管件制造有限公司、伊顿(宁波)流体连接件有限公司、嘉兴迈思特管件制造有限公司、建湖县特佳液压管件有限公司、海盐高博管件有限公司、海盐县海管管件制造有限公司、焦作市路通液压附件有限公司。

本标准主要起草人：李维荣、耿志学、周舜华、李俊英、陶忠明、左学俊、阮浩丰、周剑飞、王利民、冯峰。

本标准所代替标准的历次版本发布情况为：

——GB/T 5651—1985。

扩口式管接头用密合垫

1 范围

本标准规定了扩口式管接头用密合垫的尺寸、标记及技术要求。

本标准适用于管子外径为 4 mm～18 mm，最大工作压力 3.5 MPa～16 MPa 的液压流体传动和一般用途的管路系统。

2 规范性引用文件

下列文件中的条款通过本标准的引用而成为本标准的条款。凡是注日期的引用文件，其随后所有的修改单（不包括勘误的内容）或修订版均不适用于本标准，然而，鼓励根据本标准达成协议的各方研究是否可使用这些文件的最新版本。凡是不注日期的引用文件，其最新版本适用于本标准。

GB/T 5653—2008　扩口式管接头技术条件

3 尺寸

扩口式管接头用密合垫的尺寸应符合图 1 和表 1 规定。

4 标记

4.1 标记方法

扩口式管接头用密合垫的标记方法应符合 GB/T 5653 的规定。

4.2 标记示例

管子外径为 10 mm，不经表面处理的钢制扩口式管接头用 A 型密合垫标记为：

密合垫　GB/T 5651　A10

5 技术要求

技术要求按 GB/T 5653 的规定。

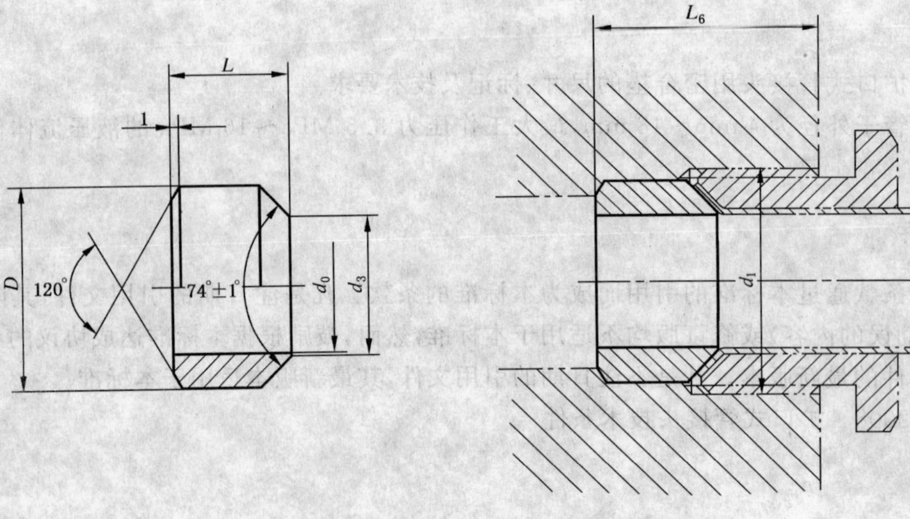

A型

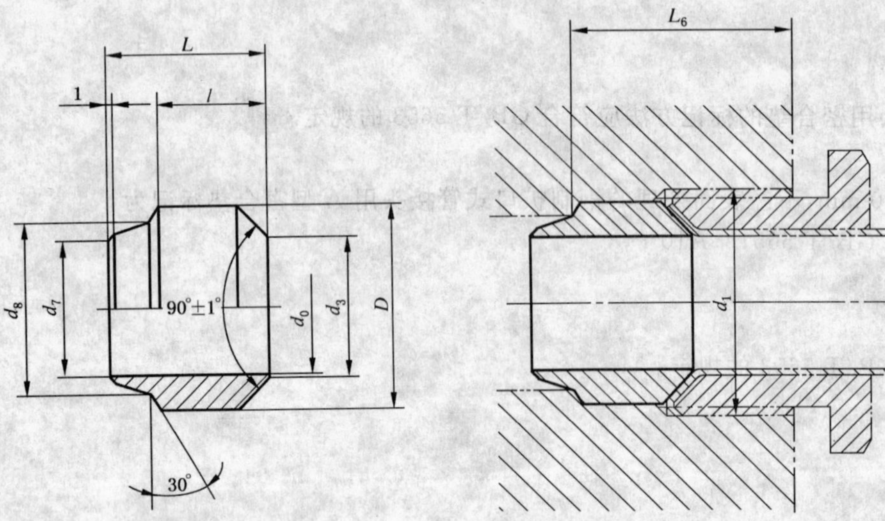

B型

图 1　扩口式管接头用密合垫

表 1　扩口式管接头用密合垫尺寸

单位为毫米

管子外径 D_0	d_0	适用螺纹 d_1	d_3	d_7 0 −0.08	d_8 0 −0.06	D	l	L		L_6	
								A 型	B 型	A 型	B 型
4	3	M10×1	3.6	5.2	5.4	8.5	5	7	8	11	11
5	3.5		4.3								
6	4	M12×1.5	4.8	5.9	6.1	10		8	9	13	13
8	6	M14×1.5	7	7.4	7.6	12		9	10	15	15
10	8	M16×1.5	9	9.4	9.6	14	5.5	10		17	16
12	10	M18×1.5	11	11.4	11.6	16	7.5	11		18	18
14	12	M22×1.5	13	—	—	20	—		—	19	—
16	14	M24×1.5	15	—	—	22	—	12	—	20	—
18	15	M27×1.5	16.5	—	—	25	—		—	22	—

ICS 21.060.60
J 15

中华人民共和国国家标准

GB/T 5652—2008

扩口式管接头扩口端尺寸

Flared couplings—Flared end

2008-05-07 发布　　2008-11-01 实施

中华人民共和国国家质量监督检验检疫总局
中国国家标准化管理委员会　发布

前言

本标准是扩口式管接头系列标准之一。

本标准使用GB/T 5652—2008的编号意在体现扩口式管接头标准的系列性，但是本标准并不代替原GB/T 5652—1985《扩口式管接头锁紧螺母垫圈》。原GB/T 5652—1985被GB/T 5649—2008所代替。

本标准由中国机械工业联合会提出。

本标准由全国管路附件标准化技术委员会归口。

本标准负责起草单位：中机生产力促进中心。

本标准参加起草单位：海盐管件制造有限公司、伊顿（宁波）流体连接件有限公司、嘉兴迈思特管件制造有限公司、建湖县特佳液压管件有限公司、海盐高博管件有限公司、海盐县海管管件制造有限公司、焦作市路通液压附件有限公司。

本标准主要起草人：李维荣、耿志学、周舜华、李俊英、陶忠明、左学俊、阮浩丰、周剑飞、王利民、冯峰。

扩口式管接头扩口端尺寸

1 范围

本标准规定了扩口式管接头扩口端尺寸。

本标准适用于管子外径为 4 mm～34 mm，最大工作压力 3.5 MPa～16 MPa 的液压流体传动和一般用途的管路系统。

2 规范性引用文件

下列文件中的条款通过本标准的引用而成为本标准的条款。凡是注日期的引用文件，其随后所有的修改单(不包括勘误的内容)或修订版均不适用于本标准，然而，鼓励根据本标准达成协议的各方研究是否可使用这些文件的最新版本。凡是不注日期的引用文件，其最新版本适用于本标准。

GB/T 5653—2008 扩口式管接头技术条件

3 尺寸

扩口式管接头扩口端尺寸应符合图 1 和表 1 的规定。

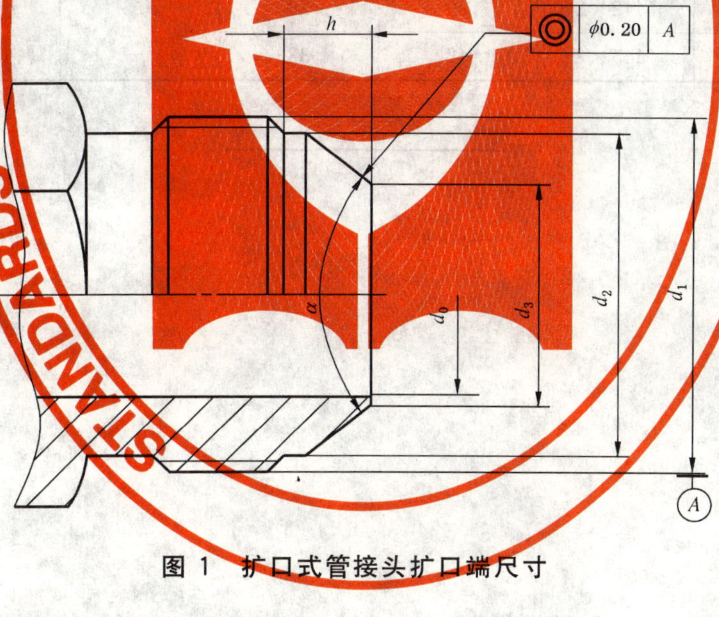

图 1 扩口式管接头扩口端尺寸

表 1　扩口式管接头扩口端尺寸

单位为毫米

<table>
<tr><th rowspan="2">管子外径
D_0</th><th rowspan="2">d_0</th><th rowspan="2">d_1</th><th rowspan="2">d_2</th><th rowspan="2">d_3</th><th rowspan="2">h</th><th colspan="2">α</th></tr>
<tr><th>A 型</th><th>B 型</th></tr>
<tr><td>4</td><td>3</td><td rowspan="2">M10×1</td><td rowspan="2">8.4</td><td>3.6</td><td rowspan="2">4.5</td><td rowspan="15">74°±1°</td><td rowspan="9">90°±1°</td></tr>
<tr><td>5</td><td>3.5</td><td>4.3</td></tr>
<tr><td>6</td><td>4</td><td>M12×1.5</td><td>10</td><td>4.8</td><td rowspan="2">5.5</td></tr>
<tr><td>8</td><td>6</td><td>M14×1.5</td><td>11.7</td><td>7</td></tr>
<tr><td>10</td><td>8</td><td>M16×1.5</td><td>13.7</td><td>9</td><td rowspan="3">6</td></tr>
<tr><td>12</td><td>10</td><td>M18×1.5</td><td>15.7</td><td>11</td></tr>
<tr><td>14</td><td>12</td><td>M22×1.5</td><td>19.7</td><td>13</td></tr>
<tr><td>16</td><td>14</td><td>M24×1.5</td><td>21.7</td><td>15</td><td>6.5</td></tr>
<tr><td>18</td><td>15</td><td>M27×1.5</td><td>24.7</td><td>16.5</td><td>7</td></tr>
<tr><td>20</td><td>17</td><td>M30×2</td><td>27</td><td>18.5</td><td rowspan="3">8</td><td rowspan="6"></td></tr>
<tr><td>22</td><td>19</td><td>M33×2</td><td>30</td><td>20.5</td></tr>
<tr><td>25</td><td>22</td><td>M36×2</td><td>33</td><td>23.5</td></tr>
<tr><td>28</td><td>24</td><td>M39×2</td><td>36</td><td>26</td><td rowspan="3">9.5</td></tr>
<tr><td>32</td><td>27</td><td>M42×2</td><td>39</td><td>29</td></tr>
<tr><td>34</td><td>30</td><td>M45×2</td><td>42</td><td>32</td></tr>
</table>

ICS 21.060.60
J 15

中华人民共和国国家标准

GB/T 5653—2008
代替 GB/T 5653—1985

扩口式管接头技术条件

Flared couplings—Specification

2008-05-07 发布 2008-11-01 实施

中华人民共和国国家质量监督检验检疫总局
中国国家标准化管理委员会 发布

前　言

本标准是扩口式管接头系列标准之一。

本标准是对 GB/T 5653—1985《扩口式管接头技术条件》的修订，主要修订内容如下：

——修改了英文名称；

——增加了术语和定义；

——修改了零件的材料要求；

——增加了压力/温度要求、标记方法和被连管要求；

——修改了扳拧尺寸与公差、结构与制造的相关内容，增加了角度公差、制造质量等要求；

——柱端螺纹增加了 55°非密封管螺纹(G)、55°密封管螺纹(R)和 60°密封管螺纹(NPT)，取消了原标准中的米制锥螺纹(ZM)；

——取消了产品的验收检查，增加了管接头的性能要求和试验方法；

——取消了"包装与标记"的相关内容，增加了安装说明、采购信息和标志的相关要求；

——修改了原附录 A"管子扩口型式尺寸及使用压力"，删除了原附录 B"液压、气动系统和元件油口结构及尺寸"、附录 C"扩口式可调向管接头和扩口式组合管接头在附录 B 规定的 O 形圈油口上的装配方法"。

本标准的附录 A 为规范性附录。

本标准自实施之日起代替 GB/T 5653—1985。

本标准由中国机械工业联合会提出。

本标准由全国管路附件标准化技术委员会归口。

本标准起草单位：中机生产力促进中心、海盐管件制造有限公司、伊顿(宁波)流体连接件有限公司、嘉兴迈思特管件制造有限公司、建湖县特佳液压管件有限公司、海盐高博管件有限公司、海盐县海管管件制造有限公司、焦作市路通液压附件有限公司。

本标准主要起草人：李维荣、耿志学、周舜华、李俊英、陶忠明、左学俊、阮浩丰、周剑飞、冯峰、王利民、刘向东。

本标准所代替标准的历次版本发布情况为：

——GB/T 5653—1985。

扩口式管接头技术条件

1 范围

本标准规定了扩口式管接头的材料、压力/温度要求、标记方法、被连管要求、扳拧尺寸与公差、结构与制造、性能与合格试验、安装说明、采购信息和标志等技术要求。

本标准适用于管子外径为 4 mm～34 mm，最大工作压力 3.5 MPa～16 MPa 的液压流体传动和一般用途的管路系统。

2 规范性引用文件

下列文件中的条款通过本标准的引用而成为本标准的条款。凡是注日期的引用文件，其随后所有的修改单(不包括勘误的内容)或修订版均不适用于本标准，然而，鼓励根据本标准达成协议的各方研究是否可使用这些文件的最新版本。凡是不注日期的引用文件，其最新版本适用于本标准。

GB/T 3 普通螺纹收尾、肩距、退刀槽和倒角(GB/T 3—1997，eqv ISO 3508:1976；eqv ISO 4755:1983)

GB/T 193 普通螺纹 直径与螺距系列(GB/T 193—2003，ISO 261:1998，MOD)

GB/T 197 普通螺纹 公差(GB/T 197—2003，ISO 965-1:1998，MOD)

GB/T 699 优质碳素结构钢

GB/T 1527 铜及铜合金拉制管

GB/T 1528 铜及铜合金挤制管

GB/T 3103.1 紧固件公差 螺栓、螺钉、螺柱和螺母(GB/T 3103.1—2002，ISO 4759-1:2000，IDT)

GB/T 3141 工业液体润滑剂 ISO 粘度分类(GB/T 3141—1994，eqv ISO 3448:1992)

GB/T 3452.2 O形橡胶密封圈外观质量检验标准(GB/T 3452.2—1987，neq ISO/DP 3601-3:1987)

GB/T 3639 冷拔或冷轧精密无缝钢管(neq DIN 2391/1:1994、DIN 2391/2:1994)

GB/T 3765—2008 卡套式管接头技术条件

GB/T 6031 硫化橡胶或热塑性橡胶硬度的测定(10～100IRHD)(GB/T 6031—1998，idt ISO 48:1994)

GB/T 7306.1 55°密封管螺纹 第1部分：圆柱内螺纹与圆锥外螺纹(GB/T 7306.1—2000，eqv ISO 7-1:1994)

GB/T 7306.2 55°密封管螺纹 第2部分：圆锥内螺纹与圆锥外螺纹(GB/T 7306.2—2000，eqv ISO 7-1:1994)

GB/T 7307 55°非密封管螺纹(GB/T 7307—2001，eqv ISO 228-1:1994)

GB/T 12716 60°密封管螺纹(GB/T 12716—2002，eqv ASME B1.20.1:1992)

GB/T 17446 流体传动系统及元件 术语(GB/T 17446—1998，idt ISO 5598:1985)

3 术语和定义

GB/T 17446 确立的以及下列术语和定义适用于本标准。

3.1

管接头 connector；fitting

管和管及管和其他设备间的密封连接组件。

3.2

接头体 connetor body

通过螺母、管套或螺栓连接管道及设备的零件。

3.3

柱端螺纹 stud end thread

与螺纹油口连接的外螺纹。

3.4

最大工作压力 maximum working pressure

系统或系统零件稳定运行的最高压力。

4 材料

4.1 接头体

接头体材料应与传输介质相容，并保证有效连接。

用碳钢制造的接头体，应满足第5章规定的压力/温度要求；用不锈钢或铜合金等其他材料制造的接头体，其压力/温度值由制造商规定。

4.2 螺母

除供需双方另有协议，与碳钢接头体配合使用的螺母应由碳钢制造，与不锈钢接头体配合使用的螺母应由不锈钢制造，与铜合金接头体配合使用的螺母应由铜合金制造。

4.3 管套

管套材料应与传输介质相容，并保证有效连接。

碳钢管套与碳钢接头体和碳钢钢管配合使用。不锈钢管套与不锈钢接头体和不锈钢钢管配合使用。铜管套与铜接头体和铜管配合使用。不同类型材料的配合使用，应由供需双方协商确定。

4.4 O形圈

如果没有其他规定，用于石油基液压油并符合第5章压力/温度要求的O形圈应由丁晴橡胶(NBR)制造，其硬度应为(90±5)IRHD，按GB/T 6031测定，其外观质量不低于GB/T 3452.2的N级要求。对在第5章规定范围外或在非石油基液压油系统中使用的O形圈，可以使用其他材料制造，但应当咨询管接头制造商。

4.5 推荐材料

接头体等零件推荐材料按表1选用。

表1 接头体等零件推荐材料表

零件名称	抗拉强度/MPa	材料牌号	标准编号
接头体、空心螺栓、螺母	≥340	15、20	GB/T 699
锁紧垫圈	≥320	08F	GB/T 699
管套	≥520	35	GB/T 699
注：可以选用其他材料。			

5 压力/温度要求

5.1 符合扩口式管接头标准的碳钢管接头，在介质温度为−40℃～+120℃范围使用时，应能承受规定的最大工作压力。

5.2 符合扩口式标准的扩口式管接头，允许使用的最大工作压力见表2。

表 2 用于液压流体动力与一般用途的扩口式管接头的最大工作压力

管子外径 D_0/mm	紫铜管/MPa[a]	碳钢管/MPa[a]	管子外径 D_0/mm	紫铜管/MPa[a]	碳钢管/MPa[a]
4	16	16	18	5	10
5	16	16	20	5	10
6	16	16	22	5	8
8	10	16	25	5	8
10	10	16	28	3.5	8
12	10	12	32	3.5	5
14	8	12	34	3.5	5
16	8	10	—	—	—

[a] $1\ \mathrm{MPa}=10\ \mathrm{bar}=10^6\ \mathrm{N/m^2}=10^6\ \mathrm{Pa}$。

6 标记

6.1 标记方法

扩口式管接头、接头体及配件的标记内容如下：

产品名称 产品标准编号 扩口型式 管子外径/柱端螺纹 柱端密封类型·材料·表面处理

表面处理：镀锌：Zn，可省略；磷化：P；氧化：O

材料：碳钢：Fe，可省略；不锈钢：Cr；铜：Cu

柱端密封类型：A 型：A，可省略；F 型：F

管子外径/柱端螺纹：产品标准中只有唯一柱端螺纹时可省略

扩口型式：分为 A 型、B 型

产品标准编号：年代号可简写为 07 或省略

产品名称：分为管接头、接头体、管套、螺母、螺栓、垫圈、密合垫

注：A 型螺纹柱端应符合 GB/T 19674.2 的规定，F 型螺纹柱端应符合 GB/T 3765 附录 A 的规定。

6.2 标记示例

扩口型式 A，管子外径为 14 mm，柱端螺纹为 M18×1.5，柱端密封类型为 A 型，材料为碳钢，镀锌表面处理的扩口式端直通管接头标记为：

管接头 GB/T 5625—2008 A14/M18×1.5 A·Fe·Zn

可简化标记为：

管接头 GB/T 5625 A14/M18×1.5

7 被连接管要求

被连接碳钢管的尺寸和公差应符合 GB/T 3639 规定的低碳钢无缝管，被连接紫铜管的尺寸和公差应符合 GB/T 1527 或 GB/T 1528 规定的无缝管。

如果使用其他材料，由供需双方确定。

8 扳拧尺寸与公差

8.1 锻制扳拧尺寸小于或等于 24 mm 时的公差为 $_{-0.8}^{0}$mm，大于 24 mm 时的公差为 $_{-1.0}^{0}$mm。

8.2 六方对边尺寸 S 的公差应符合 GB/T 3103.1 的 B 级产品要求。六方对角尺寸应不小于 1.092S，扳拧边长应不小于 0.43S。如果无另外规定或标注，六方应倒角 10°～30°，倒角直径应等于六方对边尺寸 S，倒角直径公差应为 $_{-0.4}^{0}$mm。

9 结构与制造

9.1 外型结构

扩口式管接头型式与尺寸应符合相应标准的要求。标准中未规定的结构尺寸由制造商确定，但应尽量减少流体阻力。

9.2 尺寸

标准中规定的尺寸是指包括镀层或表面处理层厚度在内的成品尺寸，所有没有公差限制的尺寸的公差应为±0.4 mm，扩口端对其外螺纹中径的圆跳动公差应为 0.25 mm，柱端螺纹中径对密封端面垂直度公差应为 0.10 mm。

9.3 通道公差

接头体通道从两头加工时，汇合点的不重合偏差不得大于 0.4 mm，交叉通道的交汇横截面积不得低于规定的最小通道截面积。

9.4 角度公差

规格不大于 10 mm 的弯通、三通和四通的端口轴线的角度公差应为±2.5°，规格大于 10 mm 的弯通、三通和四通的端口轴线的角度公差应为±1.5°。

9.5 螺纹

9.5.1 普通螺纹应符合 GB/T 193 的规定，外螺纹公差应符合 GB/T 197 的 6 g 级规定，内螺纹公差应符合 GB/T 197 的 6H 级规定，端面应倒角。螺纹收尾、肩距、退刀槽应符合 GB/T 3 的规定。电镀后，外螺纹用 6 h 级通规验收。

9.5.2 55°非密封管螺纹应符合 GB/T 7307 的规定，外螺纹公差为 A 级，端面应倒角。

9.5.3 55°密封管螺纹应符合 GB/T 7306.1 或 GB/T 7306.2 的规定，端面应倒角。

9.5.4 60°密封管螺纹应符合 GB/T 12716 的规定，端面应倒角。

9.6 制造质量

所有接头体和配件不应有裂纹、气孔、毛刺、锐边等。接头体内、外锥面表面粗糙度 $Ra \leqslant 3.2\ \mu m$，可调向接头体的 O 形圈沟槽表面粗糙度 $Ra \leqslant 3.2\ \mu m$。不进行机械加工的零件表面允许有不超过其尺寸公差一半的凹陷和压痕。未标注要求的所有机械加工表面的粗糙度应为 $Ra \leqslant 6.3\ \mu m$。所有未注棱边应倒钝角，倒角尺寸不应大于 0.15 mm。

9.7 表面处理

9.7.1 如果供需双方没有其他协议，所有碳钢零件的外表面和螺纹应镀涂适当材料，通过 72 h 中性盐雾试验。除下列区域外的任何盐雾试验红锈斑都应视为镀涂不合格。

a) 孔内壁表面；

b) 在批量生产的镀涂操作中或交付运输中有可能碰伤的六角顶、齿状结构顶、螺纹牙顶等；

c) 折、扩、弯或其他镀后成型操作有损伤镀涂的区域；

d) 测试中的悬挂或固定处(有可能有盐雾淤积)。

9.7.2 需焊接的零件应涂油膜或磷化或经其他不影响焊接的防锈处理。

10 性能与合格试验

10.1 一般要求

当改变加工工艺或原材料变动时，制造商应对管接头做性能与合格试验。性能与合格试验分别为气密性试验和耐压试验，是管接头的型式试验项目。

这些试验是有危险的，因此在进行试验时，必需严格遵守相应的安全防护措施，特别需防范爆裂、细喷（能穿透皮肤）和气体膨胀造成的能量释放。为了降低气体膨胀能量释放的危险性，在加压试验前，应排放尽试验样件中的空气。试验人员需经过适当培训。

10.2 试验方法

将管接头试验组件（至少含接头体、管套、A型或B型螺母）连接到油气口上。气密性试验流体介质应采用空气、氮气或氦气。耐压试验流体介质应采用符合GB/T 7631.2要求的黏度不大于GB/T 3141规定的VG32液压油（如HM），或水。除另有规定，所有试验用流体介质温度应在15℃～80℃之间。

10.3 泄漏（气）试验

管接头应通过泄漏试验，将组装好的管接头试验组件浸没在水中，加压至相应规格试验组件最大工作压力的15%（最大不超过2.4 MPa）。保压3 min，观察是否有气泡冒出。应在测试报告中明确注明测试流体介质是空气、氮气或氦气。

通过本试验的零件可继续用于耐压试验，但不得退回库房。

10.4 耐压试验

管接头试验组件应能在经受2倍最大工作压力（升压速度每秒不得超过最大工作压力值的16%），保压1 min而不产生渗漏、破裂或拔脱。应在测试报告中明确注明测试流体介质是油或水。

通过本试验的零件不得投入实际使用，不得退回库房。

11 安装说明

扩口式管接头与被连管的连接安装应在无额外作用力下进行。

制造商应制定扩口式管接头的安装使用说明，至少提供如下说明：

a) 对被连接管材料和质量的详细要求；

b) 对被连接管的备料要求；

c) 推荐安装工具。

12 采购信息

采购方询价和定货时应提供如下信息：

a) 管接头或接头体及配件的名称；

b) 管接头或接头体及配件的材料；

c) 被连接管的材料和规格；

d) 传输的介质；

e) 工作压力；

f) 介质工作温度范围；

g) 环境温度范围。

13 标志

除供需双方另有协议外，接头体、管套和螺母应有永久性的制造商名、商标或代码等标记。

标志的位置不应影响零件的性能和表面保护层，其字迹或符号应清晰；标志的大小和方法由制造商确定。

附 录 A
（规范性附录）
扩口式管接头用管子扩口型式尺寸和最大工作压力

A.1 扩口式管接头用管子的扩口型式

74°单层和折迭层扩口型式见图 A.1,90°单层和折迭层扩口型式见图 A.2。

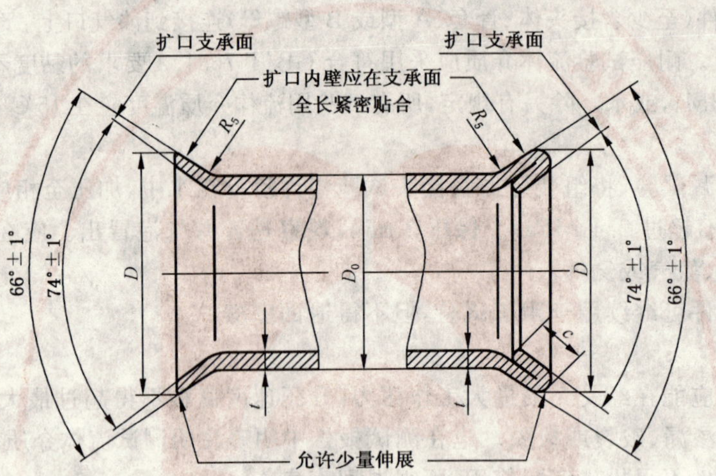

图 A.1 74°单层和折叠层扩口尺寸

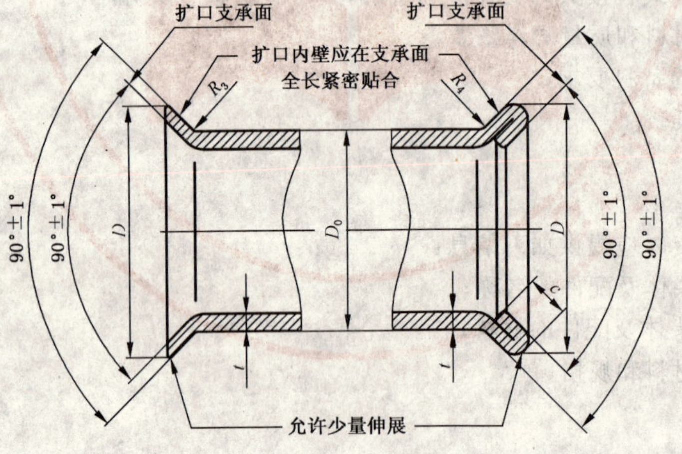

图 A.2 90°单层和折叠层扩口尺寸

A.2 扩口式管接头用管子的尺寸和最大工作压力

扩口式管接头用管子的尺寸和最大工作压力见表 A.1。

表 A.1 扩口式管接头用管子的尺寸和最大工作压力

管子外径 D_0	单、双层扩口直径 D		r_5		R_3		R_4		紫铜管			碳钢管		
	max	min	基本尺寸	极限偏差	基本尺寸	极限偏差	基本尺寸	极限偏差	t max	c min	最大工作压力/MPa	t max	c min	最大工作压力/MPa
4	6.5	6	0.8	+0.35 −0.35	0.5	+0.25 −0.25	1	+0.25 −0.25	0.5	1.3	16	0.5	1.3	16
5	7.5	7							0.75					
6	9	8.5							1					
8	11	10.5									10	1		
10	13.5	12.8	1.0							1.6			1.6	
12	15.5	14.8	1.5							1.7			1.7	12
14	18.5	17.7							1.5	2.1	8		2.3	
16	20.5	19.7												10
18	23.5	22.8	2.0							2.8	5		3.1	
20	26.5	25.8							2	3.2			3.8	
22	29	28.2								3.5		1.5		8
25	32	31.2	2.3											
28	35	34.2								3.6	3.5		3.9	
32	39	38.3	2.8											5
34	41	40.3												

A.3 扩口式管接头用管子的加工要求

扩口内表面轴线相对于管子外径轴线的圆跳动公差为 0.38 mm,与管子内径交接处应无裂纹、金属折叠、凹痕、刮伤等任何影响密性能的表面缺陷,扩口边缘处应去毛刺,锐边应倒钝。

ICS 23.080
J 71

GB

中华人民共和国国家标准

GB/T 5656—2008/ISO 5199:2002
代替 GB/T 5656—1994

离心泵　技术条件(Ⅱ类)

Technical specification for centrifugal pumps—Class Ⅱ

(ISO 5199:2002,IDT)

2008-08-25 发布　　2009-03-01 实施

中华人民共和国国家质量监督检验检疫总局
中国国家标准化管理委员会　发布

前　言

本标准等同采用 ISO 5199:2002《离心泵　技术条件-Ⅱ类》(英文版)。

本标准等同翻译 ISO 5199:2002。

为便于使用,本标准做了下列编辑性的修改。

——“本国际标准”一词改为“本标准”;

——用小数点“.”代替作为小数点的逗号“,”;

——删除了国际标准的“前言”;

——删除了国际标准“规范性引用文件”中:“ISO 和 IEC 的成员保留当前有效的国际标准的登记”;

——增加了附录 A、附录 B 中 B.4.6c)及附录 G 中表 G.1 的表题。

——将本标准 4.3.2.2 注中引用的 ISO 1940-1 标准在第 2 章“规范性引用文件”中列出,并给出与我国国家标准的对应关系。

本标准代替 GB/T 5656—1994《离心泵　技术条件(Ⅱ类)》。

本标准与 GB/T 5656—1994 相比,主要变化如下:

——原标准第 3 章中“设计负荷”、“最大负荷”,新标准中分别为“设计径向负荷”和“最大径向负荷”,并有增加内容;

——4.3.2“平衡和振动”中增加了对立式泵最大允许振动烈度的规定;

——原标准附录 B“峰值位移”本标准已经删除;

——原标准附录 C 为“作用在法兰上的外力和外力矩”,新标准附录 B 为“作用在短管上的外力和外力矩”;原标准将垂直方向、水平方向及总力矩用坐标形式表示,新标准是用表格表示的,并且增加了“增大基本数值的可能性”。

本标准的附录 A、附录 C、附录 D 是规范性附录,附录 B、附录 E、附录 F、附录 G、附录 H 是资料性附录。

本标准由中国机械工业联合会提出。

本标准由全国泵标准化技术委员会归口。

本标准起草单位:沈阳水泵研究所。

本标准主要起草人:于百芳、董钦敏。

本标准所代替标准的历次版本发布情况为:

——GB 5656—1985、GB/T 5656—1994。

引 言

本国际标准为阐述离心泵技术条件的系列标准之一；这些标准分别为Ⅰ类、Ⅱ类、Ⅲ类。Ⅰ类要求最严，Ⅲ类要求最松。

依照泵应用场合的技术要求来选择所使用的等级。所选的等级要在采购商和卖方之间达成一致。此外，还要考虑作用现场的安全要求。

然而，不可能使某一特定使用现场的离心泵的技术要求等级标准化，因为每一使用现场都有不同的要求。所有等级（Ⅰ类、Ⅱ类和Ⅲ类）均可依据泵应用的不同要求来使用。所以，可能出现依据Ⅰ类、Ⅱ类和Ⅲ类技术条件所制造的泵在某一工厂内并存。

囊括特殊应用或特种工业的更进一步的技术要求在单个标准中阐述。

选择某一特定应用的泵所需的等级，其标准可包括：

——可靠性；

——要求的运行寿命；

——运行条件；

——环境条件；

——当地外界条件。

凡是可能需要由采购商决定或需要由采购商和制造商/供货商共同商定的内容，其前后文对照清单列在附录 H 中。

离心泵　技术条件(Ⅱ类)

1　范围

1.1　本标准规定了具有任何一种驱动形式和安装形式的单级、多级、卧式或立式结构一般用途Ⅱ类离心泵的技术条件。用于化工流程工业泵(例如符合国际标准 GB/T 5662 要求的泵)是本标准所阐述的典型的泵。

1.2　本标准包括含底座、联轴器和辅助管路在内的与安装、维护和安全有关的设计特征,但不规定除了与其额定输出功率相关的那些东西以外的驱动机的条件。

1.3　在已经要求应用本标准的情况下又需要一种特殊的设计特征时,可以提供符合本标准意图的可替代的设计,只要对其作了详细的说明。

可提供并不完全符合本标准要求的泵供考虑,只要对所有不符合之处予以说明。

2　规范性引用文件

下列文件中的条款通过本标准的引用而成为本标准的条款。凡是注日期的引用文件,其随后所有的修改单(不包括勘误的内容)或修订版均不适用于本标准,然而,鼓励根据本标准达成协议的各方研究是否可使用这些文件的最新版本。凡是不注日期的引用文件,其最新版本适用于本标准。

GB/T 3216　回转动力泵　水力性能验收试验　1级和2级(GB/T 3216—2005,ISO 9906:1999,MOD)

GB/T 3767　声学　声压法测定噪声源声功率级　反射面上方近似自由场的工程法(GB/T 3767—1996,eqv ISO 3744 :1994)

GB/T 3768　声学　声压法测定噪声源声功率级　反射面上方采用包络测量表面的简易法(GB/T 3768—1996,eqv ISO 3746 :1995)

GB/T 4662　滚动轴承　额定静载荷(GB/T 4662—2003,ISO 76:1987,IDT)

GB/T 5660　轴向吸入离心泵　底座尺寸和安装尺寸(GB/T 5660—1985,idt ISO 3661:1997)

GB/T 5661　轴向吸入离心泵　机械密封和软填料用空腔尺寸(GB/T 5661—2004,ISO 3069:2000,MOD)

GB/T 5662　轴向吸入离心泵(16 bar)　标记、性能和尺寸(GB/T 5662—1985,idt ISO 2858:1975)

GB/T 6062　产品几何量技术规范(GPS)表面结构　轮廓法　接触(触针)式仪器的标称特性(GB/T 6062—2002,eqv ISO 3274:1996)

GB/T 6391　滚动轴承　额定动载荷和额定寿命(GB/T 6391—2003,ISO 281:1990,IDT)

GB/T 9239.1　机械振动　恒态(刚性)转子平衡品质要求　第1部分:规范与平衡允差的检验(GB/T 9239.1—2006,ISO 1940-1:2003,IDT)

GB/T 16404　声学　声强法测定噪声源的声功率　第1部分:离散点上的测量(GB/T 16404—1996,eqv ISO 9614-1:1993)

GB/T 16404.2　声学　声强法测定噪声源的声功率级　第2部分:扫描测量(GB/T 16404.2—

1999,eqv ISO 9614-2:1996)

ISO 7005-1　金属法兰　第1部分:钢法兰

ISO 7005-2　金属法兰　第2部分:铸铁法兰

ISO 7005-3　金属法兰　第3部分:铜合金和铜复合材料法兰

3　术语和定义

下列术语和定义适用于本标准。

3.1

工作条件　operating conditions

由给定的用途和泵输液体所决定的各种参数(例如工作温度、工作压力)。

注:这些参数将影响泵的结构型式和结构材料。

3.2

容许工作范围　allowable operating range

所提供的泵在规定的工作条件下的流量或扬程范围,受制于汽蚀、发热、振动、噪声、轴挠度以及其他类似判断标准。

注:范围的上限和下限用最大和最小的连续流量表示。

3.3

额定条件　rated conditions

决定(保证)工况点的条件(驱动机除外)。这个工况点是为满足所有的规定工作条件并考虑留有任何必要的余量所需要的。

3.4

驱动机额定输出功率　driver rated power output

规定条件下允许的驱动机最大的连续输出功率。

3.5

基本设计压力　basic design pressure

由承压零件所用材料在20 ℃时的许用应力导出的压力。

3.6

最大允许工作压力　maximum allowable working pressure

构件在规定的工作温度下,以所用材料和计算规则为基础所承受的压力。

3.7

额定入口压力　rated inlet pressure

在保证点工作条件下的泵入口压力。

3.8

额定出口压力　rated outlet pressure

在保证点额定流量、额定转速、额定入口压力和密度下的泵出口压力。

3.9

压力/温度特征　pressure/temperature limit

限定给定结构和材料的构件的压力和温度特征(见图1)。

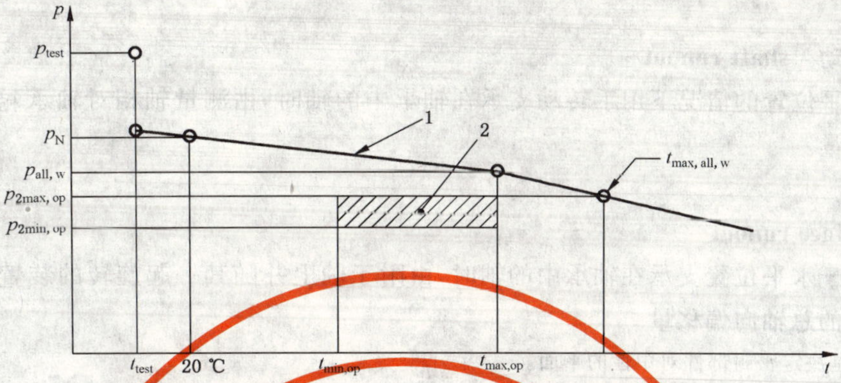

1——构件的压力-温度极限；

2——包括允差在内的流体工作区域；

p——压力；

p_{test}——水压试验压力；

p_N——基本设计压力；

$p_{all,w}$——最大允许工作压力；

$p_{2max,op}$——最大出口工作压力；

$p_{2min,op}$——最小出口工作压力；

t——温度；

t_{test}——水压试验温度；

$t_{min,op}$——最低工作温度；

$t_{max,op}$——最高工作温度；

$t_{max,all,w}$——最大出口压力下的最高允许工作温度。

图 1 承压零件压力-温度特征

3.10

腐蚀留量 corrosion allowance

被所输送液体浸蚀的零件，其壁厚超出理论壁厚的部分，理论壁厚是为经受住所给出的在最恶劣工作条件下的压力极限所需要的壁厚。

3.11

最高许可连续转速 maximum allowable continous speed

制造商允许泵连续运转的最高转速。

3.12

自停转速 trip speed

独立的紧急超速装置关闭原动机动作时的转速。

3.13

第一临界转速 first critical speed

旋转零件第一(最低)横向自然振动频率与旋转频率相一致的转速。

3.14

设计径向负荷 design radial load

用于选择轴承的泵转子的径向负荷。

3.15

最大径向负荷 maximum radial load

在其允许的工作范围内的任何条件下由泵运转所产生的泵转子的最大径向负荷。

3.16

轴的径向跳动　shaft runout

在轴处于水平位置的情况下用手转动支承在轴承中的轴时，由测量轴相对轴承箱位置的装置所指示的总径向偏移量。

3.17

端面跳动　face runout

用手转动处于水平位置支承在轴承中的轴时，由附于轴上并随其一起旋转的装置所指示的在填料函外径向端面处的总轴向偏移量。

注：径向端面是决定密封部件对中性的平面。

3.18

轴挠度　shaft deflection

随着作用在叶轮上的水力径向力而偏离其几何中心的轴的位移。

注：轴挠度不包括轴在轴承间隙范围以内倾斜所引起的轴位移和由叶轮不平衡或轴的径向跳动所引起的轴弯曲。

3.19

密封冲洗循环(冲洗)　seal flush;circulation

泵所输送的液体从高压区回流至密封腔。

注：这可以通过外部管路或内部通道来实现，并用来带走密封处所产生的热量或使密封腔内保持正压，或者经处理以改善密封工作环境。在某些情况下，从密封腔至低压区(例如入口)的循环方式或许是最理想的。

3.20

注入冲洗　injection flush

从一个外部液源引入一种合适的(清洁的、相容的等)液体至密封腔，然后进入泵输送液体中。

注：注入冲洗与循环冲洗作用相同，但也用于为密封提供良好的工作环境。

3.21

遏止　quenching

在主轴封处的大气一侧以低于密封腔内压力的压力连续地或间断地引入一种合适的(清洁的、相容的等)液体。

注：用于排除空气或潮气，防止或清除沉积物(包括结冰)，润滑辅助密封，熄灭火花，稀释、加热或冷却泄漏液。

3.22

阻隔液体　barrier fluid

在两个机械密封之间引入的用来把泵流程液体与外界彻底隔开的液体。

注：阻隔液体的压力总是高于被密封的流程液体压力。

3.23

缓冲液体　buffer fluid

在两个机械密封之间用作润滑剂的液体。

注：该液体的压力总是低于被密封的泵所输送的流程液体压力。

3.24

泵 $H(Q)$ 曲线泵流量扬程曲线泵特征曲线　pump $H(Q)$ curve; pump head capacity curve; pump characteristic curve

在给定的转速和液体的工作/额定条件下，泵扬程和流量之间的关系曲线。

3.25

汽蚀余量3%　net positive suction head 3% ;NPSH3

泵第一级扬程下降3%时的必需汽蚀余量。

注：它是作为标准基准用于表示性能曲线。

4 设计

4.1 总则

4.1.1 文件

每当多个文件中含有相抵触的技术要求时，应按下列次序决定它们的适用：

a) 购货订单或询价单(如果没有发出订单)(见附录C和附录D)；

b) 数据单(见附录A)；

c) 本标准的技术要求；

d) 订单中作为参考的其他标准或询价单(如果没有发出订单)。

4.1.2 泵 $H(Q)$ 曲线(特性曲线)

制造商/供货商应作出适用的特性曲线，应标出所提供泵的允许工作范围。在符合GB/T 5662的泵的性能型谱图上应绘制出最小叶轮直径和最大叶轮直径的特性曲线，在采购商要求的情况下，还要绘制出其他泵型的特性曲线。泵最好具有稳定的特性曲线。

如果采购商规定，泵在恒速驱动机带动下使用，通过安装新的、大的或不同的一个叶轮或多个叶轮，在额定条件下将扬程提高近5%应该是可能的。

在流量范围内相对最高效率点处的工作点的位置应由采购商决定，它随着特殊的应用和最佳运转下的流量预期变化而变。

4.1.3 汽蚀余量(NPSH)

除非另有商定，必需汽蚀余量(NPSHR)应如GB/T 3216规定的以冷水作为基准确定。制造商/供货商应作出适用的作为流量函数的NPSHR曲线。NPSHR曲线应为扬程下降3%的汽蚀余量(NPSH3)。

烃类的修正系数对NPSHR曲线不适用。

应该这样选择泵，装置的最小有效汽蚀余量(NPSHA)超过泵的必需汽蚀余量(NPSHR)至少为规定的安全余量。该安全余量应不低于0.5 m。但制造商/供货商可考虑以下因素来规定较大的安全余量：

——泵的规格、型式、转速、水力尺寸和设计；

——运转速度；

——所输送的液体；

——结构材料的抗汽蚀能力。

4.1.4 户外安装

泵应适合于制造商/供货商所规定的环境条件下的户外安装。

如果要求泵必须适合于当地的异常环境条件，如高温或低温、腐蚀性环境、沙暴等，则采购商应该指明。

4.2 原动机

确定驱动机的额定性能时，应考虑以下几点：

a) 泵的用途和工作方式。例如在并联运行的情况下，应当结合系统特性来考虑只有一台泵工作时它的可能性能范围。

b) 泵特性曲线上工作点的位置。

c) 轴封摩擦损失。

d) 机械密封的循环液流量(尤其是对小流量的泵)。

e) 所输送液体的性质(黏性、固体颗粒含量、密度)。

f) 传动装置中的功率损失和滑差损失。

g) 泵现场的大气条件。

h) 泵的起动。

在确定所要求的驱动机速度转矩特征时，尤其不管泵是在放气阀开着或关闭，是用手启动的或用机械启动的，还是泵被用来向排水管路中注水，均应对系统特征给予考虑。

要求作为本标准所提到的任何泵驱动机的原动机，其额定输出功率与泵额定功率之比至少应等于图2所给出的百分比，额定输出功率绝不可以低于1 kW。

如果认为上述这样会使驱动机无必要地过大，则应将另外的替换建议提交采购商认可。

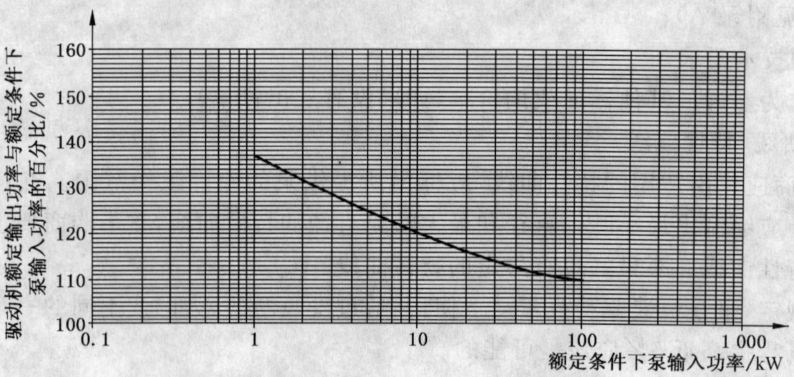

图2 驱动机额定输出功率与额定条件下泵输入功率的百分比

4.3 临界转速、平衡和振动

4.3.1 临界转速

在运行条件下，连接上商定的驱动机时，转子的实际第一横向临界转速至少应高出包括汽轮机驱动泵的自停转速在内的最高允许连续转速的10%。

对于一些泵型(例如立轴和卧式多级泵)，在采购商和制造商/供货商一致同意时，其第一临界转速可以低于运行转速。当泵以变速驱动时，应特别注意。

4.3.2 平衡和振动

4.3.2.1 总则

泵所有旋转零部件均应做平衡。

4.3.2.2 卧式泵

在制造商/供货商的试验装置上测量时，未过滤过的振动值不应超过表1所规定的振动烈度极限1)。这些数值是在无汽蚀运行状态下对额定转速(±5%)和额定流量(±5%)单个工况点在轴承箱处沿径向测得的。

表1 最大允许振动烈度

泵的结构	泵的型式	最大均方根振动速度值/(mm/s)	
		$h\leqslant225$ mm	$h>225$ mm
刚性支承的泵	卧式泵	3.0	4.5
柔性支承的泵	卧式泵	4.5	7.1
所有支承形式	立式泵	7.1	

在表1中，h 为泵的中心高，刚性支承是机组和支承系统在测量方向上的最低自然频率比旋转频率至少高出25%时所采用的一种支承。任何其他支承被看作是柔性支承。

制造商/供货商应规定所要求的平衡等级以便达到本标准规定限度内的合格振动水平。

注：作为参考，通常依据GB/T 9239.1的G6.3级做平衡即能达到该要求。

旋转频率和叶片流经频率的阻尼值低于表1所给出的值。

1) 参考ISO 10816-3仅在现场试验。

对于特殊叶轮的泵，例如单流道叶轮泵，可能会超过表 1 所规定的极限值。此时制造商/供货商应在他的供货中指明。

4.3.2.3 立式泵

对刚性联轴器连接的立式泵，应在驱动机座的法兰处取振动读数，而对弹性联轴器连接的立式泵应在靠近轴承处取振动读数。

在制造商/供货商的试验装置上测量时，在额定转速(±5%)和额定流量(±5%)点无汽蚀运行状态下，两者的振动极限均应不超过表 1 中给出的振动烈度极限值。

4.4 承压零件

4.4.1 压力-温度特征

制造商应明确地规定泵在最恶劣的工作条件下的极限压力(额定压力)。在任何情况下泵(泵体和泵盖，包括轴封箱和填料压盖/密封端盖)的额定压力均不得超出泵法兰的公称压力(见 4.5.2)。

对于符合 GB/T 5662 的泵，下列条款应适用：

a) 如果泵是由铸铁、球墨铸铁、碳钢或不锈钢制造的，则 20 ℃时的泵的基本设计压力至少应为表压 1.6×10^6 Pa(16 bar)；

b) 对于其拉伸强度要求不允许按 1.6×10^6 Pa(16 bar)级的材料，应依据材料的应力-温度特征修正其压力-温度特征，制造商/供货商应明确地指出。

4.4.2 壁厚

包括轴封箱和填料压盖在内的泵体应有适当的壁厚使之在工作温度和额定压力的条件下，能承受住压力和限制变形。

泵体还应适合于环境温度下的水压试验的压力(见 6.3.3)。

当采购商要求时，承压零件应有 3 mm 的腐蚀留量。

4.4.3 材料

用于承压零件的材料应视泵输液体和泵的用途而定(见第 5 章)。

4.4.4 机械特征

4.4.4.1 拆卸

除立轴泵和环形截面多级泵以外，泵最好应设计成后开门结构形式，使之不用拆卸入口和出口法兰联接管就可以移出叶轮、轴、轴封和轴承部件。对于不适合于后开门结构的轴向吸入泵，制造商/供货商应该明确规定。

4.4.4.2 起顶螺钉

当提供起顶螺钉作为分离接触面的工具时，其中一个面应凹进去(锪平或加工出凹槽)以避免造成泄漏或配合不良的可能性。应该有足够数量的起顶螺钉以确保构件能够被分离而无需对构件过度用力或有损坏的危险。如有可能应避免使用空心头螺钉。

4.4.4.3 水汽夹套

加热或冷却泵体或填料函(或二者)用的水汽夹套是可自由选择的。在 170 ℃的温度下工作压力至少为 6×10^5 Pa(6 bar)的条件下设计夹套。在某种应用中，可能需要将加热夹套设计到 200 ℃温度下工作压力 1.6×10^6 Pa(16 bar)(用于蒸汽)或 350 ℃温度下工作压力 6×10^5 Pa(6 bar)(用于热传递油)。

4.4.4.4 泵体垫片

泵体垫片的设计应适合于泵的水压试验。对于径向剖分的泵体，体-盖垫片在大气一侧应受限制，以防止泄漏。

4.4.4.5 蒸汽的排出

输送压力接近其汽化压力或含有气体的液体的泵应设计成能将蒸汽完全地排放出去。

4.4.4.6 外部螺栓联接

联接包括轴封箱在内的受压零件的螺栓和螺柱，其直径最好不要小于 12 mm（ISO 公制螺纹）。如果由于空间限制，不可能采用 12 mm 的螺栓或螺柱，也可以使用直径较小的螺栓或螺柱。

所用的螺栓联接（性能等级）应适合于额定泵压力和常规的拧紧方法。如果在某一部位上必须使用一个特殊质量的紧固件，则其余联接部位用的可互换的紧固件也应是同等质量的。如有可能，应避免使用空心头螺钉。

4.4.4.7 高温泵体支承

对于 175 ℃以上的高温应用，应对泵体沿中心线支承给予应有的考虑。

4.5 短管（管口）和其他各种管连接件

4.5.1 范围

对于本标准而言，术语短管和管口是同义的。

本节是有关泵连接的各种流体管连接件的规定，不论它们是供运行使用还是供维护使用。

4.5.2 入口和出口短管

对于轴向吸入的泵，入口和出口短管应是有法兰的并按同一压力等级设计。对于其他类型泵（例如多级泵），允许入口和出口短管使用不同的压力等级，在这种情况下，制造商/供货商应明确地指出来并强调降压的必要性。

4.5.3 放气、压力表和放液接头

在泵体和密封腔的各个区域均应设置放气装置，除非泵通过短管的配置做成自放气的。在入口和出口短管处应设置压力表接头，但这些接头不应钻孔，除非在询价单和/或订单上有规定。

在泵的最低位置或几个低位处应设置放液接头。如果这些接头需要钻孔和装上螺塞或其他封堵物，则应在询价单和/或订单上加以说明。

4.5.4 封堵件

封堵件（螺塞、盲法兰等）的材料应适合于泵输液体并且应当注意材料组合对耐腐蚀是否相宜和使螺纹被擦伤和卡住的危险性减至最小。

所有与有压泵输液体相接触的孔口，包括轴封处的孔都应装上足以承受压力的可以拆卸的封堵件。

4.5.5 辅助管路连接件

所有辅助管路连接件都应有能满足预定功能要求的材料、规格和厚度（见 4.13.6）。

辅助管路应设置可活动的接头，以便容易拆卸。连接件的种类应经协商确定。无论何种情况下，直径等于或大于 25 mm 的连接件均应配置法兰。

4.5.6 连接件的标识

所有连接件均应按照它们的功能和作用在安装图上加以标识。建议也将这种标识应用在泵上。

4.6 作用在法兰（入口和出口）上的外力和外力矩

采购商应计算出管路系统作用在泵上的力和力矩，并核实它们没有超过许可值。如果这些负荷高于许可值，则在采购商和制造商/供货商之间应商定解决办法。

对于使用弹性联轴器的泵，建议使用附录 B 中给出的方法，除非在采购商和制造商/供货商之间商定出另外的方法。

4.7 短管（管口）法兰

法兰外轮廓部分的尺寸应使法兰能按 ISO 7005 的相关部分配置。如果泵制造厂的标准型式要求法兰的壁厚和直径大于规定的等级，则可以提供较重的法兰，但应该按规定进行表面加工和钻孔。应确保铸造法兰背面的螺栓头和/或螺母安装良好。

4.8 叶轮

4.8.1 叶轮设计

根据用途可以选择闭式、半开式结构的叶轮。铸造或焊接叶轮应是单体结构，密封环除外。

在特殊情况下，即叶轮出口宽度小或叶轮材料特殊，允许用其他方法制造叶轮。不过这需要取得采购商的同意。

4.8.2 叶轮的固定

叶轮应该被可靠地固定，以防止当按规定方向旋转时发生圆周方向和轴向移动。

4.8.3 轴向调整

如果需要在现场调整叶轮的轴向间隙，则应提供外部调整装置。如果通过转子的轴向移动实现调整，则应注意对机械密封可能产生危险的影响(见4.11.6)。

4.9 密封环或作用相当的构件

如果适宜，就应装设密封环。装上的密封环应是可更换的并且被牢固地锁定以防止转动。

4.10 运转间隙

在确定静止部分和运动部分之间的运转间隙时，应考虑工作条件以及这些零件所用材料的性能(如硬度和抗擦伤性)。间隙的大小应能防止在工作条件下相互接触，且材料组合的选择应能使卡住和腐蚀的危险减至最小。

4.11 轴和轴套

4.11.1 总则

轴应具有足够的尺寸和刚性以便：

a) 传递原动机额定功率；

b) 使填料或密封性能的不良程度降至最低；

c) 使磨损和卡住的危险降至最小；

d) 能对静、动径向负荷、临界转速(见4.3.1)和起动方法以及有关的惯性负荷给予应有的考虑。

4.11.2 表面粗糙度

除非对密封另有要求，否则填料函、机械密封和油封处的轴和轴套表面的粗糙度应该不大于0.8 μm。对于使用沿轴向移动的轴或轴套密封的机械密封，应该考虑使用要求较高的表面粗糙度(例如0.4 μm)。表面粗糙度的测量应按照GB/T 6062进行。

4.11.3 轴的挠度

在下列条件下，计算的在通过填料函外端面(或内装式密封的泵的机械密封端面处)的径向平面处由泵工作时产生的径向负荷引起的轴的挠度，不应该超过50 μm：

a) 在泵的允许工作范围内；

b) 当安装最大直径的叶轮时，在泵的允许工作范围内。

条件a)永远适用；另外的条件b)经过协商可能需要。

确定轴的挠度时，不应考虑填料的支承作用。

4.11.4 直径

如果可行，与轴封接触的这部分轴或轴套的直径应符合GB/T 5661的规定。

4.11.5 轴的径向跳动

轴和轴套(若安装的话)的制造和装配，应保证在通过填料函外端面的径向平面处的轴的跳动：对公称外径小于50 mm的，不大于50 μm；对公称外径为50 mm～100 mm的，不大于80 μm；对公称外径大于100 mm的，不大于100 μm。

4.11.6 轴的位移

轴承容许的转子轴向位移不得对机械密封的性能产生有害的影响。

4.11.7 轴套的固定和密封

当安装轴套时，应有轴向定位和在现行最高标准下，周向运转灵活的装置。这也适用于卡盘机械密封的密封套。

在轴和轴套之间应该有密封，以防止外部泄漏。在轴有腐蚀的危险处，则应进行配置以确保轴不被浸湿。

4.11.8 轴套的配置

在装填料的泵上，若装有轴套，则轴套部件的端部应伸至填料压盖的外端面以外。在装机械密封的泵上，轴套应伸至密封端盖以外。在使用辅助密封或节流衬套的泵上，轴套应伸至密封端盖以外。这样轴和轴套之间的泄漏就不会同经过填料函填料或机械密封端面的泄漏相混淆。

对于外装机械密封或多重机械密封的配置，则应详尽描述。

4.11.9 推力轴承的固定

与轴承直接接触的弹簧挡圈不得用来传递由轴传至推力轴承内圈的推力。最好采用锁紧螺母和止动垫圈。

4.12 轴承

4.12.1 总则

当安装滚动轴承时，应按照国际上认可的标准。也可采用其他类型的轴承。

4.12.2 滚动轴承的寿命

应按照 GB/T 4662 和 GB/T 6391 选择和计算滚动轴承；当泵在其允许的工作范围内工作时，轴承的基本额定寿命(L_{10})至少应为 17 500 h。对于轴向吸入的泵，制造商/供货商应规定最大负荷下的入口和出口压力的极限值(泵扬程的函数)，以达到至少为 17 500 h 的计算轴承寿命。

4.12.3 轴承温度

若需要冷却或加热来保持轴承温度控制在轴承制造商给出的轴承使用温度范围之内，泵产品制造商/供货商应予说明。

4.12.4 润滑

使用说明书应介绍有关所使用的润滑剂种类和使用次数。

4.12.5 轴承箱设计

为了防止损失或污染，不得使用加垫片或带螺纹的接合面来隔离润滑剂与冷却或加热流体。

轴承箱的所有开孔均应设计成可以防止污物侵入和在正常工作条件下润滑剂的漏失。

在危险区域，任何用来密封轴承箱的装置均不得设计成起火的发源点。应避免使用凸缘密封。

在使用稀油润滑的情况下，应提供带丝堵的放油孔。

如果轴承箱也兼作润滑油室，则应使用油位计或油面恒定油杯。推荐的油位或油面恒定油杯定位线的标记应是永久性的和明显易辨认的，并应指明油位是静态的还是动态的。

如果使用可重新加油脂的轴承，则应提供油脂溢出装置。

如果采购商要求，则应在轴承位置提供监测温度和振动的仪表。

4.13 轴封

4.13.1 总则

对于符合 GB/T 5662 的泵，泵的设计应允许使用下列所有可替换的密封：

——软填料(P)；

——单端面机械密封(S)；

——多重机械密封(D)，如附录 E 所示。

对于所有其他泵轴必须密封的泵，泵的设计均应允许使用一个或多个上述可替换的密封。

所有泵均允许使用卡盘密封。

附录 E 中还示有遏止装置(Q)，在某些场合下，它或许是必需的。

密封腔的尺寸应符合 GB/T 5661 的规定，除非工作条件另有要求。

应当有可以容纳、收集和排放从密封区里漏出的全部液体的装置。

4.13.2 选择密封的工作条件判断依据

用以选择机械密封和软填料密封的基本工作条件判断依据是：

——泵输液体的种类和化学性质；

——预期的最低和最高密封压力；

——密封处液体的温度和物理性质；

——特殊工作条件(包括起动、停机、热和机械冲击、清洗和循环)；

——轴径和转速。

关于机械密封的补充判断依据为：

——泵的旋转方向。

4.13.3 机械密封

4.13.3.1 型式和配置

本标准不涉及机械密封的零件设计，但这些零件应适用于经受住数据单(见附录 A)所规定的工作条件。

数据单(见附录 A)中应规定配置的方式(例如单端面的、双端面的、平衡型或非平衡型机械密封，见附录 E)。

如果泵输送接近其沸点的液体，则机械密封室中的压力应足够高于泵入口压力，或者紧靠密封面的区域的温度要足够低于汽化温度，以防止在密封面处液体发生汽化。

如果采用多重增压密封配置(背靠背或串联)，则密封中间的阻隔液体应是与流程液体相容的，并且其压力要高于密封压力。

如果安装了背靠背机械密封，则应确保即使发生阻隔液体瞬间以外的压力降，靠叶轮一侧的静环和相邻的旋转密封也不会遭受永久性的位移或无法恢复的损失。

对于在低于0 ℃的温度下运行的泵，应提供遏止装置以防止结冰。

4.13.3.2 材料

应选择合适的机械密封元件材料，以经受住腐蚀、磨损冲刷、温度、热应力和机械应力等。对机械密封而言，被泵输液体浸湿的金属零件，在机械性能和耐腐蚀性方面，应具有至少与泵体(见第 5 章)同等的材料质量。

4.13.3.3 结构特性

应设法保证密封端盖相应的密封孔的对中性。依靠内径或外径的定位配合是达到此要求的可取方法。

密封端盖应具有足够的刚性以避免发生变形。密封室和端盖，包括紧固螺栓(见 4.4.4.6)应根据工作温度下允许的工作压力和必需的垫片安装负荷来进行设计。

密封箱与静密封环或密封端盖间的垫片外围应加以限制或应有相当的设计以防止垫片突然冒出。

包括密封端盖在内的所有静密封元件，均应能防止与轴或轴套意外接触和防止旋转。当某一静密封元件接触轴或轴套时，则与密封相接触的表面应具有足够的硬度和耐腐蚀性。轴或轴套应设有导入始端并去掉锐缘以免装配时损坏密封。

密封室和密封端盖的机械加工公差应使机械密封的静密封环处的端面跳动不大于密封制造商规定的最大允许值。

如果密封端盖中设置了节流衬套以使密封完全失效时的泄漏减至最小量，则衬套与轴之间以毫米计的径向间隙，应尽可能地小，但绝不能大于：

$$d/100+0.2$$

d 为轴的直径。

如果一定要避免泄漏，则需要增设一道辅助密封(例如双重密封)(见附录 E)。

只要可行，密封室应设计成能防止空气被截留。如果不可能做到这点，则密封室就应是可以由操作人员手动放气的。并在说明书中介绍它的操作方法。

液体进入密封室以及必要时从密封室流出的位置应尽可能地靠近密封面。

除非另有商定,否则即使在并不需要接头的情况下(见 4.5.3 和 4.5.5)密封室的孔可能是钻好并攻出螺纹的。

4.13.3.4 **装配和试验**

供发运的装配见 7.1。

机械密封的水压试验压力不应承受超过极限密封压力。

如果密封面不适合于以水作介质工作(起动条件),则应在订货之前将此情况通知采购商。

4.13.4 **填料函**

结构设计应考虑能安装填料环。如需要有出口接管,采购商或制造商/供货商应作出规定。要留出足够的空间使不必移动或拆下除填料压盖部件或防护装置以外的任何零件即可更换填料。即使填料失去可压缩性,也要绝对保持压盖部件不动。

4.13.5 **填料函和机械密封的辅助管路**

4.13.5.1 泵应设计成能够接受诸如为满足规定条件轴封可能需要的那类辅助管路。

4.13.5.2 下列情况可能需要辅助管路系统

a) 这一类管路涉及到流程液体或能够进入流程的液体:

——循环,如果不经由内部通道的话;

——注入(冲洗);

——阻隔;

——密封。

b) 这一类管路液体不进入流程:

——加热;

——冷却;

——缓冲;

——遏止。

4.13.6 **辅助管路的机械设计**

采购商和制造商/供货商应就供货范围和用于外部供液、汽的服务性辅助管路及其连接件达成一致,并且最好依照附录 F 配置。

如有规定,管路系统,包括所有附件,均应由泵制造商/供货商供给,并且可能的话将它们完全装好在泵上。

管路应设计和配置成允许拆卸以进行维修和清洗,并应有足够好的支承防止在正常运行和维修活动过程中因振动而损坏。

管的内径应不小于 8 mm,壁厚不小于 1 mm。最好使用较大的壁厚和直径。

输送流程液体[见 4.13.5.2a)]的辅助管路的温度和压力等级不应低于泵体(见 6.3)的温度和压力等级。管路材料应能承受所输送液体(见 4.5.5)和环境条件引起的腐蚀。

服务性管路[见 4.13.5.2b)]应根据响应的服务性质和温度等级(见 4.4.4.3)进行设计。

在所有低点处应设置排液孔和泄漏出口,以便能够将液体完全排尽。管路应设计成能避免气囊形成。

供蒸汽的服务性管路应是“顶入底出”。其他服务性管路一般应是“低入或侧入,顶出”。如装设节流孔板,其直径最好应不小于 3 mm。

当采用可调节孔板时,最小连续流量应予保证。

4.14 **标牌**

4.14.1 **铭牌**

铭牌应由适合于环境条件的耐腐蚀材料制成,并应牢牢地固定在泵上。

铭牌上所必需的信息至少应包括名称(或商标)、制造商或供货商的地址、泵的标识号(例如编号或产品编号)、型号和规格。

其余的空间可用来给出有关流量、泵扬程、泵转速、叶轮直径(最大的和实际安装的)、泵的额定压力和温度等方面的附加信息。

4.14.2 旋向

旋转方向应该在醒目的地方以一个合适的、不易磨灭的箭头来表示。

4.15 联轴器

泵一般应通过弹性联轴器与驱动机连接。联轴器的大小应能满足传递预定的驱动机和最大扭矩要求。联轴器的极限转速应与预定的泵驱动机的所有可能工作转速相一致。

需要时应提供加长联轴器,以便不用移动驱动机就可以拆卸泵的转子。联轴器加长段的长度取决于为拆卸泵所需的两轴端之间的距离。如有可能,两轴端之间的距离应按照相关标准(例如GB/T 5662)规定。

如果驱动机没有推力轴承,则应采用有限端部浮动联轴器。

两个半联轴器应有效地加以紧固,防止沿圆周方向和轴向相对于轴运动。两轴端应该有带螺纹的中心孔或提供其他方法,以确保联轴器装配正确。

如果联轴器的组成零件是一起作平衡的,则应当用永久的、明显可见的标记表示出其正确的装配位置。

联轴器和加长段应与泵的叶轮具有相同的平衡等级。

允许运转的径向、轴向和角位移偏差应不超过联轴器制造商规定的极限值。选择联轴器应考虑诸如温度、扭矩变化、起动次数、管路负荷等各种工作条件以及泵和底座的刚性。

应当装备按国家安全规则设计的适用的联轴器防护罩。

如果泵是不带驱动机系统交付的,则泵制造商和采购商应就以下几部分的选择达成共同协议:

a) 驱动机系统:型号、功率、尺寸、质量、安装方法;
b) 联轴器:型号、制造商、尺寸、加工情况(孔和键槽)、联轴器防护罩;
c) 转速范围和泵轴功率。

4.16 底座

4.16.1 总则

底座尺寸最好与相关标准(例如关于泵和电机共同底座的GB/T 5660)规定的一致。

如果符合GB/T 5662的泵使用不同于GB/T 5660规定的底座,应先取得协议方可。

底座的设计应能承受住4.6中给出的作用在泵短管上的外力而不致产生超出附录B中规定的轴位移偏差。

底座的材料(例如铸铁、结构钢、混凝土)及其安装方法(灌浆与否)应由采购商和供货商共同商定。

4.16.2 不灌浆底座

不灌浆底座应有足够的刚性承受住4.6中所述的独立式安装或在不需灌浆的基础上用螺栓安装的负荷。

4.16.3 灌浆底座

需要灌浆的底座应设计成能保证有良好的灌浆,例如应防止空气被截留。

如果必需有灌浆孔,则灌浆孔的直径应不小于100 mm或与此相当的面积。位于放液区域内的灌浆孔应有凸起的边缘。

4.16.4 底座设计

如果采购商要求,在底座上应设汇集和排放包括有害液体在内的所有使用的漏出液体及其他用途的漏出液体的装置。排放区域应以至少1:100的斜度朝排出口方向倾斜。

排放液体的管接头应有直径至少为25 mm的螺纹并安装在底座的泵的一端。

4.16.5 泵和驱动机在底座上的合装

4.16.5.1 应保证可对驱动机做垂直方向的调整以便补偿泵、驱动机和底座三者的公差。该调整不应小于 3 mm，应通过垫片或楔形垫来实现。

4.16.5.2 如果采购商提供驱动机或联轴器，则采购商应向泵制造商/供货商提供经证实的有关这几部分的安装尺寸。

如果驱动机不是由泵制造商/供货商来安装，而且楔形垫和垫片的总要求又超过 25 mm，则泵制造商/供货商应提供并附上用于调整轴中心线高度的可拆垫片。除非另有商定，否则驱动机的固定孔应是不钻出的。

4.17 专用工具

制造商/供货商应提供专门为调整、装配或拆卸泵而设计的所有工具。

5 材料

5.1 材料的选择

通常材料列在数据表中。如果材料是由采购商选定的，但泵制造商/供货商认为另外的材料更为合适，则应由制造商/供货商根据数据表上规定的工作条件把这些材料作为替代材料提出。

用于危险性液体的材料，制造商/供货商在取得采购商同意后推荐出合适的材料。无塑性材料不应当用于输送易燃液体泵的承压零件。

泵制造商/供货商应对高温或低温的应用场合（即高于 175 ℃或低于－10 ℃）的泵的机械设计给予应有的考虑。有关密封的材料，见 4.13.3.2。

5.2 材料成分和质量

材料的化学成分、机械性能、热处理和焊接方法应符合相关的材料标准。

如要求对上述性能进行试验和证实，则采购商和供货商应对试验和证实的方法达成一致意见（见第 6 章）。

5.3 修补

采用焊接或其他方法进行修补，应按类别参照其相关的材料标准。禁止用堵塞、锤击、涂漆或浸渍来修补承压泵体中的裂缝和缺陷。

6 工厂检查和试验

6.1 总则

6.1.1 采购商可以要求进行下列试验项目中的任一项或全部，如果有此要求，则应在数据表（见附录 A）中作出规定。此类试验可以是目睹证实或证书证实。目睹证实试验的试验读数单应由制造商/供货商的代表签字。证书应由制造商/供货商的质量指控部门发出。

6.1.2 如果规定进行检查，则应准许采购商的检查人员在双方商定的时间进入制造商/供货商的车间，并应给予适当的方便和资料以便能满意地进入检查。

6.2 检查

6.2.1 承压零件在完成试验和检查之前不得涂漆，防腐底漆除外。

6.2.2 可能需要进行下列检查：

a) 装配前零部件的检验；

b) 经试验运转后泵体和密封环的内部检验；

c) 安装尺寸；

d) 铭牌上的信息（见 4.14）；

e) 辅助管路和其他附件。

6.3 试验

6.3.1 总则

采购商应规定在试验中他所希望参与的程度，见下面的试验：

a) “目睹试验”是指采用与采购商一起对生产进程和所进行的试验进行检查的一种同步进行的试验。这通常意味着双重试验。

b) “观测试验”是指采购商要求预先通告试验时间的一种试验。然而，试验是按计划进行的，并且如果采购商不到现场，制造商/供货商可以进行下一步工作。

由于仅排定一次试验，所以采购商预期停留在厂内的时间应比目睹试验时停留在厂内的时间要长。

6.3.2 材料的试验

如果购货询价单和订单上有要求，则应提供如下的试验证书：

a) 化学成分：根据制造商的标准规范，或以每批熔料的试样为准；

b) 机械性能：根据制造商的标准规范，或以每批熔料和热处理的试样为准；

c) 对晶间腐蚀的敏感性（如可适用的话）；

d) 无损检验（泄漏、超声波、染色渗透、磁粉、X 射线照相、光谱鉴别等）。

6.3.3 水压试验

6.3.3.1 所有的承压零件（例如泵体、泵盖和密封端盖），包括它们的紧固件在内，均应进行试验压力为基本设计压力 1.5 倍的水压试验。试验应使用冷清水进行（试验碳钢材料时最低温度为 15 ℃），保持压力的时间至少应为 10 min，无可见的泄漏。在临时隔板处通过垫片泄漏是允许的，只要该泄漏不遮蔽对其他泄漏的观察。

6.3.3.2 选择隔板装置应小心，以避免在试验时对零件有增加应力及由试验压力引起变形时产生附加载荷或制约。隔板装置不应遮蔽住任何泄漏。除非穿透螺栓是正常结构组成部分，不应使用连接。

6.3.3.3 包括 a）类辅助管路（见 4.13.5.2）在内的所有接触泵输液体中的承压零件的试验压力至少应为泵最大允许工作压力的 1.5 倍。

6.3.3.4 符合 b）类的夹套和辅助管路（见 4.13.5.2）的试验压力至少应为它们最大允许工作压力的 1.5 倍。

6.3.3.5 如果进行试验的零件，在工作温度时其材料强度比在室温时的材料强度低，则该零件的水压试验压力应该用其压力温度特性曲线调整到室温时的最大允许工作压力的 1.5 倍，除非其水压试验是在高温下进行的。数据表应该列出实际的水压试验压力。

6.3.3.6 如果规定对整台装配好的泵进行水压试验，则应避免诸如填料或机械密封（见 4.13.3.4）这类辅助配件过度应变。经由软填料或临时机械密封的泄漏是允许的。

6.3.4 性能试验

6.3.4.1 对于非清洁冷水的试验液体及对不同运行条件下（例如高入口压力），其换算方法应该由采购商和制造商/供货商共同商定。

6.3.4.2 水力性能试验应按照 GB/T 3216 进行。采购商和制造商/供货商应就所需的试验等级进行商定。

6.3.4.3 如果需要，汽蚀试验应按 GB/T 3216 进行（见 4.1.3）。

6.3.4.4 在性能试验中，可能对下列附加情况进行检查：

——振动（见 4.3）；

——轴承温度；

——密封泄漏。

6.3.4.5 如果要求做噪声试验，则应按照 GB/T 3767 和 GB/T 16404 由采购商和制造商/供货商间的协议进行由泵辐射的空中噪声测定试验。

6.4 最终检查

应进行最终检查。根据购货订单证实所供给的设备是否正确和完整,包括零部件标识、涂漆、防护和文件资料的检查。

7 发运准备

7.1 轴封

除非另有商定,否则应该将软填料密封和机械密封安装到泵上。如果填料函没有装上填料,则应警示标签牢固地附于泵上。

7.2 运输和贮存的防护处理

应当在发货之前将所有用不耐环境腐蚀破坏的材料制成的内部零件中的积水放尽,并用去水防锈剂进行处理。

除机械加工表面之外的外表面均应根据制造商的涂漆标准选择一种考虑外部环境因素的油漆至少涂上一层。不锈钢零件不需要涂漆。如适用,底座的底部应涂漆为灌浆做好准备。

铸铁和碳钢零件的外部机械加工表面应涂上合适的防锈漆。

轴承和轴承箱应用与润滑剂相容的防锈油加以防护。稀油润滑的轴承起动前轴承箱中必须充油至适当油位的警告标签须牢固地附于泵上。

有关防锈剂以及它们的去除方法的介绍应牢固地附于泵上。还应兼顾当地有关防护剂的使用规则。

7.3 运输中旋转零部件的固定

为了避免运输过程中由于振动而损坏轴承,旋转零部件应根据其运输方式和运输距离、转子质量和轴承类型按不同要求加以固定。在这种情况下,应将警告标签牢固地附上。

7.4 孔口

所有通向压力室的孔口都应装上坚实得足以经受住意外损坏(见 4.5.4)和耐风雨侵蚀的封堵物。水、汽套的封堵物不能起保持压力的作用。

7.5 管路和附件

每台机组均应有相应的准备,固定好小的管路和附件,防止在运输和贮存期间损坏。

7.6 标识

泵和以及所有随其散装提供的零部件均应清楚地和永久性地以规定的识别号标记。

附　录　A
（规范性附录）
离心泵-数据表

A.1　总则

若请求或需要提供数据表时，下面的离心泵数据表可供：

——采购商询问、订货和合同处理，以及

——制造商/供货商投标和制造之用。

部件的技术要求按照本标准的规定。

为使书写或打字有较多的空间，可以将数据表扩展和分为两页，但无论怎样，行号必须符合标准数据表。

A.2　数据表填写说明

需要的信息应该用十字叉（×）在合适的栏内标明。

涂灰色的地方应由采购商询问时填写。

空白栏可用来简述需求的信息，也可用于填写修改标记，表示此处已插入了信息或已对信息作了修改。

为方便交流指定行内和栏位的信息，请使用下列表解。

a)　三栏：

		第1栏		第2栏		第3栏	
29	×				×		29

示例　第29/2行。

行号/栏号

b)　二栏：

		第1栏		第2栏	
55	×		×		55

示例　第55/1行。

行号/栏号

c)　一栏：

		第1栏	
7	×		7

示例　第7行。

行号/栏号

表 A.1 离心泵-数据表

公司名称			回转动力泵数据表					修订: 日期: 姓名:	
1	装置					用途			
2						技术条件类别:			
3		需要数量	泵型号规格	制造商编号		驱动机类别	驱动机型号规格		项目号
4	工作								
5	备用								
6	图样	安装尺寸				泵质量		泵体积	
7		泵装配图				客户	询价单号		日期
8		轴封装配图					订单号		日期
9		管路系统	辅助系统			供货商	投标书号		日期
10			轴封				合同号		日期
11	试验	材料	水压	检查	性能	NPSH	最终检查	验收文件	
12	引用标准								
13	执行见证试验单位								
工作条件									
14	液体			流量	额定		额定流量时NPSH	装置-NPSHA	
15	固体	类型			最大			泵-NPSH3	
16		以质量计%			最小		泵额定转速		
17	腐蚀剂			必需最小流量			泵规定点效率		
18	工作温度 t_{op}			入口表压	额定		泵额定输入功率		
19	工作温度时的 pH 值				最高		泵最大输入功率	规定叶轮直径	
20	工作温度时的密度			额定出口表压				最大叶轮直径	
21	工作温度时的蒸汽压力			额定压差			电驱动机额定输出功率		
22	工作温度时的运动黏度			额定总扬程			汽轮机额定输出功率		
23	工作温度时的比热			关死扬程			性能曲线号		
结构特点									
24	设计			最高允许工作压力			冷却水条件		
25	级数			试验压力			冷却(C),串联(S)		
26	自吸			入口法兰	DN/位置		加热(H),并联(P)	C H S P	参数
27									
28	叶轮直径/mm	最大			PN/端面		轴承		
29		额定		出口法兰	PN/端面		密封腔		
		最小			DN/位置		密封冲洗 冷却器		

表 A.1（续）

公司名称	回转动力泵数据表	修订：
		日期：
		姓名：

30	立式泵的长度			放气接头			油冷却器		
31	立式泵筒体尺寸			排液接头			冲洗	液体	参数
32	泵体剖分			轴封制造商			填料环		
33	泵体密封型式			型式、规格			机械密封		
34	叶轮型式			冲洗方案(附录 F)			填料/密封压盖		
35	泵体支承			材料代号			联轴器	制造商	
36	轴向(从驱动机端看)			软填料环尺寸				型式，规格	
37	减小轴向力方法			径向轴承	型式			最大直径	
38	总间隙	叶轮		轴向轴承	规格			加长段长度	
39		平衡鼓		传动轴轴承			底座		
40		轴瓦		轴承架号			地脚螺栓供货者		
41		耐磨板		润滑			驱动机	供货方	
42	转子护套/静止壳体厚度							安装方	

材　料

43	泵体		轴承套		机械密封	密封压盖和垫			
44	吐出段		平衡盘“-”鼓			旋转环	内装/外装		
45	吸入段		平衡盘“-”鼓节流衬套			静环	内装/外装		
46	中段		封闭壳体/静止壳体			弹簧或波纹管			
47	吸入叶轮		转子护套			密封金属零件			
48	叶轮		磁体材料			动环和静环密封			
49	导叶		筒体			填料密封			
50	泵体密封环		扬水管		填料函	软填料环			
51	叶轮密封环		轴承架			填料环			
52	耐磨板/衬套		电机座			轴套			
53	泵体衬里		联轴器			喉部衬套			
54	泵体垫		联轴器罩			油漆			
55	轴		底座						

备注：

客户：		供货商：	
准备(日期/部门/签字)：	校核(日期/部门/签字)：	准备(日期/部门/签字)：	校核(日期/部门/签字)：

附　录　B
（资料性附录）
作用在短管上的外力和外力矩

B.1　总则

由管路负荷所致的作用在泵法兰上的力和力矩能够引起泵和驱动机轴的不对中、泵体的过度应变或泵和底座之间紧固螺栓的过应力。

本附录意欲给制造商/供货商、安装合同方和泵使用者提供一种简单的用来检验由泵管路传递给泵的负荷保持在允许的限度以内的方法。可通过把

——管路设计者计算的负荷（力和力矩），与

——作为法兰尺寸和安装条件函数的、如本附录中所给出的各种泵类作用在法兰上的最大允许值进行比较来进行。

注：这种方法是在欧泵（欧洲泵业制造商协会）和管路专家共同支持下进行研究和试验的部分结果。全部结果作为CEN报告（见参考标准[12]出版）。表B.5中所示的1A类、1B类和3类泵的系数被选择用来给出近似等于CEN报告中所给出的力和力矩值。泵的分类标识号可能与CEN报告不同。

B.2　泵型式分类标识

根据泵的结构和最常用的工作条件将泵型式分类标识号进行了规定。

表B.1列出了卧式泵的特点，表B.2列出了立式泵的特性。

如果某些泵不具备这些表中所提到的特性，则制造商/供货商可以认为它们类似于表中的某一类，否则应在采购商和制造商/供货商之间就每一特殊情况签定一个专门的协议。

B.3　力和力矩的允许值

B.3.1　每一类型泵的最大允许力和力矩是用合适的系数乘以被认为是最适合于该类型泵的基本数值来确定的。

B.3.2　表B.3中给出的基本数值适用于每一种泵法兰，注意经过法兰的三个坐标轴的标记含义。

表B.1　卧式泵泵类的特性

泵类号	简　图	法兰DN(最大)	材　料
1A	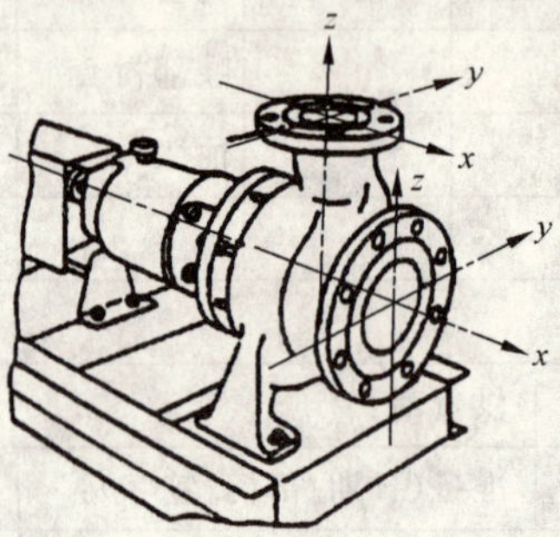	200	铸铁
1B		200	铸钢
2		＞200 ≤500	铸铁

表 B.1（续）

泵类号	简　图	法兰 DN(最大)	材　料
3	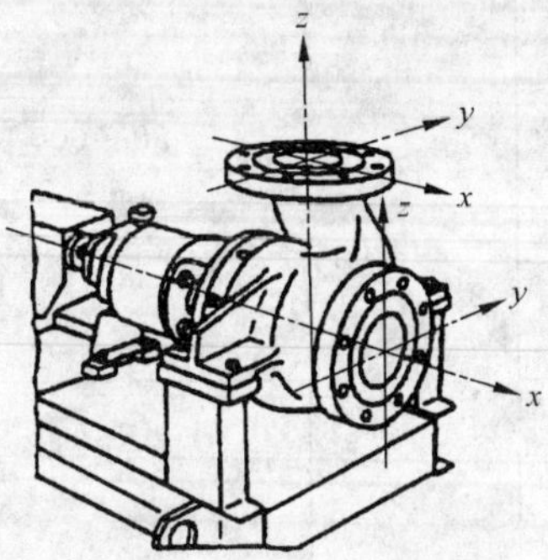	200	铸钢
4A	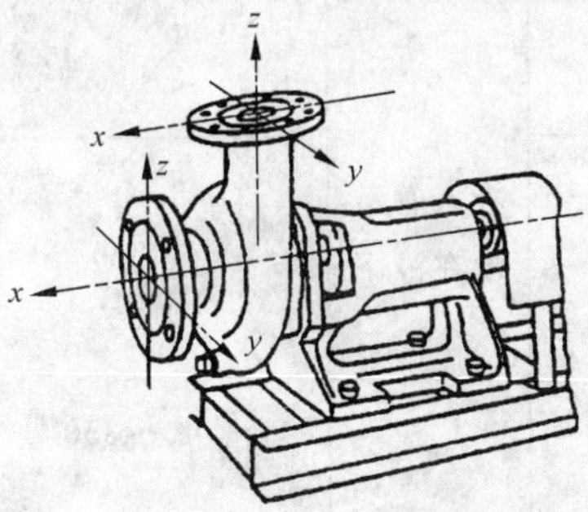	200	铸铁
4B		200	铸钢
5A	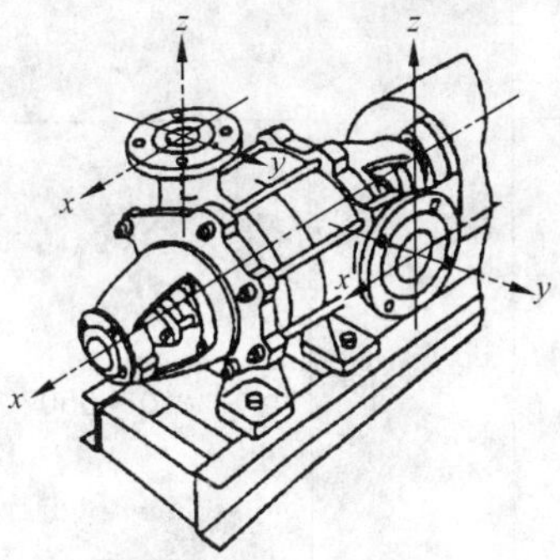	150	铸铁
5B		150	铸钢
6A	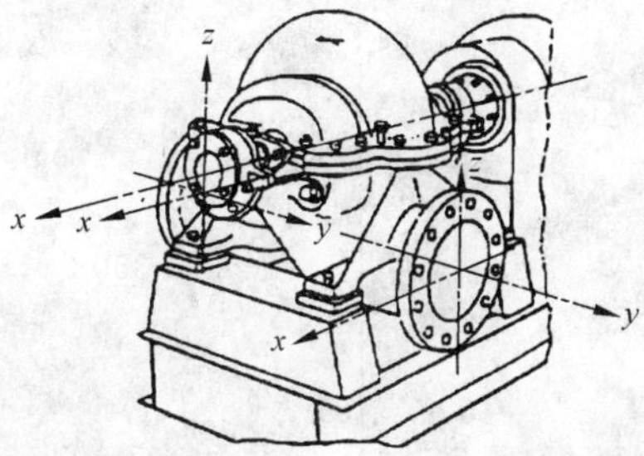	600	铸铁
6B		450	铸钢

表 B.2 立式泵泵类的特性

泵类号	简图		法兰 DN	材料
10A[a,b]	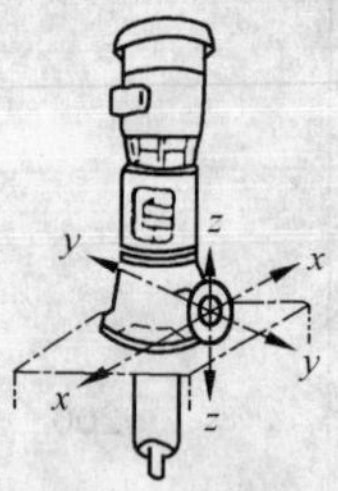	吸入管沉没在液下	50～600	铸铁
10R[a,b]				铸钢
11A[a]	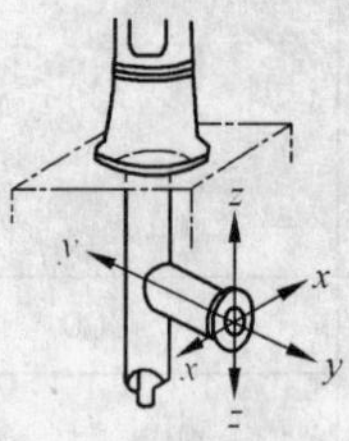		50～600	铸铁
11B[a]				铸钢
12A[a]	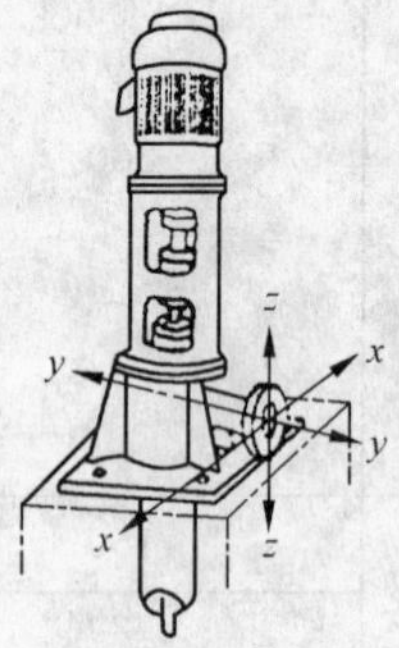		40～350	铸铁
12B[a]				铸钢
13A[a]	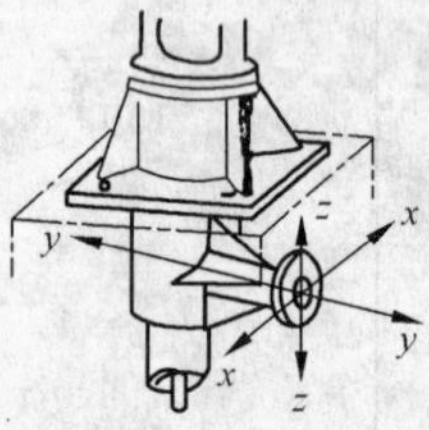		40～350	铸铁
13B[a]				铸钢
14A[a]	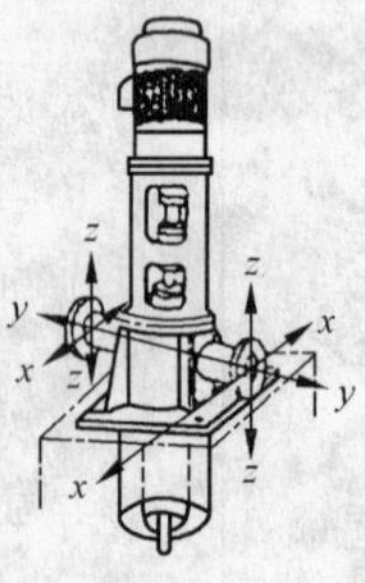		40～350	铸铁
14B[a]				铸钢

表 B.2（续）

泵类号	简　图	法兰 DN	材　料
15A[a]	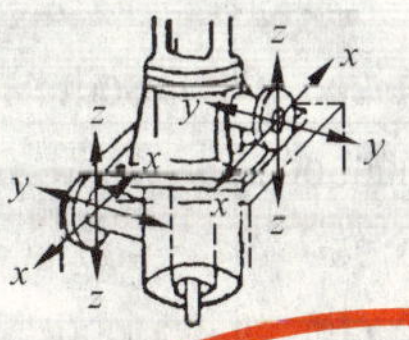	40～350	铸铁
15B[a]			铸钢
16A	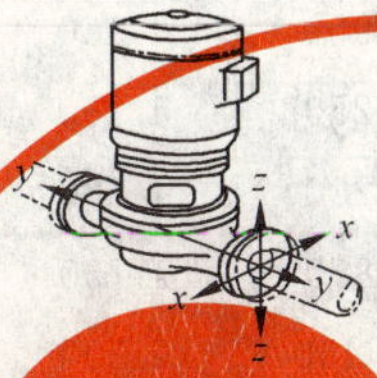	40～150	铸铁
16B		40～200	铸钢
17A	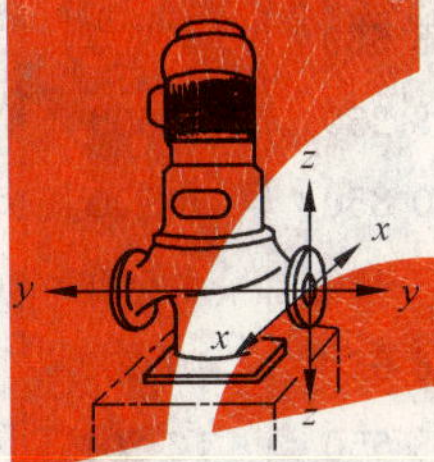	40～150	铸铁
17B		40～200	铸钢

a 表 B.3 和表 B.6 中 10～15 各泵型的允许力和力矩值仅适用于这样的场合，即受负荷作用的法兰的中心线与安装平面或固定平面之间的距离是在下面所述的范围内：

A(mm)≤1.5 DN

a) 法兰位于安装平面或固定平面之上

B(mm)≤1.8 DN

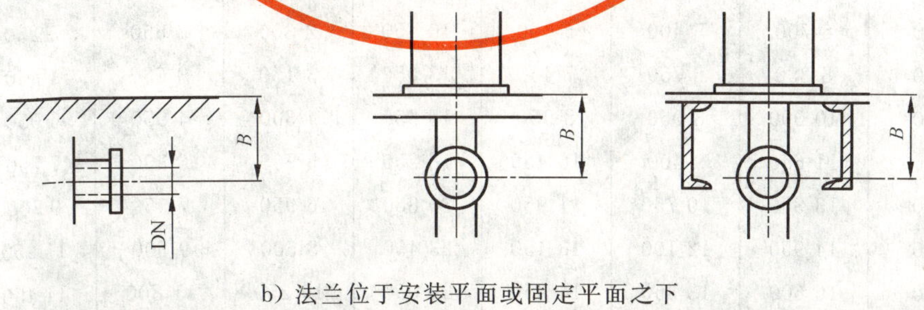

b) 法兰位于安装平面或固定平面之下

b 对 10A 和 10B 泵型，给出的力和力矩值是基于假定排出弯管与驱动机座架（它本身又是整个泵机组的支承座）是一体结构。若此配件是分开结构（分为两部分或更多部分）时，表 B.6 中所列的值须除以 2。

表 B.3 卧式泵和立式泵的力和力矩基本数值

轴向	直径[a]	力/N				力矩/(N·m)			
	DN	F_y	F_z	F_x	$\sum F^b$	M_y	M_z	M_x	$\sum M^b$
卧式泵顶短管 z 轴	25	700	850	750	1 300	600	700	900	1 300
	32	850	1 050	900	1 650	750	850	1 100	1 600
	40	1 000	1 250	1 100	1 950	900	1 050	1 300	1 900
	50	1 350	1 650	1 500	2 600	1 000	1 150	1 400	2 050
	65	1 700	2 100	1 850	3 300	1 100	1 200	1 500	2 200
	80	2 050	2 500	2 250	3 950	1 150	1 300	1 600	2 350
	100	2 700	3 350	3 000	5 250	1 250	1 450	1 700	2 600
	125	3 200	3 950	3 550	6 200	1 500	1 900	2 100	3 050
	150	4 050	5 000	4 500	7 850	1 750	2 050	2 500	3 650
	200	5 400	6 700	6 000	10 450	2 300	2 650	3 250	4 800
	250	6 750	8 350	7 450	13 050	3 150	3 650	4 450	6 550
	300	8 050	10 000	8 950	15 650	4 300	4 950	6 050	8 900
	350	9 400	11 650	10 450	18 250	5 500	6 350	7 750	11 400
	400	10 750	13 300	11 950	20 850	6 900	7 950	9 700	14 300
	450	12 100	14 950	13 450	23 450	8 500	9 800	11 950	17 600
	500	13 450	16 600	14 950	26 050	10 250	11 800	14 450	21 300
	550	14 800	18 250	16 450	28 650	12 200	14 050	17 100	25 300
	600	16 150	19 900	17 950	31 250	14 400	16 600	20 200	29 900
卧式泵侧短管 y 轴	25	850	700	750	1 300	600	700	900	1 300
	32	1 050	850	900	1 650	750	850	1 100	1 600
	40	1 250	1 000	1 100	1 950	900	1 050	1 300	1 900
	50	1 650	1 350	1 500	2 600	1 000	1 150	1 400	2 050
	65	2 100	1 700	1 850	3 300	1 100	1 200	1 500	2 200
立式泵与轴成90°的侧短管 y 轴	80	2 500	2 050	2 250	3 950	1 150	1 300	1 600	2 350
	100	3 350	2 700	3 000	5 250	1 250	1 450	1 750	2 600
	125	3 950	3 200	3 550	6 200	1 500	1 900	2 100	3 050
	150	5 000	4 050	4 500	7 850	1 750	2 050	2 500	3 650
	200	6 700	5 400	6 000	10 450	2 300	2 650	3 250	4 800
	250	8 350	6 750	7 450	13 050	3 150	3 650	4 450	6 550
	300	10 000	8 050	8 950	15 650	4 300	4 950	6 050	8 900
	350	11 650	9 400	10 450	18 250	5 500	6 350	7 750	11 400
	400	13 300	10 750	11 950	20 850	6 950	7 950	9 700	14 300
	450	14 950	12 100	13 450	23 450	8 500	9 800	11 950	17 600
	500	16 600	13 450	14 950	26 050	10 250	11 800	14 450	21 300
	550	18 250	14 800	16 450	28 650	12 200	14 050	17 100	25 300
	600	19 900	16 100	17 950	31 250	14 400	16 600	20 200	29 900

表 B.3（续）

轴向	直径[a] DN	力/N				力矩/(N·m)			
		F_y	F_z	F_x	$\sum F$[b]	M_y	M_z	M_x	$\sum M$[b]
卧式泵轴向短管 x 轴	25	750	700	850	1 300	600	700	900	1 300
	32	900	850	1 050	1 650	750	850	1 100	1 600
	40	1 100	1 000	1 250	1 950	900	1 050	1 300	1 900
	50	1 500	1 350	1 650	2 600	1 000	1 150	1 400	2 050
	65	1 850	1 700	2 100	3 300	1 100	1 200	1 500	2 200
	80	2 250	2 050	2 500	3 950	1 150	1 300	1 600	2 350
	100	3 000	2 700	3 350	5 250	1 250	1 450	1 750	2 600
	125	3 550	3 200	3 950	6 200	1 500	1 900	2 100	3 050
	150	4 500	4 050	5 000	7 850	1 750	2 050	2 500	3 650
	200	6 000	5 400	6 700	10 450	2 300	2 650	3 250	4 800
	250	7 450	6 750	8 350	13 050	3 150	3 650	4 450	6 550
	300	8 950	8 050	10 000	15 650	4 300	4 950	6 050	8 900
	350	10 450	9 400	11 650	18 250	5 500	6 350	7 750	11 400
	400	11 950	10 750	13 300	20 850	6 900	7 950	9 700	14 300
	450	13 450	12 100	14 950	23 450	8 500	9 800	11 950	17 600
	500	14 950	13 450	16 600	26 050	10 250	11 800	14 450	21 300
	550	16 450	14 800	18 250	28 650	12 200	14 050	17 100	25 300
	600	17 950	16 150	19 900	31 250	14 400	16 600	20 200	29 900

a 对公称直径 DN 大于 600，或表 B.1 和表 B.2 中的最大 DN 值的法兰，其力和力矩值须由采购商和制造商/供货商协议商定。

b $\sum F$ 和 $\sum M$ 为力和力矩的矢量和。

B.3.3 在最大允许力和力矩下，相对于空间内固定点的轴端水平位移不应超过表 B.4 中泵类类别的指示值。

表 B.4 水平位移

泵的型式	分类标识	轴端直径/mm	位移[a]/mm
卧式泵	1A、1B、2、3、4A、4B	<30	0.15
		30～40	0.20
		>40	0.25
	5A、5B、6A、6B	≤50	0.15
		>50	0.175
立式泵	全部 (10A～17B)	全部	0.150

a 给出的位移数值作为检验泵及其支承的刚性的参考，而不作为定位要求的参考(见 B.6)。

B.3.4 表 B.3 中提到的相关泵型的基本数值应乘以表 B.5 或表 B.6 给出的相应系数。

B.3.5 表 B.5 和表 B.6 中所示的数值对表 B.1 和表 B.2 中规定材料有效。对于其他材料这些数值必须根据适当温度下它们的弹性模量比值做相应的修正(B.4.5)。

B.3.6 这些数值可以在任一法兰上(吸入口和排出口)在所有方向上用正号或负号应用或分开应用。

B.3.7 表B.5中的基本数值是具有由制造商/供货商规定的标准结构及安装的底座的泵而给出的。

表B.5 卧式泵和立式泵的力和力矩基本数值

泵类识别号	系数/数值	
	力	力矩
1A	0.35	0.35
1B	0.7	0.7
2	0.4	0.4
3	1	1
4A	0.35	0.35
4B	0.6	0.6
5A	0.3	$(\sum M-500\ \mathrm{N\cdot m})\times 0.35$
5B	0.6	$(\sum M-500\ \mathrm{N\cdot m})\times 0.7$
6A	0.4	0.3
6B	1	1

表B.6 立式泵的实际数值系数

泵类识别号	系数/数值	
	力	力矩
10A[a]	0.3	0.3
10B[a]	0.6	0.6
11A	0.1	0.1
11B	0.2	0.2
12A	0.375	$M_yM_zM_x(-500\ \mathrm{N\cdot m})\times 0.5$
12B	0.75	$M_yM_zM_x(-500\ \mathrm{N\cdot m})\times 1$
13A	0.262	$M_yM_zM_x(-500\ \mathrm{N\cdot m})\times 0.35$
13B	0.525	$M_yM_zM_x(-500\ \mathrm{N\cdot m})\times 0.7$
14A	0.375	$M_yM_zM_x(-500\ \mathrm{N\cdot m})\times 0.5$
14B	0.75	$M_yM_zM_x(-500\ \mathrm{N\cdot m})\times 1$
15A	0.262	$M_yM_zM_x(-500\ \mathrm{N\cdot m})\times 0.35$
15B	0.525	$M_yM_zM_x(-500\ \mathrm{N\cdot m})\times 0.7$
16A	0.5	0.5
16B	1	1
17A	0.375	$M_yM_zM_x(-500\ \mathrm{N\cdot m})\times 0.5$
17B	0.75	$M_yM_zM_x(-500\ \mathrm{N\cdot m})\times 1$

a 该系数是按最大工作压力 2×10^6 Pa(20 bar)给出的。对非常低的压力,轻装配式结构证明是合理的,其系数必须以与压力成正比进行减少,最低限为0.2。这是对非常高比转速泵而言的。

B.4 增大基本数值的可能性

B.4.1 总则

如果管路原理有要求，给使用者提供增大基本数值以简化管路系统的设计和构造是可能的。

B.4.2 卧式泵

对于卧式泵，应考虑两种可能性：

a) 加筋的底座，这是制造商/供货商考虑的；

b) 安装的调整，这是使用者考虑的。

——停机时泵重新对中或不重新对中；

——预先加载。

B.4.3 立式泵

只有 12B、14B、15B、16B 和 17B 类立式泵，可以利用增大基本数值的可能性。下列情况除外：

——已停机的泵，重新对中或不重新对中；

——加筋的或灌浆的底座。

因此，能应用的可能情况如下：

——给管路预先加载；

——使用加权或补偿公式；

——两种可能情况的综合。

16B 类泵不适用管路预先加载。

如果应用可能增大基本数值，则应该预先在采购商和制造商/供货商之间达成一致。

B.4.4 加权或补偿公式

如果作用的负荷并未全部达到允许的最大数值，只要下面补充条件得到满足，则这些载荷中的某一个可以超过正常的限度。

——力和力矩的任一分量均应限制在 1.4 倍的最大允许数值；

——作用在每一法兰上的实际力和力矩应满足下面的公式：

$$\left(\frac{\sum|F|_{实际}}{\sum|F|_{最大.允许.}}\right)^2+\left(\frac{\sum|M|_{实际}}{\sum|M|_{最大.允许.}}\right)^2\leqslant 2$$

式中：

总负荷$\sum|F|$和$\sum|M|$为在泵水平面上（入口法兰+出口法兰）每一法兰（入口和出口）的实际和最大允许数值的算术总和，不考虑它们的代数符号。

B.4.5 材料和温度的影响

在没有任何其他说明的情况下，所有的力和力矩数值均是针对如表 B.1 和表 B.2 所示的泵类的基本材料和基本温度为 20 ℃而给出的。

温度高于该温度，且使用其他材料，则应该用相应的弹性模量比对该数值做如下修正：

$$E_{t,m}/E_{20,b}$$

式中：

$E_{t,m}$——为基本材料在温度为 20 ℃时弹性模量；

$E_{20,b}$——为选用材料在介质温度为 t 时的弹性模量。

对于一些普通材料，作为温度函数的弹性模量的变化在图 B.1 中给出。

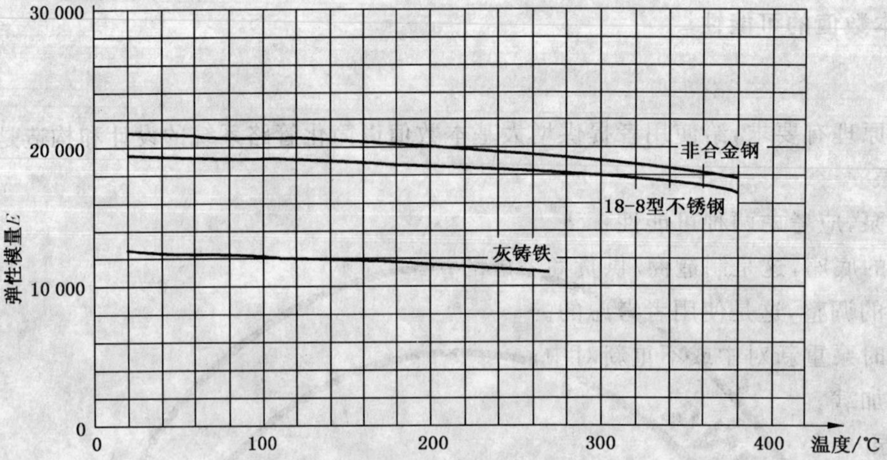

图 B.1 作为温度函数的弹性模量 E 的变化

B.4.6 作用在法兰上的最大允许力和力矩的计算示例

a) 泵型

——多级泵,卧式;

——法兰吸入口一侧:DN65,侧面短管;

——法兰排出口一侧:DN50,顶部短管;

——材料:铸铁;

——温度:110 ℃。

b) 做法

——按表 B.1(5A)确定泵类号。

——确定力。

表 B.7 力的确定

直径 DN	力 (表 B.3)/ N		系数 (表 B.5)	允许的力/ N
50	F_y	1 350	$F_y\times0.3$	405
	F_x	1 500	$F_x\times0.3$	450
	F_z	1 650	$F_z\times0.3$	495
	$\sum F$	2 600	$\sum F\times0.3$	780
65	F_y	2 100	$F_y\times0.3$	630
	F_x	1 850	$F_x\times0.3$	555
	F_z	1 700	$F_z\times0.3$	510
	$\sum F$	3 300	$\sum F\times0.3$	990

——力矩的确定。

表 B.8 力矩的确定

直径 DN	力矩总和 (表 B.3)/ (N·m)	系数 (表 B.4)	允许力矩/ (N·m)
50	2 050	$(\sum M-500\ \text{N}\cdot\text{m})\times0.35$	542.5
65	2 200	$(\sum M-500\ \text{N}\cdot\text{m})\times0.35$	595.0

$E_{110℃}/E_{20℃}=120\ 000/126\ 000=0.952\ 4$

——温度的影响(见 B.4.3 和图 B.1)。

——用系数 0.952 4 对 110 ℃的温度下的力和力矩进行修正。

c) 结果

表 B.9 结果

直径 DN	力/N		力矩/(N·m)	
50	F_y	386	$\sum M$	517
	F_x	429		
	F_z	471		
	$\sum F$	743		
65	F_y	600	$\sum M$	568
	F_x	529		
	F_z	486		
	$\sum F$	943		

B.5 制造商/供货商和采购商的职责

制造商/供货商应该向采购商指明所推荐的泵所属类型类别。

双方应对所采用的底座型式(标准的、带加强筋的、给基础浇筑混凝土的)达成一致。

采购商(或设备安装承包商、工程技术顾问等)应该计算出在所有条件下(热态、冷态、停机、压力下)作用于泵法兰处的负荷。

采购商应该确定这些负荷值没有超出所选的泵相对应的表中给出的极限值。如果负荷超出,或者改变管路以减小负荷,或者选择能承受住较大负荷的另外一种泵型式。

B.6 实际考虑的问题

B.6.1 泵不是管路系统的静态组成部分,而是一种精密的机械设备,含有一个以极小间隙高速旋转的运动部件且拥有高精密的密封元件诸如机械密封。因此,使负荷保持在本标准允许的最大限度范围内是十分重要的。

B.6.2 由制造商/供货商和使用者就他们相互最关心的问题协商一致确定的本标准提出下列建议。

a) 泵-驱动机联轴器的初始对中应特别仔细地去做,并应按照泵或联轴器制造商的使用说明书定期核查。

b) 具有两个活节的加长联轴器永远是最优选的,特别是对相关液体温度超过 250 ℃的大的泵机组和/或系统。

c) 初装期间,管路连接件应严格按照规定制造,并遵照泵制造商/供货商或管路系统设计者提供的说明书连接。建议每当部分地或全部地拆卸泵机组时就进行一次核查。

d) 根据所含有的泵型式和运行期间的温度,在某些情况下联轴器的初始对中应该在环境温度要高的温度下进行。

如果采用这种解决方法,则制造商/供货商和使用者必须严格规定装配条件和联轴器的对中。

B.6.3 除了成整体的"管道泵"型式以外,立式泵具有长的或相当长的立式轴,在以等距间隙隔开的多个套筒轴承内运转,通常用泵输液体润滑。因此转子部件运行的平稳性取决于良好的对中性。只有施加在泵法兰上的外部负荷未引起超过制造商/供货商所允许的变形时才能确保这一点。

这就是为什么在考虑了立式泵的设计概念和是否对中之后,现行标准规定作用在立式泵法兰上的力和力矩低于卧式泵允许值的原因。

此外,由于立式泵的电机和电机座通常紧密地联接到泵的上部,所以目视评定在联轴器位置处的变形比在卧式情况下要困难。实际上这类变形只是相对于空间内固定的基准点。由于很难检查,使用者应严格遵照制造商/供货商给出的建议使用。

作用在法兰上过大的负荷除了影响泵良好的运行和/或可靠性以外,还通常导致:

——振动水平比正常的要高,和

——当转子的质量允许用手转动时,静止状态下(在运行温度下)用手转动转子会比较困难。

附 录 C
（规范性附录）
询价单、投标书、购货订单

C.1 询价单

询价单应包括在涂上灰色阴影的地方表示技术信息的数据表。

C.2 投标书

投标书应包括下列技术信息：
——填完的数据表，用“×”表示；
——初步外形图；
——典型的剖面图；
——特性曲线。

C.3 购货订单

购货订单应包括下列技术信息：
——填完的数据表；
——所需的文件。

附　录　D
（规范性附录）
订货之后的文件提供

D.1　应当在商定的时间内按商定的份数向采购商提供下列合格文件的复制本。

任何要求提供特殊种类或形式的文件，均需通过协议规定。

D.2　通常提供的文件有：

——数据表。

——说明书，应包括有关安装、试运转（首次起动设备）运行、停机、维护（检查、保养、大修）方面的资料，附有零件明细表和运转间隙的装配图。如有必要，还应包括专门针对特殊工作条件而作的说明。

——性能曲线。

——备件明细表。

D.3　提供的文件须清楚地用下列号码加以识别：

——项目号；

——购货订单号；和

——制造商/供货商订单号。

附　录　E
（资料性附录）
密封配置示例

E.1　总则

图 E.1～图 E.4 表示的是密封配置原理，而不是它们的结构细节。

E.2　软填料[2]（P）

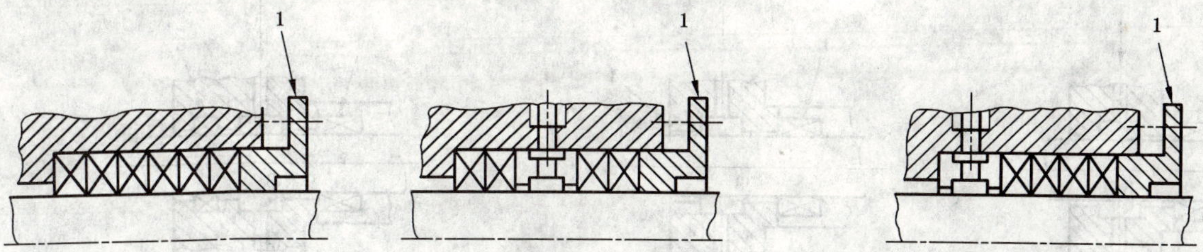

P1 软填料

P2 有填料环的软填料（用于密封、阻隔、冷却等液体的注入或循环）

P3 有填料环的软填料（通常与喉部衬套一起用于冷却液体的注入和循环以及清除沉积物等）

1——填料压盖。

图 E.1　软填料密封的示例

E.3　单端面机械密封[2]（S）

这些密封通常可能是：

a)　不平衡型(U)（如图 E.2 所示）、平衡型(B)或波纹管(Z)；

b)　密封表面处有液体注入或循环，或没有；

c)　有喉部衬套，或没有。

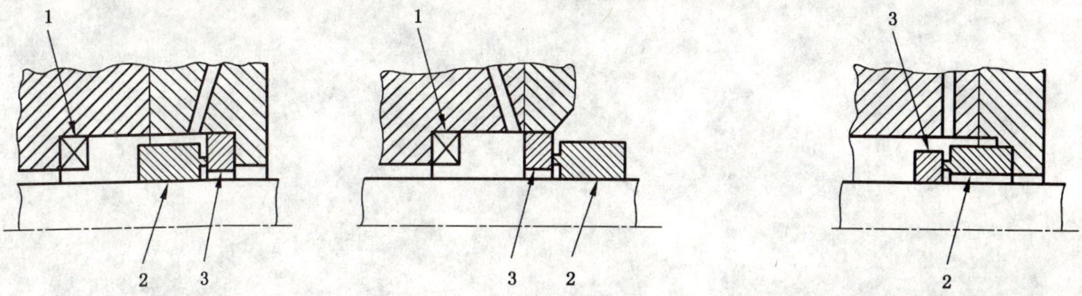

S1　内装式

S2　外装式

S3　内装旋转密封环（配合环）

1——喉部衬套；

2——弹顶环；

3——座环。

图 E.2　单端面机械密封的示例

---

2)　图的左侧表示泵侧，右侧表示大气侧。

…式端面机械密封[2)](D)

…密封之一或两个密封可以是不平衡型(如图 E.3 所示)或平衡型。

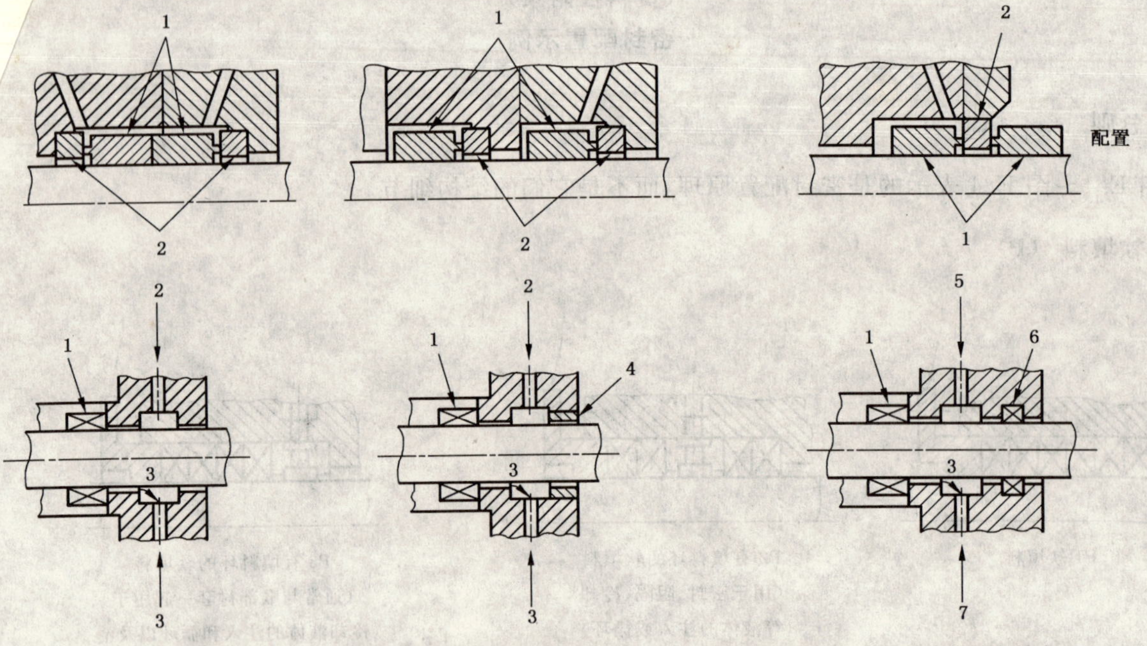

Q1 无节流衬套或辅助密封的主密封

Q2 有节流衬套的主密封

Q3 有辅助密封或填料密封的主密封

1——主密封；

2——非强制性遏止；

3——泄漏液；

4——节流衬套；

5——强制性遏止；

6——辅助密封；

7——泄漏和遏止液。

图 E.3 遏止装置的示例

附　录　F
（资料性附录）
密封管路系统配置

F.1　总则

表 F.1 和 F.2 表示密封管路系统配置原理，而不是它们的结构细节。

F.2　按照基本管路系统分类的密封型式

表 F.1　密封型式

基本配置				适用于			
标识代码	相当于 ISO 13709	示图	说明	软填料密封 P	单端面机械密封 S	双端面机械密封 D	遏止装置 Q
00	方案 02	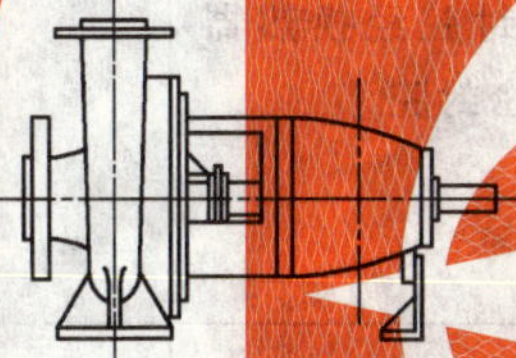	无管路系统，无循环	×	×		
01	方案 01		无管路系统，内部循环	×	×		
02	方案 11	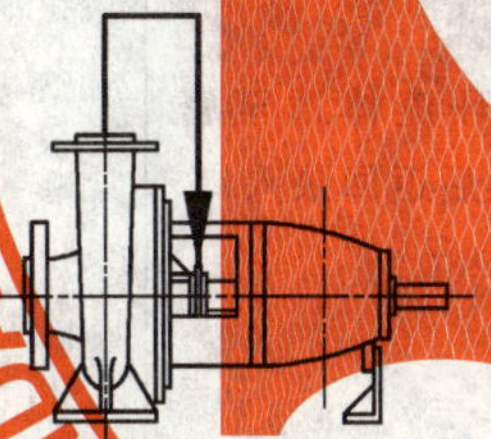	循环液体从泵出口至密封腔（经内部返回）	×	×		
03	方案 14	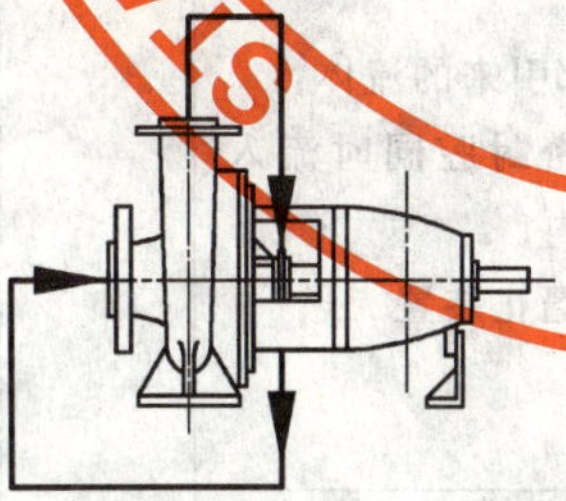	循环液体从泵出口至密封腔现返回泵入口[a]	×	×		
04	方案 31	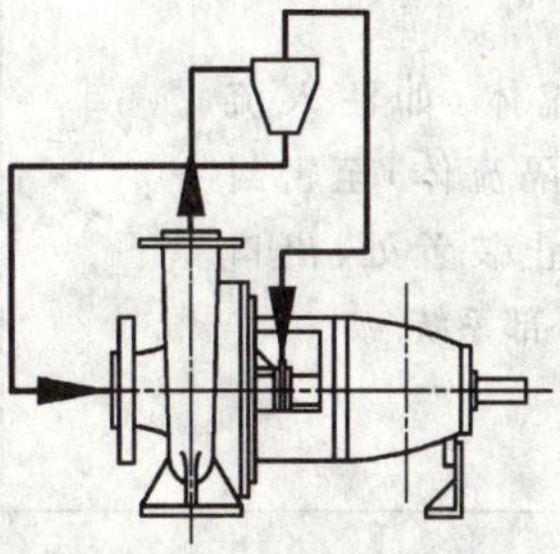	循环液体经旋液分离器分离（由内部返回）；污液管路通至泵入口	×	×		

表 F.1（续）

基本配置				适用于			
标识代码	相当于 ISO 13709	示图	说明	软填料密封 P	单端面机械密封 S	双端面机械密封 D	遏止装置 Q
05	—	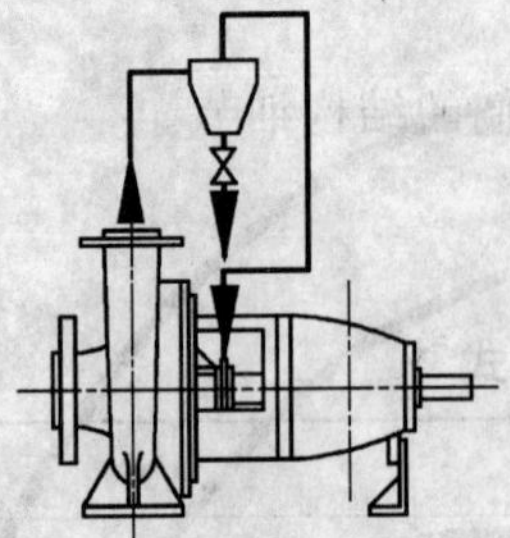	循环流体经旋液分离器分离；污液管路通至排放口	×	×		
06	方案 14	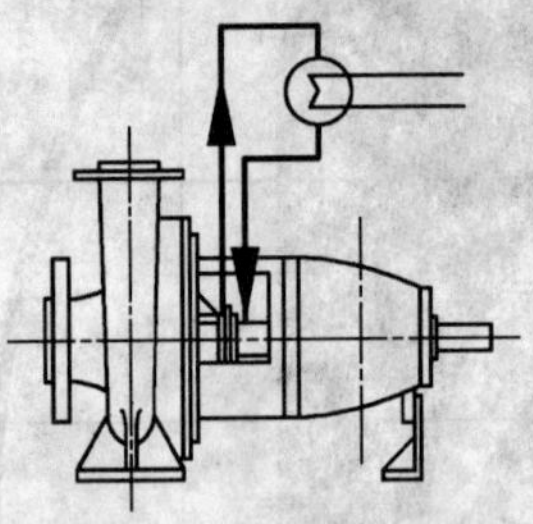	循环流体通过泵吸装置从密封腔经换热器再返回密封腔		×		
07	方案 31	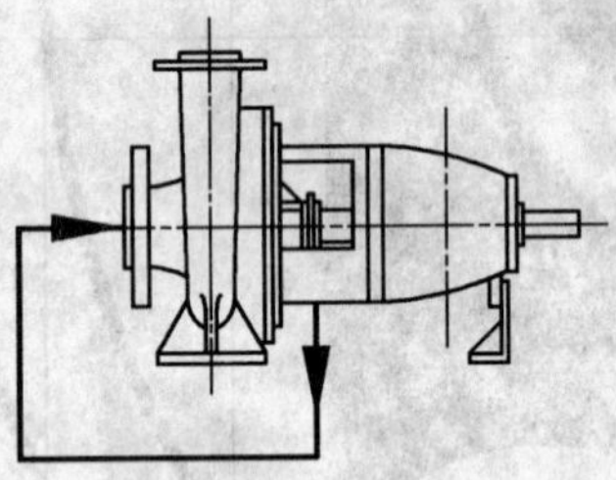	内部循环流体通至密封处，然后返回泵入口	×	×		
08	a) 方案 32； b) 方案 62	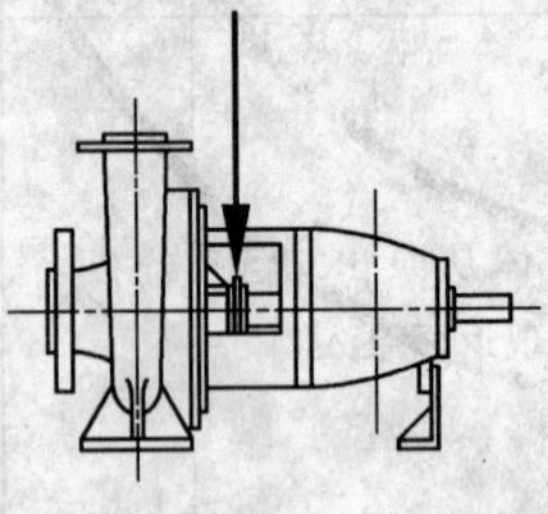	从外部引来的流体： a) 至密封腔同时流入泵内； b) 至遏止装置	×	×	×	×
09	方案 54 （密封腔）	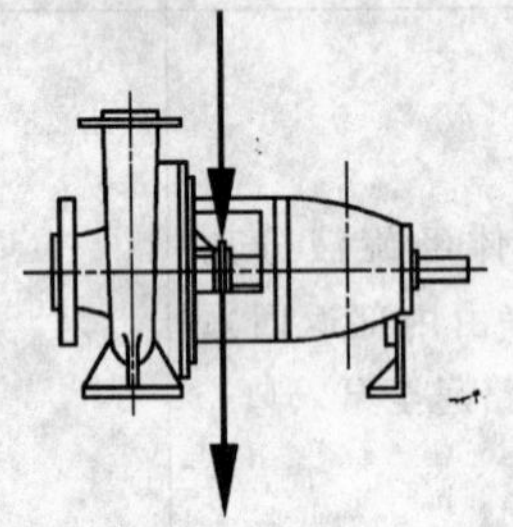	外部流体（如注入流体、阻隔流体）至密封腔/遏止装置处，出口通向外部系统	×	×	×	×

表 F.1（续）

基本配置				适用于			
标识代码	相当于 ISO 13709	示图	说明	软填料密封 P	单端面机械密封 S	双端面机械密封 D	遏止装置 Q
10	方案 52（遏止装置）	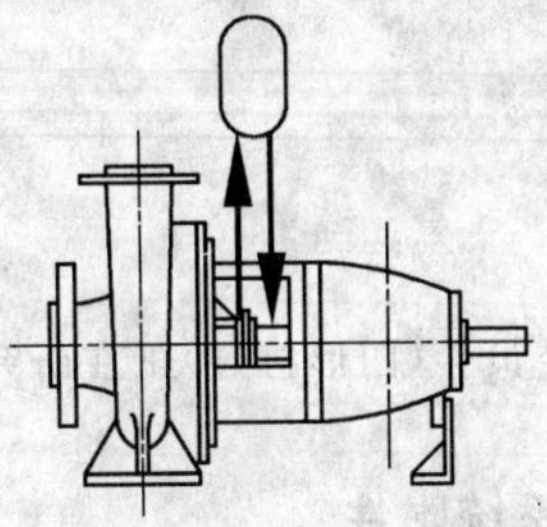	由高位贮液罐供给阻隔流体或遏止流体，依靠热虹吸管或泵吸装置实现循环			×	×
11	方案 53（密封腔）	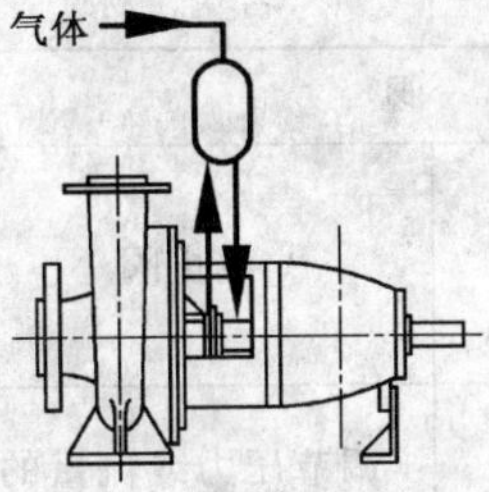	由增压罐供给阻隔流体或遏止流体，依靠热虹吸管或泵吸装置实现循环			×	×
12	—	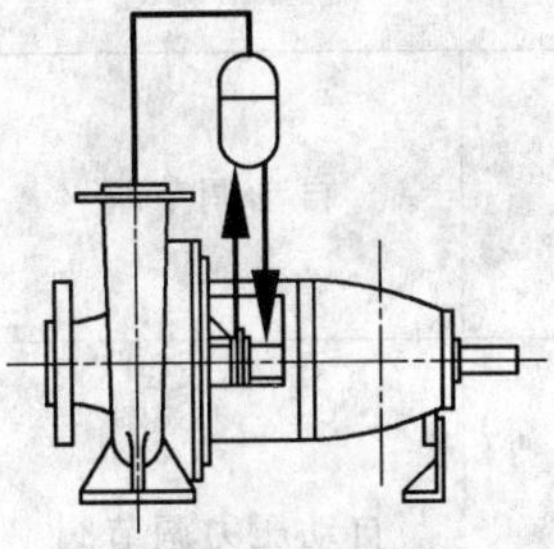	由增压罐供给阻隔流体，依靠热虹吸管或泵吸装置实现循环；增压罐由泵排出液体经增压装置（例如带隔膜的罐）实现增压			×	
13	—	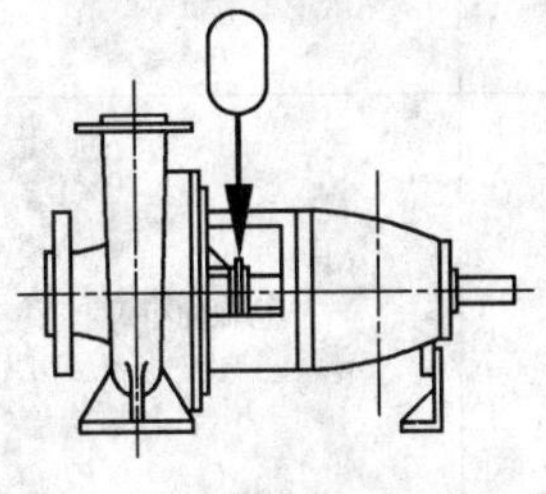	由高位贮液罐供给阻隔流体或遏止流体	×			×

[a] 只有：

——旋液分离器的压差≥2×10^5 Pa（2 bar），且

——固体颗粒的密度与所输送液体的密度之比≥1.5，旋液分离器才适用。

F.3 密封管路系统配置标识

标识由代表密封配置的大写字母（P、S、D、Q）和一个数字（1、2、3，见附录 E）（它并不代表密封腔的位置）以及代表基本管路系统配置的代码（01、02、03 等，见表 F.1）组成，中间用点隔开。

如还连有附件，则以它们的代码数字（见表 F.2）表示之。代码在标识中的排列顺序与附件在系统

中沿液流方向的配置顺序相一致。

如液流的起始和终止均是在密封腔处(闭循环),代码仍按同样顺序排列。

对起始于密封腔之前并延伸至密封腔之后的管路配置,密封腔在其中的位置应该用一破折号表示。

不同的密封配置与不同的管路配置的组合是可能的。在这种情况下,管路系统配置的标识顺序与在泵侧开始的密封配置的标识顺序一致。(见附录G,示例5和示例8)

当某一附件组成件是泵或别的附件组成件的一部分或是在它们的内部时,它的代码要用括号括起来。

F.4 密封管路系统附件说明

见F.2。

注:ISO/TC 10技术委员会(技术图纸)和ISO/TC 145技术委员会(图形符号)正在研究符号。相关标准在“来源”一栏中表示。

表F.2 密封管路系统附件

标识代码	符 号	名 称	来 源
10	阀		
11		截止阀	ISO 3511-1:1977,3.4
12	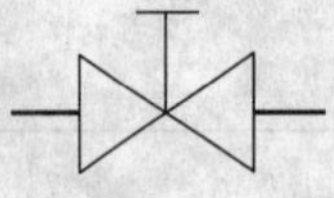	调节压力或流量的手动调节阀	
13		自动调节阀	ISO 3511-1:1977,3.4和3.5.1
14	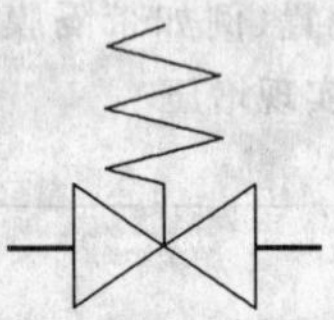	自动压力调节阀	
15		电磁阀	ISO 3511-1:1977,3.4 ISO 3511-2:1984,6.4.4
16	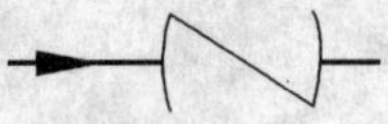	止回阀	
17	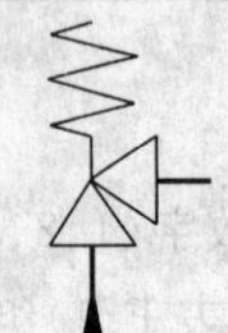	安全阀	

表 F.2（续）

标识代码	符　号	名　称	来　源
20	孔板		
21	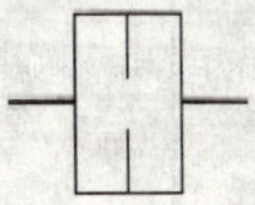	非调节孔板	
22	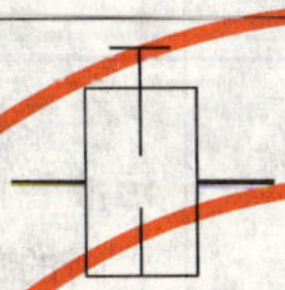	调节流量和压力的可调节孔板	
30	过滤器和粗过滤器		
31		粗过滤器	
32	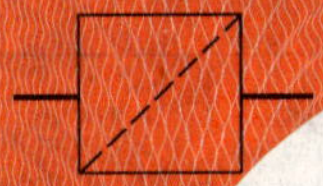	过滤器	ISO 3511-3:1984，3.5.1.4
40	指示仪表		
41		压力计	
42		温度计	ISO 1219-1:1991，10.1.2
43	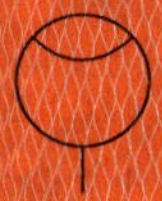	流量计	ISO 3511-1:1977，6.1.1
44	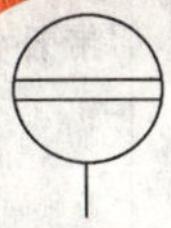	液位计	ISO 3511-1:1977，6.1.6
50	开关		
51	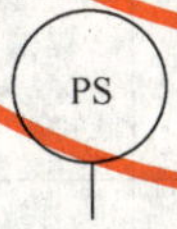	压力开关	
52	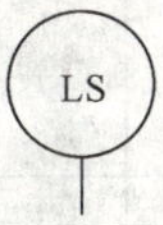	液位开关	
53	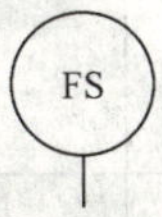	流量开关	
54	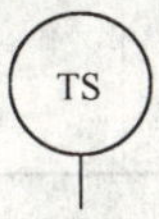	温度开关	

表 F.2（续）

标识代码	符　　号	名　　称	来　　源
60	装　　置		
61	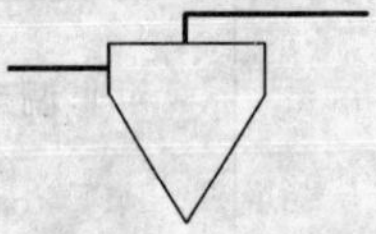	旋液分离器	
62	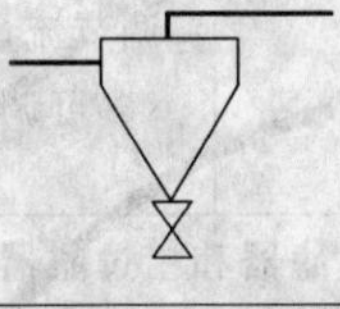	污液管内带手动调节阀的旋液分离器	
63	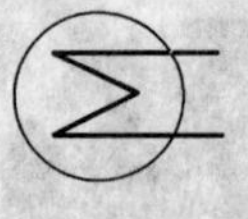	热交换器	ISO 7000:1989,0111
64		贮液罐	ISO 3511-3:1984,3.5.1.6
65		带隔膜贮液罐	
66		带增压器贮液罐	
67	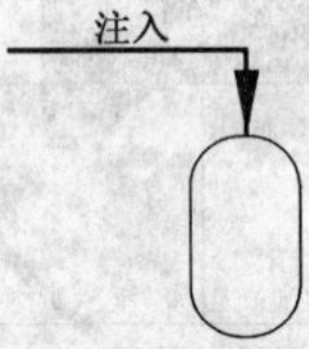	带补给装置注入液体的贮液罐	
68		循环泵	ISO 7000:1989,0134
69	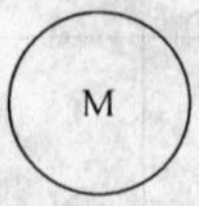	电动机	
70		冷却盘管	
71	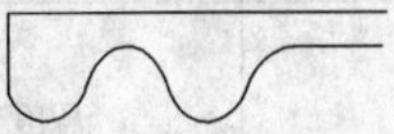	槽式电热器	

附 录 G
（资料性附录）
附录 E 和附录 F 提及的标识示例

表 G.1 附录 E 和附录 F 提及的标识示例

序号	图	标　识	说　明
1	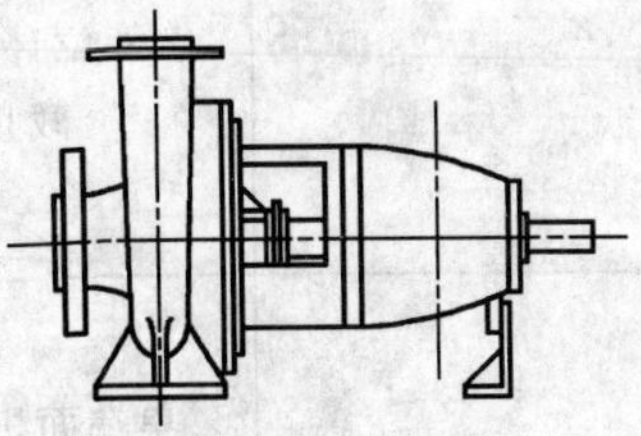	P1.01	软填料——P1 基本配置 01
2	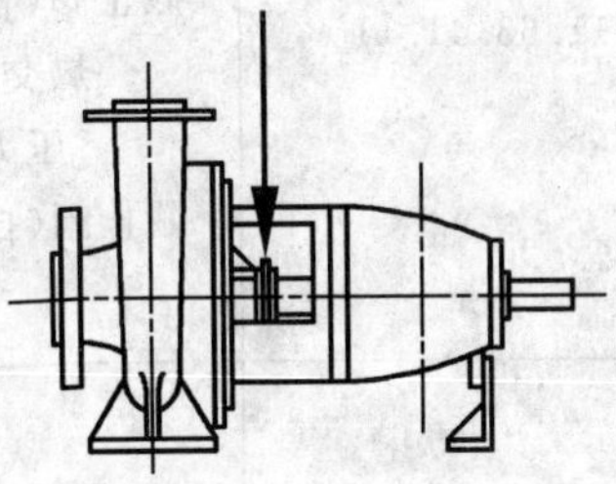	S1.08	单端面机械密封——S1 基本配置 08
3	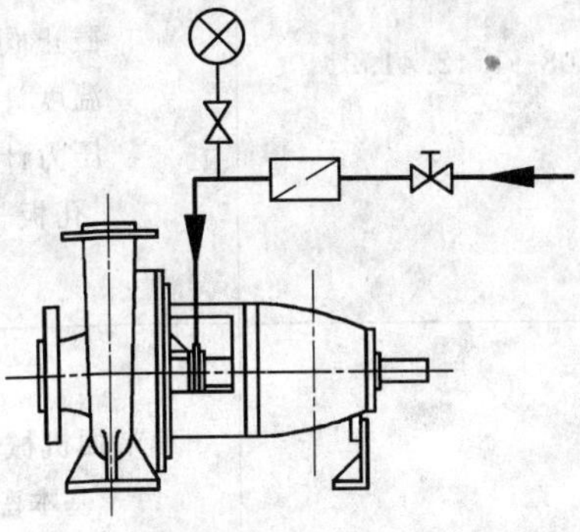	S1.08-12.32.11.41	单端面机械密封——S1 基本配置 08 手动调节阀——12 过滤器——32 截止阀——11 压力计——41
4	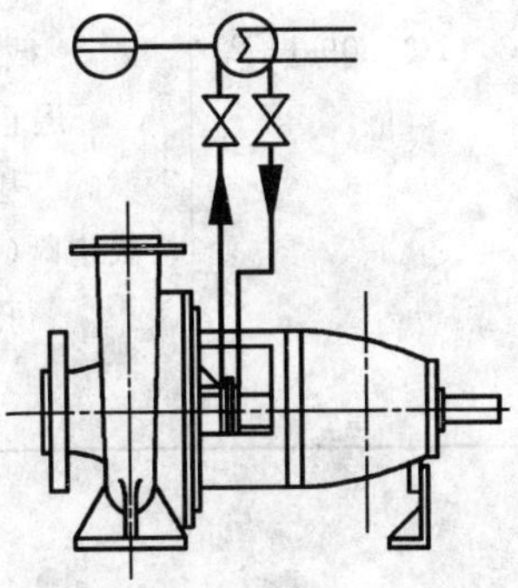	D1.10-11.64(63.44)11	双端面机械密封——D1 基本配置 10 隔离阀(自由选用)——11 贮液罐——64 热交换器(内装)——63 液位计(内装)——44 截止阀(自由选用)——11

表 G.1（续）

序号	图	标　识	说　明
5	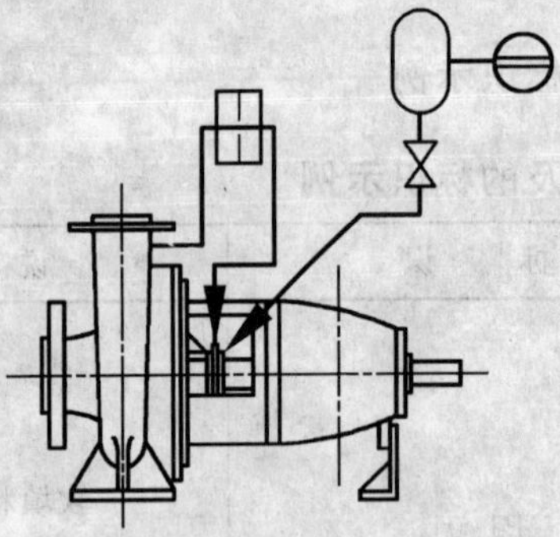	S1.02-Q3.13-64(44)11	单端面机械密封——S1 基本配置 02 孔板——21 遏止装置——Q3 基本配置 13 贮液罐——64 液位计（内装）——44 截止阀——11
6	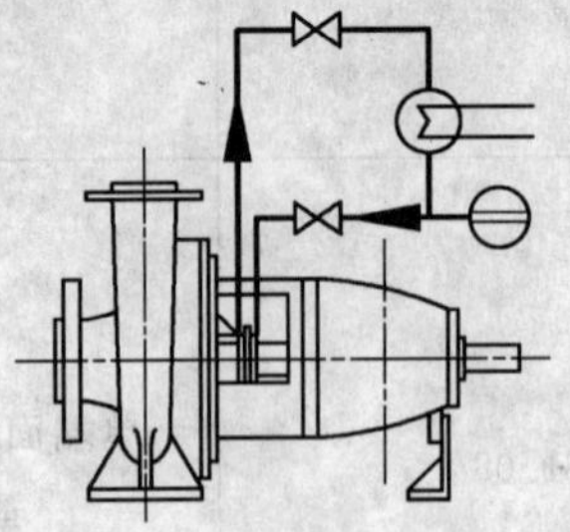	S1.06-11.63.41.11	单端面机械密封——S1 基本配置 06 截止阀（自由选用）——11 热交换器——63 压力计——41 截止阀（自由选用）——11
7	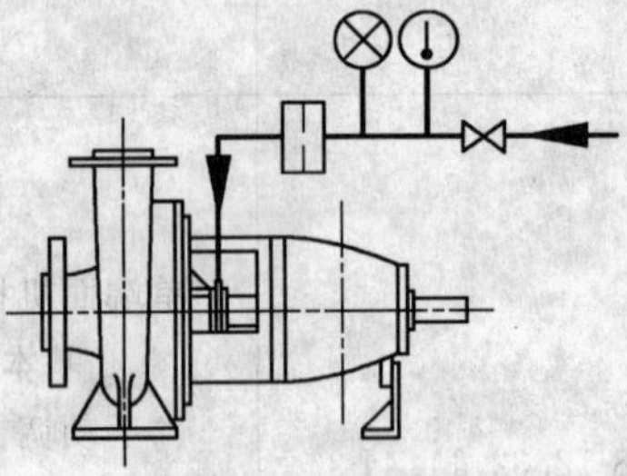	S1.08-11.42.41.21	单端面机械密封——S1 基本配置 08 截止阀——11 温度计——42 压力计——41 孔板——21
8	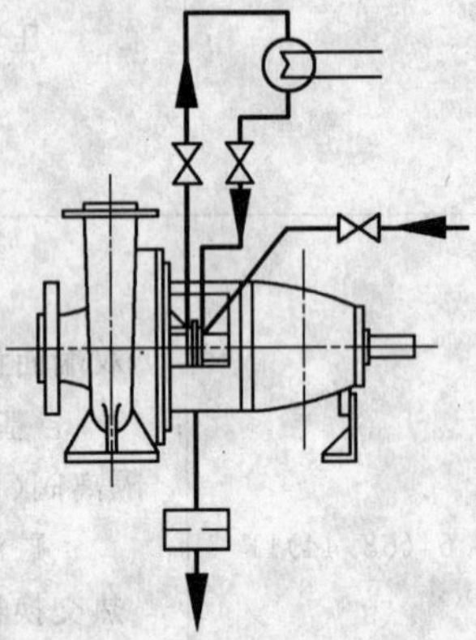	S1.06-11.63.11Q3.09-11-21	单端面机械密封——S1 基本配置 06 截止阀——11 冷却器——63 截止阀——11 遏止装置——Q3 基本配置 09 截止阀（自由选用）——11 孔板——21

附 录 H
（资料性附录）
核 对 清 单

下列清单用段落号列出可能需要由采购商作决定或需要在采购商和制造商/供货商之间达成一致的事项。

a） 设计

4.1.2 最小和最大叶轮直径的特性曲线
将扬程提高5%可能性的条件
相对最高效率点处的工作点的位置

4.1.3 NPSH基准

4.3.1 柔性轴

4.4.2 腐蚀留量

4.4.4.3 加热水、汽套的设计压力和温度

4.5.3 出口压力计和放水孔

4.5.5 辅助管路连接件种类

4.6 作用在法兰上的外力和外力矩

4.8.1 叶轮结构

4.11.3 轴挠度计算的条件

4.11.8 某些机械密封轴套的配置

4.12.5 轴承位置的温度监测

4.13.3.1 机械密封配置

4.13.3.2 阻止泄漏的辅助密封
机械密封供液供汽服务性管路的钻孔
填料环的出口连接件

4.13.6 辅助管路系统

4.14.1 铭牌上的附加信息

4.15 联轴器：泵不带驱动机发货时所需要的信息

4.16.1 底座：符合ISO 2858、不符合ISO 3661规定的底座尺寸
底座：材料和灌浆

4.16.4 底座：集积和排放泄漏出来的液体的装置

4.16.5.2 采购商提供驱动机：经检定的安装尺寸、驱动机定位孔的钻孔

b） 材料

5.1 危险液体用材料

5.2 材料成分、质量试验和证书

c） 工厂检查和试验

6.1.1 所要求的试验

6.2.2 检查

6.3.1 参与程度

6.3.2 材料试验

6.3.4.1 非清洁冷水试验液体和不同工作条件的换算方法

6.3.4.2 性能试验的等级

6.3.4.3　NPSH 试验

6.3.4.4　附加检验

6.3.4.5　噪声试验

d)　发运准备

7.1　轴封

e)　附录

B.2　商定的未述及泵类的外力和外力矩

B.4.1　额外的可能性

B.5　底座的类型

D.1　文件资料的特殊类型或格式

参 考 文 献

[1] ISO 1219-1:1991 流体动力系统和元件 图形符号和回路图 第1部分:图形符号.

[2] ISO 1940-1 机械振动 恒态(刚性)转子平衡品质要求 第1部分:规范与平衡允差的检验.

[3] ISO 2041 振动和冲击 词汇.

[4] ISO 3511-1:1977 过程测量控制功能元件和仪表 符号表示法 第1部分:基本要求.

[5] ISO 3511-2:1984 过程测量控制功能元件和仪表 符号表示法 第2部分:基本要求的扩充部分.

[6] ISO 3511-3:1984 过程测量控制功能元件和仪表 符号表示法 第3部分:仪表接线图的详细符号.

[7] ISO 7000:1989 设备使用的图形符号 索引和对照表.

[8] ISO 9905 离心泵 技术条件 Ⅰ类.

[9] ISO 9908 离心泵 技术条件 Ⅲ类.

[10] ISO 10816-1 机械振动 在非旋转部件上测量和评价机器振动 第1部分:总则.

[11] ISO 10816-3 机械振动 在非旋转部件上测量和评价机器振动 第3部分:现场测量额定功率超过15 kW、额定转速在120 r/min和15 000 r/min之间的工业机器.

[12] CEN-CR 13931—2000 回转动力泵 离心泵、混流泵和轴流泵(卧式和立式),作用在法兰上的外力和外力矩.

ICS 65.060
B 90

GB

中华人民共和国国家标准

GB/T 5667—2008
代替 GB/T 5667—1985

农业机械　生产试验方法

Productive testing methods for agricultural machinery

2008-06-03 发布　　　　2009-01-01 实施

中华人民共和国国家质量监督检验检疫总局
中国国家标准化管理委员会　发布

前 言

本标准是对 GB/T 5667—1985《农业机械生产试验方法》的修订。

本标准与 GB/T 5667—1985 相比，主要技术内容修改如下：

——增加了术语和定义；

——规定了可靠性考核指标、计算公式和统计判定原则；

——重新编制了记录表格；

——按 GB/T 1.1—2000 对标准格式、内容进行了重新编写。

本标准自实施之日起代替 GB/T 5667—1985。

本标准附录 A 为规范性附录，附录 B 为资料性附录。

本标准由中华人民共和国农业部提出。

本标准由全国农业机械标准化技术委员会归口。

本标准起草单位：农业部农业机械试验鉴定总站、湖南省农业机械试验鉴定站。

本标准主要起草人：李民、陈兴和、陈士新。

本标准所代替标准的历次版本发布情况为：

——GB/T 5667—1985。

农业机械 生产试验方法

1 范围

本标准规定了农业机械生产试验的术语和定义、试验要求、试验条件、试验内容和方法、主要技术经济指标计算、试验报告等内容。

本标准适用于农业机械(除拖拉机外)的生产试验。

2 术语和定义

下列术语和定义适用于本标准。

2.1

生产试验 productive testing

生产试验是通过样机在实际生产中正常情况下一定工作量的使用,考核样机的可靠性,动力配套性,性能稳定性,使用经济性,地区、作物或物料适应性,调整保养方便性,安全性,人体及操作舒适性,卫生条件和主要零部件及易损件的耐用性。

2.2

可靠性 reliability

产品在规定条件下和规定时间内,完成规定功能的能力。

2.3

故障 failure

产品丧失规定的功能。

2.4

故障模式 failure mode

故障的表现形式。

2.5

本质故障 inherent weakness failure

产品在规定的条件下使用,由于产品本身固有的弱点而引起的故障。

2.6

关联故障 relevant failure

由于本质故障发生引起与之相关的单元(产品、机构、总成、部件、零件、材料等)出现的故障。

2.7

非关联故障 non-relevant failure

未按产品使用说明书、技术条件规定操作,由于维修不当或操作人员操作使用不当或误动作造成的故障。

2.8

独立故障 primary failure

不是由另一个产品的故障直接或间接引起的产品的故障。

2.9

从属故障 secondary failure

由另一个产品的故障直接或间接引起的产品的故障。

2.10

故障间隔时间　time between failure

相邻两次故障间的持续时间。

2.11

平均故障间隔时间 MTBF　mean time between failure

故障间隔时间的期望。对可修复的产品，是指一个或多个产品在它的使用寿命期内的某个观察期间累积工作时间与故障次数之比。

2.12

可用度(使用有效度)　availability

在某个观察时期内，产品能工作时间对能工作时间与不能工作时间之和的比。

2.13

修复时间　repair time

从发现故障到产品恢复规定功能所需的时间，即故障诊断、修理准备及修理实施时间之和。

2.14

平均修复时间 MRT　mean repair time

修复时间的总和与修理次数之比。

2.15

平均首次故障前工作时间 MTTFF　mean time to first failure

产品发生首次致命故障、严重故障或一般故障时的平均工作时间。

2.16

平均无故障工作时间　mean time between failures

无故障工作时间的平均值。

3　试验要求

3.1　农业机械在新产品鉴定时应进行生产试验，投入试验的样机一般不应少于2台，对于大型小批量生产的产品，试验样机可为1台。

3.2　生产试验时间或作业量应符合相应产品标准的规定。

4　试验条件

4.1　试验样机应处于使用说明书或技术文件规定的正常工作状态。

4.2　配套动力应与样机使用说明书或技术文件的规定要求相适应。样机应备有必要的配件和工具。

4.3　生产试验时应指定专职测试人员进行测试、记录，并按使用说明书的规定或设计要求配备操作人员。

4.4　试验用地、场地的状况，试验用物料、作物种类及原始状态，气象及环境要求等试验条件，应具有代表性，能够满足生产试验的要求，并适合样机的适用范围。具体条件应符合相应产品标准规定。

4.5　试验用仪器、设备、仪表、量具，试验前应经检定或校准，并在有效期内。

5　试验内容和方法

5.1　生产考核

生产试验按规定的时间或作业量进行，时间测定精确到“min”。在试验全过程中观察、测定、记录各类时间(时间分类见5.2)和与之相对应的作业量、能源消耗、故障模式和处置方法及其他实施内容，记入表B.1；从中统计出纯工作时间、作业时间、调整保养时间、累计样机故障时间和故障次数、首次故障前工作时间、班次时间，计算生产率、能源消耗量、可靠性、调整保养方便性和时间利用率等技术经济指标，记入表 B.2、表 B.3。

5.2 生产试验的时间分类

生产试验时间分类见表 1。

表 1 生产试验时间分类

总延续时间(T_y)	班次时间(T_b)	作业时间(T_z)	纯工作时间(T_c)
			地头转弯空行时间[a]
			工艺服务时间(停机加种、加肥、装苗和装卸物料等时间)
		非作业时间	调整保养时间(停机润滑、调整和保养等时间)
			机具故障时间(故障停机、排除故障以及在工作地点更换或修复失效零件等时间)[b]
			1 km 以内空行转移时间或场上作业机具在同一场地(田块)[a] 的转移时间
	非班次时间		配套动力的保养、调整和故障时间(T_{tb})
			1 km 以上空行转移时间(包括从停机场到田间的往返运行时间)[a]
			自然条件造成的停机时间
			组织不善造成的停机时间(包括在工作地点修理时等待零件、配件或工具时间，非正常情况下的等待加工物料、种、苗、肥时间)
			其他原因造成的停机时间(如操作人员吃饭休息等消耗的时间)

a 固定作业机械除外。

b 自走式包括动力故障，其他农业机具包括因机具造成的动力故障。

5.3 可靠性考核

5.3.1 故障统计与判定原则

5.3.1.1 可靠性考核应统计被试样机发生的本质故障、关联故障和非关联故障，非关联故障不计入故障次数。

5.3.1.2 按产品使用说明书的规定更换随机备件，不计为故障，但应进行记录。

5.3.1.3 农业机械产品的关联故障

——非自走式农业机械因机具造成的动力故障。

——因独立故障导致从属故障同时发生，按一次关联故障计，并按最终后果来确定故障类型。

——同一故障从轻到重渐进发展，按一次关联故障计，并按最终后果来确定故障类型。

——故障模式相同，多次发生的关联故障每次均应计数；因处理和修复工艺不当，造成重复出现的故障，按一次关联故障计。

——已达到规定寿命极限值的零部件发生的故障不计入关联故障。

5.3.2 故障分类原则

农业机械按故障后果的危害程度和排除故障的难易性分为四类：致命故障、严重故障、一般故障和轻度故障。各类故障基本特征见表 2。

表 2 故障类型及特征

故障类型	故障基本特征
致命故障	导致功能完全丧失或造成重大经济损失的故障；危及作业安全、导致人身伤亡或引起重要总成(系统)报废
严重故障	导致功能严重下降或经济损失显著的故障；主要零部件损坏、关键部位的紧固件损坏

表 2（续）

故障类型	故障基本特征
一般故障	导致功能下降或经济损失增加的故障；一般的零部件和标准件损坏或脱落，通过调整或更换便可修复
轻度故障	引起操作人员操作不便但不影响工作的故障；可在较短时间内用配备的工具维修或更换易损件排除的故障；在正常维护保养中更换价值较低的零件和标准件

5.3.3 **可靠性指标计算**

5.3.3.1 可用度(使用有效度)

$$K=\frac{\sum T_z}{\sum T_z+\sum T_g}\times 100 \quad \cdots\cdots(1)$$

式中：

K——可用度(使用有效度)，%；

T_z——生产考核期间的班次作业时间，单位为小时(h)；

T_g——样机在生产考核期间每班次的故障时间，单位为小时(h)。

5.3.3.2 平均故障间隔时间 MTBF

a) 点估计

$$\mathrm{MTBF}=\frac{\sum T_z}{r} \quad \cdots\cdots(2)$$

b) 单边置信区间下限

$$(\mathrm{MTBF})_L=\frac{2\sum T_z}{\chi^2_{(\alpha,2r+2)}} \quad \cdots\cdots(3)$$

式中：

MTBF——平均故障间隔时间的观测值(点估计)，单位为小时(h)；

$(\mathrm{MTBF})_L$——平均故障间隔时间的观测值(单边置信区间下限)，单位为小时(h)；

r——被试样机在生产考核期间累计故障(轻度故障除外)次数；

α——风险系数；

$\chi^2_{(\alpha,2r+2)}$——置信度为 $1-\alpha$，自由度为 $2r+2$ 的 χ^2 分布的分位数。

5.3.3.3 平均首次故障前工作时间(作业量)MTTFF

a) 点估计

$$\mathrm{MTTFF}=\frac{1}{r_a}\left(\sum T_i+\sum T_j\right) \quad \cdots\cdots(4)$$

b) 单边置信区间下限

$$(\mathrm{MTTFF})_L=\frac{2\left(\sum T_i+\sum T_j\right)}{\chi^2_{(\alpha,2r_a+2)}} \quad \cdots\cdots(5)$$

式中：

MTTFF——首次(轻度故障除外)故障前平均工作时间(作业量)(点估计)，单位为小时或公顷(h 或 hm^2)；

$(\mathrm{MTTFF})_L$——首次故障前平均工作时间(作业量)(单边置信区间下限)，单位为小时或公顷(h 或 hm^2)；

r_a——被试样机中发生首次故障(轻度故障除外)的产品个数，个；

T_i——第 i 个样机发生首次故障的累计工作时间(作业量)，单位为小时或公顷(h 或 hm^2)；

T_j——可靠性试验结束时未发生首次故障的第 j 个样机的累计工作时间(作业量)，单位为小时或公顷(h 或 hm^2)；

$\chi^2_{(\alpha,2r_a+2)}$——置信度为 $1-\alpha$，自由度为 $2r_a+2$ 的 χ^2 分布的分位数。

当取 $\alpha=0.35$ 时，χ^2 值见表 3。

表 3　$\alpha=0.35$ 时的 χ^2 值

r, r_a	0	1	2	3	4	5	6
$\chi^2_{(\alpha,2r+2)}, \chi^2_{(\alpha,2r_a+2)}$	2.08	4.42	6.70	8.90	11.10	13.28	15.40
r, r_a	7	8	9	10	11	12	13
$\chi^2_{(\alpha,2r+2)}, \chi^2_{(\alpha,2r_a+2)}$	17.58	19.97	21.83	23.95	26.16	28.27	30.38
r, r_a	14	15	16	17	18	19	20
$\chi^2_{(\alpha,2r+2)}, \chi^2_{(\alpha,2r_a+2)}$	32.48	34.57	36.69	38.80	40.90	43.01	45.11

5.3.3.4　平均修复时间 MRT

$$MRT=\frac{\sum T_g}{r} \qquad \cdots\cdots(6)$$

式中：

MRT——平均修复时间的观测值，单位为小时(h)。

5.3.3.5　产品标准应针对各个产品类型与特点制定具体的可靠性指标值。可以采用上述 1～2 种可靠性考核指标或全部采用，也可增加其他可靠性考核指标。

5.3.4　可靠性综合判定原则

按产品标准规定的原则判定可靠性。

5.4　性能试验

一般在生产试验的初、中、后期，应对样机的主要性能分别进行一次测定，测定内容和方法按各产品标准进行，并评定其性能稳定性。

5.5　生产查定

5.5.1　生产试验过程中应对样机进行不少于三个连续班次的生产查定，每个查定班次作业时间不得少于 6 h，时间测定精确到秒(s)。

5.5.2　生产查定中应准确地测定每个查定班次内各类时间消耗、作业量和能源消耗，以计算纯工作小时生产率和单位能源消耗量。

5.6　主要零、部件和易损件变形与损坏情况测定

试验前、后，应对主要零、部件和易损件的关键尺寸、质量、磨损量等数据进行测量，评定主要件的变形和损坏情况，记入表 B.4、表 B.5。对有代表性和严重损坏的部位应拍摄照片或摄像。

5.7　卫生条件与安全性检查

试验中应对噪声、粉尘、有毒物质逸散量、振动、视野、操作方便性和安全性、防护装置、警示标识等项目进行观察或测定，检测按各产品标准中的规定进行。

5.8　调整保养方便性

根据对样机各调整、保养部位和可拆装部分的操作体验或时间消耗测定，评价其方便性。

6　主要技术经济指标计算

根据农业机械产品的不同类型和试验目的，技术经济指标计算项目可有所增减，并由各产品标准具体确定。

6.1　生产率

6.1.1　纯工作小时生产率

$$E_c=\frac{\sum Q_{cb}}{\sum T_c} \qquad \cdots\cdots(7)$$

式中：

E_c——纯工作小时生产率，单位为公顷/小时、吨/小时或吨·千米/小时(hm^2/h、t/h 或 t·km/h)；

Q_{cb}——生产查定的班次作业量，单位为公顷、吨或吨·千米(hm^2、t 或 t·km)；

T_c——生产查定班次纯工作时间，单位为小时 (h)。

6.1.2 作业小时生产率

$$E_z = \frac{\sum Q_b}{\sum T_z} \quad \cdots\cdots(8)$$

式中：

E_z——作业小时生产率，单位为公顷/小时、吨/小时或吨·千米/小时(hm^2/h、t/h 或 t·km/h)；

Q_b——生产考核期间的班次作业量，单位为公顷、吨或吨·千米(hm^2、t 或 t·km)；

T_z——生产考核期间的班次作业时间，单位为小时 (h)。

6.1.3 班次小时生产率

$$E_b = \frac{\sum Q_b}{\sum T_b} \quad \cdots\cdots(9)$$

式中：

E_b——班次小时生产率，单位为公顷/小时、吨/小时或吨·千米/小时(hm^2/h、t/h 或 t·km/h)；

T_b——生产考核期间的班次时间，单位为小时 (h)。

6.1.4 工时生产率

$$E_g = \frac{\sum Q_b}{\sum (T_{gc} + T_{gf})} \quad \cdots\cdots(10)$$

式中：

E_g——工时生产率，单位为公顷/工时、吨/工时或吨·千米/工时(hm^2/h、t/h 或 t·km/h)；

T_{gc}——机组操作人员的班次工时，单位为工时(h)；

T_{gf}——机组辅助人员(如供料、卸料、捆扎和排杂等)的班次工时，单位为工时(h)。

注：工时是指在机器作业过程中全数操作人员与辅助人员实际操作或处理所耗用的总时间。

6.1.5 标定单位功率生产率

$$E_p = \frac{E_b}{p} \quad \cdots\cdots(11)$$

式中：

E_p——标定单位功率生产率，单位为公顷/千瓦·小时或吨/千瓦·小时(hm^2/kW·h 或 t/kW·h)；

p——样机(配套动力)的标定功率，单位为千瓦(kW)。

6.2 能源消耗量

6.2.1 单位能源消耗量

$$G_n = \frac{\sum G_{nz}}{\sum Q_{cb}} \quad \cdots\cdots(12)$$

式中：

G_n——单位作业量的能源消耗量，单位为千克/公顷、千瓦·小时/吨或千克/吨·千米(kg/hm^2、kW·h/t 或 kg/t·km)；

G_{nz}——生产查定班次的主能源(如燃油、煤或电等)消耗量，单位为千克或千瓦·小时(kg 或 kW·h)。

6.2.2 单位副油料消耗量

按机组所用的副油料(如机油、液压油、润滑油等)分别计算在规定周期内的单位作业量的消耗量。

$$G_f = \frac{\sum G_{nf}}{\sum Q_{qb}} \quad \cdots\cdots(13)$$

式中：

G_f——单位作业量的副油料消耗量，单位为千克/公顷、千克/吨或千克/吨·千米（kg/hm^2、kg/t 或 kg/t·km）；

G_{nf}——规定周期中每次更换和添加的副油料质量，单位为千克（kg）；

Q_{qb}——规定周期中的班次作业量，单位为公顷、吨或吨·千米（hm^2、t 或 t·km）。

6.2.3 油料消耗比

$$B_{fz} = \frac{G_f}{G_n} \times 100 \qquad (14)$$

式中：

B_{fz}——单位作业量的副油料消耗量占主燃油消耗量的百分比，%。

6.3 调整保养方便性

$$K_{tb} = \frac{\sum T_z}{\sum T_z + \sum T_{tb}} \times 100 \qquad (15)$$

式中：

K_{tb}——生产考核期间的调整保养方便性，%；

T_{tb}——生产考核期间样机每次的调整保养时间，单位为小时（h）。

6.4 时间利用率

6.4.1 班次时间利用率

$$E_{bl} = \frac{\sum T_z}{\sum T_b} \times 100 \qquad (16)$$

式中：

E_{bl}——样机的班次时间利用率，%。

6.4.2 总延续时间利用率

$$E_{yl} = \frac{\sum T_b}{\sum T_y} \times 100 \qquad (17)$$

式中：

E_{yl}——样机的总延续时间利用率，%；

T_y——样机生产考核期间每班次的总延续时间，单位为小时（h）。

6.5 作业成本

作业成本计算见附录 A。

7 试验报告

7.1 整理汇总

在试验过程中应及时整理有关数据和资料。试验结束后，应核实观察、测定、计算和分析的结果，整理汇总，编写生产试验报告。

7.2 生产试验报告内容

7.2.1 试验概述

写明试验的目的和要求，样机名称、型号和台数，研制单位和样机生产厂，参加试验的单位，试验地点和试验时间以及完成工作量等情况。

7.2.2 样机简介

写明样机的主要技术参数，介绍样机的结构、主要特点和主要工作原理。

7.2.3 试验条件及分析

简述调查或测定的试验条件，分析其是否具有代表性以及对试验的影响；写明采用的测试仪器和设备。

7.2.4 **试验结果和分析**

概述试验中测得的数据和观察到的现象，按试验所要求考核的内容对样机进行全面的评价。

7.2.5 **结论**

根据试验目的和对试验结果的分析做出明确的结论。

7.2.6 **附件**

有关测试数据表、图、专题报告、理化报告和有关照片等。

附 录 A
（规范性附录）
作业成本计算方法

A.1 作业成本

作业成本以整个生产试验所得到的数据和有关资料进行计算。即折算为单位作业量的成本，其单位为：元/hm^2、元/t 等。按下式计算：

$$C = C_g + C_n + C_x + C_z + C_t + C_{jg} \quad \cdots\cdots\cdots\cdots(A.1)$$

式中：

C——作业成本，单位为元/公顷或元/吨（元/hm^2 或元/t）；

C_g——单位作业量的平均工资费，单位为元/公顷或元/吨（元/hm^2 或元/t）；

C_n——单位作业量的平均能源费，单位为元/公顷或元/吨（元/hm^2 或元/t）；

C_x——单位作业量的日常零星修理费，单位为元/公顷或元/吨（元/hm^2 或元/t）；

C_z——单位作业量的平均机器（组）折旧费，单位为元/公顷或元/吨（元/hm^2 或元/t）；

C_t——单位作业量所负担的机器（组）修理提成费，单位为元/公顷或元/吨（元/hm^2 或元/t）；

C_{jg}——单位作业量的经营管理费，单位为元/公顷或元/吨（元/hm^2 或元/t）。

注 1：人员工资要包括附加费。

注 2：日工资按八小时折算成小时工资，月工资按 22.5 天折算成日工资。

A.1.1 工资费

$$C_g = \frac{\sum C_{gz}}{\sum Q_b} \quad \cdots\cdots\cdots\cdots(A.2)$$

式中：

C_{gz}——生产试验期间机组操作人员和辅助人员的工资费，单位为元。

A.1.2 能源费

$$C_n = G_n \cdot C_{nz} + G_f \cdot C_{nf} \quad \cdots\cdots\cdots\cdots(A.3)$$

式中：

C_{nz}——主能源价格，按当地牌价，单位为元/千克、元/千瓦·小时（元/kg、元/kW·h）；

C_{nf}——副油料价格，按当地牌价，单位为元/千克（元/kg）。

A.1.3 日常零星修理费

$$C_x = \frac{\sum C_{xh} + \sum C_{xw}}{\sum Q_b} \quad \cdots\cdots\cdots\cdots(A.4)$$

式中：

C_{xh}——生产试验期间每次更换零件费，单位为元；

C_{xw}——生产试验期间每次零星维修费，单位为元。

A.1.4 机器折旧费

$$C_z = C_{zd} + C_{zj} = \frac{C_d(1 - Z_d)}{T_{jd} \cdot T_d \cdot E_b} + \frac{C_j(1 - Z_j)}{T_{jj} \cdot T_j \cdot E_b} \quad \cdots\cdots\cdots\cdots(A.5)$$

式中：

C_{zd}——单位作业量的动力部分折旧费，单位为元/公顷或元/吨（元/hm^2 或元/t）；

C_{zj}——单位作业量的农机具部分折旧费，单位为元/公顷或元/吨（元/hm^2 或元/t）；

C_d——动力机部分原价，单位为元；

C_j——农机具部分原价，单位为元；

Z_d——动力机报废时的残值率(一般为10%),%;

Z_j——机具报废时的残值率(一般为5%),%;

T_{jd}——动力机折旧年限,单位为年;

T_{jj}——农机具折旧年限,单位为年;

T_d——动力机年使用时间,单位为小时(h);

T_j——农机具年使用时间,单位为小时(h)。

A.1.5 机器的修理提成费

$$C_t = C_{td} + C_{tj} = \frac{C_d \cdot X_d}{T_d \cdot E_b} + \frac{C_j \cdot X_j}{T_j \cdot E_b} \quad \cdots\cdots\cdots\cdots (A.6)$$

式中:

C_{td}——单位作业量所负担的动力机修理提成费,单位为元/公顷或元/吨(元/hm^2 或元/t);

C_{tj}——单位作业量所负担的农机具修理提成费,单位为元/公顷或元/吨(元/hm^2 或元/t);

X_d——动力机的年修理费用率,%;

X_j——农机具的年修理费用率,%。

A.1.6 机具的经营管理费

$$C_{jg} = \frac{C_{js}}{\sum Q_b} \quad \cdots\cdots\cdots\cdots (A.7)$$

式中:

C_{js}——生产试验期间实际经营管理费用,单位为元。

附 录 B
（资料性附录）
生产试验记录表格

表 B.1 每班生产试验记录表

机具型号名称： 样机编号：

生产厂：

试验条件					
试验地点					
试验日期					
配套动力					
作业内容					
操作人数					
作业条件（如土壤类型，试验地地形及坡度，种子、化肥、试验物料或作物名称，天气等）					
试验结果					
项目	时间			作业量/(hm^2、t 或 t·km)	备注
	开始	结束	小计/min		
能源（燃油、煤、电）消耗量/(kg 或 kW·h)			主能源：	副油料：	

注 1：开始与结束时间按“24 小时计时法”计时。

注 2：按实施内容填写项目栏，如对于播种机，有播种、加种、加肥、调整、排除故障、转移地块、休息等。

注 3：生产查定的记录也用此表。

测定人： 记录人：

表 B.2 每班次生产试验结果汇总表

机具型号名称： 生产厂：

样机编号： 作业内容：

配套动力： 作业条件：

试验地点： 试验日期：

<table>
<tr><th colspan="3" rowspan="2">项 目</th><th rowspan="2">试验结果</th><th colspan="3">故 障 情 况</th></tr>
<tr><th>类 型</th><th>原 因</th><th>处置方法</th></tr>
<tr><td colspan="3">纯工作时间/(h、min)</td><td></td><td rowspan="12"></td><td rowspan="12"></td><td rowspan="12"></td></tr>
<tr><td colspan="3">作业时间/(h、min)</td><td></td></tr>
<tr><td colspan="3">调整保养时间/(h、min)</td><td></td></tr>
<tr><td colspan="3">机具故障时间/(h、min)</td><td></td></tr>
<tr><td colspan="3">班次时间/(h、min)</td><td></td></tr>
<tr><td colspan="3">非班次时间/(h、min)</td><td></td></tr>
<tr><td colspan="3">总延续时间/(h、min)</td><td></td></tr>
<tr><td colspan="3">首次故障时间/(h、min)</td><td></td></tr>
<tr><td colspan="3">作业量/(hm^2、t 或 t・km)</td><td></td></tr>
<tr><td colspan="3">故障次数/(次)</td><td></td></tr>
<tr><td rowspan="2">能源消耗量</td><td>累计主能源消耗量</td><td rowspan="2">kg 或 kW・h</td><td></td></tr>
<tr><td>累计副油料消耗量</td><td></td></tr>
<tr><td>备注</td><td colspan="6"></td></tr>
</table>

整理人： 校核人：

表 B.3 生产试验结果汇总表

机具型号名称：　　　　　　　　　　　　　　试验日期：　　　　　　试验地点：

配套动力：　　　　　　　　　　　　　　　　作业内容：　　　　　　作业条件：

项　　目			样机编号	
时间/h	累计纯工作时间			
	累计作业时间			
	累计调整保养时间			
	累计机具故障时间			
	累计班次时间			
	累计非班次时间			
	累计总延续时间			
	发生首次故障的累计工作时间			
	未发生首次故障的累计工作时间			
首次故障的产品个数/个				
累计作业量/(hm^2、t 或 t·km)				
累计故障次数/次				
生产率	纯工作小时生产率	hm^2/h、t/h 或 t·km/h		
	作业小时生产率			
	班次小时生产率			
	工时生产率/(hm^2/h、t/h 或 t·km/h)			
	标定单位功率生产率/(hm^2/kW·h 或 t/kW·h)			
能源消耗量	累计主能源消耗量	kg 或 kW·h		
	累计副油料消耗量			
	单位能源消耗量/(kg/hm^2、kW·h/t 或 kg/t·km)			
	单位副油料消耗量/(kg/hm^2)			
	油料消耗比/%			
可靠性指标	可用度(使用有效度)/%			
	平均故障间隔时间的观测值/h			
	平均首次故障前工作时间/h			
	平均修复时间的观测值/h			
调整保养方便性/%				
班次时间利用率/%				
总延续时间利用率/%				
作业成本/(元/hm^2 或元/t)				

整理人：　　　　　　　　　　　　　　　　　　　　　　　校核人：

表 B.4 主要件变形和损坏情况统计表

机具型号名称： 样机编号：

序　号	1	2	3	4	5
出现故障的零部件名称和代号					
日　期					
作业量或作业时间/(hm^2、t、t·km 或 h)					
变形或损坏情况					
原因分析及排除方法					
排除故障时间					

记录人： 校核人：

表 B.5 主要件和易损件磨损测定记录表

机具型号名称： 样机编号：

序　号		1	2	3	4	5
名称和代号						
材　料						
零件示意图或测量部位						
测量部位尺寸/mm						
检测结果/mm	初测					
	复测					
	磨损量					
零件质量/kg	初测					
	复测					
	磨损量					
作业量或作业时间/(hm^2、t、t·km 或 h)						

记录人： 校核人：

ICS 65.060.20
B 91

GB

中华人民共和国国家标准

GB/T 5668—2008
代替 GB/T 5668.1—1995,GB/T 5668.3—1995

STANDARDS PRESS OF CHINA

旋耕机

Rotary tiller

2008-06-03 发布　　2009-01-01 实施

中华人民共和国国家质量监督检验检疫总局
中国国家标准化管理委员会　发布

前　言

本标准是对 GB/T 5668.1—1995《旋耕机械》、GB/T 5668.3—1995《旋耕机械　试验方法》的修订。

本标准与 GB/T 5668.1—1995、GB/T 5668.3—1995 相比，主要技术内容修改如下：

——将 GB/T 5668.1—1995 和 GB/T 5668.3—1995 合并为 GB/T 5668—2008 一个标准；

——增加了整机装配及外观质量检验方法；

——增加了第 8 章检验规则；

——增加了框架型的基本参数，并对基本参数的部分内容作了补充、删简；

——增加了框架型双轴型号表示方法；

——增加了可靠性指标和安全要求；

——增加了使用说明书、运输和贮存的要求；

——删除了旋耕联合作业机具的相关内容；

——删除了试验方法中不必要的指标测定及试验记录表格；

——增加了附录 B。

本标准附录 A、附录 B 为资料性附录。

本标准由中国机械工业联合会提出。

本标准由全国农业机械标准化技术委员会归口。

本标准起草单位：农业部南京农业机械化研究所、西安市旋播机厂、南昌旋耕机厂有限责任公司、河北圣和农业机械有限公司。

本标准主要起草人：朱继平、彭卓敏、史可器、刘圣彬、王新芳、袁栋、丁艳、夏敏。

本标准所代替标准的历次版本发布情况为：

——GB 5668.1—1985、GB 5668.2—1985、GB 5668.3—1985；

——GB/T 5668.1—1995、GB/T 5668.3—1995。

旋 耕 机

1 范围

本标准规定了旋耕机的型式、基本参数、技术要求、安全要求、试验方法、检验规则、标志、包装、运输和贮存。

本标准适用于拖拉机(手扶拖拉机除外)配套的卧式水、旱田旋耕机。旋耕联合作业机具的旋耕部分可参照执行。

2 规范性引用文件

下列文件中的条款通过本标准的引用而成为本标准的条款。凡是注日期的引用文件,其随后所有的修改单(不包括勘误的内容)或修订版均不适用于本标准,然而,鼓励根据本标准达成协议的各方研究是否可使用这些文件的最新版本。凡是不注日期的引用文件,其最新版本适用于本标准。

GB/T 197—2003 普通螺纹 公差(ISO 965-1:1998,MOD)

GB/T 699—1999 优质碳素结构钢

GB/T 1144—2001 矩形花键尺寸、公差和检验(neq ISO 14:1982)

GB/T 1184—1996 形状和位置公差 未注公差值(eqv ISO 2768-2:1989)

GB/T 1243—2006 传动用短节距精密滚子链、套筒链、附件和链轮(ISO 606:2004,IDT)

GB/T 1348—1988 球墨铸铁件

GB/T 1592—2003 农业拖拉机后置动力输出轴 1、2 和 3 型(ISO 500:1991,IDT)

GB/T 1801—1999 极限与配合 公差带和配合的选择(eqv ISO 1829:1975)

GB/T 2828.1—2003 计数抽样检验程序 第1部分:按接收质量限(AQL)检索的逐批检验抽样计划(GB/T 2828.1—2003,ISO 2859-1:1999,IDT)

GB/T 3077—1999 合金结构钢

GB/T 3098.1—2000 紧固件机械性能 螺栓、螺钉和螺柱(idt ISO 898-1:1999)

GB/T 3098.2—2000 紧固件机械性能 螺母 粗牙螺纹(idt ISO 898-2:1992)

GB/T 3478.1—1995 圆柱直齿渐开线花键模数 基本齿廓 公差(eqv ISO 4156:1981)

GB/T 3478.2—1995 圆柱直齿渐开线花键 30°压力角 尺寸表(neq ISO 4156:1981)

GB/T 5667—2008 农业机械 生产试验方法

GB/T 5669—2008 旋耕机械 刀和刀座

GB/T 9439—1988 灰铸铁件

GB/T 9440—1988 可锻铸铁件

GB/T 9480—2001 农林拖拉机和机械、草坪和园艺动力机械 使用说明书编写规则(eqv ISO 3600:1996)

GB/T 10095.1—2008 圆柱齿轮 精度制 第1部分:轮齿同侧齿面偏差的定义和允许值(ISO 1328-1:1995,IDT)

GB/T 10095.2—2008 圆柱齿轮 精度制 第2部分:径向综合偏差与径向跳动的定义和允许值(ISO 1328-2:1997,IDT)

GB 10395.1—2001 农林拖拉机和机械 安全技术要求 第1部分:总则(eqv ISO 4254-1:1989)

GB 10395.5—2006 农林拖拉机和机械 安全技术要求 第5部分:驱动式耕作机械(ISO 4254-5:1992,MOD)

GB 10396—2006 农林拖拉机和机械、草坪和园艺动力机械 安全标志和危险图形 总则(ISO 11684:1995,MOD)

GB/T 11365—1989 锥齿轮和准双曲面齿轮 精度

GB/T 17126—1997 农林拖拉机和机械 动力输出万向节传动轴和动力输入连接装置的位置(idt ISO 5673:1993)

JB/T 5673—1991 农林拖拉机及机具涂漆 通用技术条件

JB/T 7929—1999 齿轮传动装置清洁度

JB/T 8574—1997 农机具产品型号编制规则

JB/T 9791—1999 农业机械 万向节传动轴 安全防护罩

JB/T 51099—2000 工程农机产品可靠性考核 评定指标体系及故障分类通则

3 型式与基本参数

3.1 型式

——按与拖拉机联接方式可分为:悬挂式、半悬挂式、直联式。

——按结构型式可分为:圆梁型和框架型。

圆梁型可分为:轻小型、基本型和加强型。

框架型可分为:单轴型和双轴型。

——按最终传动型式可分为:中间传动、侧边传动。

——按作业需要可选择不同的传动系统及基础零部件组装成多种结构型式。

3.2 基本参数

旋耕机的基本参数应符合表1规定。

表1 基本参数

型式	圆梁型			框架型
	轻小型	基本型	加强型	单轴型、双轴型
幅宽/cm	75、100、125	125、150、175、200	125、150、175、200、225	125、140、150、175、200、210、225、250、275、300
配套动力/kW	11~18	18~48	20~59	22~103
每米幅宽质量/(kg/m)	150~200	180~260	200~300	300~450
刀辊转速/(r/min)	150~350			
作业速度/(km/h)	1~4	1~5		
刀辊最大回转半径/mm	≤300			
相邻切削面间距/mm	35~85	35~85	35~85	65~85

注1:幅宽允许增减 5 cm 或 10 cm,但型号应按增减后的实际幅宽表示。

注2:表中相邻切削面间距指旋耕机采用刀座式旋耕刀的值,旋耕机采用刀盘式旋耕刀时一般为大于等于100 mm。

注3:表中刀辊转速指旋耕刀辊的转速,双轴型灭茬刀辊转速一般为 300 r/min~500 r/min。

4 型号表示方法

型号按 JB/T 8574—1997 编制。

1G □ □ □ □-□

- □（第 5 格）——旋耕机工作幅宽，cm
- □（第 4 格）——结构特征代号：双轴用 M 表示，单轴不表示
- □（第 3 格）——与拖拉机联接的特征代号：三点悬挂不表示，直接联接用 Z 表示
- □（第 2 格）——传动特征代号：侧边齿轮传动不表示，链传动用 L 表示，中间齿轮传动用 N 表示
- □（第 1 格）——型式代号：基本型不表示，轻小型用 X 表示，加强型用 Q 表示，框架型用 K 表示
- 1G——类别代号：表示耕整地机械、旋耕机

标记示例

幅宽 125 cm，直接联接，侧边齿轮传动轻小型旋耕机表示为：

1GXZ-125

5 技术要求

5.1 主要性能指标

5.1.1 旋耕机在土壤绝对含水率为 15%～25%的壤土、轻黏土上耕作，其主要性能指标应符合表 2 的规定。

表 2 性能指标

项目		指标
耕深/cm		旱耕：≥8；水耕：≥10
耕深稳定性/%		≥85
耕后地表平整度/cm		≤5
植被覆盖率/%		≥55
碎土率/%		≥50
功率消耗/kW		≤85%配套动力的标定功率
纯工作小时生产率/[hm^2/(h·m)]	配套动力<18 kW	≥0.12
	配套动力≥18 kW	≥0.19

5.1.2 使用可靠性指标应符合表 3 的规定。

表 3 使用可靠性指标

项目	指标
平均故障间隔时间(MTBF)/h	≥85
有效度(A)/%	≥95

5.2 一般技术要求

5.2.1 旋耕机应按规定程序批准的图样和技术文件制造。

5.2.2 螺纹公差应按 GB/T 197—2003 中不低于 6 级精度选用。

5.3 主要零、部件技术要求

5.3.1 主要铸件(箱体、悬挂板、主梁)

5.3.1.1 灰铸铁件应采用品质不低于 GB/T 9439—1988 中规定的 HT200 灰铸铁材料制造;可锻铸铁件应采用品质不低于 GB/T 9440—1988 中规定的 KTH350-10 可锻铸铁材料制造;球墨铸铁件应采用品质不低于 GB/T 1348—1988 中规定的 QT 450-10 球墨铸铁材料制造。

5.3.1.2 铸件不应有裂纹、气孔、夹砂及其他降低强度的铸造缺陷。

5.3.1.3 加工表面螺孔周围 10 mm 范围内不允许有气孔存在。

5.3.2 主梁

左、右主梁两端接盘的圆跳动应符合 GB/T 1184—1996 中的规定,径向跳动不低于 8 级,端面圆跳动不低于 9 级。

5.3.3 框架

框架两侧板联接面对箱体联接底板孔对称中心线的平行度应不大于 2 mm。框架横梁的平行度不大于 3 mm。

5.3.4 齿轮和牙嵌离合器

5.3.4.1 齿轮应采用机械性能不低于 GB/T 3077—1999 中规定的 20CrMnTi 材料制造;牙嵌离合器应采用机械性能不低于 GB/T 699—1999 中规定的 45 钢材料制造。

5.3.4.2 齿轮应进行表面渗碳处理,渗碳层深度为 1.0 mm~1.4 mm,齿面淬火区硬度为 58 HRC~64 HRC,芯部淬火硬度为 33 HRC~48 HRC;牙嵌离合器在粗加工后应进行调质处理,硬度为 23 HRC~28 HRC,齿面淬火区硬度为 45 HRC~50 HRC。

5.3.4.3 直齿圆柱齿轮加工精度应符合 GB/T 10095.1—2008 和 GB/T 10095.2—2008 中 9 级精度的规定;圆锥齿轮加工精度应符合 GB/T 11365—1989 中 9 级精度的规定。

5.3.5 花键轴

5.3.5.1 动力输入轴伸出端花键的基本参数和尺寸应符合 GB/T 1592—2003 的规定。

5.3.5.2 花键轴应采用机械性能不低于 GB/T 3077—1999 中规定的 40Cr 材料制造;功率小于 18.4 kW(25 马力)的拖拉机配套的旋耕机,其花键轴亦可采用机械性能不低于 GB/T 699—1999 中规定的 45 钢的材料制造。

5.3.5.3 矩形花键的尺寸、公差配合应符合 GB/T 1144—2001 的规定,渐开线花键尺寸、公差配合应符合 GB/T 3478.1—1995 和 GB/T 3478.2—1995 的规定。

5.3.6 刀轴

5.3.6.1 刀座(或刀盘)与刀轴焊接后,刀座(或刀盘)工作平面与刀轴中心线垂直度应不大于 2 mm。每米长度上的直线度不大于 2.5 mm。

5.3.6.2 焊缝应平整,不得有影响强度的缺陷。

5.3.6.3 刀座(或刀盘)与刀轴管焊接后应消除内应力。

5.3.6.4 刀轴花键外径对两端轴承处外径的径向圆跳动应按 GB/T 1184—1996 中不低于 7 级选用,轴承处的圆柱度应按 GB/T 1184—1996 中不低于 8 级选用。

5.3.7 刀和刀座

刀和刀座应符合 GB/T 5669 的规定。

5.3.8 链轮

5.3.8.1 链轮应采用机械性能不低于 GB/T 699—1999 规定的 45 钢材料制造。

5.3.8.2 链轮应进行表面热处理,齿面淬火区硬度为 40 HRC~45 HRC。

5.3.8.3 链轮主要尺寸和端面齿形应符合 GB/T 1243 中的规定。

5.3.8.4 链轮齿根圆径向及端面圆跳动按 GB/T 1184—1996 中不低于 10 级选取。

5.3.8.5 链轮齿根圆直径极限偏差按 GB/T 1801—1999 中不低于 h11 选取。

5.3.9 万向节传动轴

5.3.9.1 万向节传动轴和动力输入连接装置的位置应符合 GB/T 17126—1997 的规定。

5.3.9.2 万向节传动轴防护罩应符合 JB/T 9791—1999 的规定。

5.4 装配技术要求

5.4.1 所有零、部件须经检验合格。

5.4.2 主、从动链轮的中心线平面度偏差应不大于 0.5 mm。链条应有适当的张紧力，滑轨顶向链条的推力一般为 50 N～100 N(扣除链条本身的质量)。

5.4.3 刀辊半径变动量应不大于 15 mm。

5.4.4 旋耕机装配后，应在刀辊工作转速范围内进行不少于 30 min 的空运转试验。

5.5 整机技术要求

5.5.1 旋耕机空运转试验后，应符合下列要求：

a) 运转中传动系统不得有异常响声；

b) 空转扭矩：侧边传动不大于 15 N·m，中间传动不大于 20 N·m；

c) 油温：箱体内润滑油的温升不得超过 25 ℃；

d) 密封性：箱体静结合面和动结合面均不得漏油；

e) 传动箱清洁度：传动箱中铁屑等杂物干重不应超过 200 mg。

5.5.2 主要紧固件的强度等级：螺栓、螺钉机械性能应不低于 GB/T 3098.1—2000 中的 8.8 级，螺母应不低于 GB/T 3098.2—2000 中的 8 级；主要紧固件的拧紧力矩应符合表 4 的规定。

主要紧固件指刀轴、齿轮箱、主梁、框架、侧板和悬挂板等承受载荷处的紧固件。

表 4 紧固件拧紧力矩

公称直径/mm	拧紧力矩/(N·m)	
	最小值	最大值
8	14	19
10	27	38
12	47	66
14	75	106
16	118	165
18	162	227
20	230	322
22	315	441
24	398	557

5.5.3 涂漆外观质量应色泽均匀、平整、光滑、无露底，其中悬挂销和外露花键等应采取防锈措施；漆膜附着力不低于Ⅱ级。

5.5.4 操作方便性：各调整装置应可靠、方便、灵活，无卡滞和不易锁定等缺陷；带拨叉变速的旋耕机应能灵活换挡，不得有卡滞或挂不上挡现象，挂挡后不得有自动脱挡现象。

6 安全要求

6.1 万向节传动轴应有可靠的安全防护装置，防护要求应符合 GB 10395.1—2001 中 12.3 的规定。

6.2 其他外露回转件应有可靠的安全防护装置，防护装置的结构应符合 GB 10395.1—2001 中表 3、表 4 的规定。

6.3 旋耕机的顶部、后部、前部和端部的防护应符合 GB 10395.5—2006 中 4.1、4.2、4.3、4.4 的相应规定，前部防护外缘与工作部件的水平距离大小允许自行设计。

6.4 安全标志

6.4.1 安全标志应符合 GB 10396—2006 的规定。

6.4.2 使用警告标志，描述如下潜在危险：

a) 旋耕机前部万向节传动轴可能缠绕身体部位，旋耕机作业时或万向节传动轴转动时，人与旋耕机保持安全距离；

b) 旋耕机后部有飞出物体冲击人的身体，作业时人与旋耕机保持安全距离；

c) 旋耕机运转时，不得打开或拆下安全防护罩。

6.4.3 使用注意标志时，描述如下内容：

a) 使用前请详细阅读使用说明书；

b) 使用前，必须检查旋耕刀的紧固状况，加注润滑油；

c) 保养时，切断动力，并可靠支承机器。

7 试验方法

7.1 性能试验

7.1.1 试验准备

7.1.1.1 试验样机

试验样机应与制造厂提供的使用说明书相符，检验合格，技术状态良好。

7.1.1.2 配套拖拉机

拖拉机动力输出轴额定转速应符合配套旋耕机设计要求，技术状态应良好。

7.1.1.3 试验地选择

试验地应根据试验样机的适应范围，选择当地有代表性的田块；田块各处的试验条件要基本相同；田块的面积应能满足各测试项目的测定要求；测区长度不少于 20 m，并留有适当的稳定区。

7.1.1.4 试验用仪器、设备

试验所用的仪器、设备需检查校正，计量器具应在规定的有效检定周期内。

7.1.1.5 试验要求

同一工况测试不少于三个行程。性能测试时，相邻行程要间隔一定距离，保证测定不受干扰。

注：使其中任一参数作一次量的变动就称为一个工况。

7.1.2 试验前的调查和测定

a) 前茬作物(或绿肥)和田面情况。

b) 前 2～3 年内轮作和耕作情况。

c) 土壤质地。

d) 耕前植被：在测区内对角线上取 5 点，每点按 1 m^2 面积紧贴地面剪下露出地表的植物，称其质量，并计算出 5 点的平均值。

e) 土壤绝对含水率：在测区内对角线上取 5 点，每点按 0 cm～5 cm、5 cm～10 cm、10 cm～15 cm、15 cm～20 cm 分层测定。采用烘干法测定时，每层取样量不少于 30 g(去掉石块和植物残体等杂质)装入铝盒后称重，在 105 ℃恒温下，约烘 6 h，到质量不变时为止，然后取出放入干燥器中冷却到常温称重，并分别计算出分层和全层平均值。

f) 土壤坚实度：测点与土壤绝对含水率的测点相对应，测试后分别计算出各层和全层平均值。

g) 耕前地表平整度：按 7.1.3.5 的方法测定。

h) 水耕时测定水层深度，在测区内沿对角线取 5 个小区，每个小区测 10 次，计算出平均值。

7.1.3 作业性能测定

7.1.3.1 耕深

用耕深仪或耕深尺测定。用耕深尺测定时，沿机组前进方向每隔 2 m 左、右两侧各测定一点，每个行程总测点数不少于 20 点，按公式(1)、公式(2)计算：

a) 行程的耕深平均值

$$a_j = \frac{\sum_{i=1}^{n_j} a_{ji}}{n_j} \qquad \cdots\cdots(1)$$

式中：

a_j——第 j 个行程的耕深平均值，单位为厘米(cm)；

a_{ji}——第 j 个行程中的第 i 个点的耕深值，单位为厘米(cm)；

n_j——第 j 个行程中的测定点数。

b) 工况的耕深平均值

$$a = \frac{\sum_{j=1}^{N} a_j}{N} \qquad \cdots\cdots(2)$$

式中：

a——工况的耕深平均值，单位为厘米(cm)；

N——同一工况中的行程数。

7.1.3.2 耕深稳定性

按公式(3)～公式(8)计算：

a) 行程的耕深标准差、变异系数和稳定性系数

$$S_j = \sqrt{\frac{\sum_{i=1}^{n_j} (a_{ji} - a_j)^2}{n_j - 1}} \qquad \cdots\cdots(3)$$

$$V_j = \frac{S_j}{a_j} \times 100 \qquad \cdots\cdots(4)$$

$$U_j = 1 - V_j \qquad \cdots\cdots(5)$$

式中：

S_j——第 j 个行程的耕深标准差，单位为厘米(cm)；

V_j——第 j 个行程的耕深变异系数，%；

U_j——第 j 个行程的耕深稳定性系数，%。

b) 工况的耕深标准差、变异系数和稳定性系数

$$S = \sqrt{\frac{\sum_{j=1}^{N} S_j^2}{N}} \qquad \cdots\cdots(6)$$

$$V = \frac{S}{a} \times 100 \qquad \cdots\cdots(7)$$

$$U = 1 - V \qquad \cdots\cdots(8)$$

式中：

S——工况的耕深标准差，单位为厘米(cm)；

V——工况的耕深变异系数，%；

U——工况的耕深稳定性系数，%。

7.1.3.3 碎土率

在已耕地上测定0.5 m×0.5 m面积内的全耕层土块，土块大小按其最长边分为小于4 cm，4 cm～8 cm，大于8 cm三级。并以小于4 cm的土块质量占总质量的百分比为碎土率，每一行程测定一点。

7.1.3.4 植被覆盖率

方法同7.1.2的d)项，每行程测定一点，按公式(9)计算植被覆盖率：

$$F_b = \frac{W_q - W_h}{W_q} \times 100 \quad \cdots\cdots (9)$$

式中：

F_b——植被覆盖率，%；

W_q——耕前植被平均值，单位为克(g)；

W_h——耕后植被平均值，单位为克(g)。

7.1.3.5 耕后地表平整度

沿垂直于机组前进方向，在地表最高点以上取一水平基准线，在其适当位置上取一定宽度(与样机耕宽相当)，分成10等分，测定各等分点至地表的距离，按7.1.3.1的方法计算其平均值和标准差，并以标准差的平均值表示其平整度。

7.1.3.6 土壤膨松度及松软度

a) 土壤膨松度

耕作前后，用耕层断面测绘仪在垂直于机组前进方向的同一位置上先后画出未耕地表线、已耕地表线和沟底线，计算出耕层内的耕前断面积和耕后断面积，每一行程测定一次，按公式(10)计算：

$$P_t = \frac{A_h - A_q}{A_q} \times 100 \quad \cdots\cdots (10)$$

式中：

P_t——土壤膨松度，%；

A_h——耕后断面积，单位为平方厘米(cm^2)；

A_q——耕前断面积，单位为平方厘米(cm^2)。

b) 土壤松软度

水耕后，在试验区的对角线上取5点，用承压仪进行测定，并从压力图上找出8 cm深处的压力，表示土壤松软度。

7.1.4 功率消耗测定

7.1.4.1 功率消耗

旋耕机功率消耗(包括万向节传动件的功率消耗)以旋耕机运转时，拖拉机动力输出轴处实际的输出功率表示，推荐采用电测法。

拖拉机动力输出轴输出的扭矩和转速同时在全行程内测定。分别测定扭矩、转速和功率的平均值，并按7.1.3.1的方法计算出扭矩、转速、功率的行程平均值和工况平均值，以及扭矩、功率的行程标准差和工况标准差。

7.1.4.2 机组前进速度

$$v = \frac{S}{t} \quad \cdots\cdots (11)$$

式中：

v——机组前进速度，单位为米每秒(m/s)；

S——机组在测定时间内前进的距离，单位为米(m)；

t——测定时间，单位为秒(s)。

7.1.4.3 机组打滑率

测定拖拉机后驱动轮转过相同转数时的空行程和工作行程的距离，按公式(12)计算：

$$\delta=\frac{S_k-S_g}{S_k}\times 100 \qquad \cdots\cdots (12)$$

式中：

δ——机组打滑率(负值为滑移)，%；

S_k——机组空行程距离，单位为米(m)；

S_g——机组工作行程距离，单位为米(m)。

7.2 生产试验

7.2.1 可靠性考核

采用定时截尾试验方法，试验样机为3台，每台试验样机总工作时间为120 h，以设计工作速度作业。试验期间记录每台样机的工作情况、故障情况和修复情况等。计算样机的平均故障间隔时间(MTBF)和有效度(A)，时间精确到"min"，生产试验时间的分类按照GB/T 5667—2008的规定，故障分类按照JB/T 51099—2000的规定，判断故障类别可参见附录B。

凡在可靠性考核期间，考核机具有重大或致命故障(指发生人身伤亡事故、因质量原因造成机具不能正常工作、经济损失重大的故障)发生，平均故障间隔时间和有效度指标均不合格。

7.2.1.1 平均故障间隔时间

$$\mathrm{MTBF}=\frac{\sum T_z}{R_c} \qquad \cdots\cdots (13)$$

式中：

MTBF——平均故障间隔时间，单位为小时(h)；

T_z——可靠性考核期间的班次作业时间，单位为小时(h)；

R_c——可靠性考核期间机具发生的一般故障和严重故障总数，轻度故障不计。

7.2.1.2 有效度

$$A=\frac{\sum T_z}{\sum T_g+\sum T_z} \qquad \cdots\cdots (14)$$

式中：

A——有效度，%；

T_g——可靠性考核期间的班次故障排除时间，单位为小时(h)。

7.2.2 纯工作小时生产率

连续查定三个班次作业，每个班次作业时间不少于6 h，时间精确到"s"，按公式(15)计算。

$$E_c=\frac{\sum Q_{cb}}{B\sum T_c} \qquad \cdots\cdots (15)$$

式中：

E_c——纯工作小时生产率，单位为公顷每小时米[$hm^2/(h\cdot m)$]；

Q_{cb}——生产查定班次作业面积，单位为公顷(hm^2)；

B——作业幅宽，单位为米(m)；

T_c——生产查定班次纯工作时间，单位为小时(h)。

7.3 整机装配及外观质量测定

7.3.1 主要紧固件的强度等级及拧紧力矩

主要紧固件的强度等级采用目测，并核查其采购文件。

主要紧固件的拧紧力矩用扭矩扳手测量，测量总数不得少于10只。

7.3.2 箱体内润滑油温升

整机与试验台架连接，或与配套拖拉机连接。刀辊转速应在设计转速范围内，进行不少于30 min的空运转，停机后用量程为0 ℃～100 ℃，精度为±1 ℃的温度计，测量箱体内润滑油运转前后温度，计算温升。

7.3.3 **密封性**

按7.3.2空运转后,待停机20 min后,检查各动、静结合面有无漏油。

7.3.4 **传动箱清洁度**

按7.3.2空运转后,待停机20 min后,用0.150/0.100的滤网过滤传动箱内润滑油,按JB/T 7929—1999规定测量各种杂质干质量。以杂质干质量表示清洁度。

7.3.5 **空转扭矩**

采用电测法或扭矩扳手。在动力输入轴处测量维持旋耕机空转所需的扭矩。

7.3.6 **刀辊半径变动量**

转动刀辊,测量刀辊上每把弯刀处的回转半径,取其最大半径与最小半径之差。

7.3.7 **涂漆外观质量及漆膜附着力**

按JB/T 5673—1991的规定,检查整机的涂漆外观质量,测定机罩、拖板处的漆膜附着力。

7.3.8 **操作方便性**

按机具使用说明书要求,操纵机具,检查调整方便性和换挡灵活性。

7.3.9 **旋耕刀硬度**

按照GB/T 5669—2008的规定,每台旋耕机抽取2把,测量刀身硬度和刀柄硬度。

8 检验规则

8.1 检验项目

8.1.1 产品出厂前应经检验部门按5.3.6、5.3.7、5.3.9、5.5.2、5.5.3、5.5.4和第6章检验合格,并附产品合格证方可出厂。

8.1.2 产品型式检验、批质量检验项目按表5。

8.1.3 被检项目凡不符合本标准第5章、第6章规定的均为不合格。

8.1.4 按其对产品质量的影响程度分为A类不合格、B类不合格、C类不合格。项目不合格分类见表5。

表5 不合格项目分类表

不合格分类 类	不合格分类 项	项目
A	1	安全要求
	2	平均故障间隔时间
	3	耕深
B	1	有效度
	2	耕深稳定性
	3	耕后地表平整度
	4	碎土率
	5	植被覆盖率
	6	纯工作小时生产率
	7	主要紧固件的强度等级
		主要紧固件的拧紧力矩
	8	操作方便性

表 5（续）

不合格分类		项　目
类	项	
C	1	功率消耗
	2	传动箱清洁度
	3	刀辊半径变动量
	4	密封性
	5	空转扭矩
	6	漆膜附着力
	7	涂漆外观质量
	8	箱体内润滑油温升
	9	旋耕刀硬度

8.2　**抽样方法**

8.2.1　按 GB/T 2828.1—2003 进行抽样，在生产企业近 6 个月生产的产品中随机抽取。样本大小为 2 台，产品检查批应不少于 20 台。抽样方案见表 6。

8.2.2　订货单位抽验产品质量时，按合同进行。接收质量限和检验批量，由供货方和订货方协商确定。合同未作规定时，按 GB/T 2828.1—2003 执行。

8.2.3　产品的出厂检验，生产企业可自行确定抽样方案。

8.3　**判定规则**

采用逐项考核，按类判定。判定数组见表 6。

表 6　抽样方案

抽样方案	类别	A		B		C	
	项目数	3		8		9	
	检验水平	S-1					
	样本量字码	A					
	样本量	2					
	AQL	6.5		40		65	
	Ac　Re	0	1	2	3	3	4

9　使用说明书、标志、包装、运输和贮存

9.1　使用说明书

使用说明书的编写应符合 GB/T 9480—2001 的规定，使用说明书中应明确产品使用过程中具有危险性安全注意事项的叙述。

9.2　标志

每台旋耕机应在明显部位固定产品标牌，其内容包括：

a)　产品的型号与名称；

b)　配套动力；

c)　主要技术参数；

d)　商标；

e)　生产企业名称；

f) 出厂日期和编号；

g) 产品执行标准编号。

9.3 包装

9.3.1 包装应牢固可靠，包装箱内应附企业规定的配件和附件。

9.3.2 包装件的外部应标明下列项目：

a) 产品的名称、牌号和型号；

b) 包装件的名称、质量及总件数和编号；

c) 生产企业名称和地址；

d) 发运地址、收货单位。

9.3.3 每台旋耕机出厂时，应随机附有下列文件：

a) 质量检验合格证；

b) 使用保养说明书；

c) 整台产品包装清单。

9.4 运输

运输方式和要求由订货方和生产企业协商确定。

9.5 贮存

应贮存在通风、干燥的场所。特殊情况需露天存放时，应采取防晒和防雨、防雪等措施。

附　录　A
（资料性附录）
试验用主要仪器设备

皮尺(30 m～50 m)

台秤(50 kg～100 kg)

天平(200 g,感量 0.1 mg)

天平(1 000 g～2 000 g,感量 0.1 g)

钢卷尺(2 m～5 m)

钢板尺(30 cm)

水平尺

土壤盒

土壤坚实度仪

土壤承压仪

耕深断面测绘仪

秒表

耕深尺

取土金属框(0.5 m×0.5 m×0.25 m)

植被框(1 m×1 m)

温度计(0 ℃～100 ℃)

烘箱

扭矩扳手

功率消耗测定仪器

标杆

附 录 B
（资料性附录）
旋耕机故障实例

表 B.1 旋耕机故障实例

序号	名 称	故障模式	情况说明	类别
1	万向节传动轴总成	碎裂	危及人身安全	Ⅰ
2	悬挂板、悬挂架、框架	断裂、脱开	危及人身安全	Ⅰ
3	悬挂板、悬挂架、框架	变形或有裂纹	影响正常工作	Ⅲ
4	主梁、刀轴、箱体、传动轴	断裂、失效	不能正常工作	Ⅱ
5	箱体、轴承座	有裂纹	能正常工作	Ⅲ
6	齿轮、链条、链轮、轴承、轴承座、传动轴类、小犁体	损坏、失效	不能正常工作	Ⅱ
7	拨叉	断裂、失效	不能正常工作	Ⅱ
8	拨叉	变形	影响正常工作	Ⅲ
9	刀座或刀盘	多个损坏或脱落	影响正常工作	Ⅲ
10	刀座	个别损坏		Ⅳ
11	旋耕刀	多个断裂		Ⅳ
12	拖板、机罩、防护罩	损坏	能正常工作	Ⅳ
13	刀轴、齿轮箱、主梁、框架、侧板和悬挂板等处紧固件	多个损坏	致连接失效	Ⅱ
14	刀轴、齿轮箱、主梁、框架、侧板和悬挂板等处紧固件	个别损坏或松动	未致连接失效	Ⅲ
15	机罩、防护罩、轴承盖	损坏或脱落		Ⅲ
16	零件结合面	严重漏油	影响正常工作	Ⅲ
17	零件结合面	漏油	能正常工作	Ⅳ
18	零件结合面	渗油		Ⅳ
19	表面漆膜	剥落		Ⅳ
20	黄油嘴	损坏或脱落		Ⅳ

ICS 65.060.20
B 91

中华人民共和国国家标准

GB/T 5669—2008
代替 GB/T 5669—1995

旋耕机械 刀和刀座

Rotary tiller—Rotary blades and blade holders

2008-06-03 发布 2009-01-01 实施

中华人民共和国国家质量监督检验检疫总局
中国国家标准化管理委员会 发布

前　言

本标准是对 GB/T 5669—1995《旋耕机械　刀和刀座》的修订。

本标准与 GB/T 5669—1995 相比，主要技术内容变化如下：

——将原附录 A“旋耕刀符号的说明(参考件)”调整为第 3 章，并增加了刀座的相应内容；

——增加了灭茬刀(甩刀)；

——技术要求中增加了刀的质量指标；

——增加了第 6 章试验方法内容；

——将验收规则改为检验规则，并规定了抽样、检验项目、判定规则；

——将第 8 章标题“标志与包装”改为“使用说明书、标志、运输和贮存”。

本标准自实施之日起代替 GB/T 5669—1995。

本标准由中国机械工业联合会提出。

本标准由全国农业机械标准化技术委员会归口。

本标准起草单位：农业部南京农业机械化研究所、南昌县农机刀具厂、天津市津旋农机具有限公司、江苏飞达尔集团有限公司。

本标准主要起草人：袁栋、朱继平、彭卓敏、丁艳、夏敏、陈德兴、高荣成、付桂英。

本标准所代替标准的历次版本发布情况为：

——GB/T 5669—1985、GB/T 5669—1995。

旋耕机械　刀和刀座

1　范围

本标准规定了旋耕机械刀和刀座的型式和尺寸、技术要求、试验方法、检验规则、使用说明书、标识、包装、运输和贮存。

本标准适用于旋耕机械和旋耕联合作业机械中使用的刀和刀座。

2　规范性引用文件

下列文件中的条款通过本标准的引用而成为本标准的条款。凡是注日期的引用文件，其随后所有的修改单(不包括勘误的内容)或修订版均不适用于本标准，然而，鼓励根据本标准达成协议的各方研究是否可使用这些文件的最新版本。凡是不注日期的引用文件，其最新版本适用于本标准。

GB/T 224—1987　钢的脱碳层深度测定法

GB/T 230.1—2004　金属洛氏硬度试验　第1部分：试验方法(A、B、C、D、E、F、G、H、K、N、T标尺)

GB/T 699—1999　优质碳素结构钢

GB/T 1222—2007　弹簧钢

GB/T 1591—1994　低合金高强度结构钢

GB/T 2654—2008　焊接接头及堆焊金属硬度试验方法

GB/T 2828.1—2003　计数抽样检验程序　第1部分：按接收质量限(AQL)检索的逐批检验抽样计划(GB/T 2828.1—2003，ISO 2859-1：1999，IDT)

3　符号及名称表示

刀和刀座的符号及名称见表1。

表1　符号及名称

序　号	符　号	名　　称
1	A	刀柄宽度
2	B	刀柄厚度
3	D	孔径
4	E	回转中心到刀柄孔中心的距离
5	F	孔中心(两孔中心连线)到刀柄顶部的距离
6	R	刀辊回转半径
7	R_0	侧切刃起始半径
8	R_n	侧切刃上任意点的半径
9	θ_{max}	侧切刃包角
10	R_1	侧切刃终点半径
11	b	工作幅宽
12	h	正切面端面刀高
13	a	正切面顶部宽度

表 1（续）

序 号	符 号	名 称
14	r	正切面弯折半径
15	α	侧切刃终点半径与弯折线之夹角
16	β	正切面弯折角
17	c_1	正切面侧面宽度
18	c_2	刃口厚度
19	l	刃部宽度
20	S	刀身长度尺寸
21	e	孔中心到刀背距离
22	g	孔中心到边缘距离
23	L	刀柄固定孔中心距
24	K	回转中心至刀座顶部距离
25	P	刀座长度
26	G	刀座孔至刀座顶部距离
27	Y	刀座厚度
28	Z	刀座内腔宽度
29	C	刀座宽度
30	H	刀座内腔长度
31	M	六角对边宽度
32	N	六角对角宽度

4 型式和尺寸

4.1 型式

旋耕机械使用的刀(也可称作弯刀)根据其功能分为旋耕刀和灭茬刀;根据其固定型式分为刀座式和刀盘式;根据其弯向分为左弯刀和右弯刀。

4.1.1 刀座式旋耕刀的型式

刀座式旋耕刀的型式根据使用要求分为Ⅰ型、Ⅱ型和Ⅲ型三种;根据其刀柄的宽度又可分为T型(宽型)和S型(窄型)。

Ⅰ型:主要用于水旱田耕作。刀辊回转半径 R 有 225 mm、245 mm、260 mm 三种(见图 8 和表 6)。

Ⅱ型:主要用于水田绿肥、稻茬、麦茬较多的田地作业。刀辊回转半径 R 有 195 mm、210 mm、225 mm、245 mm、260 mm 五种(见图 8 和表 6)。

Ⅲ型:主要用于浅耕作业。刀辊回转半径 R 有 150 mm、175 mm 两种(见图 8 和表 6)。

4.1.2 刀盘式旋耕刀的型式

刀盘式旋耕刀根据使用要求分为Ⅰ型和Ⅱ型两种。

Ⅰ型:适用于一般水旱田耕作,型式见图 2。

Ⅱ型:适用于比阻较大的旱田耕作,型式见图 2。

4.1.3 灭茬刀的型式

灭茬刀的型式根据使用要求分为Ⅰ型、Ⅱ型和Ⅲ型三种。

Ⅰ型:主要用于浅耕灭茬作业,型式见图 3。

Ⅱ型：主要用于浅耕灭茬作业，型式见图 4。

Ⅲ型：也称作甩刀，主要用于灭茬作业，型式见图 5。

4.1.4 刀座的型式

根据制造工艺分为精密铸造刀座和焊合刀座(见图 6、图 7)。

4.2 型号表示方法

4.2.1 旋耕刀的型号表示方法

□ □ □ □ 左

- 左——弯向：左弯旋耕刀(右弯省略不注)
- 第四格——主要参数：刀辊回转半径，mm
- 第三格——特征代号：按刀柄宽度分为 S 型和 T 型
- 第二格——分类二：按使用要求分为 Ⅰ 型、Ⅱ 型和 Ⅲ 型
- 第一格——分类一：按刀柄固定型式，刀盘式注“P”，刀座式省略不注

标记示例：

a) 刀辊回转半径为 225 mm 的刀座式Ⅱ型窄刀柄左弯旋耕刀：ⅡS225 左。

b) 刀辊半径为 260 mm 的刀盘式Ⅱ型右弯旋耕刀：PⅡ260。

4.2.2 灭茬刀的型号表示方法

M □ □ 左

- 左——弯向：左弯灭茬刀(右弯省略不注)
- 第三格——主要参数：刀身长度尺寸，mm
- 第二格——分类二：按使用要求分为 Ⅰ 型、Ⅱ 型和 Ⅲ 型
- M——分类一：M 表示灭茬刀

标记示例：回转半径为 215 mm 的左弯Ⅰ型灭茬刀，MⅠ215 左。

4.3 刀柄尺寸和刀座尺寸

4.3.1 刀座式旋耕刀刀柄尺寸见图 1 和表 2。

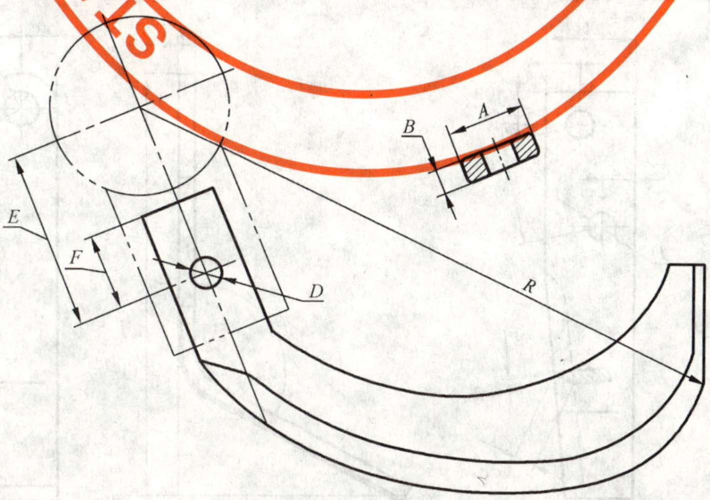

图 1 刀座式旋耕刀刀柄尺寸

表 2　刀座式旋耕刀刀柄尺寸

单位为毫米

刀柄类型	尺寸				
	A	B	D	E	F
S	$25_{-0.5}^{0}$	10±0.5	$10.5_{0}^{+0.5}$	55±2	25
T	$30_{-0.5}^{0}$	10±0.5	$12.5_{0}^{+0.5}$	70±2	30

4.3.2　刀盘式旋耕刀刀柄尺寸见图 2 和表 3。

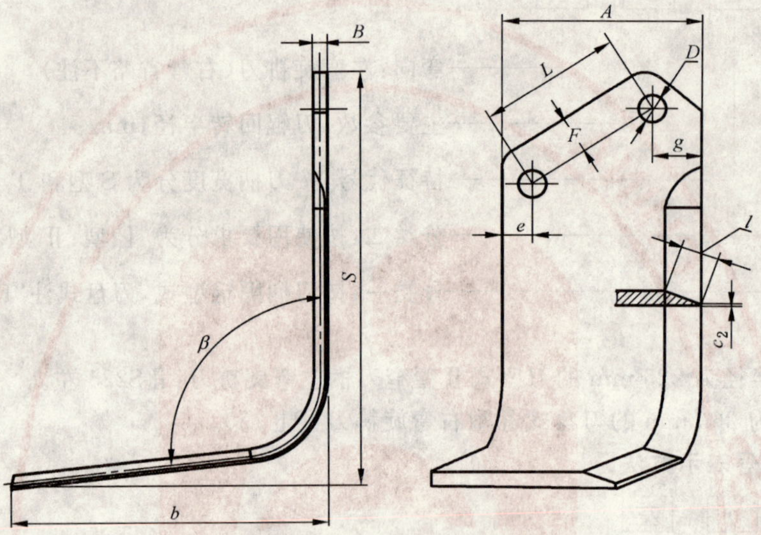

图 2　刀盘式旋耕刀尺寸

表 3　刀盘式旋耕刀刀柄尺寸

单位为毫米

刀盘式旋耕刀型式	尺寸				
	D	L	e max	F max	g max
Ⅰ型	$13_{0}^{+0.18}$	45±0.2	15	15	15
Ⅱ型	$17_{0}^{+0.18}$	55±0.2	17	17	18

4.3.3　MⅠ型、MⅡ型灭茬刀刀柄尺寸见图 3、图 4 和表 4。

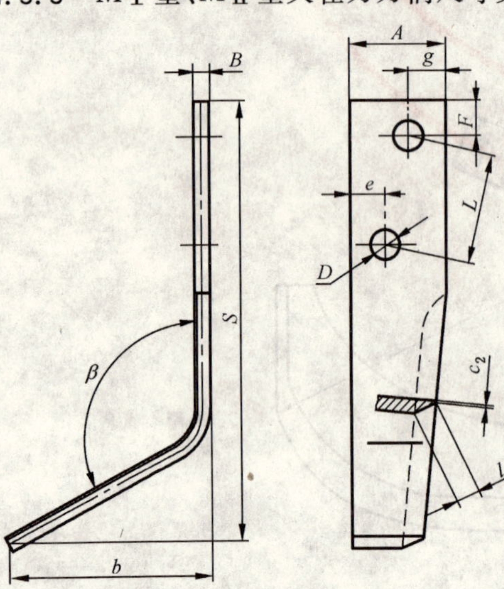

图 3　MⅠ型灭茬刀尺寸

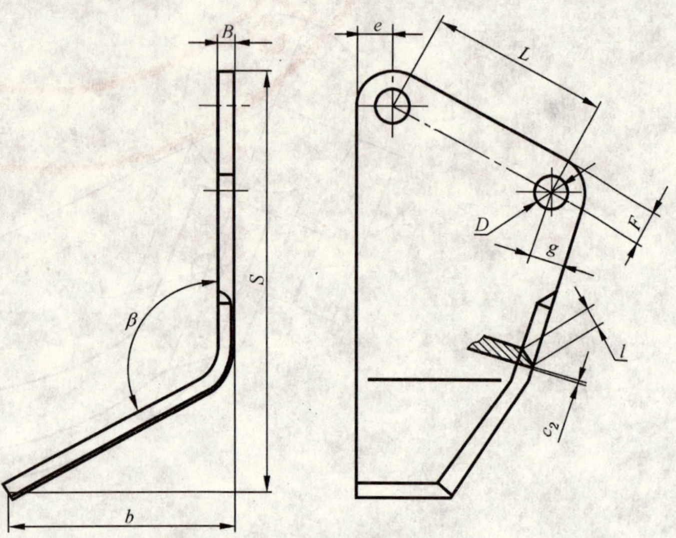

图 4　MⅡ型灭茬刀尺寸

表 4　MⅠ型、MⅡ型灭茬刀刀柄尺寸

单位为毫米

灭茬刀型式	尺寸				
	D	L	F max	g max	e max
MⅠ型	$11^{+0.18}_{0}$	50±0.2	15	26	17
MⅡ型	$13^{+0.18}_{0}$	50±0.2	13	13	13

4.3.4　MⅢ型灭茬刀(甩刀)的刀柄尺寸见图5和表5。

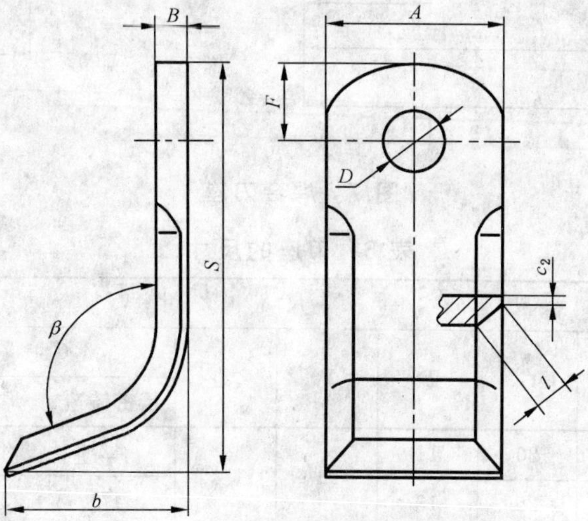

图 5　MⅢ型灭茬刀

表 5　MⅢ型灭茬刀刀柄尺寸

单位为毫米

灭茬刀型式	尺寸	
	D	F max
MⅢ型	$22^{+0.5}_{0}$	30

4.3.5　刀座的尺寸见图6、图7和表6。

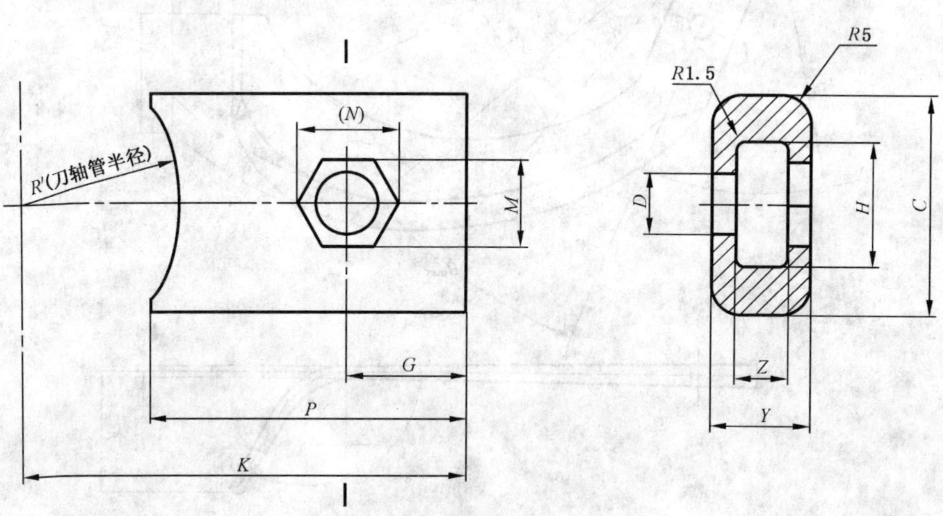

图 6　精密铸造刀座

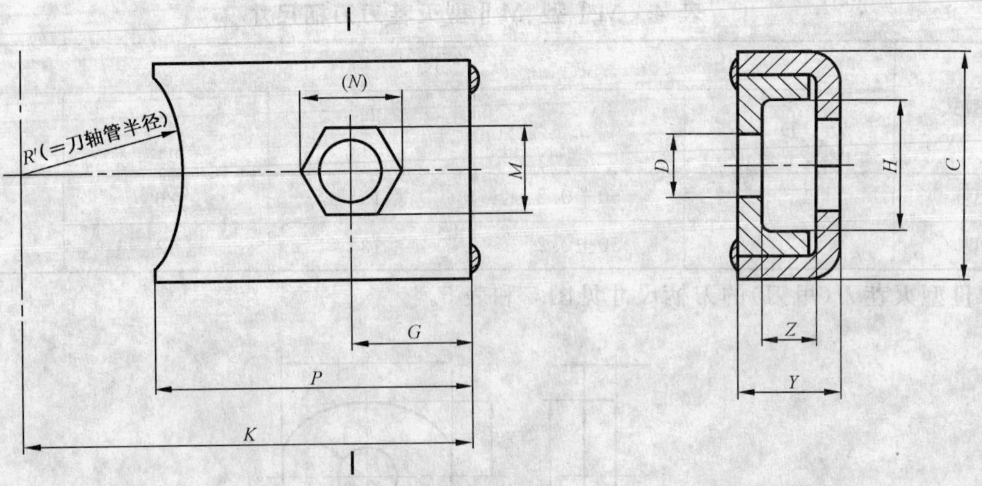

图 7　焊合刀座

表 6　刀座的尺寸

单位为毫米

所配旋耕刀刀柄类型	尺寸										
	K	P	G	D	Y	Z	C		H	M	N
							精密铸造	焊合			
S	75	57[a]	20	11	21	$11^{+0.5}_{0}$	42	46	$26^{+0.5}_{0}$	16.5	19.0
T	95	67;64[b]	25	13			47	51	$31^{+0.5}_{0}$	18.5	21.4

a　刀管轴直径不大于 55 mm。

b　刀管轴直径为 70 mm 时选取 67,刀管轴直径为 76 mm 时选取 64。

4.4　刀身尺寸

4.4.1　刀座式旋耕刀刀身尺寸见图 8 和表 7,也可自行设计。

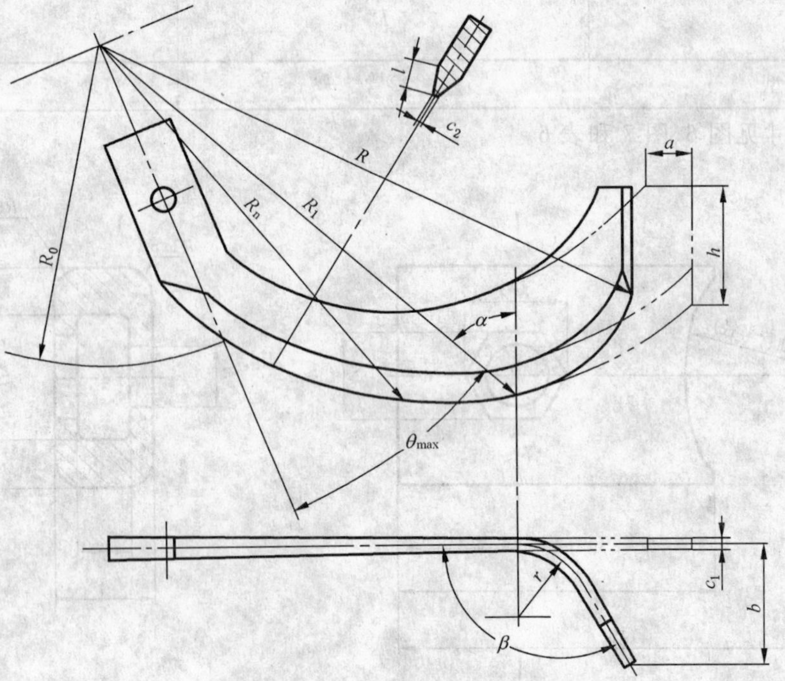

图 8　刀座式旋耕刀刀身尺寸

表 7　刀座式旋耕刀刀身尺寸

单位为毫米

刀型号	刀身尺寸												
	R	R_0	θ_{max}	R_1	b	h	a	r	α	β	c_1	c_2	l
Ⅰ S225	225_{-4}^{0}	125	27°	218±2	35～45	40～50	20	30	42°～52°	120°	3.5～5.0	1.0～2.0	12
Ⅰ T225					45～55								
Ⅰ S245	245_{-4}^{0}	135		228±2	35～45								
Ⅰ T245					45～55								
Ⅰ T260	260_{-4}^{0}	143		236±2	45～55								
Ⅱ S195	195_{-4}^{0}	125	37°	185±2	35～45								
Ⅱ T195					45～55								
Ⅱ S210	210_{-4}^{0}			192±2	35～45								
Ⅱ T210					45～55								
Ⅱ S225	225_{-4}^{0}			218±2	35～45								
Ⅱ T225					45～55								
Ⅱ S245	245_{-4}^{0}	135		225±2	35～45								
Ⅱ T245					45～55								
Ⅱ T260	260_{-4}^{0}			233±2	45～55								
Ⅲ S150	150_{-3}^{0}	112	21°	146±2	25～35	35	10	20	35°～45°				10
Ⅲ T150													
Ⅲ S175	175_{-3}^{0}			168±2	35～45	40	20	30					12
Ⅲ T175													

注：侧切刃曲线推荐采用公式：$R_n = R_0 + K\theta_n$。

4.4.2　刀盘式旋耕刀刀身尺寸(见图 2)自行设计。

4.4.3　灭茬刀刀身尺寸(见图 3 和图 4)自行设计。

4.4.4　甩刀刀身尺寸(见图 5)自行设计。

5　技术要求

5.1　主要质量指标

刀的质量指标应符合表 8 的规定。

表 8　质量指标

序号	项　　目		指标：刀座式旋耕刀	指标：刀盘式旋耕刀 MⅠ型、MⅡ型灭茬刀	指标：甩　刀
1	刀柄硬度		38 HRC～45 HRC	38 HRC～45 HRC	38 HRC～45 HRC
2	刀身硬度		48 HRC～54 HRC	48 HRC～54 HRC	48 HRC～54 HRC
3	金相组织	刀柄	回火屈氏体	回火屈氏体	回火屈氏体
		刀身	回火马氏体	回火马氏体	回火马氏体
4	单边脱碳层厚度/mm		≤0.2	≤0.2	≤0.2

表 8（续）

序号	项目		指标				
			刀座式旋耕刀		刀盘式旋耕刀 MⅠ型、MⅡ型灭茬刀		甩刀
5	弯刀回转半径偏差/mm	$R \geqslant 195$	$_{-4}^{0}$		—		—
		$R < 195$	$_{-3}^{0}$				
6	刀身长度尺寸偏差/mm		—		$_{-4}^{0}$		$_{-4}^{0}$
7	工作幅宽偏差/mm		±4		±4		±4
8	刀柄厚度/mm		10±0.5		—		—
9	刀柄厚度偏差/mm		—		±0.5		±0.5
10	刀柄宽度/mm		S	$25_{-0.5}^{0}$	—		—
			T	$30_{-0.5}^{0}$			
11	刀柄固定孔对称度/mm		0.5		—		—
12	刀柄固定孔孔径/mm		S	$10.5_{0}^{+0.5}$	Ⅰ	$11_{0}^{+0.18}$	$22_{0}^{+0.5}$
			T	$12.5_{0}^{+0.5}$	Ⅱ	$13_{0}^{+0.18}$	
13	刀柄固定孔中心距偏差/mm		—		±0.2		—
14	正切面弯折角偏差/(°)		±2		±2		±2
15	刃口宽度/mm		12±2		—		—
16	刃口宽度偏差/mm		—		±2		±2
17	刃口厚度/mm		1.0～2.0		1.0～2.0		1.0～2.0
18	刃口线质量		刃口线应光滑		刃口线应光滑		刃口线应光滑
19	防锈措施		进行防锈处理		进行防锈处理		进行防锈处理
20	单刀功率消耗/kW		≤样刀功率消耗		—		—
21	表面质量		刀表面不应有裂纹				

5.2 **材料**

5.2.1 刀应用 GB/T 699—1999 中规定的 65Mn 和 GB/T 1222—2007 中规定的 60Si2Mn 钢或其他品质相当的材料制造。

5.2.2 焊合刀座应用 GB/T 1591—1994 中规定的 16Mn，或其他品质相当的材料制造。

5.3 **刀的制造方法及热处理**

5.3.1 刀应经锻压成形。

5.3.2 刀的刀身部分热处理硬度为 48 HRC～54 HRC；刀柄部分硬度为 38 HRC～45 HRC。

5.3.3 刀的刀身部分金相组织为回火马氏体；刀柄部分为回火屈氏体。

5.3.4 MⅢ型灭茬刀即甩刀也可采用合金焊条堆焊工艺，其刀柄和刀身部分硬度均为 38 HRC～45 HRC。沿两侧刃部进行堆焊，堆焊部位硬度不小于 55 HRC。

5.4 **外观质量**

5.4.1 **刀**

5.4.1.1 刀表面质量不得有裂纹等影响使用的缺陷。

5.4.1.2 刀两平面应平整，刃口线应圆滑。

5.4.1.3 刀应进行涂漆或其他防锈处理。

5.4.2 **刀座**

5.4.2.1 精密铸造刀座不应有粘砂、砂眼和飞边等缺陷。

5.4.2.2 焊合刀座焊缝应平整、牢固，不应有未焊透、漏焊和夹渣等缺陷。

5.4.2.3 刀座应涂防锈漆。

6 试验方法

刀的试验方法见表9。

表9 试验方法

序号	项目	检测方法
1	刀柄硬度	按 GB/T 230.1—2004 的规定测定
2	刀身硬度	按 GB/T 230.1—2004 的规定测定
3	堆焊硬度	按 GB/T 2654—2008 的规定测定
4	金相组织	采用金相试验法测定
5	单边脱碳层厚度	按 GB/T 224—1987 的规定测定
6	弯刀回转半径偏差	采用综合夹具和游标卡尺测量
7	工作幅宽偏差	采用综合夹具和高度游标卡尺测量
8	刀柄厚度和刀柄厚度偏差	采用专用检具或游标卡尺测量
9	刀柄宽度和刀柄固定孔对称度	采用专用检具或游标卡尺测量
10	刀柄固定孔孔径	采用专用检具或游标卡尺测量
11	刀柄固定孔中心距偏差	采用专用检具或游标卡尺测量
12	正切面弯折角偏差	采用综合夹具和万能角度尺测量
13	刃口宽度和刃口宽度偏差	采用游标卡尺测量
14	刃口厚度和刃口厚度偏差	采用游标卡尺测量
15	刀身长度尺寸	采用游标卡尺测量
16	刃口线质量	目测
17	防锈措施	目测
18	表面质量	目测
19	单刀功率消耗	在功耗试验台上进行，被试验刀与对比样刀在同等条件下测定。 实验条件为：土壤绝对含水率≤24%，土壤坚实度≥0.4 MPa，土槽前进速度(0.2～0.5) m/s，刀辊转速(160～250) r/min，耕深(8～14) cm

7 检验规则

7.1 每批刀应经制造厂检验部门检验合格后，并附合格证方能出厂。

7.2 订货单位抽验产品质量时，按合同规定进行。合同中无规定时，抽样方案应按 GB/T 2828.1—2003 规定进行，接收质量限和批量由供货方和订货方协商确定。

7.3 检验项目

7.3.1 被检项目凡不符合本标准要求的称为不合格。

7.3.2 按被检项目对产品的影响程度，分为A类、B类和C类。项目不合格分类见表10。

7.3.3 单刀功率消耗、金相组织和单边脱碳层厚度考核数为2把(左、右弯刀各1把)。

表 10　不合格项目分类

不合格分类		项　　目		
类	项	刀座式旋耕刀	刀盘式旋耕刀;MⅠ型、MⅡ型灭茬刀	甩　　刀
A	1	刀柄硬度	刀柄硬度	刀柄硬度
	2	刀身硬度	刀身硬度	刀身硬度(或堆焊硬度)
	3	刀柄宽度	刀柄固定孔中心距偏差	—
	4	刀柄固定孔对称度	—	—
	5	表面质量	表面质量	表面质量
B	1	金相组织	金相组织	金相组织
	2	单边脱碳层厚度	单边脱碳层厚度	单边脱碳层厚度
	3	弯刀回转半径偏差	刀身长度尺寸偏差	刀身长度尺寸偏差
	4	工作幅宽偏差	工作幅宽偏差	工作幅宽偏差
	5	刀柄厚度	刀柄厚度偏差	刀柄厚度偏差
	6	刀柄固定孔孔径	刀柄固定孔孔径	刀柄固定孔孔径
	7	单刀功率消耗	—	—
C	1	正切面弯折角偏差	正切面弯折角偏差	正切面弯折角偏差
	2	刃口宽度	刃口宽度偏差	刃口宽度偏差
	3	刃口厚度	刃口厚度	刃口厚度
	4	刃口线质量	刃口线质量	刃口线质量
	5	防锈措施	防锈措施	防锈措施

7.4　抽样方法

在进行批检验时,批量为:刀座式旋耕刀或甩刀应不少于500把,刀盘式旋耕刀、MⅠ型和MⅡ型灭茬刀应不少于280把,抽样方案见表11。

7.5　判定规则

7.5.1　采用逐项考核,按类判定。

7.5.2　合格判定见表11。

表 11　抽样方案和合格判定

刀的型式	刀座式旋耕刀			刀盘式旋耕刀 MⅠ型、MⅡ型灭茬刀			甩　　刀		
不合格类别	A	B	C	A	B	C	A	B	C
项目数	5	7	5	4	6	5	3	6	5
检验水平	S-3			S-3			S-3		
样本量字码	E			D			E		
样本量	13			8			13		
接收质量限(AQL)	6.5	15	25	6.5	15	15	6.5	15	25
Ac　Re	2　3	5　6	7　8	1　2	3　4	3　4	2　3	5　6	7　8
注:样本量变化时,接收质量限 AQL 不变,接收数 Ac、拒收数 Re 按 GB/T 2828.1—2003 表 2-A 的规定。									

8 使用说明书、标志、包装、运输和贮存

8.1 使用说明书

使用说明书中计量单位应准确，印刷应清楚无误。应包含以下主要内容：

a) 产品名称型号；

b) 主要技术规格及适用范围；

c) 使用说明；

d) 维护保养说明。

8.2 标志

刀应有型号标志，标志应清晰易见。

8.3 包装

8.3.1 刀和刀座单独发运应包装。包装应牢固可靠。

8.3.2 包装件内应附有质量合格证，使用说明书。包装件外部应标明：

a) 名称、规格及数量；

b) 制造厂名称；

c) 出厂日期。

8.4 运输

运输方式和要求应按符合订货方和生产企业签定的协议。

8.5 贮存

室内存放时应贮存在通风、干燥的场所。露天存放时应采取防晒和防雨、防雪等措施。

ICS 77.100
H 42

中华人民共和国国家标准

GB/T 5683—2008
代替 GB/T 5683—1987,GB/T 5684—1987

铬 铁

Ferrochromium

(ISO 5448:1981,Ferrochromium—
Specification and conditions of delivery,MOD)

2008-08-05 发布 2009-04-01 实施

中华人民共和国国家质量监督检验检疫总局
中国国家标准化管理委员会 发布

前　言

本标准修改采用 ISO 5448:1981《铬铁——规格和交货条件》(英文版)。

本标准根据 ISO 5448:1981 重新起草。为了方便比较，在附录 A 中列出了本标准章条编号和 ISO 5448:1981章条编号的对照一览表。

考虑到我国国情，本标准在采用 ISO 5448:1981 时进行了修改。这些技术性差异用垂直单线标识在它们所涉及的条款的页边空白处。在附录 B 中给出了技术性差异及其原因的一览表以供参考。

为便于使用，对于 ISO 5448:1981，本标准还做了下列编辑性修改：

——将“本国际标准”一词改为“本标准”；

——用小数点“.”代替作为小数点的逗号“,”；

——删除 ISO 5448:1981 的前言。

本标准代替 GB/T 5683—1987《铬铁》和 GB/T 5684—1987《真空法微碳铬铁》。

本标准与 GB/T 5683—1987 比较，主要变化如下：

——GB/T 5684—1987《真空法微碳铬铁》整合并入本标准。

——增加了标准的前言；

——增加了规范性引用文件；

——范围中增加了铬铁种类；

——将原标准 22 个牌号增加为 28 个；

——调整了主元素铬的适用范围；

——降低了组批铬含量的波动范围；

——规范了铬铁牌号的表示方法；

——增加了附录 A 和附录 B。

本标准的附录 A 和附录 B 为资料性附录。

本标准由中国钢铁工业协会提出。

本标准由全国生铁及铁合金标准化技术委员会归口。

本标准起草单位：中钢集团吉林铁合金股份有限公司、冶金工业信息标准研究院。

本标准主要起草人：王爽、程志国、张瑞香。

本标准所代替标准的历次版本发布情况为：

——GB/T 5683—1985、GB/T 5683—1987；

——GB/T 5684—1985、GB/T 5684—1987。

铬　　铁

1　范围

本标准规定了铬铁的技术要求、试验方法、检验规则以及包装、储运、标志和质量证明书。

本标准适用于炼钢或铸造作为合金加入剂的铬铁，其中包括微碳铬铁、低碳铬铁、中碳铬铁、高碳铬铁和真空法微碳铬铁。

2　规范性引用文件

下列文件中的条款通过本标准的引用而成为本标准的条款。凡是注日期的引用文件，其随后所有的修改单（不包括勘误的内容）或修订版均不适用于本标准，然而，鼓励根据本标准达成协议的各方研究是否可使用这些文件的最新版本。凡是不注日期的引用文件，其最新版本适用于本标准。

GB/T 3650　铁合金验收、包装、储运、标志和质量证明书的一般规定

GB/T 4010　铁合金化学分析用试样的采取和制备（GB/T 4010—1994，neq ISO 4552：1987）

GB/T 4699.2　铬铁与硅铬合金　铬含量的测定　过硫酸铵氧化滴定法和电位滴定法（GB/T 4699.2—2008，ISO 4140：1979，MOD）

GB/T 4699.3　铬铁、硅铬合金和氮化铬铁　磷含量的测定　铋磷钼蓝分光光度法和钼蓝分光光度法

GB/T 4699.4　铬铁、硅铬合金　碳含量的测定　红外线吸收法和重量法

GB/T 4699.6　铬铁、硅铬合金　硫含量的测定　红外线吸收法和燃烧中和滴定法

GB/T 5687.2　铬铁、硅铬合金和氮化铬铁　硅含量的测定　高氯酸脱水重量法（GB/T 5687.2—2007，ISO 4158：1978，MOD）

GB/T 13247　铁合金产品粒度的取样和检测方法（GB/T 13247—1991，neq ISO 4551：1987）

3　技术要求

3.1　牌号和化学成分

3.1.1　铬铁按含碳量不同，分为28个牌号，其化学成分应符合表1的规定。

3.1.2　铬铁以50%含铬量作为基准量考核单位。

3.1.3　需方对表1化学成分或砷、锑、铋、锡、铅等元素有特殊要求时，由供需双方另行协商。

3.2　物理状态

3.2.1　铬铁以块状交货，每块重量不应大于15 kg，尺寸小于20 mm×20 mm铬铁块的重量不超过铬铁总重量的5%。

3.2.2　需方对粒度有特殊要求，由供需双方另行协商。

3.2.3　铬铁的内部及其表面不应有目视显见的非金属夹杂物，但铸锭表面涂料不净时，允许非金属夹杂少量存在。

表1　牌号和化学成分

类别	牌　号	化学成分(质量分数)/%									
		Cr			C	Si		P		S	
		范围	Ⅰ	Ⅱ		Ⅰ	Ⅱ	Ⅰ	Ⅱ	Ⅰ	Ⅱ
			不小于		不大于						
微碳	FeCr65C0.03	60.0～70.0			0.03	1.0		0.03		0.025	
	FeCr55C0.03		60.0	52.0	0.03	1.5	2.0	0.03	0.04	0.03	
	FeCr65C0.06	60.0～70.0			0.06	1.0		0.03		0.025	
	FeCr55C0.06		60.0	52.0	0.06	1.5	2.0	0.04	0.06	0.03	
	FeCr65C0.10	60.0～70.0			0.10	1.0		0.03		0.025	
	FeCr55C0.10		60.0	52.0	0.10	1.5	2.0	0.04	0.06	0.03	
	FeCr65C0.15	60.0～70.0			0.15	1.0		0.03		0.025	
	FeCr55C0.15		60.0	52.0	0.15	1.5	2.0	0.04	0.06	0.03	
低碳	FeCr65C0.25	60.0～70.0			0.25	1.5		0.03		0.025	
	FeCr55C0.25		60.0	52.0	0.25	2.0	3.0	0.04	0.06	0.03	0.05
	FeCr65C0.50	60.0～70.0			0.50	1.5		0.03		0.025	
	FeCr55C0.50		60.0	52.0	0.50	2.0	3.0	0.04	0.06	0.03	0.05
中碳	FeCr65C1.0	60.0～70.0			1.0	1.5		0.03		0.025	
	FeCr55C1.0		60.0	52.0	1.0	2.5	3.0	0.04	0.06	0.03	0.05
	FeCr65C2.0	60.0～70.0			2.0	1.5		0.03		0.025	
	FeCr55C2.0		60.0	52.0	2.0	2.5	3.0	0.04	0.06	0.03	0.05
	FeCr65C4.0	60.0～70.0			4.0	1.5		0.03		0.025	
	FeCr55C4.0		60.0	52.0	4.0	2.5	3.0	0.04	0.06	0.03	0.05
高碳	FeCr67C6.0	60.0～72.0			6.0	3.0		0.03		0.04	0.06
	FeCr55C6.0		60.0	52.0	6.0	3.0	5.0	0.04	0.06	0.04	0.06
	FeCr67C9.5	60.0～72.0			9.5	3.0		0.03		0.04	0.06
	FeCr55C10.0		60.0	52.0	10.0	3.0	5.0	0.04	0.06	0.04	0.06
真空法微碳铬铁	ZKFeCr65C0.010		65.0		0.010	1.0	2.0	0.025	0.030	0.03	
	ZKFeCr65C0.020		65.0		0.020	1.0	2.0	0.025	0.030	0.03	
	ZKFeCr65C0.010		65.0		0.010	1.0	2.0	0.025	0.035	0.04	
	ZKFeCr65C0.030		65.0		0.030	1.0	2.0	0.025	0.035	0.04	
	ZKFeCr65C0.050		65.0		0.050	1.0	2.0	0.025	0.035	0.04	
	ZKFeCr65C0.100		65.0		0.100	1.0	2.0	0.025	0.035	0.04	

4　试验方法

4.1　化学分析

铬铁的化学分析方法应符合表2的规定。

表 2 化学分析方法

序 号	元 素	分 析 方 法
1	Cr	GB/T 4699.2
2	Si	GB/T 5687.2
3	P	GB/T 4699.3
4	C	GB/T 4699.4
5	S	GB/T 4699.6

4.2 粒度检测

铬铁粒度的检测按 GB/T 13247 的规定。

5 检验规则

5.1 组批

同牌号、同组级的铬铁归为一批交货，每批铬含量的波动范围不大于 4%。

5.2 试样的采取和制备

铬铁化学分析用试样的采取和制备按 GB/T 4010 的规定。

5.3 质量检查和验收

铬铁的质量检查和验收应符合 GB/T 3650 的规定。

5.4 粒度的取样和验收

铬铁粒度的取样和验收按 GB/T 13247 的规定。

6 包装、储运、标志和质量证明书

产品的包装、储运、标志和质量证明书应符合 GB/T 3650 的规定。

附 录 A
（资料性附录）
本标准章条编号与 ISO 5448:1981(E)章条编号对照

表 A.1 给出了本标准章条编号与 ISO 5448:1981(E)章条编号对照一览表。

表 A.1 本标准章条编号与 ISO 5448:1981(E)章条编号对照

本标准章条编号	对应 ISO 5448:1981(E)章条编号
1	1
2	2
—	3
—	4
3	5
3.1	5.2
3.1.1	5.2.1、5.2.2、5.2.3、5.2.4
3.1.2	—
3.1.3	5.2.3
3.2	—
3.2.1	5.3、5.3.1
3.2.2	5.3.2
3.2.3	5.4
4	6
—	6.1
4.1	6.2、6.2.1
4.2	6.1.1
5	—
5.1	5.1、5.1.1、5.1.2、5.1.3
5.2、5.4	6.1.1
5.3	6.1.2、6.1.3、6.2.2、6.2.3 的对应内容
6	7
附录 A	—
附录 B	—

附 录 B
（资料性附录）
本标准与 ISO 5448:1981(E)技术性差异及其原因

表 B.1 给出了本标准与 ISO 5448:1981(E)技术性差异及其原因的一览表。

表 B.1 本标准与 ISO 5448:1981(E)技术性差异及其原因

本标准的章条编号	技术性差异	原 因
1	增加了铬铁分类法	使表 1 更规范，符合需要
2	引用了我国标准而非国际标准。GB/T 3650、GB/T 4010、GB/T 10323 和 GB/T 13247 与国际标准一致性程度为“非等效”。 删除 ISO 5448:1981 引用的“ISO 3713:1987 铁合金取样和试样的制备”	以适应我国标准体系。 ISO 5448:1981 中没有具体给出粒度的测定方法标准，不能满足使用
—	删除 ISO 5448:1981 第 3 章“定义”	GB/T 14984《铁合金术语》标准有“铬铁”定义
—	删除 ISO 5448:1981 第 4 章“订货讯息”	本标准引用了 GB/T 3650《铁合金验收、包装、储运、标志和质量证明书的一般规定》标准，有相应规定
3.1	以本标准“表 1”代替 ISO 5448:1981“表 1～表 8”。删除 ISO 5448:1981 中表 9。 删除 ISO 5448:1981 表 6、7、8 中氮元素指标要求	YB/T 5140—1993《氮化铬铁》和 YB/T 4135—2005《高氮铬铁》已包含表 9 内容。 与原标准相同，保持标准的连续性
3.2	以本标准 3.2.1 和 3.2.2 代替 ISO 5448:1981“表 10”。 增加“铬铁以 50%含铬量作为基准量考核单位”	以基重结算是我国铬铁的传统结算方式。 保留原标准粒度要求，符合需要
4.1	以本标准的 4.1 代替 ISO 5448:1980 的 6.2.1“铬铁的化学分析最好用 ISO 4140 规定的方法进行，但是也可以采用具有类似精确度的其他化学分析方法	ISO 5448:1980 没有具体给出铬铁化学成分测定方法，本标准则引用了测定铬铁化学成分的国家标准
4.2	增加“铬铁粒度检查应按 GB/T 13247 的规定”	GB/T 13247《铁合金产品粒度的取样和检测方法》有检验用筛、及筛分方法要求
5	增加第 5 章“检验规则”	符合需要

表 B.1(续)

本标准的章条编号	技术性差异	原　因
5.1	删除 ISO 5448:1981 标准 5.1“铬铁应按下列两种方法之一交货”;5.1.1“按炉组批法:按炉组批法是一批交货产品由一炉(或连续出炉的若干部分)铬铁组成”;5.1.3“混合组批法:按混合组批法是一批交货产品由一种牌号的若干(或连续出炉的若干部分)铬铁组成”;“其产品应破碎成粒度小于 Xmm,并混匀。构成一批交货产品的各炉(或连续出炉的各部分)主要成分之差绝对值不得大于 10%”。 以“同牌号、同组级的铬铁归为一批交货,每批铬含量的波动范围不大于 3%”代替 ISO 5448:1981 标准“5.1.2 按级组批法:按级组批法是一批交货产品由一种牌号的若干(或连续出炉的若干部分)铬铁组成;构成一批交货产品的各炉(或连续出炉的各部分)之间铬含量之差绝对值不得大于 4%”	与 ISO 5448:1981 标准 5.1.2 按级组批法等效
5.2、5.4	以“铬铁化学分析用试样的采取和制备应按 GB/T 4010 进行”代替 ISO 5448:1981 标准 6.1.1“化学分析和筛分析的取样按 ISO 3713 所规定方法进行,但也可用其他有相似精度的取样方法”。 删除 ISO 5448:1981 标准 6.1.2、6.1.3	GB/T 4010 标准是参照 ISO 3713 及 ISO 4552:1987《铁合金——用于化学分析的取样和制样》制定的。GB/T 13247 标准是参照 ISO 4551 制定的
5.3	删除 ISO 5448:1981 标准 6.3“仲裁测试”。 增加“金属铬的质量检查与验收应符合 GB/T 3650的规定”	GB/T 3650《铁合金验收、包装、储运、标志和质量证明书的一般规定》标准有验收、仲裁要求,符合 GB/T 1.1 规则,适合中国国情
6	以“包装、储运、标志和质量证明书”代替 ISO 5448:1981标准第 7 章	GB/T 3650《铁合金验收、包装、储运、标志和质量证明书的一般规定》标准有包装要求

ICS 77.100
H 11

中华人民共和国国家标准

GB/T 5686.1—2008
代替 GB/T 5686.1—1988、GB/T 7730.1—2002、GB/T 8654.7—1988

锰铁、锰硅合金、氮化锰铁和金属锰 锰含量的测定 电位滴定法、硝酸铵氧化滴定法及高氯酸氧化滴定法

Ferromanganese, ferromanganese-silicon, nitrogen-bearing ferromanganese and manganese metal—Determination of manganese content—Potentiometric method and titrimetric mothod after ammonium nitrate & perchloric acid oxidation

2008-05-13 发布 2008-11-01 实施

中华人民共和国国家质量监督检验检疫总局
中国国家标准化管理委员会
发布

前　言

本部分是对GB/T 5686.1—1988《锰硅合金化学分析方法　电位滴定法测定锰量》、GB/T 7730.1—2002《锰铁及高炉锰铁　锰含量的测定　电位滴定法和硝酸铵氧化滴定法》和GB/T 8654.7—1988《金属锰化学分析方法　电位滴定法测定锰量》的整合修订。

本部分代替GB/T 5686.1—1988、GB/T 7730.1—2002、GB/T 8654.7—1988。

本部分与GB/T 7730.1—2002、GB/T 5686.1—1988、GB/T 8654.7—1988比较，主要变化如下：

——方法适用范围由铁及高炉锰铁扩展到包括锰铁合金、锰硅合金和金属锰；

——电位滴定法中300mL锥形瓶溶解试料改为由聚四氟乙烯烧杯或铂金皿；增加了锰硅合金溶解试料所用氢氟酸的量；

——硝酸铵氧化滴定法中试料量由0.1 g修改为0.2 g；

——硝酸铵氧化滴定法中重铬酸钾标准溶液、硫酸亚铁铵标准滴定溶液浓度由约0.035 mol/L修改为0.064 mol/L；

——增加了“高氯酸氧化滴定法”。

本部分由中国钢铁工业协会提出。

本部分由冶金工业信息标准研究院归口。

本部分起草单位：江西新余钢铁有限责任公司。

本部分主要起草人：方法一：段清国、周恒英、付志军、吴迎红；

方法二：付韬、曾波、王琴、姚汝胜；

方法三：曾波、王晓霞、涂昀、余桃香。

本部分所代替标准的历次版本发布情况为：

——GB/T 5686.1—1988；

——GB/T 7730.1—2002；

——GB/T 8654.7—1988。

锰铁、锰硅合金、氮化锰铁和金属锰 锰含量的测定 电位滴定法、硝酸铵氧化滴定法及高氯酸氧化滴定法

警告：使用本部分的人员应有正规实验室工作实践经验。本部分并未指出所有可能的安全问题。使用者有责任采取适当的安全和健康措施，并保证符合国家有关法规规定的条件。

1 范围

本部分规定了用电位滴定法、硝酸铵氧化滴定法和高氯酸氧化滴定法测定锰含量。

本部分适用于锰铁、高炉锰铁、锰硅、氮化锰铁及金属锰中锰含量的测定，测定范围（质量分数）：50.00%～98.00%。方法一不适合于铬、钒含量（质量分数）>0.4%的锰铁及高炉锰铁、锰硅、氮化锰铁及金属锰中锰含量的测定。

2 规范性引用文件

下列文件中的条款通过本部分的引用而成为本部分的条款。凡是注日期的引用文件，其随后所有的修改单（不包括勘误的内容）或修订版均不适用于本部分，然而，鼓励根据本部分达成协议的各方研究是否可使用这些文件的最新版本。凡是不注日期的引用文件，其最新版本适用于本部分。

GB/T 4010 铁合金化学分析用试样的采取和制备

3 方法一 电位滴定法

3.1 原理

试料用硝酸、盐酸、高氯酸及氢氟酸溶解，在中性焦磷酸钠介质中，用高锰酸钾标准溶液进行电位滴定测定锰含量。其反应式如下：

$$4Mn^{2+}+MnO_4^{-}+8H^{+}+15(P_2O_7H_2)^{2-}=5Mn(P_2O_7H_2)_3{}^{3-}+4H_2O$$

3.2 试剂和材料

除非另有说明，在分析中仅使用确认为分析纯的试剂和蒸馏水或与其纯度相当的水。

3.2.1 高氯酸，ρ1.67 g/mL。

3.2.2 氢氟酸，ρ1.15 g/mL。

3.2.3 硝酸，ρ1.42 g/mL。

3.2.4 盐酸，ρ1.19 g/mL。

3.2.5 盐酸，1+2。

3.2.6 盐酸，1+4。

3.2.7 焦磷酸钠饱和溶液：称取 145 g 焦磷酸钠（$Na_2P_2O_7\cdot10H_2O$），置于 2 000 mL 锥形瓶中，加约 1 000 mL 温水，在不断搅拌下低温加热（局部温度不允许超过 60℃），直至试剂完全溶解为止，冷却。用时配制。

3.2.8 高锰酸钾（重结晶）

称取 50 g 高锰酸钾于带磨口的 500 mL 锥形瓶（3.3.1）中，加入 200 mL 热水使之溶解。将锥形瓶（3.3.1）与回流冷凝器（3.3.2）连接，煮沸该溶液 20 min，用微孔玻璃滤器真空快速地抽滤热溶液，将滤出溶液，以玻璃刮勺转移结晶物至另一微孔玻璃滤器内，抽滤几分钟，除去大部分母液。

结晶物再用 160 mL 蒸馏水(不允许用离子交换水)溶解,重复再结晶一次。

重结晶的高锰酸钾经抽滤 5 min,以玻璃刮勺将结晶物转移至直径 150 mm 的表皿中,在空气中干燥,应注意避光及防尘。用玻璃刮勺研碎至结晶物质不再成块时,在 110℃ 干燥 2 h。然后将其放入带有磨口玻璃塞的称量瓶中。贮于暗处。重结晶后的高锰酸钾中锰含量(质量分数)为 34.76%。

3.2.9 高锰酸钾标准滴定溶液$\left[c\left(\frac{1}{5}KMnO_4\right)\approx 0.05\ mol/L\right]$。

3.2.9.1 配制:称取 1.60 g 高锰酸钾,置于 2 000 mL 锥形瓶中,以 1 000 mL 水溶解,放置 6 d,用玻璃棉或 4 号微孔玻璃滤器过滤,滤液保存于棕色玻璃瓶中,混匀。

3.2.9.2 标定:称取 1.250 g 重结晶高锰酸钾(3.2.8),置于 300 mL 锥形瓶中,以少许水润湿,以下按 3.5.3 进行,标定与测定应同时进行。

按式(1)计算高锰酸钾标准滴定溶液相当于锰的质量浓度 T_1,单位为克每毫升(g/mL):

$$T_1 = \frac{m_1}{V_1 - V_2} \times 0.3476 \times r \qquad \cdots\cdots\cdots\cdots (1)$$

式中:

T_1——高锰酸钾标准滴定溶液相当于锰的质量浓度,单位为克每毫升(g/mL);

m_1——称取的重结晶高锰酸钾的质量,单位为克(g);

V_1——标定时消耗高锰酸钾标准溶液的体积,单位为毫升(mL);

V_2——空白试验时消耗高锰酸钾标准溶液的体积,单位为毫升(mL);

0.347 6——1 g 重结晶高锰酸钾中的锰含量;

r——试液分取比。

3.3 仪器

3.3.1 带磨口的锥形瓶,容积为 500 mL。

3.3.2 回流冷凝器,带有装在锥形瓶(3.3.1)上的磨口回流冷凝器。

3.3.3 微孔玻璃过滤器,G_4。

3.3.4 电位滴定仪,配有铂电极饱和甘汞电极,或配有铂电极和银电极。

3.3.5 酸度计,配有玻璃电极和饱和甘汞电极。

3.3.6 电磁搅拌器。

3.3.7 搅捧,以聚四氟乙烯密封的小钢棒。

3.4 取制样

按 GB/T 4010 规定进行取制样,试样应通过 0.125 mm 筛孔。

3.5 分析步骤

安全须知:通常在有氨气、亚硝酸蒸气或有机物同时存在时冒高氯酸烟可能会引起爆炸。酸冒烟操作必须在通风橱内进行。

3.5.1 试料量

称取 0.50 g 试料,精确至 0.001 g。

3.5.2 空白试验

随同试料做空白试验。

3.5.3 测定

3.5.3.1 将试料(3.5.1)置于聚四氟乙烯烧杯,加入 10 mL 硝酸(3.2.3)、20 mL 盐酸(3.2.4)、5 滴~10 滴氢氟酸(3.2.2),(锰硅合金试料缓慢滴加 20mL 氢氟酸)于低温加热使试料溶解。

3.5.3.2 取下聚四氟乙烯烧杯,稍冷却,加入 10 mL 高氯酸(3.2.1),加热至冒高氯酸浓烟,继续加热至二氧化锰沉淀析出,取下锥形瓶,冷却。

3.5.3.3 加入 20 mL 盐酸(3.2.6),低温加热至溶液清亮,用水仔细地冲洗瓶壁并继续加热数分钟,加入 100 mL 热水，冷却至室温。移入 250 mL 容量瓶中，用水冲洗锥形瓶内壁，冷却，以水稀释至刻度，混匀。

3.5.3.4 移取 50.00 mL 溶液(3.5.3.3)于 600 mL 烧杯中，用水稀释至 100 mL，加入 250 mL 焦磷酸钠饱和溶液(3.2.7)，将盛有待测溶液的烧杯置于电磁搅拌器(3.3.6)上，放入搅棒(3.3.7)。

3.5.3.5 启动电磁搅拌器，逐滴加入盐酸(3.2.5)，在酸度计(3.3.5)上调节溶液至 pH(6.5~7.0)。取出电极以水充分洗涤。试样中若含铬，应在调节 pH 值 30 min 后再进行滴定。

3.5.3.6 插入铂电极(3.3.4)和饱和甘汞电极或银电极(3.3.4)。开动电磁搅拌器(3.3.6)，用高锰酸钾标准溶液(3.2.9)，缓慢滴定至观察到电位滴定仪(3.3.4)的指示快速增加至少 100 mV 时即为终点。

3.6 结果计算

按式(2)计算试样中的锰含量(质量分数)：

$$w(\mathrm{Mn})(\%)=\frac{T_1(V_3-V_4)}{m_2\cdot r}\times 100 \quad\cdots\cdots\cdots\cdots(2)$$

式中：

T_1——高锰酸钾标准滴定溶液相当于锰的质量浓度，单位为克每毫升(g/mL)；

V_3——滴定试料溶液时消耗高锰酸钾标准溶液的体积，单位为毫升(mL)；

V_4——空白试验消耗高锰酸钾标准溶液的体积，单位为毫升(mL)；

m_2——试样量，单位为克(g)；

r——试液分取比。

3.7 允许差

实验室之间分析结果的差值应不大于表 1 所列允许差。

表 1 允许差 %

锰含量(质量分数)	允许差
50.00～75.00	0.40
>75.00～98.00	0.50

4 方法二 硝酸铵氧化滴定法

4.1 原理

试料经酸溶解后，于磷酸介质中，在 220℃～240℃温度下，用硝酸铵将锰氧化至三价，以 N-苯代邻氨基苯甲酸为指示剂，用硫酸亚铵标准滴定溶液滴定，测得锰的含量。

4.2 试剂和材料

除非另有说明，在分析中仅使用确认为分析纯的试剂和蒸馏水。

4.2.1 硝酸铵。

4.2.2 硝酸，ρ1.42 g/mL。

4.2.3 磷酸，ρ1.70 g/mL。

4.2.4 重铬酸钾标准滴定溶液[$c(1/6K_2Cr_2O_7)$=0.064 00 mol/L]：称取 3.137 9 g 基准重铬酸钾(预先以 150℃烘干 2 h 置于干燥器中冷却至室温)，溶于水后移入 1 000 mL 容量瓶中，用水稀至刻度，混匀。

称取 1.000 0 g 处理过的电解锰于 400 mL 烧杯中，加入 20 mL 硫酸(1+1)，100 mL 水，煮沸溶液至清亮，冷却，移入 1 000 mL 容量瓶中，用水稀释至刻度，混匀，此溶液 1 mL 含 1 mg 锰。

4.2.5 硫酸亚铁铵标准滴定溶液(约 0.064 mol/L)

4.2.5.1 配制：称取 25.10 g 硫酸亚铁铵[$(NH_4)_2Fe(SO_4)_2\cdot 6H_2O$]，用硫酸(5+95)溶解并稀释至 1 000 mL，混匀。

4.2.5.2 标定：移取25.00 mL重铬酸钾标准滴定溶液(4.2.4)于250 mL锥形瓶中，加入20 mL硫酸(1+3)，5 mL磷酸(4.2.3)，用硫酸亚铁铵标准滴定溶液(4.2.6.1)滴定，近终点时加2滴N-苯代邻氨基苯甲酸指示剂溶液(4.2.7)，继续滴定溶液紫红色消失即为终点。

按式(3)计算硫酸亚铁铵标准滴定溶液相当于锰的质量浓度 T_2，单位为克每毫升(g/mL)：

$$T_2 = \frac{c \times 25.00 \times 54.94 \times 10^{-3}}{V_1 - V_2} \quad \cdots\cdots(3)$$

式中：

T_2——硫酸亚铁铵标准滴定溶液相当于锰的质量浓度，单位为克每毫升(g/mL)；

c——重铬酸钾标准滴定溶液(4.2.4)的浓度，单位为摩尔每升(mol/L)；

V_1——滴定消耗的硫酸亚铁铵标准滴定溶液的体积，单位为毫升(mL)；

V_2——滴定空白时消耗硫酸亚铁铵标准滴定溶液的体积，单位为毫升(mL)；

25.00——移取重铬酸钾标准滴定溶液(4.2.4)的体积，单位为毫升(mL)；

54.94——锰的摩尔质量，单位为克摩尔每升(g/mol)。

4.2.5.3 空白值的测定：移取10.00 mL重铬酸钾标准溶液(4.2.4)于250 mL锥形瓶中，加入20 mL硫酸(1+3)，5 mL磷酸(4.2.3)及60 mL水，用硫酸亚铁铵标准滴定溶液(4.2.5)滴定，接近终点时，加入2滴N-苯代邻氨基苯甲酸指示剂溶液(4.2.6)继续滴定至终点，再移取10.00 mL重铬酸钾标准溶液(4.2.4)于上述锥形瓶中，再用硫酸亚铁铵标准滴定溶液(4.2.5)滴定至终点，其两次滴定体积之差即为空白值。

4.2.6 N-苯代邻氨基苯甲酸指示剂溶液：称取0.2 g N-苯代邻氨基苯甲酸及0.2 g无水碳酸钠于水中溶解，再用水稀释至100 mL，混匀，过滤后使用。

4.3 仪器与设备

分析中仅使用通常的实验仪器、设备。

4.4 取制样

按GB/T 4010规定进行取制样，试样应通过0.125 mm筛孔。

4.5 分析步骤

4.5.1 试料量

称取0.200 g试料(金属锰称取0.150 g)，精确至0.000 1 g。

4.5.2 空白试验

随同试料做空白试验。

4.5.3 测定

将试料(4.5.1)置于300 mL锥形瓶中，加15 mL磷酸(4.2.2)、5 mL硝酸(4.2.1)，加热至试料完全溶解。继续加热，蒸发至液面平静刚出现微烟取下(约220℃～240℃)，立即加入3 g硝酸铵(4.2.1)，除尽氮氧化物，稍冷，加入60 mL蒸馏水，混匀，冷至室温，用硫酸亚铁铵标准滴定溶液(4.2.6)滴定至溶液呈浅红色，加入2滴N-苯代邻氨基苯甲酸溶液(4.2.6)，继续滴定至亮黄色即为终点。

若试样中含钒、铈时，应采取以下方法进行校正：1%的钒相当于1.08%的锰，0.1%的铈相当于0.04%的锰。

4.6 结果计算

按式(4)计算试样中的锰含量(质量分数)：

$$w(\mathrm{Mn})(\%) = \frac{(V_3 - V_4)T_2}{1\,000 \times m} \times 100 \quad \cdots\cdots(4)$$

式中：

V_3——滴定所消耗硫酸亚铁铵标准溶液的体积，单位为毫升(mL)；

V_4——滴定空白所消耗硫酸亚铁铵标准溶液的体积，单位为毫升(mL)；

m——试样量,单位为克(g)。

4.7 允许差

实验室之间分析结果的差值应不大于表2所列允许差。

表2 允许差

%

锰含量(质量分数)	允许差
50.00～75.00	0.40
>75.00～98.00	0.50

5 方法三 高氯酸氧化滴定法

5.1 原理

试料经酸溶解后,于磷酸介质中,用高氯酸将锰氧化至三价,以N-苯代邻氨基苯甲酸为指示剂,用硫酸亚铵标准滴定溶液滴定,测得锰的含量。

5.2 试剂和材料

除非另有说明,在分析中仅使用确认为分析纯的试剂和蒸馏水。

5.2.1 磷酸,ρ1.70 g/mL。

5.2.2 硝酸,ρ1.42 g/mL。

5.2.3 高氯酸,ρ1.67 g/mL。

5.2.4 重铬酸钾标准滴定溶液[$c(1/6K_2Cr_2O_7)=0.064\ 00$ mol/L]:称取3.137 9 g基准重铬酸钾(预先以150℃烘干2 h置于干燥器中冷却至室温),溶于水后移入1 000 mL容量瓶中,用水稀至刻度,混匀。

5.2.5 硫酸亚铁铵标准滴定溶液(约0.064 mol/L)

5.2.5.1 配制:称取25.10 g硫酸亚铁铵[$(NH_4)_2Fe(SO_4)_2\cdot 6H_2O$],用硫酸(5+95)溶解并稀释至1 000 mL,混匀。

5.2.5.2 标定:移取25.00 mL重铬酸钾标准滴定溶液(5.2.4)于250 mL锥形瓶中,加入20 mL硫酸(1+3),5 mL磷酸(5.2.1),用硫酸亚铁铵标准滴定溶液(5.2.5.1)滴定,近终点时加2滴N-苯代邻氨基苯甲酸指示剂溶液(5.2.6),继续滴定溶液紫红色消失即为终点。

按式(5)计算硫酸亚铁铵标准滴定溶液相当于锰的质量浓度T_3,单位为克每毫升(g/mL):

$$T_3=\frac{c\times 25.00\times 54.94\times 10^{-3}}{V_1-V_2} \qquad (5)$$

式中:

T_3——硫酸亚铁铵标准滴定溶液相当于锰的质量浓度,单位为克每毫升(g/mL);

c——重铬酸钾标准滴定溶液(5.2.4)的浓度,单位为摩尔每升(mol/L);

V_1——滴定消耗的硫酸亚铁铵标准滴定溶液的体积,单位为毫升(mL);

V_2——滴定空白时消耗硫酸亚铁铵标准滴定溶液的体积,单位为毫升(mL);

25.00——移取重铬酸钾标准滴定溶液(5.2.4)的体积,单位为毫升(mL);

54.94——锰的摩尔质量,单位为克摩尔每升(g/mol)。

5.2.5.3 空白值的测定:移取10.00 mL重铬酸钾标准溶液(5.2.4)于250 mL锥形瓶中,加入20 mL硫酸(1+3),5 mL磷酸(5.2.1)及60 mL水,用硫酸亚铁铵标准滴定溶液(5.2.5)滴定,接近终点时,加入2滴N-苯代邻氨基苯甲酸指示剂溶液(5.2.6)继续滴定至终点,再移取10.00 mL重铬酸钾标准溶液(5.2.4)于上述锥形瓶中,再用硫酸亚铁铵标准滴定溶液(5.2.5)滴定至终点,其两次滴定体积之差即为空白值。

5.2.6 N-苯代邻氨基苯甲酸指示剂溶液:称取0.2 g N-苯代邻氨基苯甲酸及0.2 g无水碳酸钠于水中溶解,再用水稀释至100 mL,混匀,过滤后使用。

5.3 **仪器与设备**

分析中仅使用通常的实验仪器、设备。

5.4 **取制样**

按 GB/T 4010 规定进行取制样,试样应通过 0.125 mm 筛孔。

5.5 **分析步骤**

安全须知:通常在有氨气、亚硝酸蒸气或有机物同时存在时冒高氯酸烟可能会引起爆炸。酸冒烟操作必须在通风橱内进行。

5.5.1 **试料量**

称取 0.200 g 试料(金属锰称取 0.150 g),精确至 0.000 1 g。

5.5.2 **空白试验**

随同试料做空白试验。

5.5.3 **测定**

将试料(5.5.1)置于 300 mL 锥形瓶中,加 15 mL 磷酸(5.2.1)、5 mL 硝酸(5.2.2)、5 mL 高氯酸(5.2.3)加热至试料完全溶解。继续加热,蒸发至高氯酸烟冒尽,瓶底无小气泡液面刚出现磷酸微烟时,取下,稍冷,加入 60 mL 蒸馏水,混匀,冷至室温,用硫酸亚铁铵标准滴定溶液(5.2.5)滴定至溶液呈浅红色,加入 2 滴 N-苯代邻氨基苯甲酸溶液(5.2.6),继续滴定至亮黄色即为终点。

若试样中含钒、铈时,应采取以下方法进行校正:1%的钒相当于 1.08%的锰,0.1%的铈相当于 0.04%的锰。

5.6 **结果计算**

按式(6)计算试样中的锰含量(质量分数):

$$w(\mathrm{Mn})(\%)=\frac{(V_3-V_4)T_3}{1\ 000\times m}\times 100 \qquad \cdots\cdots(6)$$

式中:

V_3——滴定所消耗硫酸亚铁铵标准溶液的体积,单位为毫升(mL);

V_4——滴定空白所消耗硫酸亚铁铵标准溶液的体积,单位为毫升(mL);

m——试样量,单位为克(g)。

5.7 **允许差**

实验室之间分析结果的差值应不大于表 3 所列允许差。

表 3 允许差

%

锰含量(质量分数)	允 许 差
50.00~75.00	0.40
>75.00~98.00	0.50

6 试验报告

试验报告应包括以下内容:

a) 鉴别试样、实验室和分析日期等资料;

b) 遵守本部分规定的程度;

c) 分析结果及其表示;

d) 测定中观察到的异常现象;

e) 对分析结果可能有影响而本部分未包括的操作或者任选的操作。

ICS 77.100
H 11

中华人民共和国国家标准

GB/T 5686.2—2008
代替 GB/T 5686.2—1985、GB/T 7730.2—2002、GB/T 8654.3~8654.4—1988

锰铁、锰硅合金、氮化锰铁和金属锰硅含量的测定 钼蓝光度法、氟硅酸钾滴定法和高氯酸重量法

Ferromanganese, ferromanganese-silicon, nitrogen-bearing ferromanganese and manganese metal—Determination of silicon content—Molybdenum blue photometric method, silicon potassium fluoride titrimetric method and perchloric acid dehydration gravimetric method

2008-05-13 发布 2008-11-01 实施

中华人民共和国国家质量监督检验检疫总局
中国国家标准化管理委员会 发布

前　言

本部分是对 GB/T 5686.2—1985《锰硅合金化学分析方法重量法测定硅量》、GB/T 7730.2—2002《锰铁及高炉锰铁化学分析方法　高氯酸脱水重量法测定硅量》、GB/T 8654.3—1988《金属锰化学分析方法　钼蓝光度法测定硅量》和 GB/T 8654.4—1988《金属锰化学分析方法　高氯酸脱水重量法测定硅量》的整合修订。

本部分代替 GB/T 5686.2—1985、GB/T 7730.2—2002、GB/T 8654.3—1988 和 GB/T 8654.4—1988。

本部分与 GB/T 5686.2—1985、GB/T 7730.2—2002、GB/T 8654.3—1988 和 GB/T 8654.4—1988 比较，主要变化如下：

——方法适用范围规定为锰铁、锰硅合金、氮化锰铁、金属锰和电解金属锰；

——新增加了氟硅酸钾滴定法；

——高氯酸重量法是对 GB/T 8654.4—1988、GB/T 5686.2—1985 和 GB/T 7730.2—2002 进行了整合修改。其主要变化如下：

a) 试样称样量统一为“3.00 g 试料（含硅量在 1% 以上时，称取 1.000 0 g 试料），精确至 0.000 1 g”；

b) 试料分解整合为“碱熔（适用于锰硅试料）”和“酸溶＋残渣处理（适用于金属锰、氮化锰铁和锰铁试料）”；

c) 碱熔熔剂用量改为 8 g～10 g，将加热变黑的熔融物置于 700℃～750℃高温炉中熔融 10 min～15 min。

本部分由中国钢铁工业协会提出。

本部分由冶金工业信息标准研究院归口。

本部分起草单位：江西新余钢铁有限责任公司。

本部分主要起草人：

方法一：廖义兵、张水菊、傅韬、吴万琴、贺铀；

方法二：孙继新、张水菊、廖义兵、李敏；

方法三：张水菊、孙继新、黄荣清、裴剑鸣。

本部分所代替标准的历次版本发布情况为：

——GB/T 5686.2—1985；

——GB/T 7730.2—2002；

——GB/T 8654.3—1988；

——GB/T 8654.4—1988。

锰铁、锰硅合金、氮化锰铁和金属锰硅含量的测定 钼蓝光度法、氟硅酸钾滴定法和高氯酸重量法

警告：使用本部分的人员应有正规实验室工作实践经验。本部分并未指出所有可能的安全问题。使用者有责任采取适当的安全和健康措施，并保证符合国家有关法规规定的条件。

1 范围

本部分规定了用钼蓝光度法、氟硅酸钾滴定法和高氯酸重量法测定锰铁、锰硅合金、氮化锰铁、金属锰和电解锰中的硅含量。

本部分适用于锰铁、锰硅合金、氮化锰铁、金属锰和电解金属锰中硅含量的测定，测定范围（质量分数）：0.001%～30.00%。方法一：钼蓝光度法，适用于金属锰和电解金属锰中硅含量的测定，测定范围（质量分数）0.001%～0.60%；方法二：氟硅酸钾滴定法，适用于锰硅合金中硅含量的测定，测定范围（质量分数）12.00%～30.00%；方法三：高氯酸重量法，适用于锰铁、锰硅合金、氮化锰铁、金属锰和电解金属锰中硅含量的测定，测定范围（质量分数）0.50%～30.00%。

2 规范性引用文件

下列文件中的条款通过本部分的引用而成为本部分的条款。凡是注日期的引用文件，其随后所有的修改单（不包括勘误的内容）或修订版均不适用于本部分，然而，鼓励根据本部分达成协议的各方研究是否可使用这些文件的最新版本。凡是不注日期的引用文件，其最新版本适用于本部分。

GB/T 4010 铁合金化学分析用试料的采取和制备

3 方法一 钼蓝光度法

3.1 原理

试料用硫酸分解，硅酸与钼酸铵生成硅钼杂多酸，加入氢氟酸消除磷、砷等杂质的影响，用硫酸亚铁铵还原生成硅钼蓝，于分光光度计波长 810 nm 处测量其吸光度。

3.2 试剂和材料

所用试剂均为优级纯。除硫酸外，均应储存于塑料容器中。

3.2.1 硫酸，6+94。

3.2.2 氢氟酸，1+9。

3.2.3 钼酸铵溶液，75 g/L。称取 75 g 钼酸铵[$(NH_4)_6Mo_7 \cdot 4H_2O$]溶解于温水中，冷却后用水稀释至 1 000 mL，使用时再过滤。

3.2.4 硫酸亚铁铵溶液，150 g/L。称取 150 g 硫酸亚铁铵[$(NH_4)_2SO_4 \cdot FeSO_4 \cdot 6H_2O$]溶解于 500 mL 水中，加入 100 mL 硫酸（1+9），用水稀释至 1 000 mL，混匀。

3.2.5 硅标准溶液

3.2.5.1 称取 0.428 0 g 二氧化硅（纯度不低于 99.5%）于铂坩埚中，加入 2 g 无水碳酸钠并混匀，于 1 000℃高温炉中熔融 10 min～15 min，取出，冷却，置于聚四氟乙烯烧杯中，用水溶解，移入 1 000 mL 容量瓶中，用水稀释至刻度，混匀。此溶液 1 mL 含 0.2 mg 硅。

3.2.5.2 移取 25.00 mL 硅标准溶液（3.2.5.1）于 500 mL 容量瓶中，用水稀释至刻度，混匀。此溶液 1 mL 含 0.01 mg 硅。

3.3 仪器

分析中使用通常的实验室仪器。

3.4 取制样

按照 GB/T 4010 规定进行取制样。电解金属锰试样应全部通过 0.149 mm 筛孔，金属锰试样应全部通过 0.177 mm 筛孔。

3.5 分析步骤

3.5.1 试料量

按表 1 称取试料，精确至 0.000 1 g。

表 1

硅量(质量分数)/%	试料量/g	加入硫酸量(3.2.1)/mL	溶液稀释体积/mL	比色皿/cm
0.001～0.01	2.000	70	100	2
>0.01～0.10	0.500	100	250	2
>0.10～0.60	0.200	95	250	1

3.5.2 空白试验

随同试料做空白试验。

3.5.3 测定

3.5.3.1 将试料(3.5.1)置于 300 mL 烧杯中，用水润湿，盖上表皿，按表 1 缓慢加入硫酸(3.2.1)，低温加热，待试料完全分解后，用脱脂棉加少量纸浆过滤于与表 1 相应的容量瓶中，用水洗涤，冷却至室温，用水稀释至刻度，混匀。

3.5.3.2 移取 25.00 mL 试液于 100 mL 容量瓶中，用水稀释至 40 mL。

3.5.3.3 将试液(3.5.3.2)置于 50℃水浴中，待瓶内温度为 50℃时，边摇动边加入 10 mL 钼酸铵溶液(3.2.3)，用少量水冲洗附着于瓶内壁上的钼酸铵，在 50℃恒温水浴中保温 5 min，并不时摇动，取下流水冷却至室温。

3.5.3.4 加入 15 mL 氢氟酸(3.2.2)，混匀，在 30 s 内加入 5 mL 硫酸亚铁铵溶液(3.2.4)，混匀，用水稀释至刻度，混匀，静置 15 min。

3.5.3.5 将部分试液(3.5.3.4)移入相应的石英比色皿中，以随同试料的空白溶液为参比，于分光光度计波长 810 nm 处测量其吸光度，从工作曲线上查出相应的硅量。

3.5.4 校准曲线的绘制

移取 0、2.00 mL、4.00 mL、6.00 mL、10.00 mL、12.00 mL 硅标准溶液(3.2.5.1)置于一组 100 mL 容量瓶中，分别加入 9 mL 硫酸(3.2.1)，用水稀释至 40 mL，以下按分析步骤 3.5.3.3～3.5.3.5 款进行，以试剂空白为参比，于分光光度计波长 810 nm 处测量其吸光度。以硅量为横坐标，吸光度为纵坐标绘制工作曲线。

3.6 结果计算

按式(1)计算试样中硅含量(质量分数)：

$$w(\mathrm{Si})(\%)=\frac{m_1}{m\cdot r\times 1\,000}\times 100 \qquad \cdots\cdots(1)$$

式中：

m_1——从工作曲线上查得的硅量，单位为毫克(mg)；

r——试液分取比；

m——试料量，单位为克(g)。

3.7 允许差

实验室之间分析结果的差值应不大于表 2 所列允许差。

表 2

%

硅含量(质量分数)	允 许 差
0.001～0.005	0.000 5
>0.005～0.010	0.002
>0.010～0.020	0.003
>0.020～0.050	0.004
>0.050～0.100	0.005
>0.10～0.20	0.02
>0.20～0.60	0.03

4 方法二 氟硅酸钾滴定法

4.1 原理

试料用硝酸和氢氟酸分解，使硅转化为氟硅酸，加入氟化钾生成氟硅酸钾沉淀，经过滤洗涤后加入热水使其分解释放出氢氟酸。以酚酞为指示剂，用氢氧化钠标准溶液滴定至微红色为终点，计算硅的含量。

4.2 试剂和材料

除非另有说明，在分析中仅使用确认为分析纯的试剂和蒸馏水或其纯度相当的水。

4.2.1 氟化钾，固体。

4.2.2 氢氟酸，ρ1.15 g/mL。

4.2.3 过氧化氢，30%(体积分数)。

4.2.4 硝酸，1+1。

4.2.5 尿素溶液，50 g/L。称取 50g 尿素溶于 1 000 mL 水中，使用时配制。

4.2.6 硝酸钾-乙醇溶液。称取 50 g 硝酸钾溶于 1 000 mL 乙醇溶液(1+4)中。

4.2.7 中性水。将水煮沸 15 min，驱尽二氧化碳流水冷却至室温，加入 5 滴酚酞溶液(4.2.9)，用氢氧化钠标准溶液(4.2.10)中和并用力振荡至稳定的微红色。使用时配制。

4.2.8 刚果红试纸。

4.2.9 酚酞溶液，10 g/L。称取 1 g 酚酞溶解于 60 mL 无水乙醇中，以水稀释至 100 mL，混匀。

4.2.10 氢氧化钠标准滴定溶液，0.18 mol/L。

4.2.10.1 配制：称取 7.2 g 氢氧化钠溶于 1 000 mL 中性水(4.2.7)中，溶解后加入 1 mL 氢氧化钡溶液(100 g/L)，静置 36 h，使碳酸钡完全沉淀，将上层澄清液用虹吸法移至另一下口瓶中。为防止二氧化碳进入瓶内，瓶口上应用带孔的橡皮塞塞住，孔中插一支苏打石灰管。

4.2.10.2 标定：称取 1.000 0 g 预先在 105℃～110℃干燥过的邻苯二甲酸氢钾(基准试剂)，置于 500 mL锥形瓶中，加入 200 mL 温热的中性水(4.2.7)溶解，加入 6 滴～8 滴酚酞溶液(4.2.9)，用氢氧化钠标准溶液(4.2.10.1)滴定至微红色为终点。

随同标定做试剂空白试验。

按式(2)计算氢氧化钠标准溶液浓度：

$$c = \frac{m_2}{0.202\,4 \times (V_1 - V_0)} \qquad \cdots\cdots(2)$$

式中：

c——氢氧化钠标准滴定溶液的浓度，单位为摩尔每升(mol/L)；

V_1——标定时消耗氢氧化钠标准滴定溶液体积，单位为毫升(mL)；

V_0——试剂空白试验消耗氢氧化钠标准滴定溶液体积，单位为毫升(mL)；

m_2——称取邻苯二甲酸氢钾的质量，单位为克(g)；

0.202 4——1 mL 氢氧化钠标准滴定溶液(c=1.000 mol/L)相当于邻苯二甲酸氢钾的量，单位为克(g)。

4.3 仪器

分析中使用通常的实验室仪器。

4.4 取制样

按 GB/T 4010 规定进行取制样，试料应通过 0.125 mm 筛孔。

4.5 分析步骤

4.5.1 试料量

称取 0.200 g 试料，精确至 0.000 1 g。

4.5.2 空白试验

随同试料做空白试验。

4.5.3 测定

4.5.3.1 将试料(4.5.1)置于 250 mL 塑料烧杯中，加入 30 mL 硝酸(4.2.4)，逐滴加入 10 mL 氢氟酸(4.2.2)，轻轻摇动至试料分解完全[若试料难溶可滴加数滴过氧化氢(4.2.3)]，驱除氮氧化物。加入 10 mL 尿素溶液(4.2.5)，摇动至无气泡产生，放置 1 min ～2 min。

4.5.3.2 加入 2 克氟化钾(4.2.1)，搅拌使其溶解，加入少许滤纸浆，于小于 25℃水浴中静置 30 min。用中速滤纸和塑料漏斗过滤，用小于 25℃的硝酸钾-乙醇溶液(4.2.6)快速洗涤塑料烧杯、滤纸及沉淀，直至洗液滴至刚果红试纸(4.2.8)上试纸不呈现蓝色。

4.5.3.3 将沉淀连同滤纸移入 500 mL 锥形瓶中，加入 100 mL 温热的中性水(4.2.7)，充分摇荡，将滤纸摇碎。将试液加热至沸腾后，加入 6 滴～8 滴酚酞溶液(4.2.9)，用氢氧化钠标准滴定溶液(4.2.10)滴定至接近终点。追加滴入 2 滴酚酞溶液(4.2.9)，继续用氢氧化钠标准滴定溶液(4.2.10)滴定至微红色不褪为终点。

4.6 结果计算

按式(3)计算试样中的硅含量(质量分数)：

$$w(\mathrm{Si})(\%) = \frac{0.007\,023 \times c \times (V_2 - V_3)}{m_3} \times 100 \quad \cdots\cdots\cdots(3)$$

式中：

c——氢氧化钠标准滴定溶液的浓度，单位为摩尔每升(mol/L)；

V_2——滴定试料溶液时消耗氢氧化钠标准滴定溶液的体积，单位为毫升(mL)；

V_3——空白试验消耗氢氧化钠标准滴定溶液的体积，单位为毫升(mL)；

m_3——试料量，g；

0.007 023——1 mL 氢氧化钠标准滴定溶液(c=1.000 mol/L)相当于硅的量，g。

4.7 允许差

实验室之间分析结果的差值应不大于表 3 所列允许差。

表 3

%

硅量(质量分数)	允 许 差
12.00～15.00	0.30
>15.00～30.00	0.40

5 方法三 高氯酸重量法

5.1 原理

试料用硝酸、盐酸溶解或过氧化钠熔解，以高氯酸蒸发冒烟使硅酸脱水。经过滤洗涤后，将沉淀于

1 100℃灼烧至恒量,加氢氟酸使硅成四氟化硅挥发除去,再灼烧至恒量,由氢氟酸处理前后的质量差,计算硅的含量。

5.2 试剂和材料

除非另有说明,在分析中仅使用确认为分析纯的试剂和蒸馏水或其纯度相当的水。

5.2.1 过氧化钠,固体。

5.2.2 无水碳酸钠,固体。

5.2.3 盐酸,ρ1.19 g/mL。

5.2.4 高氯酸,ρ1.67 g/mL。

5.2.5 氢氟酸,ρ1.15 g/mL。

5.2.6 过氧化氢,30%(体积分数)。

5.2.7 硝酸,1+1。

5.2.8 盐酸,1+1。

5.2.9 盐酸,1+10。

5.2.10 硫酸,1+3。

5.2.11 硫氰酸铵溶液,50 g/L。

5.2.12 硝酸银溶液,10 g/L。

5.3 仪器

分析中使用通常的实验室仪器。

5.4 取制样

按 GB/T 4010 规定进行取制样,金属锰和电解金属锰试样应全部通过 0.177 mm 筛孔,其他试样应通过 0.125 mm 筛孔。

5.5 分析步骤

5.5.1 试料量

称取 3.00 g 试料,精确至 0.000 1 g(含硅量在 1%以上时,称取 1.00 g 试料)。

5.5.2 空白试验

随同试料做空白试验。

5.5.3 测定

5.5.3.1 锰硅合金试料的分解

5.5.3.1.1 将试料(5.5.1)置于盛有 5 g～8 g 过氧化钠(5.2.1)的镍坩埚中,混匀,覆盖 3 g 过氧化钠(5.2.1)或 3 g 无水碳酸钠(5.2.2)。将盛有试料及熔剂的坩埚置于 350℃～400℃电热板上,加热至熔融物变黑。将坩埚及变黑的熔融物置于 700℃～750℃中熔融 10 min～15 min。取出,冷却。

5.5.3.1.2 将坩埚放入盛有 200 mL 水的 500 mL 烧杯中,盖上表皿,待无气泡后,取出坩埚并用热水洗净,收集洗液入同一烧杯中。加入 30 mL 盐酸(5.2.3),加热溶解盐类。将试液蒸发至 100 mL,加入 100 mL 高氯酸(5.2.4),盖上表面皿。

5.5.3.2 金属锰、电解金属锰、氮化锰及锰铁试料的分解

5.5.3.2.1 将试料(5.5.1)置于 300 mL 烧杯中,用少量水润湿,盖上表面皿,缓慢加入 20 mL 硝酸(5.2.7)5 mL～10 mL 盐酸(5.2.3),置于低温电炉上加热分解,待试料分解后,取下。加入 100 mL 热水,煮沸,用加有少许定量纸浆的中速定量滤纸过滤,用带有橡皮头的玻璃棒擦尽烧杯,用热水洗涤滤纸及残渣 3 次～4 次,滤液及洗液收集于 500 mL 烧杯中,留作主液。

5.5.3.2.2 将残渣连同滤纸置于铂坩埚中,低温加热炭化、灰化。在 800℃高温炉中灼烧 20 min,取出,冷却。加入 3 g 无水碳酸钠(5.2.2),混匀,再覆盖 1 g 无水碳酸钠(5.2.2)。将铂坩埚置于 950℃～

1 000℃高温炉中熔融10 min～15 min，取出，冷却，置于预先盛有50 mL热盐酸(5.2.8)的原300 mL烧杯中，溶解熔融物，用水洗净铂坩埚并取出，将浸取液与主液(5.5.3.2.1)合并。

5.5.3.2.3　将试液(5.5.3.2.2)加热蒸发到50 mL，加入20 mL高氯酸(5.2.4)，盖上表面皿。

5.5.3.3　将试液(5.5.3.1.2)或(5.5.3.2.3)加热蒸发至冒高氯酸浓烟，并继续加热到呈现黏稠状。取下，稍冷。

5.5.3.4　加入100 mL热水，加热，搅拌并滴加过氧化氢(5.2.6)，使二氧化锰及可溶性盐类溶解，趁热用加有少许定量纸浆的中速定量滤纸过滤，用带橡皮头的玻璃棒擦净烧杯，用热盐酸(5.2.9)洗净烧杯，洗涤滤纸及沉淀至无铁离子[用硫氰酸铵溶液(5.2.11)检验]，再用热水洗涤至无氯离子[用硝酸银溶液(5.2.12)检验]，收集滤液及洗液于烧杯中。

5.5.3.5　将滤液及洗液移入最初脱水用的烧杯中，蒸发至50 mL，加入20 mL高氯酸，以下按5.5.3.3～5.5.3.4操作。

5.5.3.6　将5.5.3.4和5.5.3.5两次所得沉淀连同滤纸置于铂坩埚中，低温加热炭化、灰化，在1 100℃中灼烧30 min，取出，稍冷，置于干燥器中，冷却至室温，称量，反复灼烧至恒量。

5.5.3.7　将铂坩埚中的残渣用数滴水润湿，加入4滴硫酸(5.2.10)，5 mL氢氟酸(5.2.5)，置于电炉中缓慢蒸发至冒硫酸烟。将铂坩埚置于1 100℃中灼烧30 min，取出，稍冷，置于干燥器中，冷却至室温，称量，反复灼烧至恒量。

5.6　结果计算

按式(4)计算试样中的硅含量(质量分数)：

$$w(\mathrm{Si})(\%)=\frac{[0.4674\times(m_4-m_5)-(m_6-m_7)]}{m_0}\times 100 \quad \cdots\cdots(4)$$

式中：

m_4——氢氟酸处理前铂坩埚和沉淀的质量，单位为克(g)；

m_5——氢氟酸处理后铂坩埚和沉淀的质量，单位为克(g)；

m_6——氢氟酸处理前随同试料的空白和铂坩埚的质量，单位为克(g)；

m_7——氢氟酸处理后随同试料的空白和铂坩埚的质量，单位为克(g)；

m_0——试料量，单位为克(g)；

0.467 4——二氧化硅换算为硅的换算因数。

5.7　允许差

实验室之间分析结果的差值应不大于表4所列允许差。

表4　%

硅量(质量分数)	允许差
0.50～1.00	0.04
>1.00～2.00	0.07
>2.00～4.00	0.10
>4.00～5.00	0.13
>5.00～8.00	0.16
>8.00～15.00	0.20
>15.00～30.00	0.30

6　试验报告

试验报告应包括以下内容：

a） 鉴别试料、实验室和分析日期等资料；

b） 遵守本部分规定的程度；

c） 分析结果及其表示；

d） 测定中观察到的异常现象；

e） 对分析结果可能有影响而本部分未包括的操作，或者任选的操作。

ICS 77.100
H 11

GB

中华人民共和国国家标准

GB/T 5686.4—2008
代替 GB/T 5686.4—1998、GB/T 7730.3—1997、GB/T 8654.5—1988

锰铁、锰硅合金、氮化锰铁和金属锰 磷含量的测定 钼蓝光度法和碱量滴定法

Ferromanganese, ferromanganese-silicon, itrogen-bearing ferromanganese and manganese metal—Determination of phosphorus content—Molybdenum blue photometric method and alkali content titrimetric method

2008-05-13 发布　　　　2008-11-01 实施

中华人民共和国国家质量监督检验检疫总局
中国国家标准化管理委员会　发布

前　言

本部分是对 GB/T 5686.4—1998《锰硅合金化学分析方法　磷钼蓝分光光度法测定磷量》、GB/T 7730.3—1997《锰铁化学分析方法磷量的测定》、GB/T 8654.5—1988《金属锰化学分析方法钼蓝光度法测定磷量》的整合修订。

本部分代替 GB/T 7730.3—1997、GB/T 5686.4—1998 和 GB/T 8654.5—1988。

本部分与 GB/T 5686.4—1998、GB/T 7730.3—1997、GB/T 8654.5—1988 比较，其主要变化如下：

——方法适用范围修改为锰铁、锰硅、氮化锰铁、金属锰和电解金属锰；

——金属锰称样量修改为"1.000 0 g"；

——统一采用聚四氟乙烯烧杯或铂金皿溶解（锰铁、锰硅、氮化锰铁）试样；

——统一了锰铁、锰硅合金、氮化锰铁试样分解的操作；

——对锰硅合金新增二次挥硅这一步骤；

——统一了锰铁、锰硅合金、氮化锰铁、金属锰和电解锰试样还原、显色、比色操作。

本部分由中国钢铁工业协会提出。

本部分由冶金工业信息标准研究院归口。

本部分起草单位：江西新余钢铁有限责任公司。

本部分主要起草人：王长青、张绍华、张玉滨、杜春萍、陈贤红。

本部分所代替标准的历次版本发布情况为：

——GB/T 5686.4—1998；

——GB/T 7730.3—1997；

——GB/T 8654.5—1988。

锰铁、锰硅合金、氮化锰铁和金属锰磷含量的测定 钼蓝光度法和碱量滴定法

警告：使用本部分的人员应有正规实验室工作实践经验。本部分并未指出所有可能的安全问题。使用者有责任采取适当的安全和健康措施，并保证符合国家有关法规规定的条件。

1 范围

本部分规定了用钼蓝分光光度法和碱量滴定法测定锰铁、硅锰合金、氮化锰铁、金属锰和电解锰中磷的含量。

本部分适用于锰铁、硅锰合金、氮化锰铁、金属锰中磷含量的测定，测定范围（质量分数）：0.003 0%～0.650%。方法一：钼蓝分光光度法，适用于锰铁、锰硅合金、氮化锰铁、金属锰中硅含量的测定，测定范围（质量分数）：0.003 0%～0.450%，方法二：碱量法，适用于锰铁合金的测定，测定范围（质量分数）：0.080%～0.650%。

2 规范性引用文件

下列文件中的条款通过本部分的引用而成为本部分的条款。凡是注日期的引用文件，其随后所有的修改单（不包括勘误的内容）或修订版均不适用于本部分，然而，鼓励根据本部分达成协议的各方研究是否可使用这些文件的最新版本。凡是不注日期的引用文件，其最新版本适用于本部分。

GB/T 4010　铁合金化学分析用试样的采取和制备

3 方法一：钼蓝分光光度法

3.1 方法提要

试料用硝酸分解，加高氯酸蒸发至冒烟，使磷氧化成正磷酸，加亚硫酸氢钠使铁等被还原，加入钼酸铵及硫酸肼，生成磷钼蓝，于分光光度计波长 825 nm 处测量其吸光度。

3.2 试剂和材料

除非另有说明，在分析中仅使用确认为分析纯的试剂和蒸馏水或与其纯度相当的水。

3.2.1　硝酸，ρ1.42 g/L。

3.2.2　盐酸，ρ1.19 g/mL。

3.2.3　氢氟酸，ρ1.15 g/mL。

3.2.4　氢溴酸，ρ1.38 g/mL。

3.2.5　高氯酸，ρ1.67 g/mL。

3.2.6　亚硫酸氢钠溶液，100 g/L。

3.2.7　钼酸铵溶液。称取 20 g 钼酸铵[$(NH_4)_6Mo_7O_{24}\cdot 4H_2O$]溶解于 1 000 mL 温水中，加入 700 mL硫酸(1+1)，冷却，用水稀释至 1 000 mL 混匀。

3.2.8　硫酸肼溶液。称取 1.5 g 硫酸肼溶解于水中，用水稀释至 1 000 mL 混匀。

3.2.9　显色剂溶液。使用时移取 25 mL 酸铵(3.2.7)、10 mL 酸肼溶液(3.2.8)和 65 mL，混匀。

3.2.10　磷标准溶液。称取 0.439 4 g 预先在 105℃烘至恒量并保存于干燥器中的磷酸二氢钾（基准试剂）溶解于水中，用水稀释至刻度，混匀。此溶液 1 mL 含 0.1 mg 磷。

3.2.11　磷标准溶液。移取 50.00 mL 磷标准溶液(3.2.10)置于 250 mL 瓶中，用水稀释至刻度，混匀。

此溶液1 mL 0.02 mg磷。

3.3 仪器

分析中使用通常的实验室仪器。

3.4 取制样

按GB/T 4010规定进行取制样，试料应通过0.125 mm筛孔。

3.5 分析步骤

安全须知：通常在有氨气、亚硝酸蒸气或有机物同时存在时冒高氯酸烟可能会引起爆炸。酸冒烟操作必须在通风橱内进行。

3.5.1 试料量

按表1称取试料，精确至0.000 1 g。

表1

样　　品	磷量(质量分数)/%	试样量/g	比色皿/cm
金属锰	0.003～0.01	1.000	3
	0.01～0.07	1.000	1
锰硅	<0.150	0.500	1
	0.150～0.450	0.200	
锰铁	<0.100	0.500	1
	0.100～0.300	0.300	
	0.300～0.450	0.200	

3.5.2 空白试验

随同试样做空白试验。

3.5.3 测定

3.5.3.1 试样分解

3.5.3.1.1 金属锰、电解锰试料分解

将试料(3.5.1)置于250 mL烧杯中，用少量水湿润，盖上表面皿，缓慢加入20 mL硝酸(3.2.1)，加热使试样完全分解，加入10 mL高氯酸(3.2.5)，加热蒸发至冒白烟，在高氯酸蒸气沿烧杯壁呈回流状态下保持加热约10 min，取下。以下操作按3.5.3.2进行。

3.5.3.1.2 锰铁、锰硅合金、氮化锰铁试料分解

3.5.3.1.2.1 将试料(3.5.1)置于200 mL聚四氟乙烯烧杯(或100 mL铂皿)中，加入20 mL硝酸(3.2.1)，放冷水浴中，若试液中含硅量≤50 mg时，一次性逐滴加入5 mL氢氟酸(3.2.3)进行分解。含硅量在50 mg～70 mg时(大于70 mg有干扰)，可采取补加5 mL氢氟酸、5 mL高氯酸进行二次挥硅。

3.5.3.1.2.2 加入10 mL高氯酸(3.2.5)，加热蒸发至冒烟约5 min，驱除氢氟酸。冷却后，用温水洗涤至150 mL烧杯中，盖上表面皿。

3.5.3.1.2.3 继续加热蒸发至冒高氯酸烟，并回流约10 min，除尽硝酸，冷却。若试液中含砷≤5 mg时，可直接按(3.5.3.1.2.2)操作。试液中含砷量在5 mg～9 mg时(大于9 mg时有干扰)，加入5 mL盐酸(3.2.2)，加热使二氧化锰分解，继续加热蒸发至刚冒高氯酸烟，冷却。加入5 mL氢溴酸(3.2.4)，取下表面皿，低温加热蒸发，当高氯酸烟出现时，盖上表面皿，继续加热蒸发至冒高氯酸烟，并回流约10 min，使砷及溴化氢完全逸出，冷却。以下操作按3.5.3.2进行。

3.5.3.2 还原、显色、比色操作

3.5.3.2.1 稍冷后，加入约30 mL温水使可溶性盐类溶解，滴加亚硫酸氢钠(3.2.6)使二氧化锰等分

解，用中速滤纸过滤于250 mL容量瓶中，用温水洗涤至无酸性，冷却至室温，用水稀释至刻度，混匀。

3.5.3.2.2 移取25.00 mL试液(3.5.3.2.1)于100 mL容量瓶中，加入10 mL亚硫酸氢钠(3.2.6)，在沸水浴中加热至溶液呈无色，取下立即加入25 mL显色剂溶液(3.2.9)再于沸水浴中加热15 min，取下流水冷却至室温，用水稀释至刻度，混匀。

3.5.3.2.3 将试液(3.5.3.2.2)移入与表1相应的比色皿中，以随同试样的空白溶液为参比，于分光光度计波长825 nm处测量其吸光度。从校准曲线上查处相应的磷量。

3.5.4 校准曲线绘制

3.5.4.1 金属锰、电解锰高含量磷(质量分数0.020%～0.070%)校准曲线绘制

3.5.4.1.1 移取0 mL、1.00 mL、2.00 mL、3.00 mL、4.00 mL、5.00 mL、6.00 mL、7.00 mL磷标准溶液(3.2.10)置于一组100 mL烧杯中，分别加入5 mL高氯酸(3.2.5)，加热蒸发至冒高氯酸烟，取下，以下按3.5.3.2进行。

3.5.4.1.2 将试液(3.5.4.1.1)移入1 cm比色皿中，以试剂空白为参比，于分光光度计波长825 nm处测量其吸光度，以磷量为横坐标，吸光度为纵坐标绘制校准曲线。

3.5.4.2 金属锰、电解锰低含量磷(质量分数0.003%～0.020%)校准曲线绘制

3.5.4.2.1 移取0 mL、2.00 mL、4.00 mL、6.00 mL、8.00 mL、10.00 mL、12.00 mL磷标准溶液(3.2.11)置于一组100 mL烧杯中，分别加入5 mL高氯酸(3.2.5)，加热蒸发至冒高氯酸烟，取下，以下按3.5.3.2进行。

3.5.4.2.2 将试液(3.5.4.2.1)移入3 cm比色皿中，以试剂空白为参比，于分光光度计波长825 nm处测量其吸光度，以磷量为横坐标，吸光度为纵坐标绘制校准曲线。

3.5.4.3 锰铁、锰硅合金、氮化锰铁校准曲线绘制

3.5.4.3.1 移取0 mL、1.00 mL、3.00 mL、5.00 mL、7.00 mL、9.00 mL磷标准溶液(3.2.10)置于一组100 mL烧杯中，分别加入5 mL高氯酸(3.2.5)，加热蒸发至冒高氯酸烟，取下，以下按3.5.3.2进行。

3.5.4.3.2 将试液(3.5.4.3.1)移入1 cm比色皿中，以试剂空白为参比，于分光光度计波长825 nm处测量其吸光度，以磷量为横坐标，吸光度为纵坐标绘制校准曲线。

3.6 结果的计算

按下按公式(1)计算磷的百分含量：

$$w(\mathrm{P})(\%)=\frac{m\times r}{m_1}\times 100 \qquad \cdots\cdots(1)$$

式中：

m_1——从校准曲线上查得的磷量，单位为克(g)；

r——试液分取比；

m——试样量，单位为克(g)。

3.7 允许差

实验室之间分析结果的差值应不大于表2所列允许差。

表2

%

磷量(质量分数)	允许差
0.003 0～0.005 0	0.000 8
>0.005 0～0.015 0	0.001 5
>0.015～0.035	0.003
>0.035～0.050	0.004
>0.050 0～0.100	0.008

表 2（续）

%

磷量(质量分数)	允 许 差
＞0.050～0.150	0.010
＞0.150～0.300	0.015
＞0.300～0.450	0.020

4 方法二：碱量滴定法

4.1 方法提要

试料用硝酸溶解，高氯酸冒烟，在硝酸-硝酸铵介质中，生成磷钼酸铵沉淀。用过量氢氧化钠标准溶液溶解沉淀，以硝酸标准溶液反滴定。根据氢氧化钠标准溶液的消耗量，计算磷的质量分数。

4.2 试剂

4.2.1 硝酸铵，固体。

4.2.2 盐酸，ρ1.19 g/mL。

4.2.3 硝酸，ρ1.42 g/mL。

4.2.4 硝酸，1＋50。

4.2.5 硝酸，1＋5 000。

4.2.6 氢氟酸，ρ1.15 g/mL。

4.2.7 高氯酸，ρ1.67 g/mL。

4.2.8 氢溴酸，40.0 g/L。

4.2.9 氢氧化铵，ρ0.90 g/mL。

4.2.10 亚硝酸钠溶液，200 g/L。

4.2.11 钼酸铵溶液。称取 40 g 钼酸铵[$(NH_4)_6Mo_7O_2 \cdot 4H_2O$]置于 500 mL 烧杯中，加入 300 mL 水，微热溶解，加入 80 mL 氨水（4.2.9），冷却。将此溶液缓慢地注入 600 mL 硝酸(1＋1)中，将烧杯置于流水中冷却，并不停地搅拌，使用时需过滤。

4.2.12 硝酸钾溶液(10 g/L)，预先用硝酸中和至中性。

4.2.13 溴百里酚蓝指示剂溶液(10 g/L)。称取 0.1 g 溴百里酚蓝置于 150 mL 烧杯中，加入 20 mL 乙醇(950 g/L)溶解，加水稀释至 100 mL。

4.2.14 酚酞指示剂溶液(1 g/L)。称取 0.1 g 酚酞置于 150 mL 烧杯中，加入 50 mL 乙醇(950 g/L)溶解，加水稀释至 100 mL。

4.2.15 氢氧化钠标准溶液，0.1 mol/L。贮存于带有碱石灰管的聚乙烯瓶中。

4.2.15.1 配制

称取 4 g 氢氧化钠，置于 2 000 mL 锥形瓶中，加水约 1 L，溶解，加入新配制的饱和氢氧化钡溶液至不再生成沉淀，剧烈摇动，隔绝二氧化碳放置 2 d～3 d，取上面的澄清溶液。

4.2.15.2 标定

4.2.15.2.1 称取 2.000 0 g～2.500 0 g 预先于盛有硫酸的真空干燥器中干燥过的氨基磺酸(NH_2SO_3H，基准试剂)，置于 200 mL 烧杯中，加水溶解，移入 250 mL 容量瓶中，稀释至刻度，摇匀。

4.2.15.2.2 移取 25.00 mL 溶液(4.2.15.3.1)，置于 250 mL 锥形瓶中，滴加 3 滴～4 滴溴百里酚蓝溶液(4.2.13)，用欲标定的氢氧化钠标准溶液(4.2.15.1)滴定至溶液由黄变蓝即为终点。

若无氨基磺酸(基准试剂)，可按 4.2.15.3.2 进行。

4.2.15.2.3 称取 0.500 0 g 预先于 105℃～110℃干燥过的邻苯二甲酸氢钾(基准试剂)，置于 250 mL 锥形瓶中，加入 50 mL 经煮沸驱除 CO_2 的温水溶解，滴加 3 滴～4 滴酚酞溶液(4.2.14)，用欲标定的氢氧化钠标准溶液(4.2.15.1)滴定至溶液呈铀红色即为终点。

按公式(2)计算氢氧化钠标准溶液的浓度：

$$c = \frac{m_2}{VM} \qquad \cdots\cdots(2)$$

式中：

c——氢氧化钠标准溶液的浓度，单位为摩尔每升(mol/L)；

m_2——称取氨基磺酸或邻苯二甲酸氢钾的量，单位为克(g)；

V——标定时消耗氢氧化钠标准溶液的体积，单位为毫升(mL)；

M——氨基磺酸或邻苯二甲酸氢钾的摩尔质量(分别为 0.097 1 和 0.204 2)，单位为克每毫摩尔(g/mmol)。

4.2.16 硝酸标准滴定溶液，0.1 mol/L。

4.2.16.1 配制：移取 7.5 mL 硝酸(4.2.3)，置于 1 000 mL 容量瓶中，用水稀释至刻度，摇匀。

4.2.16.2 标定：移取 25.00 mL 氢氧化钠标准溶液(4.2.15.1)置于 250 mL 锥形瓶中，加入 2 滴～3 滴酚酞溶液(4.2.14)，用硝酸标准滴定溶液滴定至红色刚消失。

按公式(3)计算硝酸标准滴定溶液相当于氢氧化钠标准溶液的换算因数(f)：

$$f = \frac{25.00}{V_1} \qquad \cdots\cdots(3)$$

式中：

25.00——移取氢氧化钠标准溶液的体积，单位为毫升(mL)；

V_1——标定时消耗硝酸标准滴定溶液的体积，单位为毫升(mL)。

4.3 仪器

分析中使用通常的实验室仪器。

4.4 取制样

按 GB/T 4010 规定进行取制样，试样应通过 0.125 mm 筛孔。

4.5 分析步骤

4.5.1 试料量

称取试料 0.500 g，精确至 0.000 1 g。

4.5.2 空白试验

随同试样做空白试验。

4.5.3 测定

4.5.3.1 将试料(4.4.1)置于 250 mL 烧杯中，盖上表皿，加入 20 mL 硝酸(4.2.3)5 mL 盐酸(4.2.2)，低温加热至试样溶解，加入 10 mL 高氯酸(4.2.7)。若试料难溶，可将试料(4.4.1)置于铂皿中，加入 20 mL硝酸(4.2.3)，滴加 3 滴～5 滴氢氟酸(4.2.6)，低温加热至试料溶解，加入 10 mL 高氯酸(4.2.7)，加热蒸发至开始冒高氯酸白烟，冷却，将试液移入 250 mL 烧杯中，盖上表皿。

4.5.3.2 继续加热蒸发至冒高氯酸白烟，并回流约 15 min。

4.5.3.3 冷却[如溶液中含 0.5 mg 以上砷时，加入 5 mL 盐酸(4.2.2)；加热分解二氧化锰，加热至高氯酸开始冒烟，放冷，加入 5 mL 氢溴酸(4.2.8)，缓慢加热蒸发至发生高氯酸白烟，盖上表皿。加热使高氯酸烟回流 10 min，驱除砷及氢溴酸，冷却]。加入约 30 mL 温水，加热使可溶性盐类溶解，滴加亚硝酸钠溶液(4.2.10)，使二氧化锰还原，煮沸，驱除氧化氮等，用滤纸过滤，并用温硝酸(4.2.4)洗至无铁离子反应止。滤纸及洗液收集于 500 mL 锥形瓶内。

4.5.3.4 滴加氨水(4.2.9)至刚出现氢氧化铁沉淀，立即用硝酸(4.2.3)中和并过量 5 mL，滴加亚硝酸钠溶液(4.2.10)，使二氧化锰还原，煮沸，除去氮氧化物，取下。加水稀释至约 100 mL，加入 3 g 硝酸铵(4.2.1)。

4.5.3.5 加入 100 mL 钼酸铵溶液(4.2.1)，在 50℃的水浴中使溶液升温至约 50℃，充分摇动锥形瓶约 3 min，在室温下静置 30 min～60 min。

4.5.3.6 用加有少量滤纸浆的滤纸过滤，用硝酸(4.2.4)洗涤锥形瓶内壁及沉淀至无铁离子反应，再用硝酸(4.2.5)洗涤锥形瓶内壁3次，沉淀5次，再用硝酸钾溶液(4.2.12)洗涤锥形瓶内壁2次，洗沉淀1次。

4.5.3.7 取硝酸钾溶液的第3次洗涤液5 mL置于5 mL量杯中，滴加2滴酚酞溶液(4.2.14)，由滴定管加入0.1 mL氢氧化钠标准溶液(4.2.15.1)，摇匀，若溶液呈红色，则认为已洗净。

4.5.3.8 将沉淀及滤纸一起置于原锥形瓶中，加入约50 mL经煮沸驱除CO_2的水，充分摇动锥形瓶，使滤纸呈浆状，加入氢氧化钠标准溶液(4.2.15.1)使沉淀溶解并过量5 mL，加入3滴酚酞溶液(4.2.14)，用硝酸标准滴定溶液(4.2.15.1)滴定至溶液红色刚消失即为终点。

4.6 结果的计算

按公式(4)计算磷的质量分数：

$$w(\mathrm{P})(\%)=\frac{c_1[(V_2-fV_3)-(V_4-fV_5)]\times 0.001\ 347}{m_3}\times 100 \quad\cdots\cdots(4)$$

式中：

c_1——标定后氢氧化钠标准溶液的浓度，单位为摩尔每升(mol/L)；

V_2——溶解沉淀时加入氢氧化钠标准溶液的体积，单位为毫升(mL)；

V_3——滴定试液时消耗硝酸标准溶液的体积，单位为毫升(mL)；

V_4——随同试样空白试验加入氢氧化钠标准溶液的体积，单位为毫升(mL)；

V_5——随同试样空白试验消耗硝酸标准溶液的体积，单位为毫升(mL)；

f——硝酸标准滴定溶液相当于氢氧化钠标准溶液的换算因数；

0.001 347——磷的摩尔质量，单位为克每毫摩尔(g/mmol)；

m_3——试样量，单位为克(g)。

4.7 允许差

实验室之间分析结果的差值应不大于表3所列允许差。

表3

%

磷量(质量分数)	允许差
0.080～0.150	0.010
>0.150～0.300	0.015
>0.300～0.450	0.020
>0.450～0.650	0.025

5 试验报告

试验报告应包括以下内容：

a) 鉴别试样、实验室和分析日期等资料；

b) 遵守本部分规定的程度；

c) 分析结果及其表示；

d) 测定中观察到的异常现象；

e) 对分析结果可能有影响而本部分未包括的操作或者任选的操作。

ICS 77.100
H 11

GB

中华人民共和国国家标准

GB/T 5686.5—2008
代替GB/T 5686.5～5686.6—1988、GB/T 7730.5—2000、
GB/T 7730.6～7730.7—1988、GB/T 8654.8—1988

锰铁、锰硅合金、氮化锰铁和金属锰碳含量的测定 红外线吸收法、气体容量法、重量法和库仑法

Ferromanganese, ferromanganese-silicon, nitrogen-bearing ferromanganese and manganese metal—Determination of carbon content—The infrared absorption method, the gasometric method, the gravimetric and the coulometric method

2008-05-13 发布　　　　2008-11-01 实施

中华人民共和国国家质量监督检验检疫总局
中国国家标准化管理委员会　发布

前　言

本部分是对GB/T 5686.5—1988《锰硅合金化学分析方法　红外线吸收法测定碳量》、GB/T 5686.6—1988《锰硅合金化学分析方法　气体容量法测定碳量》、GB/T 7730.5—2000《锰铁及高炉锰铁化学分析方法　红外线吸收法测定碳量》、GB/T 7730.6—1988《锰铁及高炉锰铁化学分析方法　气体容量法测定碳量》、GB/T 7730.7—1988《锰铁及高炉锰铁化学分析方法　重量法测定碳量》、GB/T 8654.8—1988《金属锰化学分析方法　红外线吸收法测定碳量》的整合修订。

本部分代替GB/T 5686.5—1988、GB/T 5686.6—1988、GB/T 7730.5—2000、GB/T 7730.6—1988、GB/T 7730.7—1988、GB/T 8654.8—1988。

本部分与GB/T 5686.5—1988和GB/T 7730.5—2000及GB/T 8654.8—1988比较，其主要变化如下：

——方法适用范围规定为锰硅合金、锰铁、氮化锰铁和金属锰；

——锰硅合金中助熔剂纯铁的量由0.800 g调整为0.400 g；

——锰铁、氮化锰铁和金属锰的助熔剂统一为0.300 g锡+1.800 g钨。

本部分由中国钢铁工业协会提出。

本部分由冶金工业信息标准研究院归口。

本部分起草单位：四川川投峨眉铁合金(集团)有限责任公司。

本部分主要起草人：唐华应、方艳、张梅玉。

本部分所代替标准的历次版本发布情况为：

——GB/T 5686.5—1988；

——GB/T 5686.6—1988；

——GB/T 7730.5—2000；

——GB/T 7730.6—1988；

——GB/T 7730.7—1988；

——GB/T 8654.8—1988。

锰铁、锰硅合金、氮化锰铁和金属锰碳含量的测定 红外线吸收法、气体容量法、重量法和库仑法

警告：使用本部分的人员应有正规实验室工作的实践经验。本部分并未指出所有可能的安全问题。使用者有责任采取适当的安全和健康措施，并保证符合国家有关法规规定的条件。

1 范围

本部分规定了红外线吸收法、气体容量法、重量法和库仑法测定锰硅合金、锰铁、高炉锰铁、氮化锰铁、金属锰和电解金属锰的碳含量。

本部分适用于锰硅合金、锰铁、高炉锰铁、氮化锰铁、金属锰和电解金属锰中碳含量的测定。其中红外线吸收法适用于锰硅合金、锰铁(含高炉锰铁)、氮化锰铁、金属锰和电解金属锰中0.01%～10.00%的碳含量(质量分数)的测定；气体容量法适用于锰硅合金、锰铁(含高炉锰铁)中0.40%～5.00%的碳含量(质量分数)的测定；重量法适用于锰铁(含高炉锰铁)中4.00%～8.00%的碳含量(质量分数)的测定；库仑法适用于金属锰及电解金属锰中0.010%～0.400%的碳含量(质量分数)的测定。

2 规范性引用文件

下列文件中的条款通过在本部分中的引用而成为本部分的条款。凡是注有日期的引用文件，其随后所有的修改单(不包括勘误的内容)或修订版均不适用于本部分，然而，鼓励根据本部分达成协议的各方研究是否可使用这些文件的最新版本。凡是不注日期的引用文件，其最新版本适用于本部分。

GB/T 4010 铁合金化学分析用试样的采取和制备

3 方法一：红外线吸收法

3.1 原理

试料于高频感应炉的氧气流中加热燃烧，生成的二氧化碳由氧气载至红外线分析器的测量室，二氧化碳吸收某特定波长的红外能，其吸收能与其浓度成正比，根据检测器接受能量的变化可测得碳量。

3.2 试剂和材料

3.2.1 丙酮，蒸发后的残余物碳的质量分数小于0.000 5%。

3.2.2 高氯酸镁，无水，粒状。

3.2.3 烧碱石棉，粒状。

3.2.4 玻璃棉。

3.2.5 钨粒，碳的质量分数小于0.002%，粒度0.8 mm～1.4 mm。

3.2.6 锡粒，碳的质量分数小于0.002 %，粒度0.4 mm～0.8 mm。必要时应用丙酮(3.2.1)清洗表面，并在室温下干燥。

3.2.7 纯铁，碳的质量分数小于0.002 %，粒度0.8 mm～1.68 mm。

3.2.8 氧气，纯度大于99.95%，其他级别氧气若能获得低而一致的空白时，也可以使用。

3.2.9 动力气源，氮气或压缩空气，其杂质(水和油)含量小于0.5%。

3.2.10 坩埚，直径×高：23 mm×23 mm或25 mm×25 mm，并在高于1 200℃的高温加热炉中灼烧4 h或通氧灼烧至空白值为最低。

3.2.11 坩埚钳。

3.3 仪器和设备

3.3.1 红外线吸收定碳仪(灵敏度为1×10^{-6})，其装置如图1。

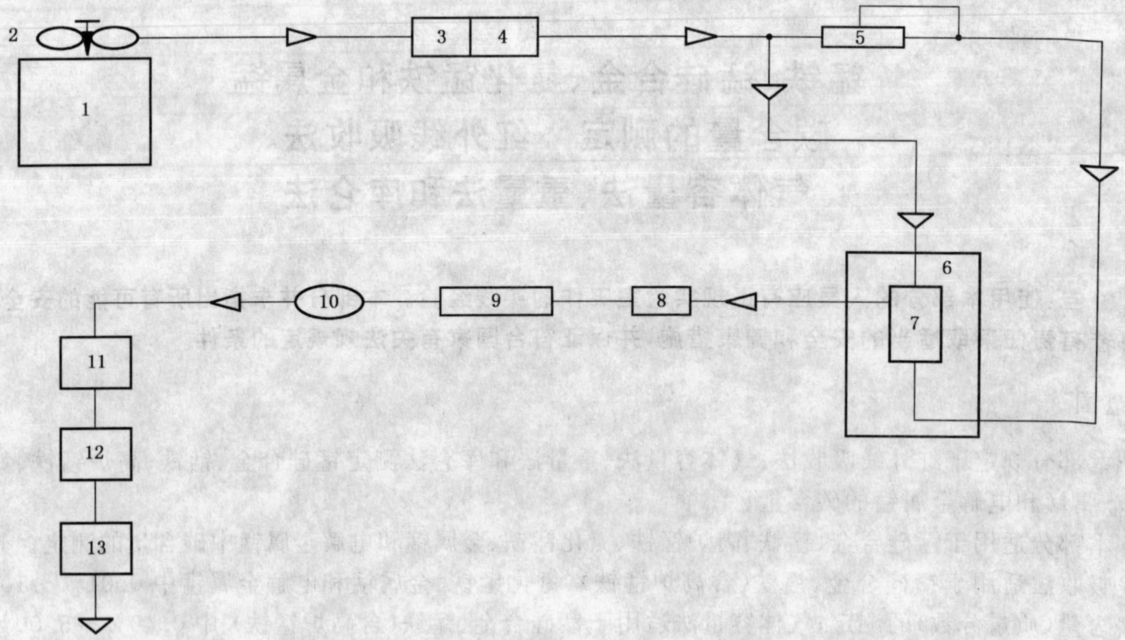

1——氧气瓶；

2——二级压力调节器；

3——洗气瓶；

4,9——干燥管；

5——压力调节器；

6——高频感应炉；

7——燃烧管；

8——除尘器；

10——流量控制器；

11——一氧化碳转换为二氧化碳的转换器；

12——除硫管；

13——二氧化碳检测器。

图 1

3.3.1.1 洗气瓶，内装碱石棉(3.2.3)。

3.3.1.2 干燥管，内装高氯酸镁(3.2.2)。

3.3.2 气源

3.3.2.1 载气系统包括氧气容器、两级压力调节器及保证供给合适压力和额定流量的时序控制部分。

3.3.2.2 动力气源系统包括动力气(3.2.9)、两级压力调节器及保证供给合适压力和额定流量的时序控制部分。

3.3.3 高频感应炉

应满足试样熔融温度的要求。

3.3.4 控制系统

3.3.4.1 微处理机系统包括控制中央处理机、存储器、键盘输入设备、信息中心显示屏及分析结果打印机等。

3.3.4.2 控制功能包括自动装卸坩埚和炉台升降、自动清扫、分析条件选择设置、分析过程的监控和报警中断、分析数据的采集、计算、校正及处理等。

3.3.5 测量系统

主要由微处理机控制的电子天平(感量不大于 0.001 g)、红外线分析器及电子测量元件组成。

3.4 取制样

按照 GB/T 4010 的规定进行取制样。锰硅合金试样应通过 0.125 mm 筛孔，锰铁、氮化锰铁、电解金属锰试样应通过 0.149 mm 筛孔，金属锰试样应通过 0.177 mm 筛孔。

3.5 分析步骤

3.5.1 试料量

按表 1 称取试料，准确至 0.001 g。

表 1

红外线吸收法碳的质量分数/%	试料量/g
锰硅合金(0.025%～4.00%)	0.20
锰铁、氮化锰铁(0.025%～3.00%)	0.50
锰铁(3.00～10.00%)	0.20
金属锰(0.010%～0.400%)	0.80

3.5.2 空白试验

称取 0.400 g 纯铁(3.2.7)[锰铁、氮化锰铁和金属锰不称]置于预先盛有 0.300 g 锡粒(3.2.6)的坩埚(3.2.10)内，覆盖 1.500 g 钨粒(3.2.5)[锰铁、氮化锰铁和金属锰覆盖 1.800 g 钨粒(3.2.5)]，按 3.5.5 进行测定。重复足够次数，记录最小的、比较稳定一致的三次读数，计算平均值并输入到仪器中，在测定试样时仪器会自动扣除空白值。

3.5.3 分析准备

调试检查仪器，使仪器处于正常稳定状态，并选用最佳分析条件。

3.5.4 校正试验

根据待测试样的含碳量，选相应的量程及通道，并选三个同类型有证标准样品(待测试样含碳量应落在所选三个有证标准样品含碳量的范围内)依次进行校正，确认系统的线性。校正后测定的有证标准样品的结果波动均应在允许差范围内。

3.5.5 测定

3.5.5.1 锰硅合金适用：称取适量(表 1)试料置于预先盛有 0.300 g 锡粒(3.2.6)的坩埚(3.2.10)内，依次均匀覆盖 0.400 g 纯铁(3.2.7)和 1.500 g 钨粒(3.2.5)，进行分析测定，分析并读取结果。

3.5.5.2 锰铁、氮化锰铁和金属锰适用：称取适量(表 1)试料置于预先盛有 0.300 g 锡粒(3.2.6)的坩埚(3.2.10)内，依次均匀覆盖 1.800 g 钨粒(3.2.5)，进行分析测定，分析并读取结果。

3.6 允许差

实验室之间分析结果的差值应不大于表 2 所列允许差。

表 2

%

碳含量(质量分数)	允 许 差
0.010～0.050	0.006
>0.050～0.120	0.008
>0.120～0.400	0.012
>0.400～1.200	0.030
>1.200～2.500	0.060
>2.50～5.00	0.10
>5.00～10.00	0.15

4 方法二：气体容量法

4.1 原理

试料于管式燃烧炉中加热并通氧燃烧，生成的二氧化碳等混合气体经除硫后收集于量气管中，然后以氢氧化钾溶液收集其中的二氧化碳，再测量剩余气体体积。吸收前后体积之差即为二氧化碳体积，再换算为碳量。

4.2 试剂和材料

4.2.1 助熔剂，锡粒(0.4 mm～0.8 mm)、铜、铁粉、五氧化二钒等。助熔剂中含碳量(质量分数)不大于 0.002%。

4.2.2 石棉纤维。

4.2.3 碱石灰或氢氧化钠。

4.2.4 活性氧化铝，粒状。

4.2.5 活性二氧化锰，粒状。

4.2.6 硫酸，ρ1.84 g/mL。

4.2.7 硫酸，1+1 000，滴加甲基红溶液呈红色。

4.2.8 铬酸饱和的硫酸溶液，于硫酸(4.2.6)中加重铬酸钾或铬酸酐至饱和，使用其上部澄清溶液。

4.2.9 氢氧化钾溶液，400 g/L。

4.2.10 氯化钠溶液，260 g/L，以甲基红溶液作指示剂，滴加硫酸(1+1)至酸性。

4.2.11 氧气，纯度大于 99.5%。

4.3 仪器和设备

4.3.1 气体容量法定碳装置见图 2。

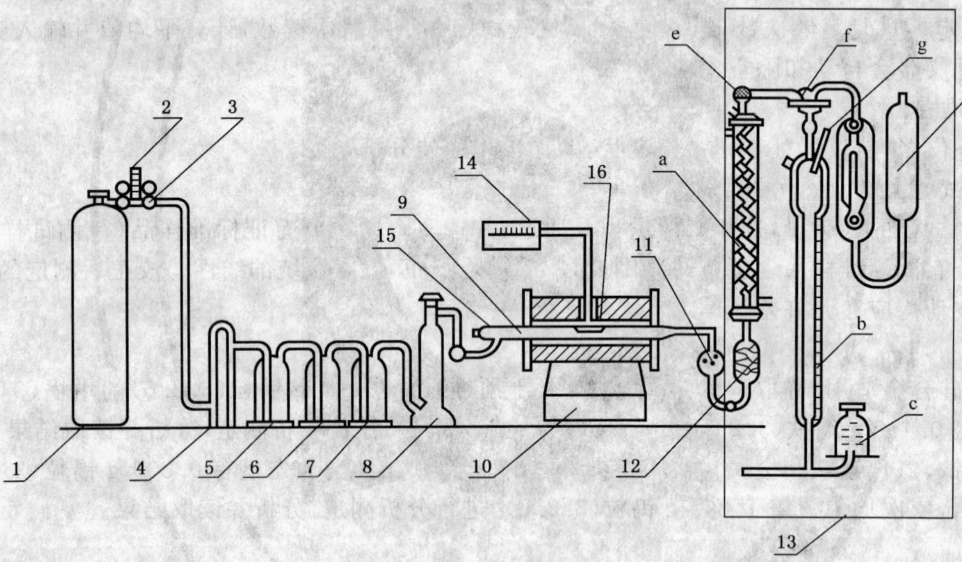

1——氧气瓶；
2——氧气表；
3——缓冲瓶；
4——微型转子流量计；
5、6——洗气瓶；
7、8——干燥塔；
9——高温燃烧管；
10——管式燃烧炉；
11——石棉纤维；
12——除硫管；
13——容量定碳仪(包括：冷凝管 a、量气管 b、水准管 c、吸收器 d、小活塞 e、三通活塞 f、温度计 g)；
14——高温控制器；
15——磨砂玻璃赛；
16——瓷舟。

图 2

4.3.1.1 洗气瓶，内盛铬酸饱和的硫酸溶液(4.2.8)。

4.3.1.2 洗气瓶，内装碱石灰或氢氧化钠(4.2.3)。

4.3.1.3 干燥塔,内装活性氧化铝(4.2.4)。

4.3.1.4 高温燃烧管,(23～24) mm×600 mm。

4.3.1.5 管式燃烧炉,可调节电流以保证燃烧试样所需的温度。

4.3.1.6 石棉纤维,灼烧至无碳。

4.3.1.7 除硫管,内装活性二氧化锰(4.2.5)。

4.3.1.8 瓷舟,长 88 mm 或 97 mm,应预先于 1 200℃管式燃烧炉中通氧灼烧至无碳,也可于 1 000℃高温炉中灼烧 4 h 以上,冷却后贮存于盛有碱石棉(或碱石灰)和无水氯化钙的未涂油脂的干燥器中。

4.3.1.9 量气管,内盛氯化钠溶液(4.2.10)或硫酸溶液(4.2.7)。每一格刻度为 0.05 mL,它是在 16℃、101.32 kPa(760 mmHg)标准状况下刻制的。

4.3.1.10 吸收器,内盛氢氧化钾溶液(4.2.9)。

4.3.1.11 小活塞,有一方可通大气。

4.3.2 长钩,用低碳镍铬丝或耐热合金丝制成。

4.3.3 水银气压计,气压值应按公式(1)校正。

$$p = p'(1-0.000\ 163\ t-0.002\ 6\cos2\phi-0.000\ 000\ 2H) \quad \cdots\cdots(1)$$

式中:

p——校正后的气压值,kPa;

p'——水银气压计测得的气压值,kPa;

t——水银气压计所在处温度,℃;

ϕ——水银气压计所在处纬度,(°);

H——水银气压计所在处海拔高度,m。

4.4 取制样

按照 GB/T 4010 的规定进行取制样。锰硅合金、高炉锰铁试样应通过 0.125 mm 筛孔,中低碳锰铁试样应通过 0.149 mm 筛孔。

4.5 分析步骤

4.5.1 试料量

按表 3 称取试料和助熔剂,试料量准确至 0.000 1 g,助熔剂准确至 0.01 g。

表 3

碳量(质量分数)/%	试料量/g	助熔剂量(任选其一)/g					
		锡粒	铜或氧化铜	五氧化二钒	氧化铜+五氧化二钒(1+1)	铁粉+氧化铜(1+1)	五氧化二钒+铁粉(1+1)
0.40～1.20	1.00	0.5	0.5～1.0	0.5～1.0	0.5～1.0	0.5～1.0	0.5～1.0
>1.20～2.50	0.50						
>2.50～5.00	0.20						

4.5.2 空白试验

随同试料做空白试验。

4.5.3 分析准备

将炉温升至 1 200℃～1 350℃,检查管路及活塞是否漏气,装置是否正常,燃烧标准试样,检查仪器及操作。

4.5.4 测定

将试料(4.5.1)置于瓷舟(4.3.1.8)中,按表 3 覆盖助熔剂,将瓷舟推入高温燃烧管温度最高处,立即塞紧磨砂玻璃塞(15),将氧气表上的三通活塞(f)打开,一边调节氧气流速至 120 mL/min～140 mL/min,一边通氧约 3 min,使高温燃烧管中的温度恒定。

按容量定碳仪操作规程，将混合气体导入量气管，定容、吸收后，测量其读数，并确认残留的气体体积没有变化后，启开磨砂玻璃塞，用长钩将瓷舟拉出，检查熔块，确认燃烧完全后，将残留气体放空。

4.5.5 结果计算

按式(2)计算试样中碳的含量(质量分数)：

$$w(\mathrm{C})(\%)=\frac{(V_1A-V_2A)-V_0A}{m}\times f\times 100 \quad\cdots\cdots(2)$$

式中：

A——温度16℃，气压101.32 kPa，用酸性水作封闭液时，封闭液面上每毫升二氧化碳中含碳量 A 值为0.000 500 0 g；用氯化钠酸性溶液作封闭液时，A 值为0.000 502 2 g；

V_1——混合气体的体积，单位为毫升(mL)；

V_2——残留气体的体积，单位为毫升(mL)；

V_0——空白试验的气体体积，单位为毫升(mL)；

m——试料量，单位为克(g)；

f——温度、气压校正系数，见附录A表A.1或表A.2。

4.6 允许差

实验室之间分析结果的差值应不大于表4所列允许差。

表4

%

碳含量(质量分数)	允许差
>0.400～1.200	0.030
>1.200～2.500	0.060
>2.50～5.00	0.10

5 方法三：重量法

5.1 原理

试料于氧气流中在1 200℃～1 350℃燃烧，生成的二氧化碳由氧气载入吸收瓶中被碱石棉吸收，测量碱石棉之增重，即为生成的二氧化碳量，再换算为碳量。

$$C+O_2 \longrightarrow CO_2$$

$$2NaOH+CO_2 \longrightarrow Na_2CO_3+H_2O$$

5.2 试剂和材料

5.2.1 氧气，纯度大于99.5%。

5.2.2 高氯酸镁，无水，粒状。

5.2.3 助熔剂，锡粒(0.4 mm～0.8 mm)、铜丝、氧化铜、铁粉、五氧化二钒等。助熔剂中含碳量(质量分数)小于0.002%。

5.2.4 活性二氧化锰，粒状。

5.2.5 碱石棉。

5.2.6 铬酸饱和的硫酸溶液，于硫酸(ρ1.84 g/mL)中加重铬酸钾或铬酸酐至饱和，使用其上部澄清溶液。

5.3 仪器和设备

重量法定碳装置见图3。

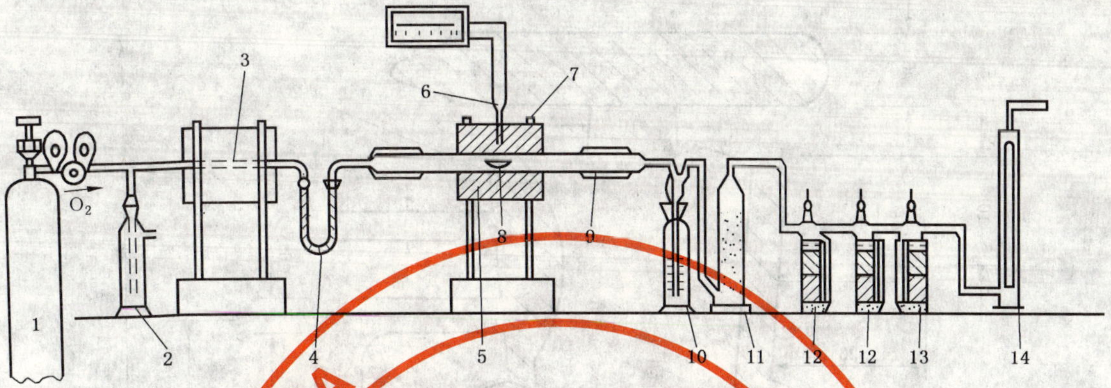

1——氧气瓶；
2——汞阀；
3——转化炉；
4——干燥和净化氧气的 U 型管；
5——管式燃烧炉；
6——高温控制器；
7——高温燃烧管；
8——瓷舟；
9——石棉纤维；
10——除硫瓶；
11——干燥塔；
12——吸收瓶；
13——吸收瓶(反方向与 12 连接)；
14——微型转子流量计。

图 3

5.3.1 氧气瓶，带有压力调节阀。

5.3.2 转化炉，附有内装铂石棉的燃烧管，炉温保持在 625℃。

5.3.3 干燥和净化氧气的 U 形管(4)，内装高氯酸镁(5.2.2)和碱石棉(5.2.5)，中间隔以玻璃纤维。该 U 形管直径不小于 25 mm，高度不低于 100 mm。

5.3.4 管式燃烧炉，可调节电流以保证燃烧试样所需温度。

5.3.5 高温燃烧管，(23～24) mm×600 mm。

5.3.6 瓷舟，长 88 mm 或 97 mm，应预先于 1 200℃管式燃烧炉中通氧灼烧至无碳，也可于 1 000℃高温炉中灼烧 4 h 以上，冷却后贮存于盛有碱石棉(或碱石灰)和无水氯化钙的未涂油脂的干燥器中。

5.3.7 石棉纤维，灼烧至无碳。

5.3.8 除硫瓶，内装活性二氧化锰(5.2.4)。

5.3.9 干燥塔，内装高氯酸镁(5.2.2)。

5.3.10 吸收瓶，用于吸收二氧化碳。底部均匀地铺以玻璃纤维，再依次铺以 10 mm～15 mm 厚的高氯酸镁(5.2.2)、30 mm～50 mm 厚的碱石棉(5.2.5)，顶部覆盖玻璃纤维。在与测定试样相同的条件下通氧至恒量。待用的吸收瓶的质量应小于 100 g(见图 4)。

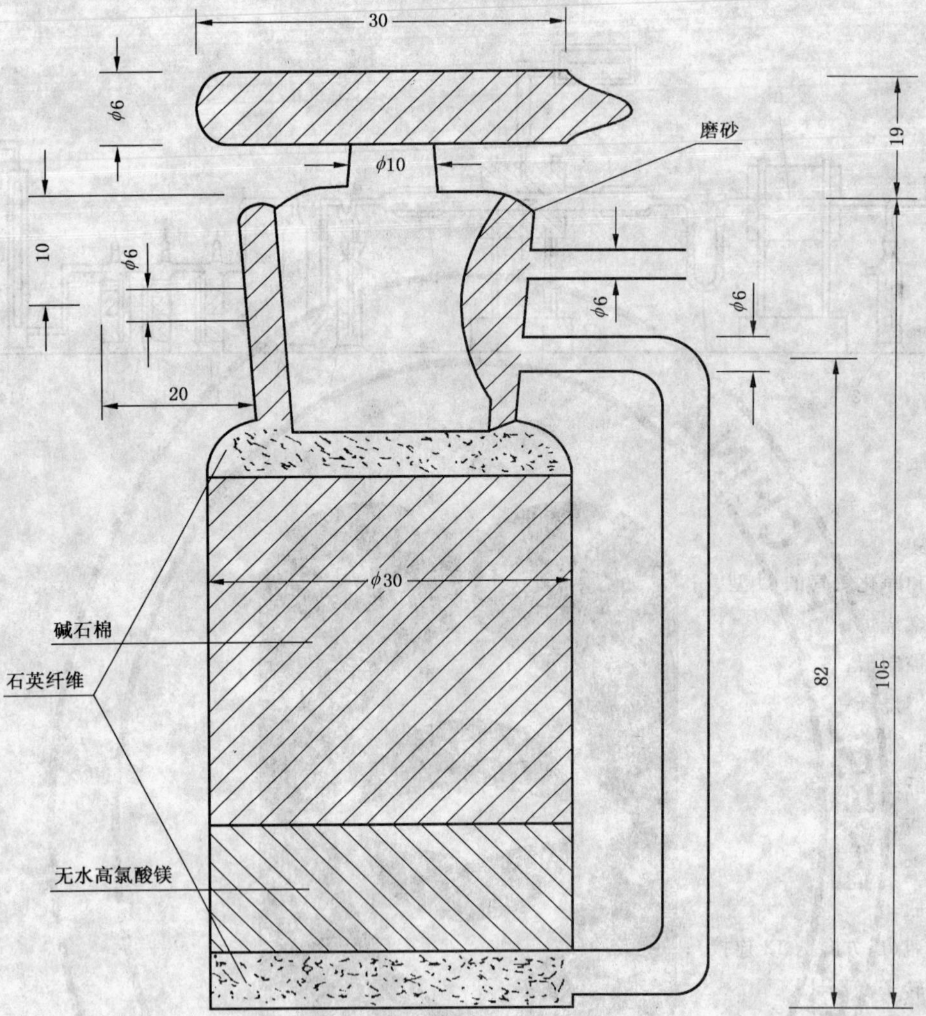

图 4

5.4 取制样

按照 GB/T 4010 的规定进行取制样。高炉锰铁试样应通过 0.125 mm 筛孔，锰铁试样应通过0.149 mm 筛孔。

5.5 分析步骤

5.5.1 试料量

按表 5 称取试料和助熔剂，试料量准确至 0.000 1 g，助熔剂准确至 0.01 g。

表 5

碳量(质量分数)/%	试料量/g	助熔剂量(任选其一)/g				
		锡粒	铜或氧化铜	五氧化二钒	氧化铜+五氧化二钒(1+1)	五氧化二钒+铁粉(1+1)
4.00～7.00	0.40	0.5	0.5～1.0	0.5～1.0	0.5～1.0	0.5～1.0
>7.00～8.00	0.30					

5.5.2 空白试验

随同试料做空白试验。

5.5.3 分析准备

连接好重量法定碳装置，将炉温升至1 200℃～1 350℃，检查仪器气密性和氧气净化效果，以300 mL/min～500 mL/min的速度通入氧气，15 min～20 min后拆下吸收瓶(12)，并在室温下称量，放回原处。

5.5.4 测定

将试料(5.5.1)置于瓷舟(8)中，按表4覆盖助熔剂，将瓷舟推入高温燃烧管温度最高处，立即塞紧氧气入口端，约1 min后以300 mL/min～500 mL/min的速度通氧，约1 min后，当燃烧结束时，继续通氧15 min～20 min，以使二氧化碳从高温燃烧管、除硫瓶和干燥塔中完全排除。

切断氧气流，关闭已称量的吸收瓶(12)并取出瓷舟，检查熔块，确认燃烧完全后，拆下已关闭的吸收瓶，于室温下称量，吸收瓶的增量即为所吸收的二氧化碳。

5.5.5 结果计算

按式(3)计算试样中碳的含量(质量分数)：

$$w(\mathrm{C})(\%)=\frac{(m_2-m_1)\times 0.272\,9}{m}\times 100 \qquad \cdots\cdots(3)$$

式中：

m_2——试样的二氧化碳的质量，单位为克(g)；

m_1——试样空白的二氧化碳的质量，单位为克(g)；

m——试料量，单位为克(g)；

0.272 9——二氧化碳换算成碳的换算系数。

5.6 允许差

实验室之间分析结果的差值应不大于表6所列允许差。

表6

%

碳含量(质量分数)	允许差
4.00～5.00	0.10
>5.00～8.00	0.15

6 方法四：库仑法

6.1 原理

试料于高频感应加热炉的氧气流中燃烧，生成的二氧化碳被已知pH值的高氯酸钡溶液吸收，生成的高氯酸使溶液的pH值改变，通以一定电量的脉冲电流进行电解，使溶液的pH值恢复到原值，根据电解消耗的脉冲电量数计算试样中含碳量。

6.2 试剂和材料

6.2.1 碳酸钡，粉状。

6.2.2 脱脂棉。

6.2.3 玻璃棉。

6.2.4 氧气，纯度大于99.5%。

6.2.5 钨粒，碳量小于0.002%，粒度0.8 mm～1.4 mm。

6.2.6 锡粒，碳量小于0.002%，粒度0.4 mm～0.8 mm。

6.2.7 纯铁，碳量小于0.002%。

6.2.8 重铬酸钾饱和的硫酸溶液，于硫酸(ρ1.84 g/mL)中加重铬酸钾至饱和，使用其上部澄清溶液。

6.2.9 阴极杯溶液，称取50 g结晶高氯酸钡溶解于1 000 mL水中，加入20 mL异丙醇，混匀。

6.2.10 阳极杯溶液，称取50 g结晶高氯酸钡溶解于250 mL水中，混匀。

6.2.11 参考电极溶液，称取 5 g 结晶高氯酸钡和 3 g 氯化钠溶解于 100 mL 水中，待完全溶解后加入数滴硝酸银溶液(50 g/L)，加热至 60℃～70℃，冷却后用上部澄清液。

6.3 仪器和设备

6.3.1 库仑定碳装置见图 5。

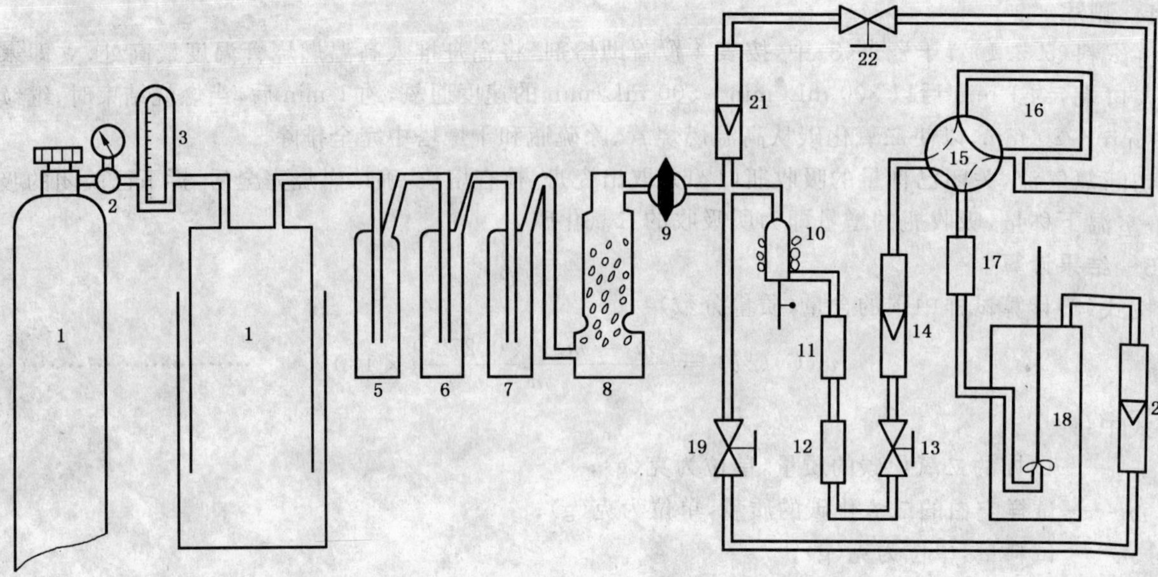

1——氧气瓶；
2——减压阀；
3——流量计；
4——储氧桶；
5、6、7——洗气瓶；
8——干燥塔；
9——活塞；
10——高频感应加热炉；
11——除尘管；
12——除硫管；
15——四通阀；
16——分流泵；
17——电磁阀；
18——吸收瓶；
13、19、22——针形阀；
14、20、21——流量计。

图 5

6.3.1.1 洗气瓶 5，内盛硫酸(ρ1.84 g/mL)。

6.3.1.2 洗气瓶 6，内盛氢氧化钾溶液(400 g/L)。

6.3.1.3 洗气瓶 7，内盛重铬酸钾饱和的硫酸溶液(6.2.8)。

6.3.1.4 干燥塔，内装氢氧化钠。

6.3.1.5 除尘管，内装脱脂棉(6.2.2)和玻璃棉(6.2.3)。

6.3.2 高频感应加热炉，输出功率不小于 2 kW。

6.3.3 电源稳压器，3 kW。

6.3.4 氧气瓶，装有带流量计的减压阀。

6.3.5 坩埚，直径×高：25 mm×25 mm，并在高于 1 200℃的高温加热炉中灼烧 4 h 或通氧灼烧至空白值为最低。

6.4 取制样

按照 GB/T 4010 的规定进行取制样。试样应全部通过 0.177 mm 筛孔。

6.5 分析步骤

6.5.1 试料量

称取 0.500 g 试料，准确至 0.000 1 g。

6.5.2 空白试验

随同试料做空白试验数次，取其平均值为空白值，其空白值以 0.50 g 试样计算应不大于 0.005%。

6.5.3 分析准备

6.5.3.1 阴极杯中加入 90 mL～100 mL 阴极杯溶液(6.2.9)。

6.5.3.2 阴极杯中先加入粉状碳酸钡(6.2.1)至半满，然后倒入阳极杯溶液(6.2.10)用玻璃棒搅拌，静置后沉淀物高度应超过半透膜，铂电极应全部浸在沉淀物上面的溶液中。

6.5.3.3 参考电极杯中加入参考电极溶液(6.2.11)，并应超过半透膜高度。

6.5.3.4 检查气路，确认不漏气后，按仪器规定的操作进行多次“终点定位”，选定吸收液的 pH 值为 9.5 左右。

6.5.3.5 用于分析试样含碳量相近的标准样品按分析步骤 6.5.4 进行测定，确定“电量补偿”位置。

6.5.4 测定

将试料(6.5.1)置于坩埚(6.3.5)中，覆盖 1.5 g 钨粒(6.2.5)、0.3 g 纯铁(6.2.7)和 0.3 g～0.5 g 锡粒(6.2.6)。

待仪器正常后，控制氧气的流速为 200 mL/min～300 mL/min，按入“电解”、“自复”开关，关闭通往吸收杯活塞，放下炉管密封栓托，将坩埚置于高频感应炉内支承座上，推上炉管栓托密封，打开通往吸收杯活塞，将炉内的空气置换出去，待空白值稳定到最低值，按下高频感应炉高压开关(开始计时)，试样开始燃烧，二氧化碳逐渐被吸收液吸收并进行电解，放回“自复“开关，当高频感应炉板极电流上升到高峰并持续 1min 后，切断高压开关。从开始计时起至二氧化碳被全部吸收液吸收约 4 min～6 min 后，读取脉冲计算，按下“自复”开关，关闭通往吸收杯活塞，放下炉管栓托密封，取出坩埚。

6.5.5 结果计算

按式(4)计算试样中碳的含量(质量分数)：

$$w(\mathrm{C})(\%)=\frac{(A-A_0)\times 0.5\times 10^{-6}}{m}\times 100 \qquad \cdots\cdots(4)$$

式中：

A——试样的脉冲计数；

A_0——试样空白的脉冲计数；

m——试料量，单位为克(g)；

0.5×10^{-6}——每一个脉冲计数相当于碳的质量，单位为克(g)。

6.6 允许差

实验室之间分析结果的差值应不大于表 7 所列允许差。

表 7

%

碳含量(质量分数)	允 许 差
0.010～0.050	0.006
>0.050～0.120	0.008
>0.120～0.400	0.012

7 试验报告

试验报告应包括下列内容：

a) 鉴别试料、实验室和分析日期等资料；

b) 遵守本部分规定的程度；

c) 分析结果及其表示；

d) 测定中观察到的异常现象；

e) 对分析结果可能有影响而本部分未包括的操作，或者任选的操作。

ICS 77.100
H 11

中华人民共和国国家标准

GB/T 5686.7—2008
代替GB/T 5686.7～5686.8—1988、GB/T 7730.8—2000、
GB/T 7730.9—1988、GB/T 8654.10～8654.11—1988

锰铁、锰硅合金、氮化锰铁和金属锰硫含量的测定　红外线吸收法和燃烧中和滴定法

Ferromanganese, ferromanganese-silicon, nitrogen-bearing ferromanganese and manganese metal—Determination of sulfur content—Infrared absorption method and combustion-neutralization method

2008-05-13 发布　　2008-11-01 实施

中华人民共和国国家质量监督检验检疫总局
中国国家标准化管理委员会　发布

前　言

本部分是对 GB/T 5686.7—1988《锰硅合金化学分析方法　红外线吸收法测定硫量》、GB/T 5686.8—1988《锰硅合金化学分析方法　燃烧中和滴定法测定硫量》、GB/T 7730.8—2000《锰铁及高炉锰铁化学分析方法　红外线吸收法测定硫量》、GB/T 7730.9—1988《锰铁及高炉锰铁化学分析方法　燃烧中和滴定法测定硫量》、GB/T 8654.10—1988《金属锰化学分析方法　红外线吸收法测定硫量》和 GB/T 8654.11—1988《金属锰化学分析方法　燃烧中和滴定法测定硫量》的整合修订。

本部分代替 GB/T 5686.7—1988、GB/T 5686.8—1988、GB/T 7730.8—2000、GB/T 7730.9—1988、GB/T 8654.10—1988 和 GB/T 8654.11—1988。

本部分与 GB/T 5686.7—1988、GB/T 7730.8—2000 和 GB/T 8654.10—1988 比较，其主要变化如下：

——方法适用范围规定为锰硅合金、锰铁、氮化锰铁和金属锰；

——助熔剂统一采用锡＋钨。

本部分由中国钢铁工业协会提出。

本部分由冶金工业信息标准研究院归口。

本部分起草单位：四川川投峨眉铁合金(集团)有限责任公司。

本部分主要起草人：唐华应、方艳、张梅玉。

本部分所代替标准的历次版本发布情况为：

——GB/T 5686.7—1988；

——GB/T 5686.8—1988；

——GB/T 7730.8—2000；

——GB/T 7730.9—1988；

——GB/T 8654.10—1988；

——GB/T 8654.11—1988。

锰铁、锰硅合金、氮化锰铁和金属锰硫含量的测定 红外线吸收法和燃烧中和滴定法

警告：使用本部分的人员应有正规实验室工作的实践经验。本部分并未指出所有可能的安全问题。使用者有责任采取适当的安全和健康措施，并保证符合国家有关法规规定的条件。

1 范围

本部分规定了红外线吸收法和燃烧中和滴定法测定锰硅合金、锰铁、高炉锰铁、氮化锰铁、金属锰和电解金属锰中硫含量。

本部分适用于锰硅合金、锰铁、高炉锰铁、氮化锰铁、金属锰和电解金属锰中硫量的测定。其中红外线吸收法适用于锰硅合金、锰铁、高炉锰铁、氮化锰铁、金属锰和电解金属锰中0.005%～0.120%的硫含量(质量分数)的测定；燃烧中和滴定法适用于锰硅合金、锰铁(含高炉锰铁)和金属锰和电解金属锰中0.015%～0.120%的硫含量(质量分数)的测定。

2 规范性引用文件

下列文件中的条款通过本部分的引用而成为本部分的条款。凡是注日期的引用文件，其随后所有的修改单(不包括勘误的内容)或修订版均不适用于本部分，然而，鼓励根据本部分达成协议的各方研究是否可使用这些文件的最新版本。凡是不注日期的引用文件，其最新版本适用于本部分。

GB/T 4010 铁合金化学分析用取样、制样方法

3 方法一：红外线吸收法

3.1 原理

试料于高频感应炉的氧气流中加热燃烧，生成的二氧化硫由氧气载至红外线分析器的测量室，二氧化硫吸收某特定波长的红外能，其吸收能与其浓度成正比，根据检测器接受能量的变化可测得硫量。

3.2 试剂和材料

3.2.1 丙酮，蒸发后的残余物硫量小于0.000 5%。

3.2.2 高氯酸镁，无水，粒状。

3.2.3 烧碱石棉，粒状。

3.2.4 玻璃棉。

3.2.5 钨粒，硫量小于0.000 2%，粒度0.8 mm～1.4 mm。

3.2.6 锡粒，硫量小于0.000 3%，粒度0.4 mm～0.8 mm。必要时应用丙酮(3.2.1)清洗表面。

3.2.7 氧气，纯度大于99.95%，其他级别氧气若能获得低而一致的空白时，也可以使用。

3.2.8 动力气源，氮气或压缩空气，其杂质(水和油)含量小于0.5%。

3.2.9 坩埚，直径×高23 mm×23 mm或25 mm×25 mm，并在高于1 200℃的高温加热炉中灼烧4 h或通氧灼烧至空白值为最低。

3.2.10 坩埚钳。

3.3 仪器

3.3.1 红外线吸收定硫仪(灵敏度为0.1×10^{-6})，其装置如图1。

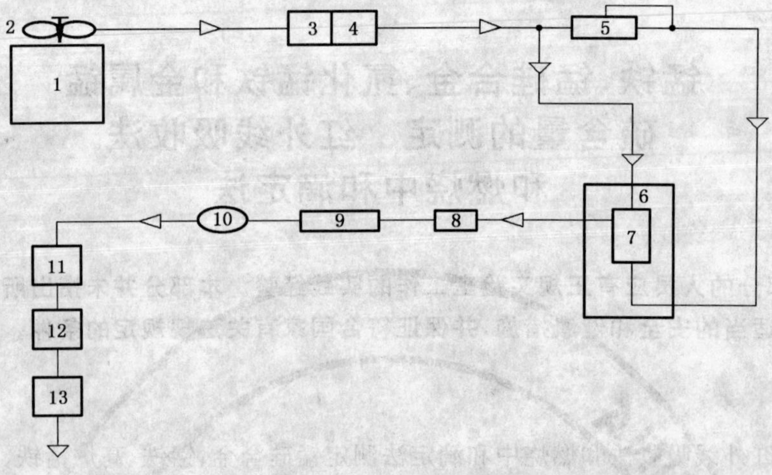

1——氧气瓶；

2——二级压力调节器；

3——洗气瓶；

4,9——干燥管；

5——压力调节器；

6——高频感应炉；

7——燃烧管；

8——除尘器；

10——流量控制器；

11、12、13——二氧化硫红外检测器。

图 1

3.3.1.1 洗气瓶，内装碱石棉(3.2.3)。

3.3.1.2 干燥管，内装高氯酸镁(3.2.2)。

3.3.2 气源

3.3.2.1 载气系统包括氧气容器、两级压力调节器及保证供给合适压力和额定流量的时序控制部分。

3.3.2.2 动力气源系统包括动力气(3.2.8)、两级压力调节器及保证供给合适压力和额定流量的时序控制部分。

3.3.3 高频感应炉

应满足试样熔融温度的要求。

3.3.4 控制系统

3.3.4.1 微处理机系统包括控制中央处理机、存储器、键盘输入设备、信息中心显示屏及分析结果打印机等。

3.3.4.2 控制功能包括自动装卸坩埚和炉台升降、自动清扫、分析条件选择设置、分析过程的监控和报警中断、分析数据的采集、计算、校正及处理等。

3.3.5 测量系统

主要由微处理机控制的电子天平(感量不大于 0.001 g)、红外线分析器及电子测量元件组成。

3.4 取制样

按照 GB/T 4010 的规定进行取制样。锰硅合金试样应通过 0.125 mm 筛孔，锰铁、高炉锰铁、电解金属锰试样应通过 0.149 mm 筛孔，金属锰试样应通过 0.177 mm 筛孔。

3.5 分析步骤

3.5.1 试料量

按表1称取试料,准确至0.001 g。

表1

红外线吸收法硫含量/%	试料量/g
锰硅合金	0.200
锰铁、氮化锰铁	0.200
金属锰	0.500

3.5.2 空白试验

称取1.800 g钨粒(3.2.5),置于预先盛有0.300 g锡粒(3.2.6)的坩埚(3.2.9)内,按3.5.5进行测定。重复足够次数,记录最小的、比较稳定一致的三次读数,计算平均值并输入到仪器中,在测定试样时仪器会自动扣除空白值。

3.5.3 分析准备

调试检查仪器,使仪器处于正常稳定状态,并选用最佳分析条件。

3.5.4 校正试验

根据待测试样的含硫量,选相应的量程及通道,并选三个同类型有证标准物质(待测试样含硫量应落在所选三个有证标准物质含硫量的范围内)依次进行校正,确认系统的线性。校正后测定的有证标准物质的结果波动均应在允许差范围内。

3.5.5 测定

称取适量(表1)试料置于预先盛有0.300 g锡粒(3.2.6)的坩埚(3.2.9)内,依次均匀覆盖1.800 g钨粒(3.2.5),进行分析测定,分析并读取结果。

3.6 允许差

实验室之间分析结果的差值应不大于表2所列允许差。

表2 允许差

%

硫含量(质量分数)	允 许 差
0.005~0.015	0.002
>0.015~0.025	0.003
>0.025~0.045	0.004
>0.045~0.070	0.006
>0.070~0.120	0.008

4 方法二:燃烧中和滴定法

4.1 原理

试料于高温下通氧燃烧,使硫全部氧化为二氧化硫,吸收于过氧化氢溶液中,使其成为硫酸,用氢氧化钠标准溶液滴定。计算出硫的含量。

4.2 试剂和材料

本部分中所用水均为煮沸驱尽二氧化碳并已冷却的蒸馏水。

4.2.1 氧气，纯度大于99.5%。

4.2.2 高温燃烧管，(20 mm～24 mm)×600 mm。

4.2.3 瓷舟，应预先于1 400℃管式燃烧管中通氧灼烧5 min，冷却备用。

4.2.4 助熔剂，锡粒、纯铁、五氧化二钒等。助熔剂中含硫量应小于0.001%。

4.2.5 硅胶、活性氧化铝或高氯酸镁。

4.2.6 碱石灰或氢氧化钠，粒状。

4.2.7 铬酸饱和的硫酸溶液，于硫酸(ρ1.84 g/mL)中加重铬酸钾或铬酸酐至饱和，使用其上部澄清溶液。

4.2.8 吸收液，移取3.5 mL过氧化氢(ρ1.10 g/mL)用水稀至1 000 mL，混匀。

4.2.9 混合指示剂，称取0.125 0 g甲基红和0.086 0 g次甲基蓝，用无水乙醇溶解并稀释至100 mL，混匀。

4.2.10 氨基磺酸标准溶液

称取0.100 0 g预先在真空硫酸干燥器中干燥约48 h、纯度大于99.90%的氨基磺酸(NH_2SO_3H)于300 mL烧杯中，加30 mL水使之完全溶解，移入500 mL棕色容量瓶中，用水稀至刻度，混匀。

4.2.11 氢氧化钠标准滴定溶液，c(NaOH)=0.05 mol/L。

4.2.11.1 配制：称取0.200 0 g氢氧化钠溶解于1 000 mL水中，加入1 mL新配制的氢氧化钡饱和溶液，混匀，隔绝二氧化碳放置2 d～3 d，使用时取其上部澄清溶液。

4.2.11.2 标定：移取20.00 mL氨基磺酸标准溶液(4.2.10)，置于250 mL锥形瓶中，加入100 mL水、10滴溴百里香酚蓝指示剂(1 g/L)，立即用氢氧化钠标准滴定溶液(4.2.11.1)滴定至溶液由黄色变为纯蓝色并保持30 s不褪色为终点。

用120 mL水按4.2.11.2中自加入10滴溴百里香酚蓝指示剂(1 g/L)起做空白试验。

4.2.11.3 计算：按下式(1)计算氢氧化钠标准滴定溶液的浓度

$$c=\frac{40\times m\times f}{97.093\times(V-V_0)} \qquad \cdots\cdots(1)$$

式中：

c——氢氧化钠标准滴定溶液的浓度，单位为摩尔每升(mol/L)；

m——氨基磺酸的称取量，单位为克(g)；

f——氨基磺酸的质量分数；

V——标定时所消耗的氢氧化钠标准滴定溶液的体积，当三份的极差不大于0.10 mL时取平均值，单位为毫升(mL)；

V_0——标定时试剂空白试验所消耗的氢氧化钠标准滴定溶液的体积，单位为毫升(mL)；

97.093——氨基磺酸的摩尔质量，单位为克每摩尔(g/mol)。

4.3 仪器和设备

4.3.1 定硫装置见图2。

4.3.2 吸收瓶见图3。

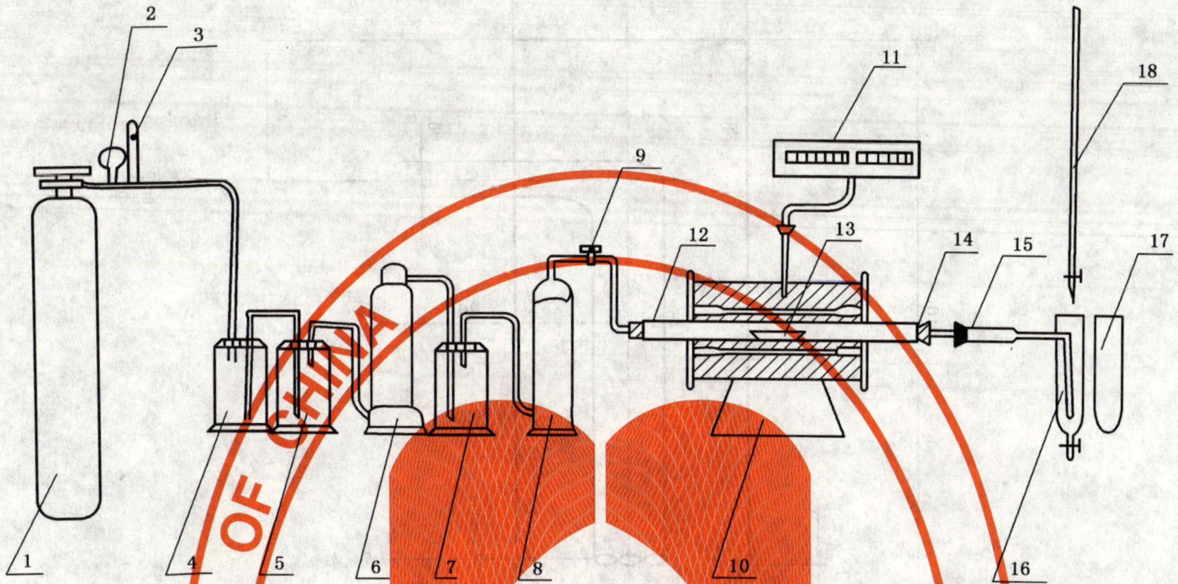

1——氧气瓶；

2——氧气压力表；

3——流量计；

4——缓冲瓶；

5——洗气瓶，内盛铬酸饱和硫酸；

6——干燥塔，内盛碱石灰或氢氧化钠(粒状)；

7——洗气瓶，内盛硫酸(ρ1.84 g/mL)；

8——干燥塔，内盛硅胶、活性氧化铝；

9——两通活塞；

10——高温燃烧炉(长约 300 mm)；

11——自动温度控制器(附热电偶)，控制炉温在 1 400℃～1 450℃；

12——高温燃烧管；

13——瓷舟；

14——硅胶塞；

15——干燥管；

16——吸收瓶(不带浮珠)；

17——参比液；

18——微量滴定管。

图 2

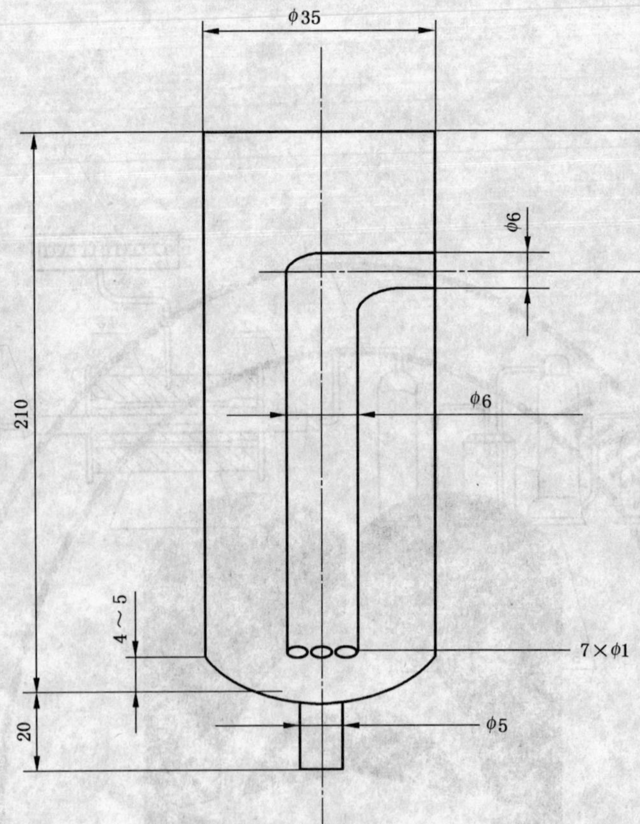

图 3

4.4 取制样

按照 GB/T 4010 的规定进行取制样。锰硅合金、高炉锰铁试样应通过 0.125 mm 筛孔，中低碳锰铁、电解锰试样应通过 0.149 mm 筛孔，金属锰试样应通过 0.177 mm 筛孔。

4.5 分析步骤

4.5.1 试料量

称取 0.50 g 试料，准确至 0.001 g，并按表 3 加助熔剂。

表 3

类　别	助熔剂加入量/g
锰硅合金	0.50 g 锡粒或 0.25 g 五氧化二钒
中、低碳锰铁	—
高碳、高炉锰铁	1.00 g 锡粒＋0.25 g 纯铁
金属锰	—

4.5.2 空白试验

随同试料做空白试验。

4.5.3 分析准备

4.5.3.1 连接定硫装置各部分并检查气密性，加热高温燃烧管(12)使管内温度升至 1 400℃～1 450℃。

4.5.3.2 移取 40 mL 吸收液(4.2.8)于吸收瓶(16)中，加入 5 滴混合指示剂(4.2.9)，以 700 mL/min～900 mL/min流量通氧约 5 min，以赶尽溶液中二氧化碳。此时溶液若呈红紫色，则滴加氢氧化钠标准滴定溶液(4.2.11)至溶液为亮绿色。

4.5.4 测定

4.5.4.1 将试料(4.5.1)置于瓷舟(4.2.3)中,推入高温燃烧管(12)的中心高温部分,立即塞紧硅胶塞(14),特别注意密封,稍稍通入氧气使吸收液不回流。

4.5.4.2 锰硅合金适用:以 200 mL/min 的流量通入氧气使试料燃烧 3 min,再以 700 mL/min～900 mL/min 的氧气流量(入口流量)导入吸收瓶(16),使二氧化硫被吸收。燃烧 10 min 后用氢氧化钠标准滴定溶液(4.2.11)滴定溶液由红紫色变为亮绿色,然后以 1 000 mL/min～1 200 mL/min 的氧气流量由两通活塞(9)控制间歇通氧 5 min,如溶液呈红紫色,继续用氢氧化钠标准滴定溶液(4.2.11)滴定至亮绿色,停止通氧。用上述吸收液洗涤干燥管(15)及连接部位的管道,导入吸收瓶中,如溶液呈红紫色,继续用氢氧化钠标准滴定溶液(4.2.11)滴定至亮绿色为终点。

锰铁适用:以 200 mL/min 的流量通入氧气使试料燃烧 5 min,再以 700 mL/min～900 mL/min 的氧气流量(入口流量)导入吸收瓶(16),使二氧化硫被吸收。燃烧 10 min 后用氢氧化钠标准滴定溶液(4.2.11)滴定溶液由红紫色变为亮绿色,然后以 1 000 mL/min～1 200 mL/min 的氧气流量由两通活塞(9)控制间歇通氧 5 min,如溶液呈红紫色,继续用氢氧化钠标准滴定溶液(4.2.11)滴定至亮绿色,停止通氧。用上述吸收液洗涤干燥管(15)及连接部位的管道,导入吸收瓶中,如溶液呈红紫色,继续用氢氧化钠标准滴定溶液(4.2.11)滴定至亮绿色为终点。

金属锰适用:立即以 700 mL/min～900 mL/min 的氧气流量(入口流量)导入吸收瓶(16),使二氧化硫被吸收。燃烧 10 min 后用氢氧化钠标准滴定溶液(4.2.11)滴定溶液由红色变为亮绿色,然后以 1 000 mL/min～1 200 mL/min 的氧气流量由两通活塞(9)控制间歇通氧 5 min,如溶液呈红紫色,继续用氢氧化钠标准滴定溶液(4.2.11)滴定至亮绿色,停止通氧。用上述吸收液洗涤干燥管(15)及连接部位的管道,导入吸收瓶中,如溶液呈红紫色,继续用氢氧化钠标准滴定溶液(4.2.11)滴定至亮绿色为终点。

4.5.5 结果计算

按式(2)计算试样中硫的含量(质量分数):

$$w(\mathrm{S})(\%)=\frac{(V_1-V_2)\times c\times 0.016\,03}{m}\times 100 \qquad \cdots\cdots(2)$$

式中:

c——氢氧化钠标准滴定溶液的浓度,单位为摩尔每升(mol/L);

V_1——滴定试料溶液时所消耗的氢氧化钠标准滴定溶液的体积,单位为毫升(mL);

V_2——滴定空白溶液时所消耗的氢氧化钠标准滴定溶液的体积,单位为毫升(mL);

m——试料量,单位为克(g);

0.016 03——1.00 mL 1.000 mol/L 氢氧化钠标准滴定溶液相当于硫的摩尔质量,单位为克每摩尔(g/mol)。

4.6 允许差

实验室之间分析结果的差值应不大于表 4 所列允许差。

表 4 允许差

%

硫含量(质量分数)	允 许 差
0.015～0.025	0.003
>0.025～0.045	0.004
>0.045～0.070	0.006
>0.070～0.120	0.008

5 试验报告

试验报告应包括下列内容：

a） 鉴别试料、实验室和分析日期等资料；

b） 遵守本部分规定的程度；

c） 分析结果及其表示；

d） 测定中观察到的异常现象；

e） 对分析结果可能有影响而本部分未包括的操作，或者任选的操作。

ICS 13.180
A 25

中华人民共和国国家标准

GB/T 5699—2008
代替 GB/T 5699—1985、GB/T 13378—1992

采光测量方法

Method of daylighting measurements

2008-07-16 发布　　　　2009-01-01 实施

中华人民共和国国家质量监督检验检疫总局
中国国家标准化管理委员会　发布

前　言

本标准代替 GB/T 5699—1985《采光测量方法》和 GB/T 13378—1992《晴天采光测量方法》。

本标准与 GB/T 5699—1985 和 GB/T 13378—1992 相比主要变化如下：

——将原《晴天采光测量方法》作为资料性附录；

——在第 5 章中增加了照度计和亮度计的量程要求，并提高了测量精度的要求；

——在第 5 章中增加了光谱辐射计的要求；

——在第 6 章中将原有工作面高度由 1 m 改为 0.8 m；

——在第 8 章中增加了采用亮度计和标准白板测量漫反射比的方法；

——在第 8 章中增加了材料颜色参数测量的内容；

——删除了太阳光直射照度测量的内容。

本标准的附录 A 和附录 B 为资料性附录。

本标准由全国人类工效学标准化技术委员会提出并归口。

本标准起草单位：中国建筑科学研究院、中国标准化研究院、中国南玻集团股份有限公司、浙大三色仪器有限公司。

本标准主要起草人：林若慈、张欣、罗涛、赵跃进、许武毅、冉令华、牟同升、刘太杰、张滨。

本标准所代替标准的历次版本发布情况为：

——GB/T 5699—1985。

——GB/T 13378—1992。

采光测量方法

1 范围

本标准规定了采光测量的仪器,采光系数、照度、亮度及材料光学参数的测量方法。本标准适用于各类建筑的采光测量。

2 规范性引用文件

下列文件中的条款通过本标准的引用而成为本标准的条款。凡是注日期的引用文件,其随后所有的修改单(不包括勘误的内容)或修订版均不适用于本标准,然而,鼓励根据本标准达成协议的各方研究是否可使用这些文件的最新版本。凡是不注日期的引用文件,其最新版本适用于本标准。

GB/T 5697 人类工效学照明术语

GB/T 5702 光源显色性评价方法

GB/T 11942 彩色建筑材料色度测量方法

GB 50033 建筑采光设计标准

JGJ/T 119 建筑照明术语标准

JJG 211 亮度计

JJG 245 光照度计

ISO 15469:2004/CIE S 011:2003 天空亮度分布 CIE 标准天空

3 术语和定义

GB/T 5697、JGJ/T 119 规定的及下列术语和定义适用于本标准。

3.1

(光)照度 illuminance

E

表面上一点处的光照度是入射在包含该点的面元上的光通量($d\Phi$)除以该面元面积(dA)之商,单位为勒克斯(lx),

$$E=\frac{d\Phi}{dA}$$

3.2

(光)亮度 luminance

L

由公式 $L=d\Phi/(dA\cdot\cos\theta\cdot d\omega)$ 定义的量,单位为坎德拉每平方米(cd/m^2)。

式中:

$d\Phi$——由指定点的光束元在包含指定方向的立体角 $d\omega$ 内传播的光通量,单位为流明(lm);

dA——包括给定点的光束截面积,单位为平方米(m^2);

θ——光束截面法线与光束方向间的夹角,单位为度(°);

$d\omega$——指定方向的立体角。

3.3

反射比 reflectance

ρ

在入射光线的光谱组成、偏振状态和几何分布指定条件下,反射的光通量与入射光通量之比。

3.4

透射比　transmittance

τ

在入射光线的光谱组成、偏振状态和几何分布指定条件下，透射的光通量与入射光通量之比。

3.5

显色指数　colour rendering index

R

光源显色性的度量。用被测光源下物体颜色和参考标准光源下物体颜色的相符合程度来表示。

3.6

CIE 一般显色指数　CIE　general colour rendering index

R_a

光源对 CIE 规定的八种标准颜色样品特殊显色指数的平均值，通称显色指数。

3.7

采光系数　daylight factor

DF

在室内给定平面上的一点，由直接或间接地接收来自假定和已知天空亮度分布的天空漫射光而产生的照度与同一时刻该天空半球在室外无遮挡水平面上产生的天空漫射光照度之比。

3.8

采光均匀度　uniformity ratio of daylighting

假定工作面上的采光系数的最低值与平均值之比。

3.9

（色刺激的）三刺激值　tristimulus values (of a colour stimulus)

在给定的三色系统中，与所考虑刺激达到色匹配所需要的三参比色刺激量。在 CIE 标准色度系统中，用符号 X、Y、Z 和 X_{10}、Y_{10}、Z_{10} 表示三刺激值。

3.10

色品坐标　chromaticity coordinates

每个三刺激值与其总和之比。在 X、Y、Z 色度系统中，由三刺激值可算出色品坐标 x、y、z。

3.11

色品　chromaticity

用 CIE 标准色度系统所表示的颜色性质。由色品坐标定义的色刺激性质。

4　一般要求

4.1　测量目的

为确定维护和改善采光的措施，以保障视觉工作要求和节省能源，应进行采光测量。

a)　检验采光设施与 GB 50033 的符合情况。

b)　检验采光设施与设计方案的符合情况。

c)　进行采光设施采光效果的比较。

d)　测量采光设施随时间和环境变化的情况。

4.2　测量条件

4.2.1　应在建筑使用情况下进行采光测量。

4.2.2 采光测量所用的检测仪器应在检定的有效期内。

4.2.3 操作人员应熟悉检测仪器的操作，并严格按照操作规程进行测量。

4.2.4 操作人员应着深色衣服，并远离接收器，以防止对接收器产生遮挡和反射。

4.2.5 测量室内照度时，应熄灭人工照明。

5 测量仪器

5.1 [光]照度计

5.1.1 用于采光测量的照度计的接收器(探头)宜为硅光电池。

5.1.2 采光测量所使用的照度计(指针式或数字式)精度要求不宜低于一级。

5.1.3 照度计的量程应满足 0.1 lx～10^5 lx。

5.1.4 照度计的检定应按 JJG 245 进行。

5.2 [光]亮度计

5.2.1 采光测量应采用光电式亮度计和其他符合精度要求的亮度计。

5.2.2 亮度测量所使用的亮度计精度要求不宜低于一级。

5.2.3 亮度计的量程应满足 0.1 cd/m^2～10^5 cd/m^2。

5.2.4 亮度计的检定应按 JJG 211 进行。

5.3 光谱辐射计

5.3.1 材料颜色参数现场检测仪器应采用光谱辐射计。

5.3.2 用于现场测量的光谱辐射计应满足以下规定：

a) 波长范围：380 nm～780 nm，测光重复性应在 1%以内；

b) 波长精度：≤±2.0 nm；

c) 光谱带宽：≤8 nm；

d) 光谱测量间隔：≤5 nm；

e) 仪器可直接测量物体的三刺激值和色品坐标；

f) 对 A 光源的颜色精度：±0.001 5x，±0.001 5y。

6 采光系数测量

6.1 测量要求

6.1.1 采光系数测量的天空条件应选择 ISO 15469:2004/CIE S011:2003 标准规定的 CIE 标准全阴天。晴天条件下的采光测量可参考附录 B。

全阴天天空亮度分布应满足式(1)的要求：

$$L_\theta = \frac{1+2\sin\theta}{3}L_Z \qquad \cdots\cdots(1)$$

式中：

L_θ——天空某点的亮度，单位为坎德拉每平方米(cd/m^2)；

θ——天空某点的高度角，单位为度(°)；

L_Z——天顶亮度，单位为坎德拉每平方米(cd/m^2)。

6.1.2 照度测量应选在一天内照度相对稳定的时间内进行，一般选取当地时间上午 10 时至下午 2 时。

6.1.3 室外照度与室内照度的测量应同时进行。

6.1.4 测量时接收器应水平放置，或平放在实际工作面上。

6.1.5 使用光电式照度计时，测量前应使接收器曝光 2 min 后，方可开始测量。

6.2 室外照度测量

6.2.1 室外测点布置

测量室外照度应选择周围无遮挡的空地或建筑物的屋顶。接收器应置于与周围建筑物或其他遮挡物的距离大于遮挡物高度的六倍处，即 l 与 h 之比大于 6，如图 1 所示。

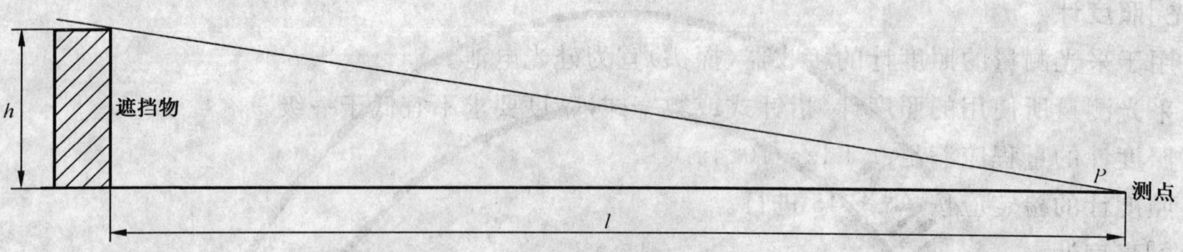

图 1 建筑物遮挡示意图

6.2.2 室外照度应测量室外水平面全天空扩散(漫射)光照度。

6.3 室内照度测量

室内测点布置应满足下列要求：

a) 测量室内照度时，应取距地面 0.8 m 高的水平面为假定工作面；通道可取地面或距地 0.15 m 的水平面，也可根据实际情况选定其他工作面。

b) 测点位置应根据采光口的布置选取。对于侧面采光，测点位于建筑物典型剖面和假定工作面相交的位置，应选二个以上的典型横剖面(Ⅰ、Ⅱ)。顶部采光时，可增测二个以上典型纵剖面(Ⅲ、Ⅳ)，如图 2 所示。

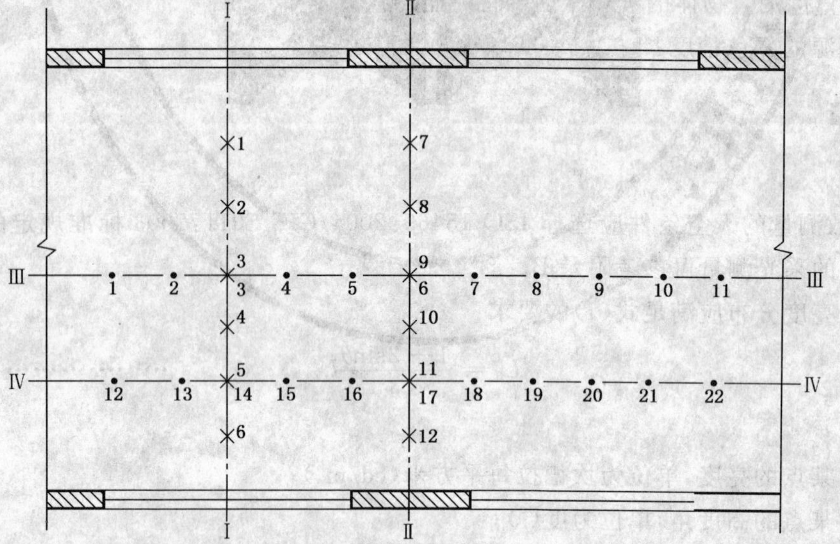

图 2 典型剖面布点图(Ⅰ～Ⅳ剖面)

c) 根据需要也可选室内代表区域或整个室内等间距布点进行测量，将测量区域划分成矩形网格，网格宜为正方形，应在矩形网格中心点测量照度，如图 3 所示。

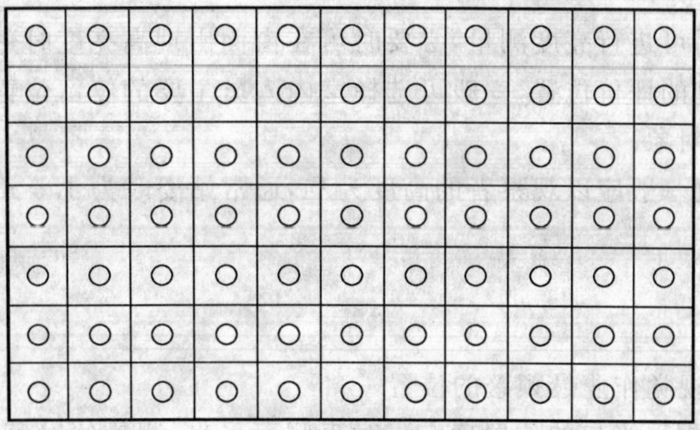

图 3　等间距布点图

d)　测点间距可取 2 m～4 m，对于小面积的房间可取 0.5 m～1 m 间距。

e)　测点离墙或柱的距离应为 0.5 m～1 m。单侧采光时应在距内墙 1 m 处设一测点，双侧采光时应在横剖面中间设一测点。走廊、通道、楼梯处的测点，在长度方向的中心线上可按 1 m～2 m 的间隔布置。

6.4　采光系数和采光均匀度的计算

室内某点的采光系数可按式(2)计算：

$$C_i = \frac{E_i}{E_0} \times 100\% \qquad \cdots\cdots(2)$$

式中：

C_i——该点的采光系数，用百分比(%)表示；

E_i——室内该点的照度，单位为勒克斯(lx)；

E_0——与该点同时测量的室外漫射光照度，单位为勒克斯(lx)。

采光系数平均值可按式(3)计算：

$$C_{ave} = \frac{1}{M \times N} \sum C_i \qquad \cdots\cdots(3)$$

式中：

C_{ave}——采光系数平均值，用百分比(%)表示；

C_i——在第 i 个测点上的采光系数，用百分比(%)表示；

M——纵向测点数；

N——横向测点数。

采光均匀度为 C_{min} 与 C_{ave} 之比，可按式(4)计算：

$$U = \frac{C_{min}}{C_{ave}} \qquad \cdots\cdots(4)$$

式中：

C_{min}——采光系数最低值，用百分比(%)表示；

C_{ave}——采光系数平均值，用百分比(%)表示；

U——采光均匀度。

7　亮度测量

7.1　测量内容

亮度测量包括对工作对象和周围背景亮度的测量，应分别测量室内各表面(窗、墙、顶棚、地面、室内设施和工作面)的亮度，并记录工作对象的表面特征、入射光的方向及观察者的相对位置。

7.2 测量要求

7.2.1 在测量采光系数时可进行亮度测量，必要时可在窗面出现高亮度时进行测量。

7.2.2 测量时应选择典型的评价位置，一般可选择室内人员主要的停留位置、工作区域等，测量对象应选择室内人员的主要视看对象。

7.2.3 亮度计的放置高度一般应以观察者的高度为准，通常站姿时为 1.5 m，坐姿时为 1.2 m，特殊场合，应按实际情况确定。

7.3 窗亮度测量

7.3.1 测量位置

a) 测量位置可选择视觉作业最频繁的位置。

b) 测量位置也可根据采光口的位置确定。对于侧面采光，测量位置可沿窗中轴线向内墙方向均匀布置，测量位置不宜少于 3 个。当侧面采光口为多个时，窗间墙的中轴线上也应布置测量位置，测量位置不宜少于 3 个。

c) 单侧采光时应在窗(及窗间墙)中轴线上距窗对面内墙 1 m 处设一测量位置。

7.3.2 测量方法

a) 测量窗亮度时，应对透过窗的天空、遮挡物、地面和窗框等分别进行测量，并估算它们所占的窗面积比。

b) 如透过窗所看到的各部分面积大时，应选择多点测量求其平均值。

c) 窗的平均亮度可通过天空、遮挡物和地面的亮度加权平均计算得到。

7.4 室内各表面亮度测量

7.4.1 测量位置可选择视觉作业最频繁的位置。

7.4.2 应选择人眼经常注视的表面测量亮度。

7.4.3 亮度测量点应在各表面上均匀选取，被测面的平均亮度为各测点亮度的算术平均值。

8 材料光学参数测量

8.1 测量内容

a) 室内墙面、顶棚、地面等饰面材料和主要设备的反射比；

b) 采光材料透射比；

c) 材料的颜色特性参数。

8.2 反射比的测量

8.2.1 用亮度计和标准白板测量漫反射面反射比

选择漫反射表面不受直接光影响的区域，将标准白板紧贴在该区域的某一位置，使用亮度计测量白板的亮度 L_w，然后移走白板，再使用亮度计测量同一位置的被测表面的亮度 L。

可按式(5)求出反射比：

$$\rho = \rho_w \frac{L}{L_w} \qquad \cdots\cdots(5)$$

式中：

ρ_w——标准白板的反射比；

L——被测表面的亮度，单位为坎德拉每平方米(cd/m^2)；

L_w——标准白板的亮度，单位为坎德拉每平方米(cd/m^2)。

8.2.2 用照度计测量室内表面反射比

选择不受直接光影响的被测表面位置(例如，被测位置不宜选择在狭的窗间墙、近窗的侧墙等处)，将照度计接收器紧贴被测表面的某一位置，测其入射照度 E_R，然后将接收器感光面对准同一被测表面的原来位置，逐渐平移离开，待照度稳定后，读取反射照度 E_f，测量示意图如图 4 所示。

可按式(6)求得反射比：

$$\rho=\frac{E_f}{E_R} \qquad \cdots\cdots(6)$$

式中：

E_f——反射照度，单位为勒克斯(lx)；

E_R——入射照度，单位为勒克斯(lx)。

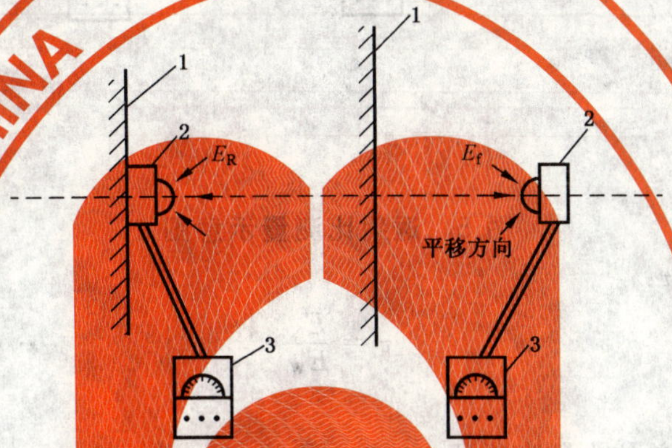

1——被测表面；

2——接收器；

3——照度计。

图 4　反射比测量示意图

8.2.3　用照度计和亮度计测量漫反射面反射比

选择漫反射表面不受直接光影响的区域，将照度计接收器紧贴在该区域的某一位置，测其照度 E，然后再使用亮度计测量同一位置的亮度 L。

可按式(7)求得反射比：

$$\rho=\frac{\pi L}{E} \qquad \cdots\cdots(7)$$

式中：

L——被测表面的亮度，单位为坎德拉每平方米(cd/m^2)；

E——被测表面的照度，单位为勒克斯(lx)。

8.2.4　每个被测表面一般选取 3～5 个测点，然后求其算术平均值，作为该被测面的反射比。

8.2.5　材料反射比也可用便携式反射比计测量。

8.3　透射比的测量

8.3.1　用照度计测量采光材料的透射比

在天空扩散光的情况下，将照度计的接收器分别贴在被测窗透光材料的内、外两面，两测点应在同一轴心上。分别读取内、外两测点的照度值，如图 5 所示。

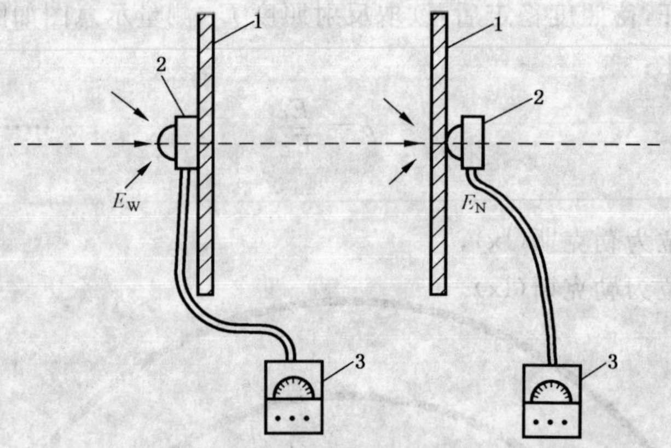

1——被测透光材料；

2——接收器；

3——照度计。

图5 透射比测量示意图

可按式(8)求出透射比 τ：

$$\tau = \frac{E_N}{E_W} \qquad \cdots\cdots(8)$$

式中：

E_N——内测点的照度，单位为勒克斯(lx)；

E_W——外测点的照度，单位为勒克斯(lx)。

8.3.2 测量透射比时，可选取3～5块具有代表性位置的窗透光材料作试件。

8.3.3 每块透光材料可选一个测点或多个测点，取各测点的透射比的算术平均值作为采光材料的透射比。

8.3.4 材料的反射比或透射比可在实验室用分光光度计精密测量。

8.4 材料颜色参数的测量

8.4.1 材料色度的测量

a) 室内墙面、顶棚、地面等饰面材料和主要设备表面的颜色特性可用色品坐标表示，色品坐标可用光谱辐射计测量。

b) 每个被测表面一般可选取3～5个测量点。

c) 应利用光谱辐射计分别测量各点的色品坐标，取其算术平均值作为被测表面的色品坐标。

d) 测量方法参照GB/T 11942相关规定。

8.4.2 透明材料颜色透视性能的测量

透明材料的颜色透视性能可用标准照明体D65透过材料后的一般显色指数表示。

a) 透明材料的颜色透视性能可用光谱辐射计测量。

b) 测量方法可参照8.3.1，分别读取内、外两测点的光谱辐射度，得到材料的光谱透射比。

c) 颜色透视性能的计算可参照GB/T 5702。

9 测量结果

9.1 基本情况

资料整理中应记录以下各项(见表A.1)：

a) 测量场所名称；

b) 测量场所的平面图、剖面图以及方位(包括采光口)；

c) 采光口面积和窗地面积比；

d） 被测房间的维护情况和污染程度；

e） 测量时的天气状况；

f） 测量地点周围建筑物和树木的遮挡情况；

g） 仪器型号和编号、校正和检定日期；

h） 采光效果评价；

i） 测量日期、起止时间和测量人。

9.2 全阴天采光测量

9.2.1 全阴天采光测量结果应包括以下各项(见表 A.2)：

a） 测量场所名称；

b） 测量时的天空状况；

c） 测量高度和测点布置；

d） 照度计型号和编号；

e） 室内外照度和采光系数测量结果；

f） 测量日期、起止时间和测量人。

9.2.2 采光系数最低值应取典型剖面和假定工作面或地面交线上测点数值中的最低值。遇有明显的设备遮挡时，可取相邻无遮挡测点上的采光系数值。

9.2.3 采光系数的平均值应取典型剖面与假定工作面交线上各测点的算术平均值。

9.2.4 绘制典型剖面的采光系数曲线图。根据测点位置应分别画在横剖面或纵剖面图上。纵坐标为采光系数值，横向为各点的位置，将各对应点采光系数值连成光滑曲线即可得出采光系数曲线图。

9.2.5 绘制等采光系数图。在被测建筑的平面上标出窗口位置，并画出等系数曲线图。

9.3 亮度测量

9.3.1 亮度测量结果应包括以下各项(见表 A.3)：

a） 测量场所名称；

b） 测量时的天空状况；

c） 测量位置及测点布置示意图；

d） 亮度计型号和编号；

e） 各表面及窗亮度测量结果；

f） 测量日期、起止时间和测量人。

9.3.2 绘制室内亮度分布图时，各表面亮度可直接标在室内的透视图上，也可标在拍摄的照片上，亮度比应是工作对象或窗的亮度与周围背景的亮度之比。

9.4 材料光学参数测量

材料光学参数测量结果应包括以下各项(见表 A.4)：

a） 测量场所名称；

b） 仪器的型号和编号；

c） 材料反射比和透射比测量结果；

d） 材料颜色参数测量结果；

e） 测量日期、起止时间和测量人。

附 录 A
（资料性附录）
采光测量记录表格

表 A.1 采光测量基本情况记录表

<table>
<tr><td rowspan="2">场所名称</td><td colspan="2" rowspan="2"></td><td>测试时间</td><td colspan="2"></td></tr>
<tr><td>天气状况</td><td colspan="2"></td></tr>
<tr><td>仪器型号及编号
检定日期</td><td colspan="2"></td><td>温　度</td><td colspan="2"></td></tr>
<tr><td>结构类型</td><td></td><td>墙面材料、颜色
（反射比）</td><td></td><td></td><td></td></tr>
<tr><td>采光型式</td><td></td><td>顶棚材料、颜色
（反射比）</td><td></td><td></td><td></td></tr>
<tr><td>窗结构材料</td><td></td><td>地面材料、颜色
（反射比）</td><td></td><td></td><td></td></tr>
<tr><td>维护情况</td><td></td><td>采光材料
（透射比）</td><td></td><td></td><td></td></tr>
<tr><td>窗口与地面面积</td><td colspan="3">侧窗口面积：　　m^2　　窗口与地面面积比
天窗口面积：　　m^2　　窗口与地面面积比
地面面积：　　m^2　　窗口与地面面积比</td><td>采光效果
评价</td><td></td></tr>
<tr><td>室外遮挡情况</td><td colspan="5"></td></tr>
<tr><td colspan="6">平剖面图（注明：方位、尺寸）</td></tr>
<tr><td>测量人</td><td colspan="5"></td></tr>
</table>

表 A.2 全阴天采光测量照度记录表

场所名称							
仪器型号及编号 检定日期		室内		测量时间		天空状况	
		室外					
剖面	Ⅰ	测点					
		内	实测值/lx				
			校正值/lx				
		外	实测值/lx				
			校正值/lx				
		C 值/%					
	Ⅱ	测点					
		内	实测值/lx				
			校正值/lx				
		外	实测值/lx				
			校正值/lx				
		C 值/%					
采光系数平均值 C_{ave}/%			采光系数最低值 C_{min}/%		采光均匀度		
测点布置及采光系数分布示意图							
测量人							

表 A.3 表面亮度记录表

场所名称			测量时间		
仪器型号及编号 检定日期			天空状况		
表面名称	材料	颜色	$L/(cd/m^2)$		
			测点 1	测点 2	测点 3
墙面					
顶棚					
地面					
墙裙					
工作面					
家具					
作业对象表面					
采光口					
阳光照射表面					
测量位置及亮度分布示意图					
测量人					

表 A.4 材料光学性能记录表

场所名称			仪器型号及编号 检定日期		测量时间		天空状况		
表面名称	材料	颜色	测点编号	$E_R(L_W)$/ lx(cd/m^2)	$E_f(L)$/ lx(cd/m^2)	反射比 ρ	色品坐标		平均值
							x	y	
墙面			1						
			2						
			3						
顶棚			1						
			2						
			3						
地面			1						
			2						
			3						
工作面/家具			1						
			2						
			3						
表面名称	材料	测点编号	E_N/文件号	E_W/文件号	透射比 τ	平均值	颜色透视性能 R_a		
窗		1							
		2							
		3							
测量人									

表 A.5 晴天采光测量照度记录表

<table>
<tr><td colspan="3">场所名称</td><td colspan="6"></td></tr>
<tr><td colspan="3" rowspan="2">仪器型号及编号
检定日期</td><td>室内</td><td></td><td rowspan="2">测量
时间</td><td rowspan="2"></td><td rowspan="2">天空
状况</td><td rowspan="2"></td></tr>
<tr><td>室外</td><td></td></tr>
<tr><td rowspan="10">剖面</td><td rowspan="5">Ⅰ</td><td colspan="2">测点</td><td>1</td><td>2</td><td>3</td><td colspan="2">4</td></tr>
<tr><td rowspan="2">内</td><td>实测值/lx</td><td></td><td></td><td></td><td colspan="2"></td></tr>
<tr><td>校正值/lx</td><td></td><td></td><td></td><td colspan="2"></td></tr>
<tr><td rowspan="2">外</td><td>实测值/lx</td><td></td><td></td><td></td><td colspan="2"></td></tr>
<tr><td>校正值/lx</td><td></td><td></td><td></td><td colspan="2"></td></tr>
<tr><td rowspan="5">Ⅱ</td><td colspan="2">测点</td><td>1</td><td>2</td><td>3</td><td colspan="2">4</td></tr>
<tr><td rowspan="2">内</td><td>实测值/lx</td><td></td><td></td><td></td><td colspan="2"></td></tr>
<tr><td>校正值/lx</td><td></td><td></td><td></td><td colspan="2"></td></tr>
<tr><td rowspan="2">外</td><td>实测值/lx</td><td></td><td></td><td></td><td colspan="2"></td></tr>
<tr><td>校正值/lx</td><td></td><td></td><td></td><td colspan="2"></td></tr>
<tr><td colspan="9">测点布置及室内照度分布示意图</td></tr>
<tr><td colspan="3">测量人</td><td colspan="6"></td></tr>
</table>

附　录　B
（资料性附录）
晴天采光测量方法

B.1　范围

本部分规定了晴天条件下的采光测量项目、测量条件和测量方法。

B.2　测量项目

晴天采光测量包括照度、亮度和材料光学参数的测量。

B.3　照度测量

B.3.1　测量内容

照度测量应包括室内工作面上各点的照度，室外无遮挡水平面上的总照度和天空光照度。

B.3.2　测量要求

B.3.2.1　照度测量应选在无云天时进行，天空条件应选择 CIE 标准全晴天。

注：无云天为云量为 0～2 级，云未遮挡太阳，从室内透过窗口看不到云时的天空状况。

全晴天天空亮度分布应满足式(B.1)的要求：

$$\frac{L(Z,\alpha)}{L_z}=\frac{f(\delta)\varphi(Z)}{f(Z_s)\varphi(0)} \qquad \cdots\cdots(B.1)$$

其中，$f(\delta)=0.91+10\exp(-3\delta)+0.45\cos^2\delta$，$\varphi(Z)=1-\exp(-0.32/\cos Z)$

式中：

$L(Z,\alpha)$——天空某点的亮度，单位为坎德拉每平方米(cd/m^2)；

Z——天空某点的天顶角；

α——天空某点的方位角；

δ——天空某点与太阳的夹角；

Z_s——太阳的天顶角；

L_z——为天顶亮度，单位为坎德拉每平方米(cd/m^2)。

B.3.2.2　测量仪器的要求见本标准第 5 章的相关内容。

B.3.2.3　室内照度与室外照度的测量应同时进行。

B.3.3　室外照度测量

B.3.3.1　室外照度应分别测量总照度、天空光照度，二者之差即为太阳光直射照度。

B.3.3.2　室外照度测量点的选择可参照 6.2.1 进行。

B.3.3.3　测量室外水平面天空光照度时，应用遮光球将直射阳光挡住。

B.3.3.4　遮光球大小应能使接收器刚好完全处于阴影之中，球表面涂黑，它与接收器之间距离应大于 0.5 m。支承杆应尽可能细。

B.3.4　室内照度测量

室内照度测量点的位置可参照本标准 6.3 布置，测量时应避开直射阳光。

B.4　亮度测量

可参照本标准第 7 章进行。

B.5 材料光学参数测量

可参照本标准第8章进行。

B.6 测量结果

晴天照度测量结果应包括以下各项(见表A.5):

a) 测量场所名称;

b) 测量时的天空状况;

c) 测量仪器型号和编号;

d) 测量高度和测点布置;

e) 室内外照度测量结果;

f) 测量日期、起止时间和测量人。